AF724349

NOUVEAU COURS D'HISTOIRE NATURELLE

ZOOLOGIE

ANATOMIE ET PHYSIOLOGIE ANIMALES

OUVRAGE RÉPONDANT AUX PROGRAMMES OFFICIELS
DU 22 JANVIER 1885
POUR L'ENSEIGNEMENT DE LA ZOOLOGIE DANS LA CLASSE DE PHILOSOPHIE
ET L'EXAMEN DU BACCALAURÉAT ÈS LETTRES;
DU 7 AOUT 1857
POUR L'EXAMEN DU BACCALAURÉAT ÈS SCIENCES RESTREINT;
ET DU 10 AOUT 1886
POUR L'ENSEIGNEMENT SECONDAIRE SPÉCIAL
(CINQUIÈME ET SIXIÈME ANNÉES)

PAR

PAUL MAISONNEUVE
DOCTEUR EN MÉDECINE, DOCTEUR ÈS SCIENCES NATURELLES,
PROFESSEUR A LA FACULTÉ LIBRE DES SCIENCES D'ANGERS

L'âme est l'universelle cause humaine,
le principe de toutes nos activités.
CHAUFFARD.

Avec 166 figures dans le texte et 3 planches hors texte

(CINQUIÈME ÉDITION)

PARIS
VICTOR PALMÉ, LIBRAIRE-ÉDITEUR
76, Rue des Saints-Pères, 76
1892
Tous droits réservés

NOUVEAU COURS D'HISTOIRE NATURELLE

ZOOLOGIE

Ve ÉDITION

a

8° S 7701

TYPOGRAPHIE

EDMOND MONNOYER

AU MANS (SARTHE)

NOUVEAU COURS D'HISTOIRE NATURELLE

ZOOLOGIE

ANATOMIE ET PHYSIOLOGIE ANIMALES

OUVRAGE RÉPONDANT AUX PROGRAMMES OFFICIELS
DU 22 JANVIER 1885
POUR L'ENSEIGNEMENT DE LA ZOOLOGIE DANS LA CLASSE DE PHILOSOPHIE
ET L'EXAMEN DU BACCALAURÉAT ÈS LETTRES ;
DU 7 AOUT 1857
POUR L'EXAMEN DU BACCALAURÉAT ÈS SCIENCES RESTREINT ;
ET DU 10 AOUT 1886
POUR L'ENSEIGNEMENT SECONDAIRE SPÉCIAL
(CINQUIÈME ET SIXIÈME ANNÉES)

PAR

PAUL MAISONNEUVE

DOCTEUR EN MÉDECINE, DOCTEUR ÈS SCIENCES NATURELLES,
PROFESSEUR A LA FACULTÉ LIBRE DES SCIENCES D'ANGERS

L'âme est l'universelle cause humaine.
le principe de toutes nos activités.
CHAUFFARD.

Avec 166 figures dans le texte et 3 planches hors texte

(SIXIÈME ÉDITION)

PARIS
VICTOR PALMÉ, LIBRAIRE-ÉDITEUR
76, Rue des Saints-Pères, 76
1892

Tous droits réservés

PROGRAMME OFFICIEL

DU COURS D'ANATOMIE ET DE PHYSIOLOGIE ANIMALES

POUR LA CLASSE DE PHILOSOPHIE ET LE BACCALAURÉAT ÈS LETTRES

Arrêté ministériel du 22 janvier 1885.

PROGRAMME OFFICIEL

DU BACCALAURÉAT ÈS SCIENCES RESTREINT

Arrêté ministériel du 7 août 1857.

PROGRAMME OFFICIEL

DE L'ENSEIGNEMENT SECONDAIRE SPÉCIAL

Arrêté ministériel du 10 août 1886.

PROGRAMME DE LA CLASSE DE CINQUIÈME ANNÉE

Pages.

PROGRAMME DE LA CLASSE DE SIXIÈME ANNÉE

PRÉFACE

> L'âme est l'universelle cause humaine,
> le principe de toutes nos activités.
>
> CHAUFFARD.

L'épigraphe inscrite en tête de ce Manuel montre dans quel esprit il a été conçu; et depuis la première page du livre jusqu'à sa conclusion l'idée qu'elle exprime n'a pas été perdue de vue.

Nous croyons, en effet, devoir faire dériver de l'âme elle-même toutes les activités de notre être, même celles qui appartiennent à la vie organique. Rejetant donc l'idée du double dynamisme, c'est-à-dire, l'existence simultanée, dans l'Homme, d'une âme et d'un principe vital distinct de celle-ci, nous partageons l'avis des philosophes qui croient que l'âme tient sous sa dépendance aussi bien le fonctionnement de nos organes que les manifestations de l'intelligence. Aussi, suivant la magnifique doctrine de saint Thomas, considérons-nous l'être humain moins comme un composé de deux entités absolument distinctes, que comme le résultat de deux principes intimement unis, qui se combinant et se pénétrant l'un l'autre, se prêtent un mutuel appui, et ne font qu'un en réalité.

Et cette manière de voir est si bien justifiée, comme le fait observer le savant professeur Chauffard, qu'après la mort, le corps humain perdant du même coup les propriétés qui le caractérisaient naguère, ne mérite même plus le nom d'organisé et appartient désormais tout entier au monde minéral.

— Nous avons consacré l'*Introduction* de cet ouvrage à l'exposé des notions qui concernent à la fois tous les ÊTRES VIVANTS, c'est-à-dire les Animaux et les Plantes, qui sont rapprochés par ce caractère commun de posséder la vie, lequel les éloigne par là-même considérablement de ceux qui en sont privés et qui constituent le Règne minéral.

Cette étude comparative était tout indiquée au début d'un cours sur la Zoologie et la Botanique (1).

Nous avons terminé cette Introduction par quelques brèves notions sur l'*espèce* et les principales questions qui se rapportent à son origine et à ses variations.

Bien d'autres sujets d'un haut intérêt philosophique auraient pu être traités ici ; mais les multiples exigences des examens nous déterminent à nous renfermer dans des limites plus étroites et à réserver,

(1) Nous n'avons pas à parler ici du programme concernant la Botanique ; nous nous contenterons de renvoyer au Traité que nous avons consacré à cette partie de l'Histoire naturelle : *Anatomie et physiologie végétales*, d'après les derniers programmes officiels, par le Dr P. MAISONNEUVE. V. Palmé, Paris, 2e éd., 1889.

pour en faire l'objet d'une publication à part, qui sera le complément naturel de ces premières études, les questions d'un ordre plus élevé. Telles sont celles de l'individualité animale; du transformisme; des bases générales de la classification zoologique; des rapports qui existent entre l'organisation des espèces et les milieux dans lesquels elles vivent; du mode de développement des animaux; de l'instinct et de l'intelligence, etc.; telles sont encore certaines notions complémentaires sur les opérations du cerveau, notamment ces états singuliers qui passionnent tant notre époque et qui sont désignés sous les noms d'hypnotisme, de léthargie, catalepsie, suggestion mentale, etc. (1).

— Pour ce qui regarde l'ANATOMIE et la PHYSIOLOGIE ANIMALES, nous nous sommes efforcé de mettre l'élève au courant de la science actuelle, de ses données les plus récentes, sans sortir toutefois des limites d'un ouvrage élémentaire. Nous avons, du reste, suivi les programmes d'aussi près que possible.

Quant aux NOTIONS d'ANATOMIE et de PHYSIOLOGIE COMPARÉES, exigées par ces mêmes programmes, nous avons évité de les disperser çà et là, dans le texte principal, consacré à la description de l'organisme humain. Elles sont imprimées en caractères plus fins et placées au bas des pages, au-dessous des parties correspondantes de l'Anatomie humaine. De cette façon, l'élève pourra à volonté, sans confusion, selon les exigences du moment, se borner à l'étude de

(1) *Notions de Biologie*, par le Dr P. MAISONNEUVE. V. Palmé, Paris.

l'Homme, ou, au contraire, lier cette étude à celle des principaux groupes du règne animal.

Cette innovation, nous sommes heureux de le dire, nous a valu, au moment de la publication de la première édition de cet ouvrage, les félicitations d'un grand nombre de personnes compétentes dans l'enseignement de l'Histoire naturelle.

Enfin, pour répondre à un désir qui nous a été exprimé, nous avons placé à la fin de l'ouvrage les tableaux de la CLASSIFICATION du règne animal, afin de permettre à l'élève de repasser rapidement les caractères des différents groupes qu'il aura étudiés avec plus de détails dans le Cours de Sixième.

— Nous n'avons pas besoin de faire ressortir l'utilité considérable qu'offre la présence, dans les marges, de manchettes ou sous-titres indiquant l'objet du texte correspondant. Ce sont autant de points de repère qui fixent l'attention de l'élève, autant de jalons qui lui permettent, au moment voulu, de faire une revision rapide des matières déjà apprises.

Cette disposition, qui a pour effet d'augmenter notablement les frais d'impression, n'a pas fait reculer l'éditeur, qui a tenu à ne rien négliger pour mettre entre les mains des élèves un ouvrage classique, qui au point de vue matériel ne laissât rien à désirer.

Cette nouvelle édition est enrichie d'un grand nombre de dessins dont la perfection et surtout la clarté, nous osons l'espérer, satisferont les plus difficiles.

— Tel qu'il est, nous offrons ce Nouveau Cours

aux jeunes gens des collèges, en nous estimant trop heureux si, malgré ses défauts et ses imperfections, que tous nos soins ont été impuissants à faire disparaître, il est susceptible de développer en eux le goût de l'Histoire naturelle, de faire pénétrer dans leur esprit des notions justes et précises sur l'admirable organisation des animaux, de l'Homme surtout, en même temps que de leur révéler quelques-unes des grandes lois de la nature, et d'élever du même coup leur pensée jusqu'à l'AUTEUR de toutes ces merveilles.

Angers, 1er octobre 1892.

INTRODUCTION

CARACTÈRES GÉNÉRAUX DES ÊTRES VIVANTS

ANIMAUX ET VÉGÉTAUX

Tous les objets que la nature présente à l'observation du naturaliste se répartissent, pour lui, en deux groupes : celui des *êtres inorganiques* et celui des *êtres organisés*.

Le premier est généralement connu sous le nom de *Règne minéral.*

Le second, qui renferme tous les êtres doués de vie, comprend deux divisions, à savoir : le *Règne animal* et le *Règne végétal.*

Pour acquérir une idée exacte des êtres organisés, il est nécessaire de voir d'abord en quoi ils diffèrent des êtres inorganiques, puis, quelles sont les ressemblances et les différences qui rapprochent ou écartent l'un de l'autre le règne animal et le règne végétal.

Les différences fondamentales qui existent entre les Minéraux, d'une part, les Animaux et les Végétaux, d'autre part, peuvent se résumer comme il suit, en nous plaçant au point de vue exclusif des sciences expérimentales.

Les *minéraux :*

ne sont pas organisés ;

ils ne vivent pas;
ne naissent pas;
ne se nourrissent pas;
ils s'accroissent par simple dépôt;
ils ne meurent pas;
leur existence ne comporte pas de phases évolutives distinctes.

Les *végétaux* et les *animaux :*
sont organisés;
ils vivent;
se nourrissent;
s'accroissent par intussusception;
leur vie offre une évolution constante, dont les deux termes extrêmes sont :
la naissance,
et la mor

Le Règne minéral comprend tous les objets inertes que présente la nature, tels que les pierres ou roches, les métaux, le sol sur lequel nous marchons, l'air et l'eau, en un mot, toutes les substances non douées de vie, solides, liquides ou fluides, que l'on peut trouver tant à la surface du globe que dans ses profondeurs.

Tous ces corps sont appelés avec raison *inorganiques* ou *bruts*, parce que, quelle soit leur masse, jamais ils ne renferment d'organes distincts. C'est ainsi que toutes les parties d'un bloc de marbre ont une structure identique, et que, si on vient à le briser, chacun de ses fragments possède les mêmes propriétés que le bloc tout entier.

Ces corps *ne vivent pas*, et l'on ne reconnaît en eux aucun des phénomènes désignés sous les noms de *naissance,* de *nutrition* et de *mort.*

Leur *formation,* résultat de combinaisons de substances fortuitement rapprochées et le plus souvent très différentes d'eux-mêmes, dépend de causes purement physiques et chimiques, telles que la chaleur, l'électricité, l'action des dissolvants, une certaine pression, etc. C'est ainsi que l'acide carbonique de l'air ou celui qui se trouve en dissolution dans l'eau, venant à rencontrer de la chaux, se combine avec elle pour constituer du calcaire, dont le marbre, cité plus haut, est une des formes.

Ils *ne se nourrissent pas;* s'ils s'accroissent, c'est par suite d'un *simple dépôt* de matière à leur surface ou dans l'intervalle de leurs molécules; et si les éléments de leur accroissement font défaut, ils *ne meurent pas,* mais restent indéfiniment dans le même état, pour recommencer à s'accroître au retour de circonstances favorables. Une fois formés, les corps inorganiques restent désormais tels qu'ils sont, sans jamais présenter des *phases évolutives.* Leur existence est donc toute *passive;* et à moins qu'une cause extérieure, telle que la pluie, la chaleur, un choc, une matière dissolvante, etc., vienne à les désagréger ou à altérer soit leur structure physique, soit leur composition chimique, ils n'éprouvent aucun genre de modification.

Le Règne végétal et le Règne animal, c'est-à-dire l'ensemble des êtres vivants, tout en étant rigoureusement soumis, il ne faut pas l'oublier, aux lois qui régissent le monde inorganique, offrent des caractères particuliers qui les séparent nettement du règne minéral.

Ces êtres sont *organisés;* autrement dit, ils sont composés de parties différentes dont chacune est chargée de remplir un rôle spécial. Du jeu de ces différents organes résultent les manifestations vitales.

La *vie*, en effet, telle est la caractéristique essentielle de ces deux règnes. Les êtres organisés la reçoivent d'êtres semblables à eux, auxquels ils doivent, par conséquent, leur origine, leur *naissance.*

Mais la vie ne peut se maintenir qu'à la condition que l'animal ou la plante se nourrira; or, cette *nutrition* s'accompagne d'une série de phénomènes compliqués, en vertu desquels les substances prises dans le monde extérieur sont élaborées, transformées, assimilées à la propre substance de l'être vivant pour en augmenter la masse, non plus par le moyen d'un simple dépôt, mais en vertu d'une pénétration aussi intime que possible des molécules organiques, en un mot par *intussusception.*

Mais, contrairement à l'être inorganique, dont l'existence est en quelque sorte illimitée, une loi absolue veut que l'être vivant, à la suite d'un certain temps, de durée variable, mais en général peu considérable, après avoir passé par différentes phases, avoir subi, en un mot, une véritable *évolution*, soit fatalement condamné à *mourir*.

Cet ensemble de caractères établit une barrière absolument infranchissable entre les êtres inorganiques et les êtres doués de vie. Cependant, il faut se garder d'oublier que la substance des uns et des autres est composée des mêmes éléments chimiques, et que par là les deux groupes se rattachent l'un à l'autre (1). On doit remarquer, toutefois, que si ces éléments sont parfois combinés de la même façon dans les deux cas, de telle sorte que le végétal ou l'animal renferme de l'eau, des sels, etc., qui ne diffèrent en rien de ces mêmes corps envisagés dans la nature minérale, la règle veut que chez l'être vivant les combinaisons chimiques aient, en général, un caractère spécial : le carbone, qui est un des éléments constants de ces combinaisons organiques, s'unit à deux ou trois autres sortes d'éléments, tels que l'hydrogène, l'oxygène, l'azote, pour former ce qu'on appelle les *composés ternaires* et *quaternaires*.

— Tous ces caractères d'organisation étant communs aux deux règnes vivants, on ne peut s'empêcher de conclure que de nombreux traits de ressemblance existent entre les animaux et les végétaux. Et en effet, les grandes fonctions qui se rapportent à la nutrition, telles que la digestion, la respiration, etc., sont, dans leurs traits fondamentaux, communes aux deux règnes. Si les végétaux n'ont pas un appareil circulatoire semblable à ce qu'on entend par là chez les animaux, un grand nombre de ceux-ci, parmi les espèces inférieures, en manquent également.

C'est donc en vain que l'on chercherait dans les phéno-

(1) Voir à ce sujet au chap. II, les p. 24 et suivantes.

mènes de la digestion, de la circulation, de la respiration, de la composition chimique, le critérium d'une séparation absolue entre les deux règnes d'êtres vivants.

Cela surprendra moins quand on saura que tout organisme, soit animal, soit végétal, est essentiellement formé de petits corps ou *cellules,* dont la partie essentielle est une matière qui paraît être le siège exclusif de toutes les actions vitales, et que les recherches les plus récentes, à l'aide des moyens d'investigation les plus délicats, nous montrent comme étant toujours identique à elle-même et jouissant partout des mêmes propriétés essentielles, s'accroissant et se multipliant par des procédés semblables dans les deux règnes, et douée de mouvements de contraction influencés, chez les végétaux comme chez les animaux, par les mêmes agents mécaniques, chimiques et électriques. Cette substance, c'est le *Protoplasma* (1).

Les analogies entre les deux règnes organiques sont surtout frappantes quand on compare les phénomènes vitaux chez les animaux et les végétaux les moins parfaits, ceux dont la structure est la plus simple. La similitude est telle que leur limite respective, il faut le reconnaître, est bien difficile à établir, et que l'on passe d'un règne à l'autre par des transitions si habilement ménagées, qu'il semblerait que l'un est la continuation de l'autre, ou que leur point de départ est commun. On dirait que, dans la Création, les infinies manifestations de la vie peuvent se ramener à l'*unité*, de même qu'au dire des astronomes et des physiciens la matière pourrait se ramener par la pensée à une origine commune, à un état premier par lequel elle a sans doute passé et dans lequel elle n'était pas encore différenciée. Il y a longtemps que saint Thomas d'Aquin, le puissant philosophe, avait entrevu cette grande idée, en faveur de laquelle la science moderne apporte chaque jour des observations nouvelles.

Cependant, hâtons-nous de l'ajouter, il existe chez l'animal, du moins chez tout être que l'on peut regarder, sans

(1) Voir, pour le développement de ces idées, p. 29 et suiv.

hésitation possible, comme méritant ce nom, une propriété supérieure à toutes les autres et qui ne se trouve pas dans la plante. C'est la seule que le raisonnement nous montre comme établissant une séparation décisive entre les deux règnes organiques, bien que, dans l'application, il y ait parfois des difficultés considérables à constater son existence ou son absence; ce critérium, cette pierre de touche de l'animalité, c'est la *sensibilité*, qui a pour corollaire le *mouvement spontané*.

QUELQUES NOTIONS SUR L'ESPÈCE, LES RACES ET LES VARIÉTÉS; HÉRÉDITÉ DES FORMES ORGANIQUES ET DES INSTINCTS; DE LA SÉLECTION NATURELLE ET DE LA SÉLECTION ARTIFICIELLE

Il y a un petit nombre d'années encore, les naturalistes s'entendaient sur la définition de l'*espèce*, qu'ils croyaient comme on l'avait toujours pensé jusqu'alors, immuable dans ses caractères principaux. Ils admettaient, comme argument fondamental de cette constance dans les caractères spécifiques, que tous les animaux descendus d'un même couple ne pouvaient jamais sensiblement différer entre eux, à quelque distance de leur point de départ qu'on les considérât, et que, par conséquent, ils pouvaient être toujours distingués, par des caractères certains, des autres groupes d'animaux venus d'espèces différentes. Ils soutenaient donc, en somme, que *la réunion de tous les individus semblables descendus les uns des autres constituaient une même espèce*.

Mais la difficulté, l'impossibilité même que rencontre le naturaliste à grouper en espèces distinctes et bien délimitées un grand nombre de formes zoologiques, surtout dans les degrés inférieurs du règne animal; la découverte d'individus d'organisation intermédiaire à celle de deux types regardés jusque-là comme constituant deux espèces différentes, et établissant dès lors une sorte de pont, de passage de l'une à l'autre; l'observation des modifications organiques plus ou moins considérables produites par l'action des milieux variés sur les espèces animales, et plusieurs autres arguments sur lesquels nous ne nous arrêterons pas en ce moment, ont amené un certain nombre de savants à penser que les différences susceptibles d'exister entre des animaux venus d'une même souche peuvent acquérir une importance égale à ceux qui séparent deux espèces originairement étrangères l'une à l'autre, et qu'ainsi la distinction des espèces serait en réalité tout artificielle.

Pour d'autres, cependant, ces différences apparues entre animaux ayant une même origine seraient loin d'acquérir une aussi grande importance et auraient simplement pour résultat de constituer des *variétés* et des *races* dans l'espèce.

Quoi qu'il en soit, la plupart tendent à admettre que l'on ne doit pas attacher au mot espèce un sens aussi étroit que le lui attribuait Cuvier et son école, les limites dans lesquelles elle se meut ayant en quelque sorte une plus grande élasticité.

De la variété. — On entend par ce terme l'existence de caractères d'importance plus ou moins grande apparus chez des animaux descendus de la même souche. Ainsi dans un troupeau de bœufs, tous armés de cornes, un individu s'en trouve par hasard dépourvu; voilà une variété. Dans un troupeau de moutons tous recouverts d'une toison blanche, il s'en montre un garni d'une laine noire; voilà encore une variété. Il est à peine besoin d'ajouter que celles qui se produisent dans l'ensemble du règne animal sont innombrables. Des conditions différentes de nourriture, de climat, souvent des causes inconnues, les provoquent.

De la race. — Si les caractères de la variété se transmettent aux descendants, se fixent en quelque sorte, une *race* est constituée. Celle-ci est donc caractérisée par la présence d'une particularité organique accidentelle, transmise de génération en génération à une longue série d'animaux.

Hérédité des formes organiques et des instincts. —La constitution des races repose donc sur l'*hérédité*, c'est-à-dire la transmissibilité des particularités acquises d'une façon ou de l'autre. De même que c'est la force de l'hérédité qui fait que les espèces se maintiennent avec leurs principaux caractères à travers les âges, c'est elle aussi qui permet aux races de se conserver, en transmettant aux descendants les caractères acquis. Et il y a entre ces deux conséquences de l'hérédité une sorte de lutte, dans laquelle la première l'emporte généralement sur la seconde, les individus perdant alors les caractères accidentellement acquis, pour revenir au type primitif.

Il importe de remarquer qu'il n'y a pas que les modifications corporelles à être transmissibles par l'hérédité, mais qu'il paraît bien en être de même pour les *instincts*. Sans doute, la plupart des instincts, notamment ceux qui sont en relation directe avec une structure organique particulière sont innés; dépendants de l'organisation même il paraît tout naturel que l'animal les possède. Mais ce qui semble plus surprenant, c'est que des instincts acquis sous l'influence de conditions particulières, se transmettent souvent aux descendants en vertu de la loi d'hérédité. Il ne serait pas difficile de montrer que telles races de chiens dressées par l'homme à certains genres de chasse, ou bien à la garde des troupeaux ou du foyer domestique, transmettent à leur postérité ces qualités précieuses, qui, certes, ne se trouvaient pas dans le type sauvage primitif. Il semble bien probable que telle espèce d'Oiseaux, qui maintenant accomplit chaque année de longues migrations, n'a pas opéré du premier coup d'aussi lointains déplacements, mais les a étendus progressivement, et que ces voyages, qui maintenant paraissent le résultat d'un instinct inné, sont le fait d'une habitude peu à peu contractée par les générations antérieures pour répondre à certains besoins, et transmise aux générations suivantes. Il est manifeste que le même raisonnement peut être tenu pour un certain nombre d'autres habitudes présentées par les animaux, celles notamment qui ne semblent pas être la conséquence immédiate et rigoureuse de la structure organique.

Idée de la sélection naturelle et de la sélection artificielle. — Cette hérédité, que nous venons d'étudier, est une force naturelle; l'homme ne la crée pas, quand il travaille à former une race domestique; il ne fait que l'utiliser. A l'aide de soins particuliers et constants, par un choix judicieux des animaux qui présentent plus que les autres les particularités organiques qu'il veut développer, soit le système musculaire, soit les masses graisseuses, etc., et, en écartant soigneusement les individus qui offrent ces caractères à un moindre degré, il arrive à modifier dans une certaine mesure différentes espèces, à créer des races, comme sont celles si nombreuses des chiens, chevaux, porcs, moutons, oiseaux de basse-cour.

En agissant de la sorte, l'homme fait ce qu'on appelle une *sélection artificielle*, c'est-à-dire un choix judicieux et raisonné.

Mais ces résultats obtenus avec beaucoup de peine n'ont pas, le plus souvent, une durée illimitée. Si l'éleveur se relâche de ses soins, ses animaux perdent bientôt les caractères, en quelque sorte artificiels, si laborieusement acquis, et reviennent au type primitif.

Les naturalistes se sont demandés si dans la nature, c'est-à-dire les choses étant laissées à elles-mêmes, il se produit une *sélection naturelle*. Dans cette hypothèse, les forces naturelles, dont nous devons toujours faire remonter la source jusqu'au Créateur, auraient pour effet de travailler à la formation de races, selon certains savants même, d'espèces nouvelles, plus capables de résister aux causes de destruction, plus aptes à soutenir le combat pour la vie. Les partisans du transformisme, c'est-à-dire des changements illimités de l'espèce défendent cette idée, qui a été mise en lumière surtout par le naturaliste anglais Ch. Darwin, et en font l'un des principaux arguments de leur théorie.

Nous reconnaîtrons, dans tous les cas, sans difficulté, qu'il y a des races naturelles, comme il y a des races artificielles. L'exemple de l'Homme n'est-il pas là, d'ailleurs, pour le prouver. L'humanité ne comprend qu'une seule espèce, mais elle se partage, comme chacun le sait, en plusieurs races distinctes.

On peut en citer d'autres. Un couple de lapins domestiques mis en liberté au commencement du XVe siècle dans l'île de Porto-Santo, voisine de Madère, s'y multiplièrent avec une grande abondance, mais en changeant de caractères, au point qu'aujourd'hui ils présentent avec nos Lapins domestiques actuels des différences organiques considérables.

Il paraît toutefois avéré que les races naturelles ne se forment pas facilement et que le nombre en est en somme fort restreint.

ANATOMIE ET PHYSIOLOGIE ANIMALES

CHAPITRE PREMIER

CARACTÈRES GÉNÉRAUX DES ANIMAUX

L'animal est 1° un être organisé; 2° il vit; A. naissance ou origine de l'animal en tant qu'individu : oviparité, viviparité, gemmiparité, scissiparité; son origine en tant qu'espèce : créationnistes, transformistes, darwinistes, évolutionnistes; génération spontanée; Cause première; B. sa nutrition; C. son accroissement ou son évolution individuelle; 3° il est sensible et se meut de lui-même. — Embranchements ou types principaux du règne animal : Vertébrés, Tuniciers, Mollusques, Arthropodes, Vers, Échinodermes, Cœlentérés, Protozoaires.

En exposant dans l'Introduction de cet ouvrage les caractères qui différencient les êtres organisés de ceux qui appartiennent au monde inorganique, nous avons indiqué quels sont les traits essentiels de l'animal. Nous allons dans ce chapitre insister davantage sur chacun de ceux-ci et y ajouter quelques développements.

L'animal est un être organisé, qui vit, c'est-à-dire qu'il naît, se nourrit, s'accroît et meurt; il est sensible et se meut de lui-même.

1° L'animal est un être organisé. — Le second chapitre de ce livre sera consacré à démontrer l'existence de ce premier caractère de l'animal, à savoir : 1° qu'il est formé d'une substance spéciale, douée de propriétés dont plusieurs appartiennent, il est vrai, à la matière inorganique, mais dont les autres en diffèrent ; 2° que, le plus souvent, il est composé de parties distinctes, différentes entre elles, les tissus et les organes, réunies les unes aux autres en un tout harmonieux, pour constituer l'*individu.*

Nous n'insisterons pas plus longuement ici sur cette importante question.

2° L'animal vit. — Ce deuxième caractère doit être regardé comme une conséquence du premier. La vie, il est vrai, que chacun de nous, cependant, connaît dans ses manifestations, qui sont fort complexes, est une force dont l'essence nous échappe; aussi en est-on encore à en donner une définition satisfaisante.

Les manifestations de la vie sont au nombre de trois principales et peuvent être désignées ainsi :

la *naissance* ou l'*origine ;*

la *nutrition;*

l'*accroissement* ou l'*évolution de l'individu.*

Quand la vie cesse, l'animal disparaît en tant qu'être organisé; il retourne au monde inorganique, dont il fait désormais partie :

c'est la *mort.*

A. — La NAISSANCE ou l'ORIGINE de l'animal peut être envisagée à un double point de vue, selon que l'on considère l'apparition d'un individu appartenant à une famille, déjà existante, d'êtres semblables à lui; ou bien qu'il s'agit d'un être nouveau, très différent de tous ceux qui ont vécu avant lui, et qui serait par conséquent le premier de toute sa lignée, ce qui revient à poser la question de l'*origine de l'espèce.*

Examinons successivement l'origine de l'animal dans ces deux circonstances différentes.

Origine de l'Individu.

Dans le **premier cas**, la naissance peut avoir lieu par l'un ou l'autre des quatre modes suivant : l'*oviparité*, la *viviparité*, la *gemmiparité,* la *scissiparité.*

a. L'*oviparité* (1) est le mode de naissance dans lequel le nouvel être sort d'un œuf pondu par un être semblable à lui, comme c'est le cas, d'une façon générale, pour les Oiseaux, les Reptiles, les Poissons, les Insectes.

b. La *viviparité* (2) est le procédé dans lequel l'animal naît non plus sous la forme d'un œuf, mais avec des organes déjà bien développés et à peu près pourvu de sa forme définitive, de sorte qu'il n'a plus qu'à grandir, comme c'est le cas pour nos Chiens et nos Chats, et en un mot pour les Mammifères (3).

c. La *gemmiparité* (4), qui constitue le troisième mode de génération, ne se rencontre qu'aux derniers échelons du règne animal, mais il y est fort répandu.

Elle consiste en ce que sur certains points du corps d'un animal il se produit une petite élevure, quelque chose d'analogue à un bourgeon végétal, laquelle en s'accroissant prendra peu à peu la forme de l'être sur lequel elle a apparu.

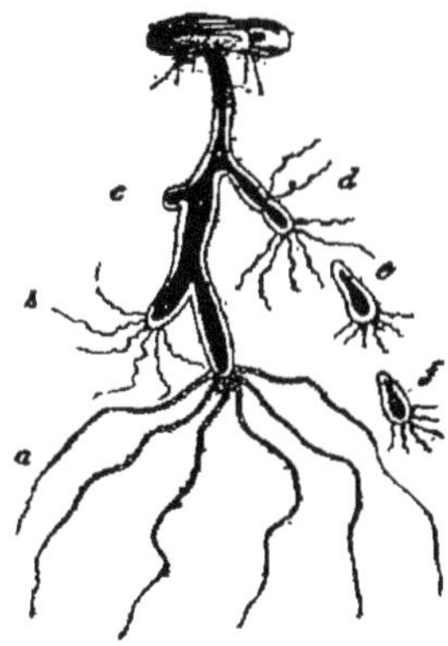

Fig. 1. — Exemple de gemmiparité. Hydre d'eau douce — Sur un individu (*a*) des jeunes se sont formés (*b*, *c*, *d*); *e*, *f*, jeunes individus qui se détachent après avoir été serrés avec un fil (scissiparité artificielle).

Tantôt, ce bourgeon ne se détache de l'animal qui l'a produit, qu'après le complet développement du nouvel être; c'est le cas d'un petit Zoophyte commun dans nos fossés et nos mares et désigné sous le nom d'Hydre d'eau douce (fig. 1).

Tantôt, le bourgeon, semblable en cela aux bulbilles du Lis, se sépare bien avant cette époque et ne prend sa forme définitive que longtemps

(1) Du latin *ovum*, œuf; et *parere*, produire.
(2) Du latin *vivum*, un être vivant; et *parere*.
(3) On pourra voir dans le second volume « *Notions de Biologie* », destiné à servir de complément à ce traité, que ces deux modes de reproduction, l'oviparité et la viviparité, sont d'ailleurs intimement liés l'un à l'autre.
(4) Du latin, *gemma*, bourgeon; et *parere*, produire.

après la rupture des liens qui l'attachaient au corps maternel; c'est ce que l'on voit pour les Éponges.

Tantôt, enfin, le bourgeon ne se détache pas, et la répétition de phénomènes semblables a pour effet de maintenir ces animaux groupés en une *colonie* plus ou moins nombreuse, comme nous le montre le Corail (fig. 2).

Fig. 2. — Branche de Corail avec ses polypes épanouis.

d. La *scissiparité* (1), qui ne se rencontre également que dans les groupes zoologiques les plus inférieurs, consiste dans l'étranglement de plus en plus prononcé du corps de l'animal, lequel finit ainsi par se couper en deux. Bien loin de périr à la suite d'une telle opération, l'animal s'est dédoublé; au lieu d'un seul être il en existe maintenant deux (fig. 3).

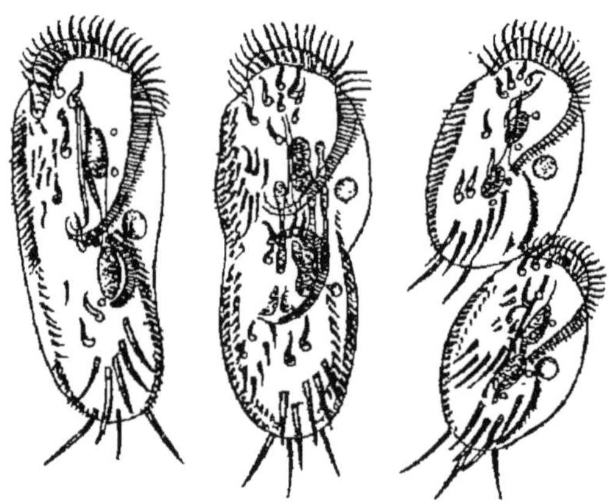

Fig. 3. — Exemple de scissiparité. Un Infusoire s'étrangle peu à peu par le milieu de son corps, et finit par se couper en deux ; il en résulte deux Infusoires.

Origine de l'espèce.

Dans le **second cas** que nous avons posé, nous nous

(1) Du latin *scissus*, coupé ; et *parere*, produire.

heurtons, pour arriver à la connaissance de la vérité, à des difficultés considérables.

Puisque, dans la conjecture à laquelle nous faisons allusion, l'animal n'a pas été précédé d'êtres semblables à lui, d'où a-t-il bien pu tirer son origine? Par exemple, d'où est venu le premier de nos chevaux ou de nos moutons?

Ici le champ est ouvert aux hypothèses, car l'observation directe des faits nous paraît à peu près inaccessible.

Suivant les uns, Dieu, dans sa toute-puissance, aurait formé de toutes pièces, créé, en un mot, le premier être de chacune des espèces qui ont existé autrefois ou qui existent encore aujourd'hui.

On donne aux naturalistes qui partagent cette opinion le nom de *créationnistes*.

Suivant les autres, toutes les espèces seraient dérivées les unes des autres par voie de génération. Il est certain, en effet, que tous les animaux produits par un même couple ne sont pas rigoureusement identiques, ainsi qu'on peut l'observer, par exemple, dans les troupeaux de moutons, de bœufs, ou plus facilement encore dans une même couvée de poulets. Partant de là, des naturalistes ont supposé que des différences plus grandes encore avaient pu, à la suite de plusieurs générations, se produire entre animaux venus de la même souche, au point que l'on se trouverait, à un moment donné, dans l'impossibilité de les regarder comme appartenant à ce qu'on est généralement convenu d'appeler une même *espèce*.

Ceux qui adoptent cette manière de voir reçoivent le nom de *transformistes*.

Ces naturalistes se partagent du reste en écoles bien différentes et qui ont été désignées par des dénominations spéciales. Mais ils sont tous reliés entre eux par un lien commun, à savoir qu'ils admettent que les espèces n'ont pas apparu tout d'une pièce, et à l'état où nous les voyons, mais qu'elles sont le résultat d'une élaboration progressive qui a nécessité l'intervention d'un temps fort long. Aussi réunit-on ceux qui partagent cette manière de voir sous le nom général d'*évolutionnistes*.

Ce dernier terme n'implique pas nécessairement l'admission de tel ou tel moyen comme ayant déterminé le résultat supposé. L'évolutionniste peut réserver à part lui, comme n'étant pas suffisamment établies, les circonstances qui ont présidé à l'apparition et à la succession des espèces. Au contraire, celui qui se proclame *darwiniste*, par exemple, adopte par là même les explications données par le naturaliste anglais Darwin ou son école pour l'interprétation des faits. Ainsi, l'évolutionniste n'est pas nécessairement darwiniste, mais celui-ci est forcément évolutionniste.

Quoi qu'il en soit, dans une hypothèse semblable à celle que nous étudions, il est nécessaire quand même de remonter à la *cause première*, de laquelle a dépendu l'apparition du premier ou des premiers êtres dont toutes les autres espèces sont descendues; or voici les deux solutions qui se présentent.

Certains évolutionnistes admettent que ces premiers êtres nécessaires comme point de départ, le Créateur les aurait façonnés de toutes pièces, puis aurait déposé en eux la force suffisante pour les faire se multiplier et diversifier à l'infini.

Les autres, plus audacieux, prétendent que la matière inorganique, sous l'influence de conditions favorables, et à l'aide des seules forces naturelles, suivant les uns, ou au contraire avec la permission de Dieu, d'après les autres, aurait été capable de devenir organisée, de façon à former d'abord les êtres vivants les plus inférieurs. C'est à une semblable manière d'interpréter les faits que l'on donne le nom assez impropre de *génération spontanée*, remplacé souvent et avec avantage par celui d'*hétérogénie* (1).

Comme conclusion à ce rapide exposé des théories qui

(1) Du grec ἕτερος différent; γένος, nature. Voy. pour plus amples détails sur cette question, le volume complémentaire de ce cours « *Notions de Biologie* ».

cherchent à expliquer le monde animal et son mode de formation, nous dirons que si nous ne pouvons établir d'une façon rigoureuse, par les procédés scientifiques, la façon certaine dont les espèces ont fait leur apparition, et démontrer si leur formation a été subite ou progressive, il y a, dans tous les cas, une chose dont il ne nous est pas permis de douter, au nom même de la saine philosophie : c'est que, quel que soit le procédé qui ait été employé, le Créateur n'y a point été étranger, et que les lois suivant lesquelles les animaux, comme tous les autres êtres de la création, ont apparu, c'est Lui qui les a posées.

B. — La NUTRITION comprend un ensemble très complexe de phénomènes, mais dont les essentiels, par conséquent ceux qui se rencontrent dans toute espèce animale, consistent dans l'introduction de certaines substances au sein de l'organisme, dont elles feront désormais partie intégrante, après avoir subi des modifications profondes, et dans le rejet de certaines autres qui seraient nuisibles ou inutiles.

Les phénomènes nombreux de la nutrition se répartissent entre plusieurs fonctions qui sont la digestion, l'absorption, la respiration, l'assimilation et les sécrétions.

Une grande partie de cet ouvrage sera consacrée à l'étude de ces fonctions et des organes qui servent à les accomplir. Nous n'y insisterons donc pas davantage en ce moment.

C. — L'ACCROISSEMENT, ou plutôt l'ÉVOLUTION de chaque animal pris en particulier, est une conséquence de la nutrition, ou du moins ne saurait être indépendant de celle-ci.

Non seulement le corps augmente peu à peu de volume et de force, mais, de plus, il subit, au moins chez un grand nombre d'espèces, des changements des plus remarquables dans sa forme et ses aptitudes. Tout le monde connaît les métamorphoses du papillon. Cet insecte, au sortir de l'œuf, ressemble extérieurement à un ver; mais au bout de quelques jours la chenille revêt une forme particulière, désignée sous le nom de nymphe ou chrysalide;

celle-ci garde pendant quelque temps un repos absolu, et un peu plus tard se change en un insecte ailé, qui rompt ses enveloppes et s'élance dans les airs.

Un très grand nombre d'espèces animales présentent des métamorphoses analogues, qui partagent leur vie en phases bien distinctes; souvent même elles offrent des complications beaucoup plus grandes encore que celles qui viennent d'être indiquées, comme on le voit chez un grand nombre de Vers et de Zoophytes.

Pour les espèces d'organisation plus élevée l'existence ne se partage pas en étapes aussi distinctes, il est vrai, mais cependant elle est encore divisible en plusieurs phases, qui se retrouvent également dans la vie de l'Homme, et ont reçu les noms d'enfance, d'âge mûr et de vieillesse.

La fin de l'existence est marquée par la *mort*, état dans lequel le corps des animaux, et celui même de l'Homme ne fait pas exception à la règle, se décompose en ses éléments chimiques constituants, perd son état de matière organisée, en même temps que les propriétés spéciales qui en dépendaient, et retourne au monde minéral.

3° L'animal est sensible et se meut de lui-même. — Bien différent en cela de la plante, l'animal, à tous les degrés d'organisation, est soumis aux effets de la sensibilité. Il éprouve des sensations agréables ou pénibles, qui se traduisent d'ordinaire à l'extérieur par des mouvements qui le portent vers l'objet qui lui est agréable, ou l'éloignent de celui qui lui cause du déplaisir.

Ces mouvements montrent bien que l'organisme animal éprouve une *sensation*, et non pas une simple réaction physique ou chimique de même nature que celles que l'on observe entre deux corps inorganiques, qui se portent l'un vers l'autre pour s'unir intimement et former une nouvelle combinaison, comme celle qui résulte, par exemple, du rapprochement de l'acide sulfurique et du fer, et qui donne lieu à la formation du sulfate de fer.

La sensibilité de l'animal paraît être sous la dépendance du système nerveux. Et c'est si bien cet appareil organique qui préside à toutes les sensations de l'Homme comme aussi des espèces animales, que la sensibilité passe généralement pour lui être indissolublement liée, de telle sorte que sans lui elle semblerait ne pouvoir exister.

Cette notion n'est cependant pas absolument exacte. Il en est bien ainsi, à la vérité, pour l'Homme et toutes les espèces animales dans lesquelles ce que l'on appelle la *division du travail physiologique* est poussée fort loin, c'est-à-dire celles où chaque fonction s'accomplit à l'aide d'un organe particulier, d'un appareil spécial.

Mais cette vue devient fausse quand le physiologiste envisage les espèces inférieures, lesquelles font cependant aussi bien partie du règne animal que les espèces les plus parfaites. Chez les animaux en question, c'est en vain que l'on chercherait l'existence d'un appareil distinct qui tiendrait sous sa dépendance la sensibilité et le mouvement. Il n'y a pas trace de système nerveux, en effet, dans un certain nombre de Vers, de Zoophytes, dans tous les Protozoaires. Ces animaux sentent cependant et se meuvent d'eux-mêmes.

Pour expliquer ces faits, voici la raison que l'on peut invoquer. A ces degrés inférieurs de l'échelle animale, il existe, aussi bien d'ailleurs que dans les degrés supérieurs, une substance qui, elle, ne fait jamais défaut, sans laquelle même la vie, dans les conditions actuelles de l'animalité, en saurait jamais exister ; elle est la base de tout organisme : on peut lui donner et à elle seule, à proprement parler, le nom de *matière vivante ;* les naturalistes l'appellent PROTOPLASMA.

En somme, toute espèce animale, la plus parfaite comme a plus infime, c'est par l'intermédiaire de ce protoplasma qu'elle digère, respire, s'accroît, se multiplie, sent et se meut. Seulement, dans les unes, le protoplasma prend, par l'adjonction de parties accessoires qui le soutiennent et l'enveloppent, des formes spéciales, bien déterminées, et mieux adaptées à chaque fonction ; tandis que dans les autres, c'est-à-dire les espèces les plus inférieures, l'absence totale ou partielle de ces parties secondaires fait que l'organisme, toujours, d'ailleurs, réduit alors à de très faibles dimensions, conserve une forme plus homogène, une composition souvent identique à elle-même dans toute sa masse, et qui suffit à la fois et par toutes ses parties aux différentes fonctions énumérées plus haut.

On voit par là quelle est l'importance du protoplasma, et combien son étude doit être intéressante, puisqu'il se trouve être en réalité la base de tout organisme, la partie essentielle du plus grand comme du plus petit. Aussi nous réservons-nous de l'étudier avec soin un peu plus loin dans sa constitution physique et sa composition chimique.

RÉSUMÉ DES CARACTÈRES D'ORGANISATION DES PRINCIPAUX GROUPES DU RÈGNE ANIMAL

A ces traits généraux du règne animal qui viennent d'être indiqués, nous croyons devoir ajouter que les progrès de la zoologie ont obligé les naturalistes à remanier profondément la classification des animaux telle qu'elle avait été établie par Georges Cuvier, et qui fut, longtemps encore après lui, suivie par les naturalistes. Aujourd'hui, au lieu des quatre divisions, aux limites si nettement tranchées, entre lesquelles notre grand zoologiste avait réparti tout le règne animal, à savoir les *Vertébrés*, les *Articulés*, les *Mollusques* et les *Zoophytes*, on est obligé de reconnaître un plus grand nombre d'embranchements ou de types, présentant entre eux des limites souvent très indécises, et dont le nombre varie même un peu avec les auteurs. Comme beaucoup d'entre eux nous en admettrons huit.

Ce sont les *Vertébrés*, les *Tuniciers*, les *Mollusques*, les *Arthropodes*, les *Vers*, les *Échinodermes*, les *Cœlentérés* et les *Protozoaires*.

Nous nous contenterons d'indiquer ici les traits fondamentaux de chacun d'eux, et nous renvoyons pour plus amples renseignements à la fin de l'ouvrage, où se trouvent placés des tableaux détaillés de la classification du règne animal.

1° **Les Vertébrés**. — Leur corps a une symétrie bilatérale, c'est-à-dire que dans leurs traits essentiels la moitié droite et la moitié gauche sont semblables.

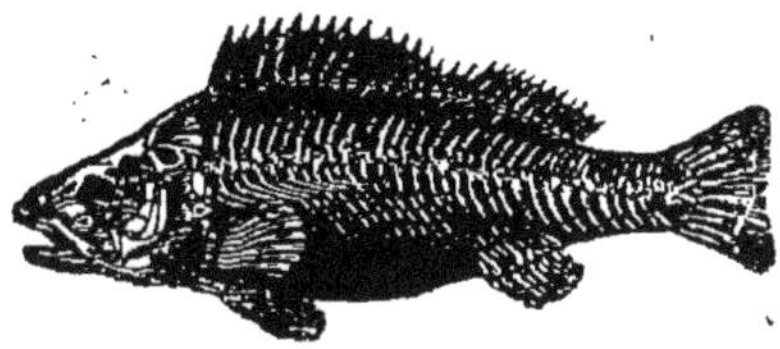

Fig. 4. — Squelette d'un Vertébré (Poisson).

Ils ont un squelette interne, ordinairement osseux, dont l'axe est formé par une série de petits os appelés vertèbres; ce squelette soutient les organes internes et sert d'attache aux muscles de la locomotion.

Leur système nerveux est placé, du moins ses parties principales, au-dessus de l'appareil digestif.

Des organes mobiles ou membres, formés de segments osseux articulés et rattachés entre eux par des ligaments et des muscles, servent à la locomotion.

Les organes de la digestion, de la respiration et de la circulation atteignent une grande perfection.

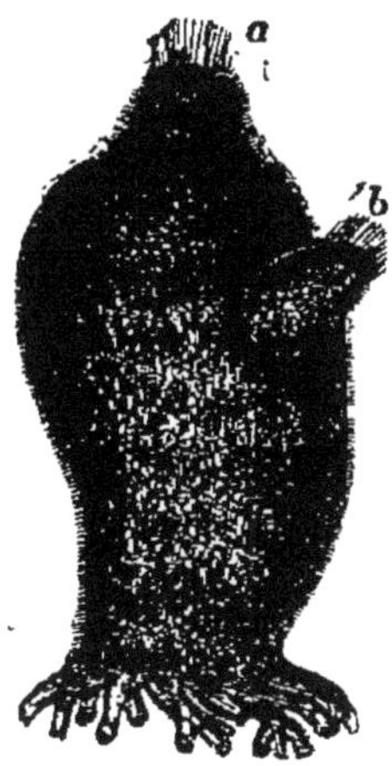

Fig. 5. — Un Tunicier (Ascidie, grand. nat.). *a*, orifice buccal; *b*, orifice cloacal ; prolongements radiciformes fixant l'animal aux rochers.

2° **Les Tuniciers**. — Ces animaux, qui en raison de leur aspect souvent informe, de leur vie sédentaire, du peu de développement de leur système nerveux paraîtraient devoir être rejetés fort loin dans la classification, sont aujourd'hui rapprochés des Vertébrés par la plupart des naturalistes, en raison de la présence, au moins à une certaine époque de leur développement, d'un organe que l'on a assimilé à celui qui chez les Vertébrés précède constamment l'apparition des vertèbres et qu'on appelle la *corde dorsale.*

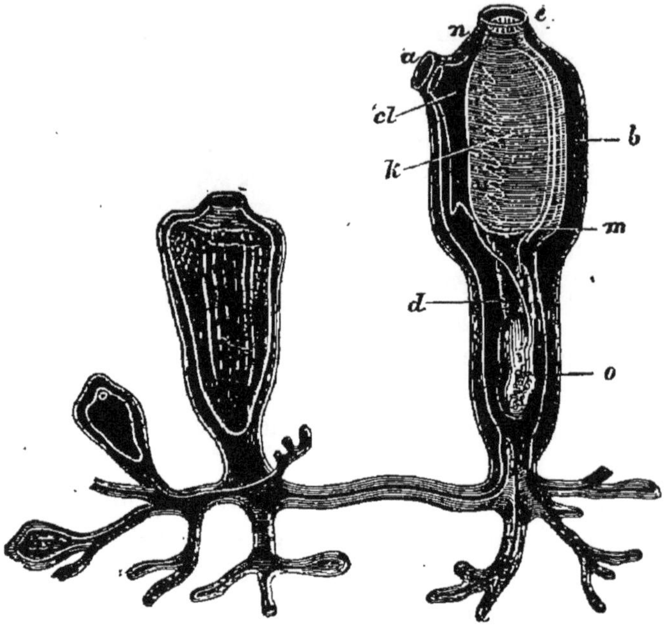

Fig. 6. — Groupe de Tuniciers vivant en colonie (Clavellines, grossies). La transparence des parois du corps permet de voir à travers elles les organes intérieurs ; *e*, orifice buccal ; *b*, le manteau ; *m*, entrée du tube digestif au fond de la branchie ; *o*, ovaire ; *d*, intestin ; *k*, la branchie ; *cl*, cavité cloacale ; *a*, orifice du cloaque ; *n*, ganglion nerveux. Sur des prolongements radiciformes partis de l'individu le premier formé, se sont développés par bourgeonnement des êtres semblables à lui.

Leur corps est enveloppé d'une enveloppe ou tunique épaisse, d'où le nom de Tuniciers.

Ils respirent à l'aide de branchies, et cette branchie occupe une situation analogue à celle des Poissons.

3° Les Mollusques. — Ce sont des animaux à symétrie bilatérale.

Leur corps est mou et le plus souvent dépourvu de tout squelette interne ; mais chez les espèces les plus parfaites du groupe on en trouve une trace sous la forme d'un cartilage placé dans la tête.

Le corps est le plus souvent protégé par une coquille extérieure, mais quelquefois cachée sous la peau.

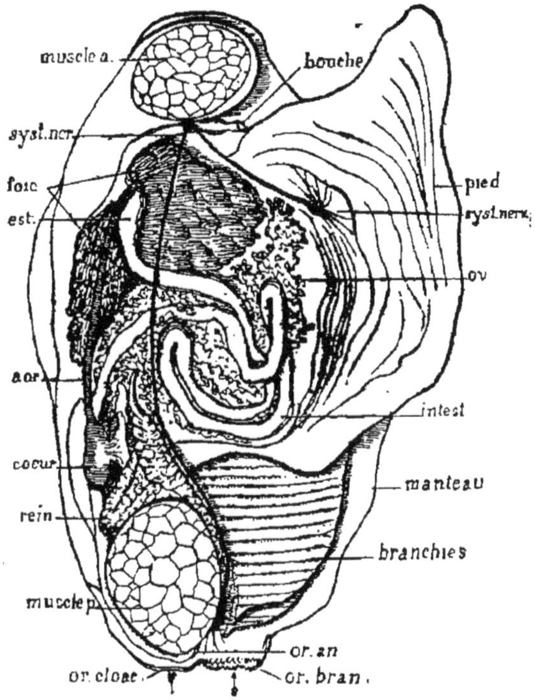

Fig. 7.

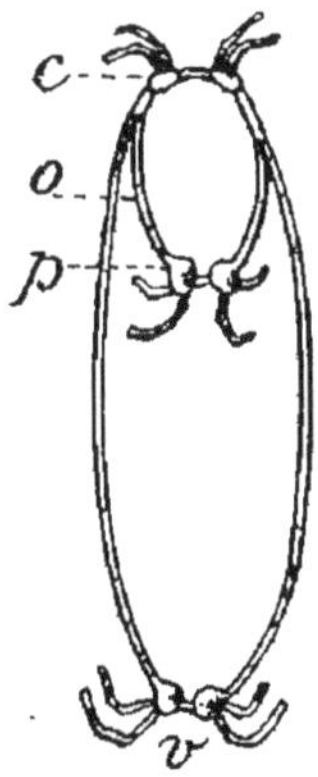

Fig. 8.

Fig. 7. — Anatomie d'un Mollusque (Anodonte); côté droit de l'animal. La coquille, le manteau et les branchies du côté droit ont été enlevés. On y voit les *muscles antérieur* et *postérieur* des valves; le *manteau;* le *pied;* le *système nerveux,* avec ses trois ganglions réunis par des connectifs ; l'appareil digestif : *bouche, foie, estomac, intestin, orifice anal*, le *cœur* et l'*aorte;* le *rein,* l'*ovaire*, les *branchies* du côté gauche avec l'*orifice branchial* situé en arrière ; l'*orifice cloacal,* par où sortent le résidu de la digestion et l'eau qui a servi à la respiration.

Fig. 8. — Système nerveux de Mollusque lamellibranche; *c*, ganglions cérébroïdes ; *p*, ganglions pédieux ; *o*, collier œsophagien ; *v*, ganglions viscéraux.

Il n'y a pas de membres articulés, mais la locomotion est assurée par des replis de la peau, disposés à la face inférieure du corps sous forme d'un large pied, ou disposés autour de la tête sous l'apparence de bras ou tentacules.

Le système nerveux a une disposition spéciale : une petite portion seulement des centres nerveux est située au dessus de l'appareil digestif ; d'autres masses nerveuses, placées au-dessous de celui-ci, forment avec la précédente un anneau (fig. 8, *o*) qui entoure l'œsophage (collier œsophagien) ; d'autres, enfin, sont plus ou moins disséminées en diverses régions du corps.

4° Les Arthropodes ou Articulés. — Le corps offre une symétrie bilatérale.

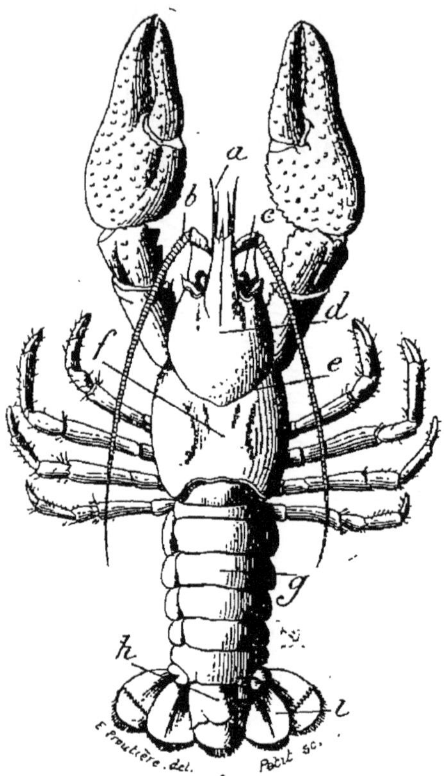

Fig. 9. — Conformation extérieure d'un Arthropode (Écrevisse); la segmentation du corps est manifeste ; *a*, antennules; *b*, antennes; *c*, œil; *d*, tête; *e*, sillon cervical; *f*, thorax; *g*, abdomen; *h*, dernier segment ou telson; *l*, appendices de l'avant-dernier segment étalés en forme de rames natatoires.

Il n'y a pas de squelette interne; mais la surface du corps est revêtue d'une enveloppe dure, cornée, qui protège les parties internes et constitue ainsi une sorte de squelette extérieur.

L'un des traits essentiels de l'organisation, c'est que le

corps de ces animaux est formé d'un nombre variable de segments, métamères (1) ou *zoonites* (2), placés les uns à la suite des autres, articulés entre eux, et dont chacun contient en quelque sorte un résumé de tout l'organisme (fig. 11).

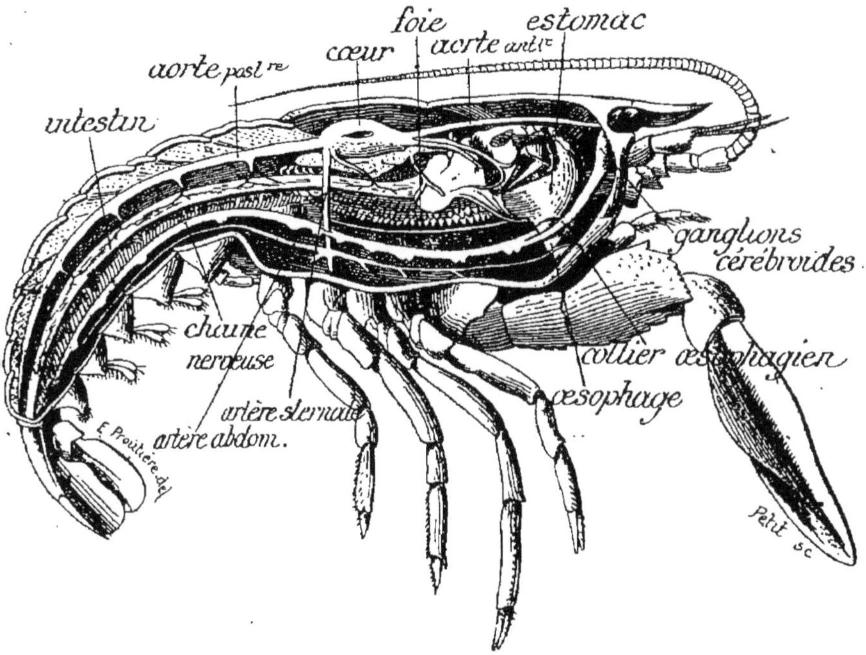

Fig. 10. — Organisation intérieure d'un Arthropode (Écrevisse). On y voit le système nerveux : *ganglions cérébroïdes, collier œsophagien, chaîne nerveuse ;* l'appareil digestif : *œsophage, estomac, foie, intestin ;* l'appareil circulatoire : *cœur, aorte antérieure, aorte postérieure, artère sternale, artère abdominale ;* les appendices locomoteurs et autres.

L'appareil de la locomotion est formé de membres en nombre variable, dont chacun se compose de pièces articulées les unes aux autres ; et c'est de là que vient le nom d'Arthropodes (3) donné à tout ce groupe.

La plus grande partie du système nerveux est située au-

(1) Du grec μετὰ, avec ; μέρος, partie.

(2) Du grec ζῶον, animal ; *zoonite*, petit animal.

(3) Du grec ἄρθρον, articulation ; ποῦς, pied.

dessous de l'appareil digestif ; une petite portion seulement, celle qui représente le cerveau des Vertébrés, est placée au-dessus de lui,et se trouve reliée à la précédente en formant un collier œsophagien (fig. 10). Mais ce qui caractérise surtout le système nerveux des Arthropodes, c'est la présence, au niveau de chaque zoonite, de centres

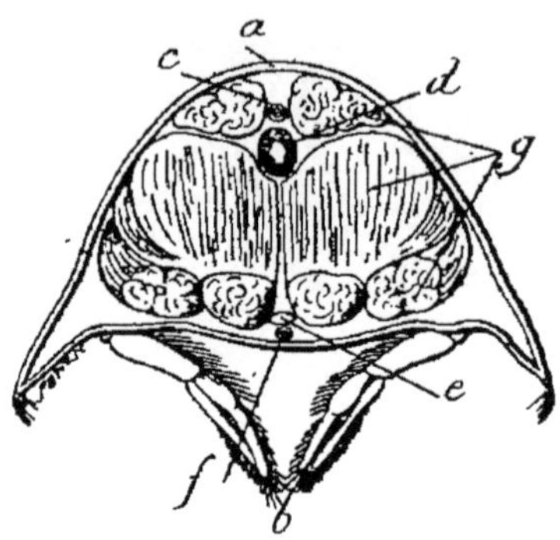

Fig. 11.

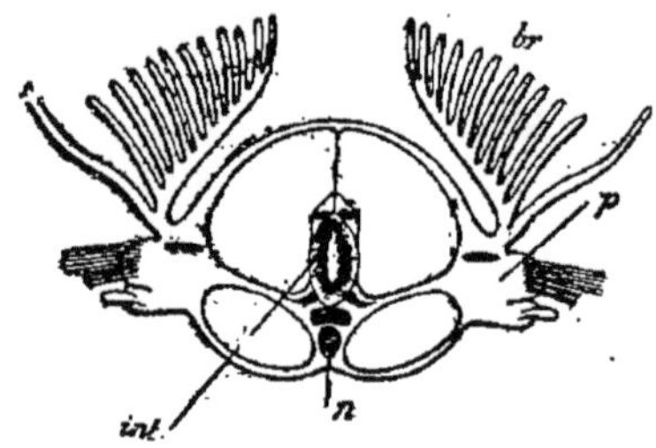

Fig. 12.

Fig. 11. — Un zoonite ou segment abdominal d'Arthropode ; *a*, carapace portant une paire d'appendices locomoteurs (*b*); *c*, artère aorte ; *d*, tube digestif; *e*, système nerveux; *f*, artère abdominale ; *g*, masses musculaires.

Fig. 12. — Un zoonite de Ver (Annélide) ; *br*, branchie ; *p*, organe de la locomotion ou pied, sur lequel sont implantées des soies rigides ; *int*, intestin ; *n*, système nerveux.

nerveux distincts, de sorte que, d'une façon générale, on compte autant de ceux-ci qu'il y a de segments au corps de l'animal.

5° Les Vers. — La plupart des caractères qui viennent d'être indiqués comme appartenant aux Arthropodes, se retrouvent ici, à savoir : la symétrie bilatérale du corps, la division de celui-ci en segments ou métamères, la disposition du système nerveux ; et même ces caractères y sont encore plus fortement accusés.

Ce qui fait la distinction principale entre ces deux embranchements, c'est que dans le type Ver les membres ne sont jamais formés de parties articulées, de sorte que la locomotion s'opère au moyen de soies, ou de crochets rigides implantés dans la peau, ou de prolongements de forme variable, mais jamais réunis au corps par une articulation (fig. 12, p. 16).

En outre, au niveau de chaque segment on trouve un organe spécial d'excrétion, qui joue un rôle analogue à celui des reins chez les Vertébrés. En raison de leur répétition au niveau de chaque segment, on leur donne le nom d'*organes segmentaires* (fig. 13).

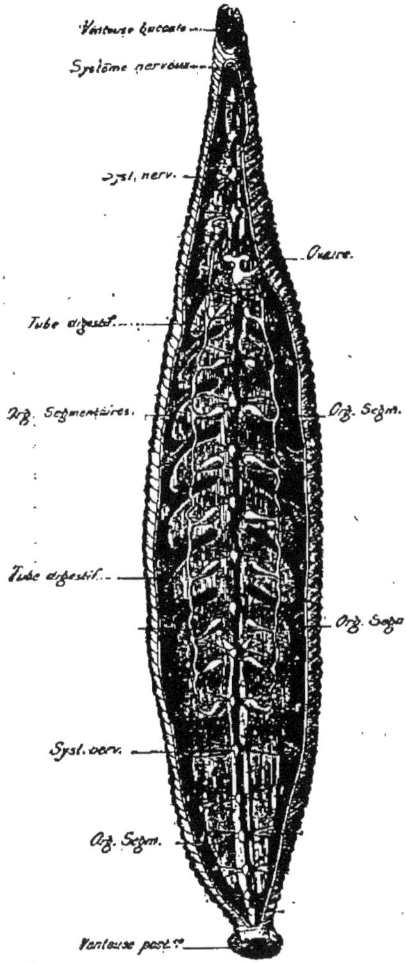

Fig. 13. — La sangsue médicinale ouverte dans toute sa longueur, montrant, outre les deux *ventouses buccale* et *anale*, le *système nerveux*, sur la ligne médiane; le *tube digestif* avec ses nombreuses dilatations en cæcum, dont les deux dernières sont fort allongées; les *organes segmentaires*; l'*ovaire*.

6° Les Échinodermes (1). — Le corps de ces animaux qui, avec ceux des groupes suivants étaient compris jadis sous la désignation commune de Zoophytes, présente une symétrie qui, au premier coup d'œil, paraît différer absolument de celle que nous avons constatée dans les divers embranchements étudiés jusqu'ici. L'Étoile de mer avec ses cinq rayons ou bras

(1) Du grec 'Εχῖνος, hérisson; δέρμα, peau.

régulièrement disposés autour d'une partie centrale, et dans chacun desquels se trouvent disposés des organes semblables, nous en donne bien l'idée. Cependant, l'observation attentive de la structure de ces animaux nous montre

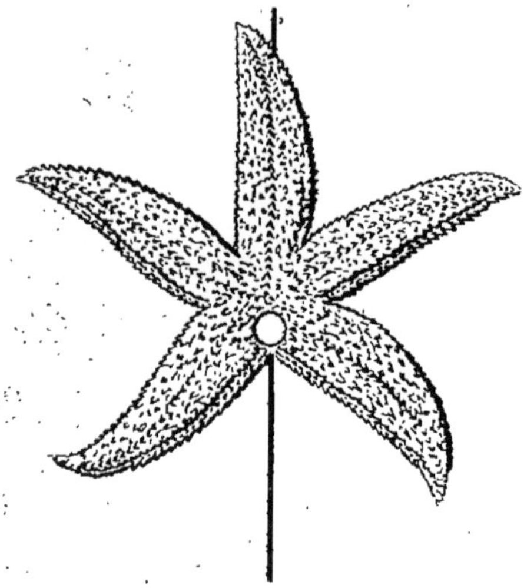

Fig. 14 — Une Étoile de mer. Le seul plan qui divise en deux moitiés symétriques le corps de l'animal est celui qui est indiqué par le trait noir.

certain organe, qui faisant exception à la règle ne se trouve pas répété et n'occupe pas le centre du corps. Il en résulte que pour diviser celui-ci en deux moitiés rigoureusement semblables, il faut faire passer le plan de partage par le centre de l'animal et par l'organe auquel nous faisons allusion (1), si bien que les Échinodermes, malgré l'apparence contraire, ont en réalité une symétrie bilatérale et non pas radiée (fig. 14).

Le corps est protégé par un test ou carapace solide, entièrement calcaire, ou bien une peau molle encroûtée de calcaire ; des tubercules ou des piquants hérissent sa surface, d'où le nom d'Échinodermes.

(1) Cet organe porte le nom de *plaque madréporique*, et constitue l'entrée de l'appareil aquifère ; il est bien visible sur la fig. 14.

Le système nerveux a une disposition nettement rayonnée (fig. 16).

Un appareil, enfin, d'une importance considérable, si l'on en juge par la grande place qu'il tient dans l'organisme,

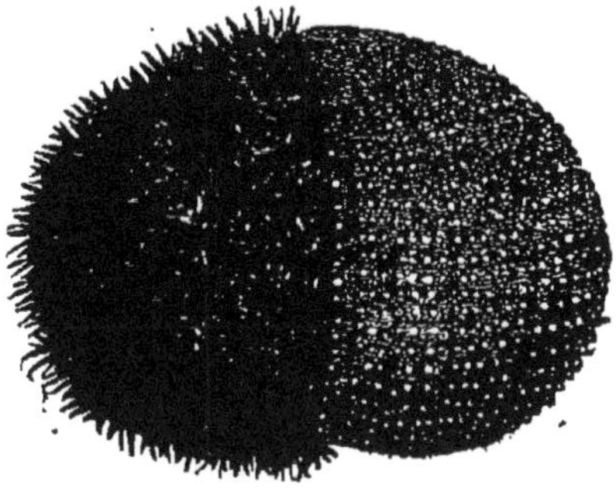

Fig. 15.

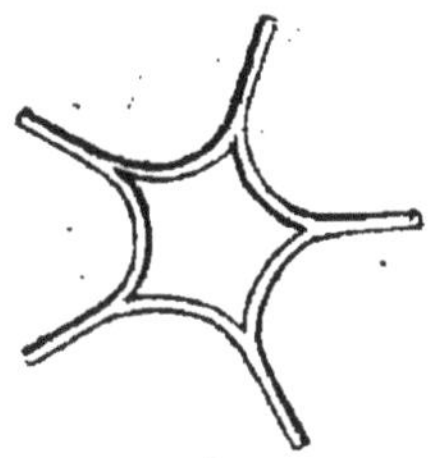

Fig. 16.

Fig. 15. — Un Oursin; la partie droite a été dépouillée de ses piquants.
Fig. 16. — Système nerveux d'un Échinoderme.

l'*appareil aquifère*, constitue encore un des traits principaux de l'organisation des Échinodermes.

7° Les Cœlentérés (1). — Les animaux de ce type, tels que le Corail, offrent bien nettement la disposition rayonnée, c'est-à-dire que toutes les parties constitutives de leur corps se répètent régulièrement autour du point central de l'organisme un plus ou moins grand nombre de fois. Il en résulte que, quelle que soit la direction par laquelle on fasse passer un plan de division, pourvu que celui-ci se trouve dans l'axe du corps, il divise toujours l'organisme en deux parties égales et semblables (fig. 17).

L'appareil digestif offre une disposition que nous n'avons pas encore rencontrée jusqu'ici : il n'a pas de parois distinctes, isolables du reste du corps, mais se trouve creusé directement dans la masse de celui-ci (fig. 18).

Le système nerveux est fort rudimentaire, se présente

(1) Du grec κοῖλον, cavité; et ἔντερον, intestin : c'est-à-dire, animaux dont le tube digestif se confond avec la cavité du corps.

sous la forme d'un anneau et manque même dans un assez grand nombre de cas.

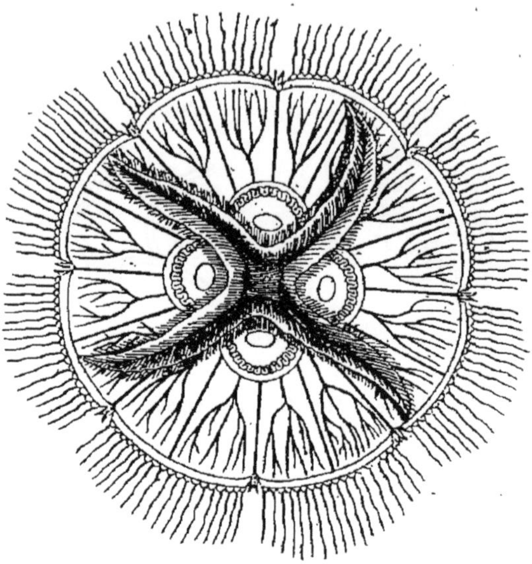

Fig. 17.

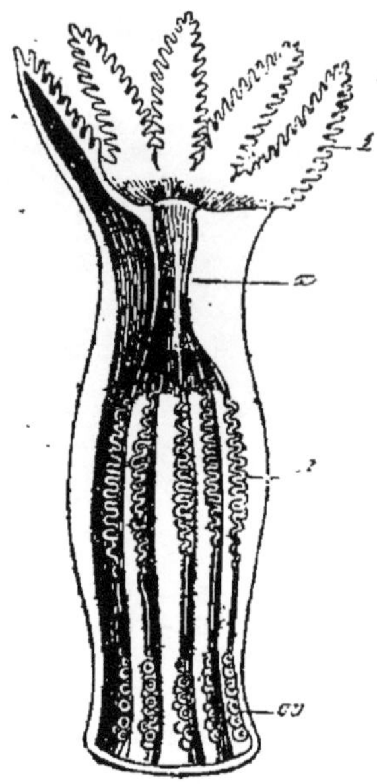

Fig. 18

Fig. 17. — Un Cœlentéré (Méduse) vu en dessous.

Fig. 18. — Un polype du Corail, très grossi, coupé en long ; *t*, tentacules ; *œ*, œsophage ; *d*, cavité digestive ; *ov*, ovaire.

Enfin, un caractère qui a un grand degré de constance, c'est la présence d'organes microscopiques, répandus en très grand nombre à la surface du corps et qui produisent sur les organismes qu'ils touchent un effet analogue à celui des poils de l'Ortie sur la peau de l'Homme, d'où le nom d'*organes urticants*, qui leur a été donné.

Ajoutons, enfin, qu'un des traits les plus curieux de l'histoire des Cœlentérés consiste dans leurs métamorphoses étranges et compliquées, que l'on a désignées sous le nom de Formes ou Générations alternantes.

8° Les Protozoaires (1). — Ce sont des animaux d'une

(1) Du grec πρῶτος, premier ; ζῶον, animal ; c'est-à-dire, les premiers animaux que l'on trouve au bas de l'échelle zoologique.

extrême simplicité de structure, à ce point que bon nombre d'entre eux paraissent n'en avoir aucune. C'est là qu'on

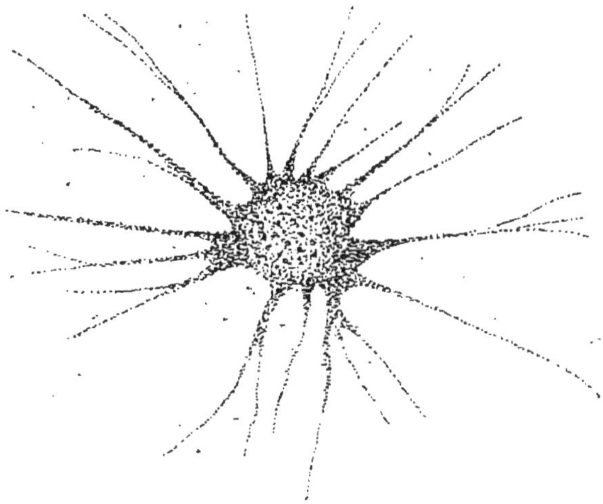

Fig. 19, — Un Protozoaire (Monère). De la périphérie du corps partent des prolongements protoplasmiques (pseudopodes).

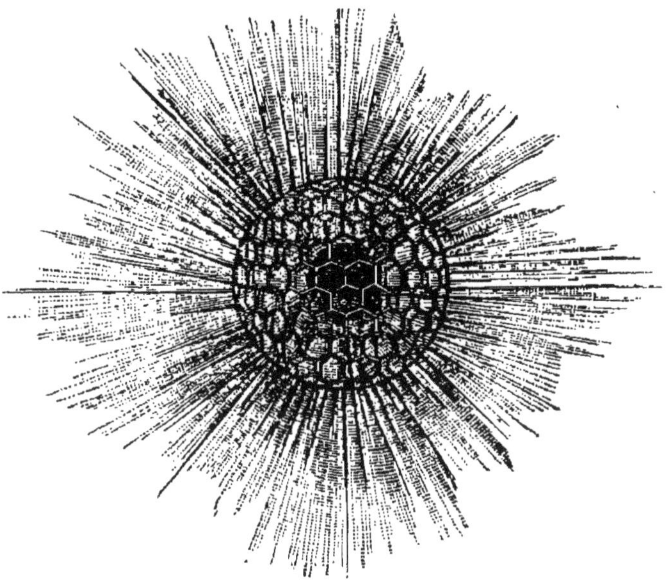

Fig. 20. — Un Protozoaire (Radiolaire), dont le corps est soutenu par une élégante charpente siliceuse en forme de treillage.

trouve la matière organisée réduite à sa plus simple expression. Chez la plupart d'entre eux, pas d'organes distincts, d'appareils appropriés à des fonctions différentes, de tissus doués de propriétés spéciales.

Ces animaux sont en général très petits, et quoique très variés de forme, toute leur organisation se résume à peu près en une gouttelette de protoplasma, laquelle est par-

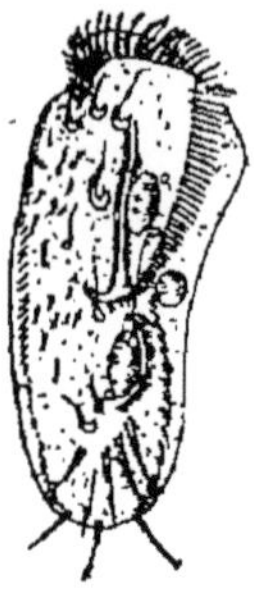

Fig. 21.

Fig. 22.

Fig. 21. — Un Protozoaire (Infusoire). En différentes parties du corps se voient des cils vibratiles servant à la locomotion et à la préhension des aliments, et d'autres prolongements plus rigides ou cirrhes.

Fig. 22. — Autres Infusoires (Vorticelles) garnis de cils vibratiles et pourvus d'un long pied contractile.

fois soutenue par un petit squelette solide, souvent de forme géométrique et d'une rare élégance (fig. 20).

Ceci montre bien que ce qui caractérise l'être organisé, c'est bien moins la division du corps en organes et appareils, que l'aptitude de la substance qui le constitue à remplir des fonctions variées.

CHAPITRE II

PRINCIPAUX TISSUS

ÉLÉMENTS CHIMIQUES ET ANATOMIQUES DES ÊTRES ORGANISÉS ET SPÉCIALEMENT DE L'HOMME

Éléments minéraux. Principes immédiats principaux : substances féculentes, grasses, albuminoïdes. La vie et le protoplasma. Caractères physiques et organiques de celui-ci. Éléments anatomiques. Tissus organiques : épithélial, conjonctif, cartilagineux, osseux, musculaire, nerveux ; tissus liquides.

1° COMPOSITION CHIMIQUE DE L'ORGANISME

Les corps organisés étudiés au point de vue de leur constitution élémentaire. — La composition matérielle des êtres organisés doit être envisagée à un double point de vue.

On peut, en effet, considérer en elle-même la substance qui les constitue, indépendamment de la forme sous laquelle elle se présente à nous, étudier les principes les plus simples en lesquels elle se réduit, et les propriétés qu'elle leur doit. Ce premier point, qui nous est dévoilé par l'*analyse chimique*, nous fait connaître la *composition élémentaire* des corps organisés.

Ou bien, on peut envisager les dispositions variées que la matière présente dans le corps des êtres organisés, la forme et l'agencement de ses parties. C'est ce que nous révèle l'*analyse anatomique*, qui nous conduit à la connaissance de la *structure* de l'organisme

Réservant pour la seconde partie de ce chapitre l'étude de la structure anatomique, nous nous placerons d'abord au premier point de vue, et nous verrons :

1° Que le corps de tout être organisé est formé d'un petit nombre d'*éléments minéraux;*

2° Que ceux-ci, agencés entre eux de façons variées, constituent ce qu'on appelle les *principes immédiats,* dont les principaux sont les *substances féculentes, grasses,* et *albuminoïdes;*

3° Enfin, que la *vie* ne peut se manifester sans une certaine combinaison de ces substances, laquelle constitue ce qu'on appelle le *protoplasma,* dont nous étudierons bientôt les caractères et les remarquables propriétés.

Éléments minéraux. — Si multipliés, si variés que soient les organes de l'animal ou du végétal, on n'y trouve jamais qu'un très petit nombre d'éléments chimiques différents. Mais ceux-ci sont combinés entre eux de façon à constituer une grande variété de substances, dont les unes se retrouvent dans le règne inorganique, tandis que les autres sont spéciales aux êtres organisés.

Les éléments essentiels, fondamentaux, du corps des animaux, se réduisent à quatre et s'y retrouvent d'une façon constante, quelle que soit d'ailleurs la complexité ou la simplicité de l'organisme : l'un est solide, le *carbone;* les trois autres sont gazeux : l'*oxygène,* l'*hydrogène* et l'*azote.*

Dans les plantes, les mêmes principes se retrouvent; mais l'azote y est en beaucoup plus faible proportion.

A ces éléments essentiels s'en ajoutent plusieurs, mais moins constants et d'une moindre importance : le *calcium,* le *phosphore*, le *soufre*, le *chlore*, le *fer*, l'*iode*, le *sodium* et quelques autres.

Ces divers éléments combinés entre eux suffisent à former tous les composés minéraux et organiques qui entrent dans la constitution de l'animal. Ainsi l'oxygène et l'hydrogène forment de l'eau, laquelle se trouve en si grande abondance, que le corps de certains animaux en renferme quatre-vingts ou quatre-vingt-dix parties pour cent; chez l'Homme, l'eau constitue les deux tiers de sa masse totale. De la combinaison du calcium avec le carbone et l'oxygène résulte la matière calcaire ou carbonate de chaux, si répandue dans le règne animal, puisque c'est elle qui forme la charpente solide des Polypes (Corail, Madrépores), la coquille des Mollusques, et constitue, pour une grande part, le squelette des Vertébrés. Le sodium, uni au chlore pour former du chlorure de sodium ou sel commun, se rencontre dans le sang et la chair des animaux, etc.

Principes immédiats les plus importants. — Mais il est un ordre de combinaisons toutes spéciales, que l'on ne retrouve pas dans la nature en dehors des êtres organisés.

Ces combinaisons, qui rentrent dans le groupe des substances connues sous le nom de *principes immédiats*, c'est-à-dire de ces substances qui existent toutes formées dans les tissus organiques; que l'on peut isoler sans avoir recours à des décompositions chimiques, constituent plus spécialement ce qu'on peut appeler la *matière organisée* proprement dite.

L'analyse chimique les réduit en éléments minéraux simples : carbone, oxygène, hydrogène, azote et quelques autres moins constants.

On répartit en trois classes les plus importants de ces principes immédiats, à savoir :

1° les substances *féculentes* ou *sucrées;*

2° les substances *grasses;*

3° les substances *albuminoïdes*.

Celles des deux premières catégories ne renferment que trois éléments simples : carbone, oxygène et hydrogène; aussi les appelle-t-on souvent substances *ternaires;* celles de la dernière comprennent un quatrième élément en plus, l'azote, d'où le nom de substances *quaternaires*, qui leur est souvent donné.

Substances féculentes. — Ce sont des composés ternaires, renfermant, par conséquent, du carbone, de l'oxygène et de l'hydrogène, ces deux derniers éléments étant dans les proportions voulues pour former de l'eau, de sorte que ces substances sont, en somme, composées d'eau et de carbone ou charbon pur, et que leur formule est toujours très voisine de celle-ci, $C^{12} H^{10} O^{10}$, qui est celle de l'amidon ou fécule.

Les substances féculentes sont très répandues dans le **règne végétal**, puisque les parties suivantes en sont formées, à savoir : la *cellulose,* c'est-à-dire, la matière qui forme les parois des jeunes cellules et la partie fondamentale du bois ; l'*amidon* ou *fécule,* qui est en si grande abondance dans les graines des céréales (blé, orge, riz) et des légumineuses (haricots, pois, fèves, lentilles), dans les tubercules de la pomme de terre, les châtaignes, etc.; les *substances sucrées,* contenues dans les fruits, les racines ou diverses autres parties d'un grand nombre de végétaux, tels que la betterave, la canne à sucre, la carotte, le navet, le bouleau, le palmier, etc.

Dans le **règne animal,** ces substances sont moins abondantes ; cependant on trouve chez les Tuniciers une matière analogue à la cellulose végétale, et qui forme autour du corps de ces animaux une tunique extérieure parfois très épaisse. Le lait contient une notable proportion de sucre (lactose), le sang également; le foie en renferme aussi une grande quantité, et surtout une matière appelée *glycogène*, qui répandue ensuite dans le sang, s'y transforme en sucre ou *glycose.*

Substances grasses. — Les corps gras, qui se retrouvent en très grande abondance dans les deux règnes organiques, sont également des composés ternaires. Mais, au point de vue de la constitution chimique, ces composés diffèrent des précédents en ce que l'oxygène et l'hydrogène ne s'y rencontrent plus exactement dans les proportions constitutives de l'eau, l'hydrogène y étant considérablement en excès, comme le montre cette formule, par exemple, qui est celle de la stéarine : $C^{114} H^{110} O^{12}$.

Dans le **règne végétal**, un grand nombre de graines renferment des substances grasses : telles sont les olives, les noix, les amandes, les semences de lin, de colza, etc.

Dans le **règne animal**, les substances grasses se rencontrent dans presque tous les tissus. Suivant leur degré de consistance et leurs caractères, on les appelle *huiles*, *beurres*, *graisses*, *suifs* et *cires* : celles du premier groupe étant liquides à la température ordinaire ; celles du dernier, fondant seulement à 66° ; les autres à des degrés intermédiaires.

Ces principes sont d'une composition fort complexe : car ils sont formés de la réunion de plusieurs corps gras, qui résultent eux-mêmes de la combinaison de la glycérine avec des acides gras, les acides stéarique, margarique, oléique. Ils forment ainsi la *stéarine*, qui est surtout abondante dans la graisse du Mouton ; la *margarine*, que l'on trouve surtout dans la graisse humaine ; l'*oléine*, qui existe dans presque tous les corps gras à l'état pur. Les deux premières sont solides et la troisième est liquide.

Ces mêmes substances, mises en présence d'une solution alcaline, de potasse ou de soude, par exemple, abandonnent la glycérine pour se combiner avec la nouvelle base et former ce qu'on appelle des *savons*.

Les *huiles* se rencontrent surtout chez les Mammifères marins ; le crâne des Cachalots, par exemple, offre de profondes cavités, remplies, non par le cerveau, mais par une énorme quantité d'huile, qui communique au moyen de canaux avec les différentes régions du corps, et particulièrement avec le tissu sous-cutané, où se trouve répandu un liquide semblable : ce qui explique la prodigieuse quantité d'huile fournie par cet animal. La Baleine franche, le Marsouin renferment aussi dans leur tissu sous-cutané une abondante provision d'huile. Par le refroidissement, cette huile laisse déposer une matière blanche, cristalline, appelée *blanc de baleine* ou *spermaceti*.

Tout le monde sait qu'un grand nombre de Poissons renferment des liquides huileux : tels sont, par exemple, le Hareng, la Raie, mais surtout la Morue, dont le foie en est tout imprégné.

Les Oiseaux, surtout les espèces aquatiques, possèdent souvent sous leur peau une couche de tissu imbibé d'une matière huileuse.

Le *beurre* constitue une partie importante du lait des animaux.

La *graisse*, très répandue dans tout le règne animal, est surtout abondante chez les Vertébrés, spécialement les Oiseaux et les Mammifères.

Le *suif* n'est autre chose que la graisse fondue des Moutons, principalement, mais aussi des Bœufs, des Veaux et des Chèvres.

La *cire*, enfin, est plutôt un produit de sécrétion qu'une substance faisant réellement partie des tissus. Un grand nombre d'Insectes de la famille des Hyménoptères et aussi certains Diptères en sécrètent.

Substances albuminoïdes. — Les composés de cet ordre contiennent, outre les éléments des substances féculentes et grasses, un quatrième principe, l'azote : d'où le nom de substances *quaternaires* ou *azotées*, qu'on leur donne également, comme il a été dit (1). Quant au nom d'*albuminoïdes*, il vient de ce que tous se rapprochent, par leur constitution chimique, de l'albumine ou blanc d'œuf. Enfin, on les appelle encore substances *protéiques* (πρῶτος, premier), parce que ce sont les premières, par rang d'importance, dans l'organisme animal.

Dans le **règne animal,** les principales de ces substances sont : l'*albumine*, la *fibrine* et la *caséine*.

L'*albumine,* qui à elle seule constitue le blanc de l'œuf, se trouve aussi dans le sérum du sang, dans la lymphe, le chyle et un grand nombre d'autres liquides de l'économie animale. Soluble dans l'eau, l'albumine se coagule par la chaleur et les acides ; mais après avoir subi l'action de l'un

(1) Pour être exact, il faut ajouter que ces composés renferment aussi une petite quantité de *soufre* et parfois de *phosphore*.

de ces deux agents elle perd désormais la propriété de se dissoudre dans l'eau.

La *caséine* est un des éléments essentiels du lait. A l'état de pureté, elle est solide, blanche, pulvérulente ; à l'état de dissolution dans le lait, elle ne se coagule pas par la chaleur, mais seulement par les acides.

La *fibrine* existe dans le sang, dans la chair musculaire. L'organisme vivant la contient en dissolution, mais elle se coagule promptement dans le sang retiré des vaisseaux.

S'il est vrai que les substances albuminoïdes dominent dans le règne animal, il ne faut pas croire qu'elles lui appartiennent exclusivement, car le **règne végétal** en présente aussi. Dans les graines, par exemple, on trouve de l'albumine tout à fait semblable à celle du blanc d'œuf, et aussi de la caséine, laquelle porte alors le nom de *légumine*. De part et d'autre les propriétés sont si identiques, que les Chinois ont coutume d'extraire la légumine des pois pour en fabriquer des fromages, comme nous faisons avec la caséine du lait. Enfin, dans les mêmes graines, on trouve de la fibrine analogue à celle du sang des animaux, et à laquelle on donne le nom de *gluten*.

D'ailleurs, c'est au règne végétal que tous les animaux empruntent, en définitive, ces différents principes. Les uns, en effet, les tirent directement des plantes, qui en renferment non seulement dans leurs graines, mais aussi dans leurs racines et leurs tiges : ce sont les herbivores. Les autres, à savoir les carnivores, les trouvent déjà toutes formées dans le corps de ces derniers, dont ils se nourrissent. Il en résulte que les espèces animales du premier groupe doivent absorber une masse beaucoup plus considérable d'aliments que celles du second, lesquelles trouvent sous un petit volume une bien plus forte proportion de ces principes substantiels.

La vie et le protoplasma. — 1° *La vie nous est inconnue dans son essence ;*

2° *elle ne peut se manifester sans le protoplasma ;*

3° *le protoplasma est chimiquement une substance albuminoïde;*

4° *il est essentiellement contractile;*

5° *il est la base nécessaire de tout organisme.*

Toutes les substances qui viennent d'être étudiées, malgré leur importance dans la constitution de l'animal, ne suffisent pas cependant à en faire un être vivant. C'est ce qui explique pourquoi les chimistes, bien qu'ils soient arrivés à fabriquer des substances organiques, en faisant réagir entre eux des éléments pris dans le monde inorganique, carbone, hydrogène, oxygène, azote, n'ont cependant jamais pu obtenir un atome de substance vivante.

Il y a donc dans l'animal quelque chose de plus que des composés chimiques : il y a un principe, une force qui domine la matière organisée et lui imprime le mouvement. De l'union de la matière avec cette force, qui ne tombe pas sous nos sens et que nos moyens physiques et chimiques ne nous permettent pas d'analyser, résulte l'être vivant. Et ainsi la nature même, l'essence de la vie, échappe à notre connaissance; notre rôle doit donc se borner à en constater et étudier les manifestations.

Un grand fait cependant paraît aujourd'hui bien établi : quelles que soient la variété et la disposition des éléments qui entrent dans la constitution de l'organisme, l'observation montre que les phénomènes vitaux se passent, en définitive, dans une substance que nos moyens d'investigation nous montrent comme toujours la même, que l'organisme soit réduit à des dimensions microscopiques, ou bien qu'il atteigne les proportions colossales de la Baleine. Bien plus, ce qui vient d'être dit pour l'animal s'applique aussi au végétal. Cette substance, qui est en quelque sorte la partie matérielle indispensable à la réalisation de la vie, la *base physique de la vie*, comme on l'appelle parfois, en un mot, la matière vivante, c'est le *Protoplasma*.

Caractères du protoplasma.

Le *protoplasma* se présente sous l'aspect d'une substance demi-liquide, comme visqueuse, transparente, dans laquelle le microscope décèle une partie liquide tenant en suspension de fines granulations.

La chimie montre que cette substance est un mélange de divers principes immédiats albuminoïdes, et que, comme ceux-ci, elle se coagule par l'alcool, les acides et la chaleur.

Pour étudier les propriétés vitales du protoplasma, il faut l'envisager là où il se trouve dans son plus grand état de simplicité. Or, on connaît des animaux dont toute l'organisation se résume dans une gouttelette microscopique de la substance en question. Que l'on se figure une très petite partie d'une matière ayant l'aspect du blanc d'œuf cru, dans l'épaisseur de laquelle de fins granules, continuellement en mouvement, circulent sans cesse, comme entraînés par des courants. De ses contours, le plus souvent mal arrêtés et changeants, partent des prolongements

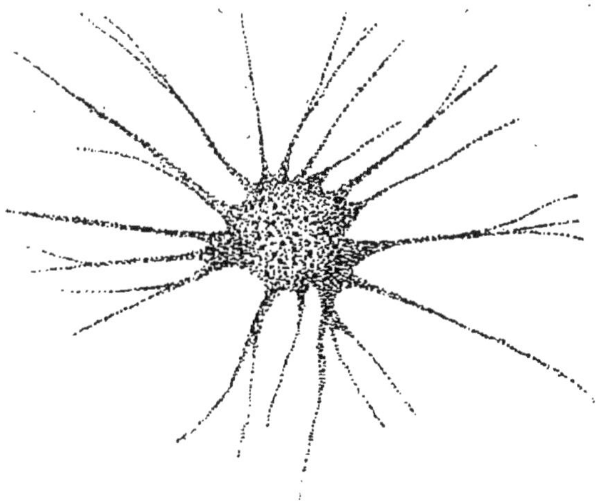

Fig. 23. — Un Protozaire (Monère). De la périphérie du corps partent des prolongements protoplasmiques ou pseudopodes.

de forme diverse, les uns étalés en lobes, les autres effilés comme des cheveux; on les voit par moments rentrer dans la masse commune, tandis que d'autres sont à leur tour émis de la même manière, sortes de petits pieds ou bras propres à saisir les substances alimentaires, ou bien à servir de point d'appui pour le déplacement du petit être. Tels sont, en particulier, la Monère et l'Amibe, petits organismes uniquement composés d'une gouttelette protoplasmique (fig. 23).

Sarcode.

Le protoplasma vivant est donc essentiellement contractile, mobile et changeant : c'est pourquoi un naturaliste français, Dujardin, l'a désigné sous le nom de *Sarcode* (σάρξ, chair ; εἶδος, apparence), par analogie avec le tissu musculaire, dont la principale propriété est la contractilité.

Cette petite gouttelette de gelée vivante, qui constitue la Monère, respire, se nourrit, s'accroît, se reproduit.

L'organisme le plus compliqué n'est qu'un échafaudage de petites masses de protoplasma.

Or, ce qui s'observe chez l'animal le plus rudimentaire se retrouve dans toute la série zoologique ; chez l'animal le plus parfait, comme chez le plus simple, le protoplasma est seul la matière vivante, le point de départ de toutes les manifestations vitales. Seulement, au lieu d'une seule goutte microscopique, l'organisme est alors formé par la réunion d'un très grand nombre de particules de cette matière protoplasmique, combinées, agencées entre elles de mille façons, pour arriver à constituer les organes et les appareils de l'animal. C'est au groupement particulier des corpuscules protoplasmiques que sont dus les différents tissus musculaire, nerveux, cartilagineux, etc. ; c'est d'eux également que dérivent la graisse qui s'amasse dans certaines régions, et les parties calcaires qui constituent les os.

Certains de ces corpuscules, d'une espèce particulière, restent tout à fait libres et indépendants, mobiles et entraînés par des courants dans toutes les parties de l'organisme : ce sont les globules rouges et les globules blancs du sang.

II° STRUCTURE ÉLÉMENTAIRE DE L'ORGANISME

Éléments anatomiques. — 1° *Les éléments anatomiques sont le dernier terme auquel conduit l'analyse de l'organisme par la dissection ;*

2° *la cellule est le point de départ de chacun d'eux, y compris ceux que l'on désigne sous le nom de fibres ;*

3° *les éléments anatomiques groupés entre eux constituent les tissus, lesquels sont ordinairement solides, mais quelques-uns liquides;*

4° *ce sont eux qui produisent les humeurs et les sécrétions.*

Le protoplasma, élément essentiel de tout organisme, est quelquefois nu, c'est-à-dire sans enveloppe, comme le montrent les êtres vivants les plus inférieurs ; mais le plus souvent il est entouré d'une membrane qui lui donne une forme déterminée. C'est à des corps protoplasmiques ainsi nettement délimités que l'on donne le nom d'*éléments anatomiques*.

Après avoir examiné l'organisation générale et la forme variée de ceux-ci, nous verrons comment, groupés entre eux, ils constituent les *tissus*, de l'assemblage desquels résulte enfin tout l'organisme.

Étude des éléments anatomiques.

Quand on a considéré la couleur, la forme d'un animal, examiné l'un après l'autre ses divers organes, envisagé l'aspect de chacun de ceux-ci et les rapports qu'ils offrent les uns avec les autres, on est encore bien loin d'avoir pénétré tous les mystères de son organisation. Arrivé à ce point, l'anatomiste n'est, pour ainsi dire, qu'au seuil de la connaissance de l'organisme, et il lui reste beaucoup de choses à apprendre. Mais, pour aller plus loin, il doit faire appel à un merveilleux instrument, le microscope, grâce auquel il nous est donné de franchir les limites du monde visible à l'œil nu et de pénétrer, en quelque sorte, dans l'intimité même de la structure organique.

Or, si l'on prend un très petit fragment du corps d'un animal quelque peu élevé en organisation, pour le placer avec précaution et l'étaler sur une mince lame de verre, afin de l'examiner au microscope, on reconnaît qu'il se compose d'une infinité de petites parties nettement distinctes les unes des autres. Leur aspect plus ou moins régulier, rappelle parfois, sauf leurs dimensions beaucoup plus petites, les cellules d'une ruche ; d'autres fois, comprimées entre elles elles s'allongent en filaments. Ce sont là précisément les *éléments anatomiques*, c'est-à-dire les parties les plus petites, de forme bien arrêtée et constante pour un même tissu, en lesquelles le microscope permet de décomposer l'organisme. L'élément anatomique, c'est, en quelque sorte, l'*unité organique*, dont la multiplication en nombre incalculable et l'agencement varié constituent, en définitive, le corps de l'animal. Leur étude a donc une grande importance.

Cette partie de l'anatomie a reçu le nom d'*Histologie* (ἱστος tissu; λόγος traité), science de création assez récente et dont l'honneur revient à un illustre médecin français, Xavier Bichat (1),

Cellules. Lorsque les éléments anatomiques sont de production récente, c'est ordinairement sous la forme d'un petit corps renflé, plus ou moins arrondi ou à contour polygonal qu'ils se présentent : d'où le nom de *cellules* qui leur a été donné. Mais cette forme se modifie bientôt : car chacune des jeunes cellules, comprimée par les cellules voisines,

(1) BICHAT (Xavier), né à Thoirette (Ain) en 1771, mort en 1802. Bien qu'ayant succombé à l'âge de 31 ans, Bichat eut le temps d'accomplir une œuvre scientifique considérable. Véritable fondateur de l'*Anatomie générale*, tandis qu'avant lui on n'avait étudié l'anatomie que par analyse, en quelque sorte, il eut la féconde idée de procéder par synthèse. Au lieu d'étudier le corps humain, organe par organe, il considéra les tissus qui le constituent, et cela indépendamment de tel ou tel organe, pour s'attacher à découvrir les propriétés mêmes de ces tissus, qu'il reconnut être constantes pour chacun d'eux pris en particulier et quel que soit le point de l'organisme où on le rencontre. Dès lors s'expliquait facilement comment des parties de l'organisme fort éloignées les unes des autres semblent liées entre elles par une étroite sympathie, aussi bien dans l'état de santé que dans l'état de maladie. C'était ouvrir, on le comprend, une voie nouvelle et très vaste à la médecine pratique. Bichat répartit en deux catégories les propriétés des tissus : les unes sont physiques, les autres vitales; les premières dépendent de la matière inorganique, les secondes de l'organisation même. Il distingue nettement la vie organique commune aux plantes et aux animaux, de la vie animale, que ces derniers seuls possèdent. Il reconnait l'existence de la sensibilité et de la contractilité dans les deux règnes, mais avec des caractères bien différents. Ainsi, la plante est sensible comme l'estomac, qui se met à sécréter le suc gastrique, quand il se trouve mis en contact avec les aliments. C'est une sensibilité non perçue et bien différente de celle que possèdent les organes des sens. — Son ouvrage intitulé « *Recherches sur la Vie et la Mort* », pour ne citer que celui-là, est particulièrement célèbre.

qui s'accroissent en même temps, est obligée de s'allonger ou bien de devenir polyédrique, étoilée, etc.

Théorie cellulaire.

Cette réduction si remarquable de l'organisme en éléments microscopiques ou cellules a été d'abord observée dans le règne végétal par un naturaliste allemand, Schleiden (1838), et bientôt reconnue applicable au règne animal par Schwann (1839).

Depuis, toutes les observations ont confirmé la réalité de la composition cellulaire des corps organiques: d'où le nom de *théorie cellulaire* donné à cette interprétation de la constitution des êtres vivants.

Fig. 24.

Fig. 25.

Fig. 24. — Groupe de cellules du foie; chacune d'elles montre une membrane d'enveloppe, le protoplasma, dans lequel se voit un gros noyau, qui contient lui-même un nucléole sous forme d'un petit point.

Fig. 25. — Une cellule du cerveau; elle est en étoile et montre un gros noyau avec un nucléole bien visible.

Constitution d'une cellule.

Une cellule complète se compose des parties suivantes :

1° une petite masse formée de ce protoplasma que nous avons étudié dans les pages précédentes et qui forme le *corps* de la cellule;

2° un *noyau* ou *nucléus*, plongé dans le protoplasma et qui se montre sous la forme d'un petit point qui tranche sur le reste par sa densité plus grande et son éclat plus vif. Dans son intérieur peuvent être contenus, mais non d'une façon constante, un ou plusieurs corpuscules d'une extrême petitesse, que l'on appelle des *nucléoles;*

3° une *membrane d'enveloppe*, qui entoure le protoplasma. Cette membrane, sécrétée par le protoplasma lui-même, et d'abord molle, peut devenir par la suite fort dure, s'incruster de matière calcaire, par exemple; mais alors elle est poreuse, traversée de fins canalicules, qui lui permettent de communiquer avec les cellules voisines.

Modifications des cellules. La forme cellulaire est bien le point de départ de tous les éléments anatomiques ; mais, comme il a été dit un peu plus haut, ceux-ci se modifient souvent de telle façon que la forme première devient absolument méconnaissable.

Fibres. Tel est, en particulier, celui qui a reçu le nom de *fibre*, parce qu'il résulte d'un allongement considérable de la cellule primitive. Les fibres restent souvent légèrement

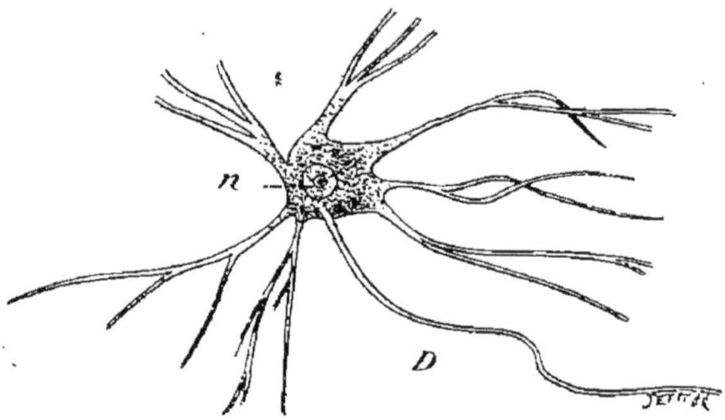

Fig. 26. — Une cellule nerveuse, du pourtour de laquelle partent des prolonge-gements en grand nombre, mais tous fort courts et destinés à l'unir à d'autres cellules ; un seul fait exception (*D*) ; il constitue le commencement d'une *fibre nerveuse* et atteint une grande longueur.

renflées en leur milieu, tandis que les deux extrémités sont très effilées, de façon à rappeler un fuseau : disposition que présentent, entre autres, certaines fibres musculaires (fig. 38). Leur allongement peut atteindre jusqu'à un mètre et davantage, leur diamètre restant toujours d'une extrême petitesse, puisqu'il est compris entre quelques centièmes et quelques dixièmes de millimètre, comme c'est le cas des fibres dont les nerfs sont formés (fig. 26, D et 42, C).

Entre les éléments anatomiques qui constituent les tissus que nous allons étudier dans un instant se trouvent interposés certains liquides. Ceux-ci sont de deux ordres : les uns, malgré leur fluidité, doivent être regardés comme de véritables tissus, au même titre que les muscles, les os et les nerfs ; nous voulons parler du sang et de la lymphe, que nous étudierons à la suite des tissus solides. Les autres constituent les Humeurs et les Sécrétions.

Humeurs et Sécrétions.

Les *humeurs* proprement dites comprennent les liquides organiques qui sont produits par les cellules et qui restent interposés aux tissus ou renfermés dans certaines cavités naturelles. Ainsi, la surface des articulations est incessamment lubrifiée par un liquide onctueux, qui joue le rôle de l'huile dans les parties des machines où s'exerce un frottement : c'est la synovie, qu'exhale sans cesse la surface interne des parois articulaires ; tel est encore le liquide qui existe entre les centres nerveux et leurs enveloppes membraneuses.

Les Glandes, qui sont répandues en si grande quantité dans l'organisme : glandes lacrymales, glandes salivaires, celles de l'estomac, de l'intestin, le foie, le pancréas, les reins, celles qui tapissent toute la surface des muqueuses, etc., produisent des humeurs de nature particulière ou *sécrétions*, dont les unes doivent rester dans l'économie, car elles sont utilisées par la digestion ou d'autres fonctions, et dont les autres sont rejetées au dehors.

Les cellules, on le voit, sont bien la base de tout l'organisme, et c'est d'elles que dérivent toutes les parties plus ou moins importantes qui le composent.

Étude des principaux tissus organiques. — Les cellules et les fibres disposées entre elles de mille façons, forment les tissus, qui constituent l'échafaudage organique.

Une matière particulière, dite *substance intercellulaire*, souvent interposée aux éléments anatomiques, les réunit plus ou moins solidement, selon sa nature et sa consistance, qui peut être dure et résistante comme dans les os ; fibreuse, comme dans certains cartilages ; muqueuse, gélatineuse, et même liquide, comme dans le sang. De même, sa proportion est extrêmement variable suivant les espèces de tissus. Sécrétée par le protoplasma des cellules, elle est d'abord molle et formée comme lui de substances albuminoïdes, puis se transforme souvent par la suite, de façon à devenir plus résistante.

Les divers tissus n'ont pas une égale importance : les uns possèdent un rôle physiologique d'ordre bien plus élevé, sont essentiels à la vie de l'organisme, tandis que certains autres sont en quelque sorte secondaires, servant, par exemple, de soutien et de moyens de séparation aux organes.

Les principaux sont : le *tissu épithélial*, le *tissu conjonctif*, le *tissu cartilagineux*, le *tissu osseux*, le *tissu musculaire* et le *tissu nerveux*. Il faut y ajouter enfin le *sang* et la *lymphe*.

Différentes sortes d'épithélium.

Tissu épithélial ou épithélium. — Le caractère principal de ce tissu est de former une sorte de revêtement

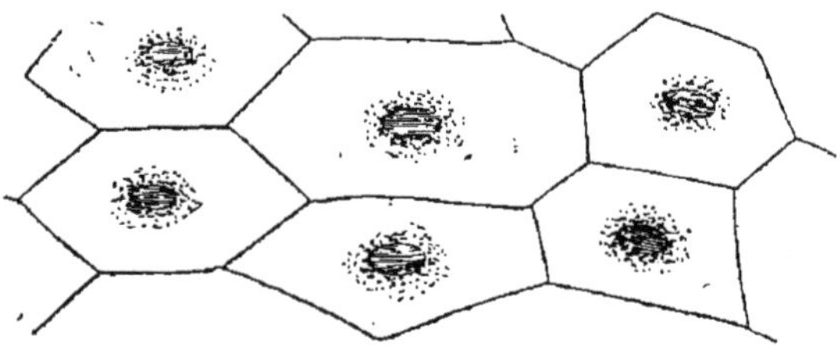

Fig. 27. — Épithélium pavimenteux, très grossi, des couches superficielles de l'épiderme.

A

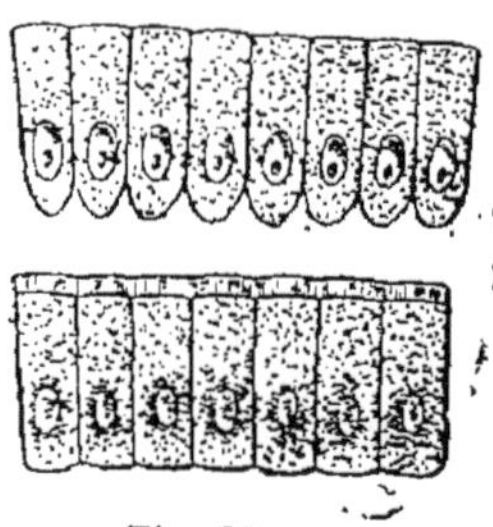

B

Fig. 28.

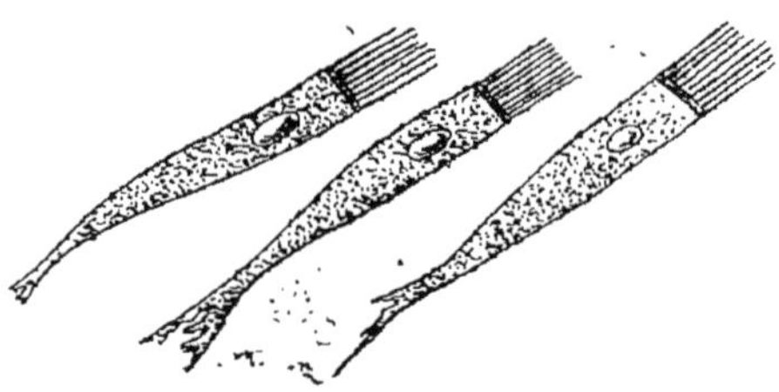

Fig. 29.

Fig. 28. — *A*, *B*, deux rangées de cellules épithéliales cylindriques. Celles de la seconde sont en plus surmontées d'un plateau criblé de pores.
Fig. 29. — Cellules épithéliales à cils vibratiles.

à tous les organes : c'est lui qui, étendu comme un vernis sur toute la surface extérieure de notre corps, prend le nom d'*épiderme*. De même, il recouvre toutes nos muqueuses, c'est-à-dire cette sorte de peau qui revêt les organes creux du corps; il s'enfonce dans les conduits excréteurs des glandes et les tapisse.

La forme des cellules épithéliales et leur agencement permettent d'en distinguer plusieurs sortes. D'après sa disposition on dit l'épithélium :

simple, lorsque les cellules sont placées sur une seule couche;

stratifié, quand elles sont superposées sur deux ou plusieurs rangs.

D'après son aspect on l'appelle :

pavimenteux, lorsque les cellules ont un contour polygonal, de façon à rappeler la disposition du pavé de nos rues (fig. 27);

cylindrique, quand les cellules sont molles, allongées, et serrées les unes contre les autres (fig. 28);

vibratile, enfin, quand il est surmonté de petits prolongements très fins, constamment animés de mouvements d'oscillation, ce qui a valu à ces prolongements le nom de *cils vibratiles* (fig. 29).

Rôle de l'épithélium.

Le rôle du tissu épithélial est aussi remarquable que multiple.

Il forme à la peau, comme il a été dit plus haut, une sorte d'enveloppe continue, de vernis, qui, sans supprimer l'exercice de la sensibilité tactile, empêche l'irritation que produirait le contact direct des corps extérieurs avec la peau, où aboutissent tant de filets nerveux sensitifs.

A la surface des muqueuses, il joue un rôle protecteur analogue.

Il tapisse la cavité des glandes si nombreuses qui s'ouvrent à la surface de ces muqueuses; il est l'agent principal de leurs sécrétions, qu'il s'agisse de ce liquide visqueux, épais, qui lubrifie constamment ces surfaces et les maintient dans un état convenable d'humidité, ou bien de la synovie, qui humecte sans cesse les cavités articulaires. C'est ce même tissu qui produit certaines humeurs spéciales, telles que les sucs digestifs, les larmes, la sueur, etc.

L'épithélium n'a pas une moindre importance comme *absorbant*. C'est par son intermédiaire que nombre de liquides sécrétés par les glandes, au lieu d'être rejetés, sont repris par l'organisme; c'est par lui notamment que se fait l'absorption des matières triturées et élaborées dans l'estomac et l'intestin.

Son rôle dans l'économie animale est donc très important.

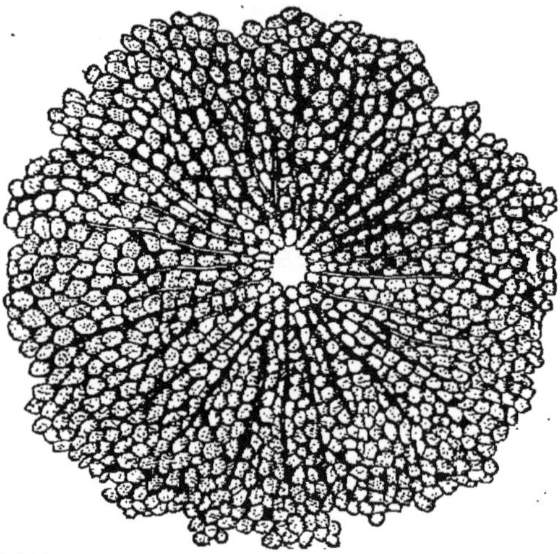

Fig. 30. — Cellules épithéliales du foie, groupées en un lobule, et qui servent à l'une des sécrétions dont cet organe est chargé.

Quant à la variété désignée sous le nom d'épithélium vibratile, elle se rencontre principalement dans les voies respiratoires. C'est surtout grâce aux mouvements incessants d'oscillation exécutés par les cils qui surmontent les cellules de ce genre, que les produits de sécrétion trop abondants, qui tendraient à s'accumuler dans les poumons et à obstruer les ramifications des bronches, sont conduits peu à peu au dehors. Il joue un rôle analogue dans l'excrétion du produit de certaines glandes, dont il tapisse les conduits.

Enfin, il est bon d'ajouter que les ongles, les cheveux, les poils, etc., sont autant de formations de nature épithéliale.

Constitution du tissu conjonctif.

Tissu conjonctif. — Souvent appelé aussi *tissu cellulaire*, le tissu conjonctif doit son nom à ce que, interposé entre les organes, il les réunit en quelque sorte les uns

Fig. 31.

1 2

Fig. 32.

Fig. 31. — Cellules d'aspect fusiforme ou étoilé du tissu conjonctif.
Fig. 32. — Tissu conjonctif ; *1*, fibrilles du tissu conjonctif ; *2*, fibrilles élastiques.

aux autres. Il forme de grandes mailles, dans lesquelles, chez les animaux gras, s'amasse de la graisse : ce qui lui fait donner alors le nom de *tissu adipeux* (*adeps*, graisse).

Les éléments du tissu conjonctif sont d'aspect très variable : ce sont des cellules pourvues de prolongements qui leur donnent une forme allongée ou étoilée (fig. 31), et entre lesquelles une substance intercellulaire se développe, sous l'aspect de fibrilles réunies en faisceaux (fig. 32, *1*) ; celles-ci sont souvent accompagnées de filaments résistants qui reviennent sur eux-mêmes après avoir été étirés et qui forment le *tissu élastique* (fig. 32, *2*), lequel n'est, en réalité, qu'un dérivé du tissu conjonctif.

Rôle de ce tissu.

Très répandu dans l'organisme, le tissu conjonctif enveloppe tous les organes, leur forme une sorte de gaine, et pénètre même dans leur intérieur, pour en constituer la charpente. Très lâche dans certaines régions, par exemple, sous la peau, il permet à celle-ci de glisser sur les organes plus profonds : c'est ce tissu que les bouchers insufflent dans les abattoirs pour dépouiller plus facilement les animaux. La peau est en grande partie formée par lui. Enfin, il s'étale autour des muscles, qu'il sépare, en leur permettant, grâce à la souplesse de ses mailles, de glisser les uns sur les autres. D'autres fois, au contraire, il offre une grande consistance et résiste aux plus violentes tractions ; aussi est-il l'élément principal de la composition des ligaments articulaires et des tendons. Enfin, il forme le péritoine, qui entoure les intestins, la plèvre, qui recouvre les poumons, et le péricarde, qui enveloppe le cœur.

Le tissu conjonctif et le système lymphatique.

Mais l'un des rôles les plus importants de ce tissu consisterait, d'après un certain nombre d'anatomistes (école allemande), à former un vaste réseau répandu dans tout l'organisme, et dans les mailles duquel se trouve épanché le liquide lymphatique, dont le rôle physiologique est considérable. C'est de ce réseau que partiraient les vaisseaux chargés du transport de ce même liquide, dont nous suivrons le trajet dans un autre chapitre de ce livre. Mais nous devons ajouter que ces faits sont contestés par des anatomistes non moins éminents de l'école française. (Voir à ce sujet la fin du chapitre consacré à l'étude de la Circulation.)

Constitution et variétés du tissu cartilagineux.

Tissu cartilagineux. — Ce tissu est formé de cellules arrondies, aplaties ou anguleuses, composées d'une masse de protoplasma renfermant un noyau. Quand elles ont atteint tout leur développement, elles sécrètent autour d'elles une épaisse membrane d'enveloppe, qui contribue à donner à ce tissu sa consistance propre bien connue, et qui a reçu le nom de *capsule* (fig. 33, *2*).

En outre, entre les capsules est répandue une matière

particulière, la *substance fondamentale*, laquelle peut être parfaitement homogène, transparente comme du verre : *cartilage hyalin ;* ou bien formée de fibres conjonctives, les capsules seules restant cartilagineuses : *cartilage fibreux ;* ou renfermer des réseaux de fibres élastiques : *cartilage élastique*. On peut ajouter encore, que dans certaines conditions, le tissu cartilagineux peut s'incruster de matières calcaires et devenir dur comme l'os : *cartilage calcifié*.

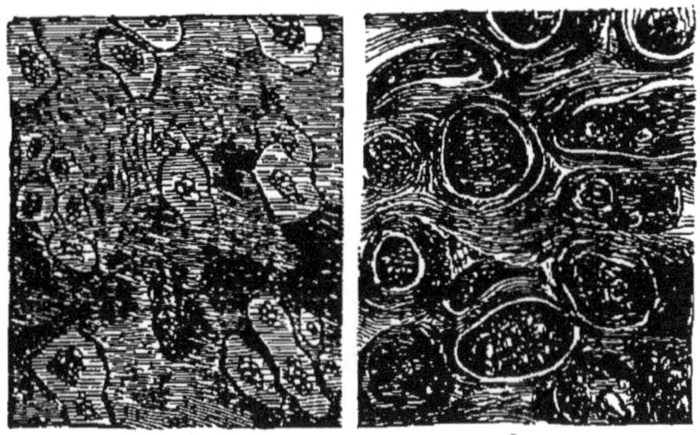

1 *2*

Fig. 33. — Tissu cartilagineux, grossi 200 fois : *1*, cartilage qui précède l'ossification, chez l'Homme ; *2*, cartilage de l'oreille du Lapin. On voit nettement dans les deux figures : la substance fondamentale interposée aux cellules ; les capsules, surtout sur le second dessin ; enfin le protoplasma et les noyaux cellulaires.

Disons, enfin, que les cartilages, à l'exception de ceux des articulations, sont recouverts d'une membrane, qu'on appelle le *périchondre* (1).

Les cartilages recouvrent les extrémités articulaires des os ; fermes et élastiques, ils conviennent parfaitement pour résister à l'usure provoquée par le frottement et amortir les chocs. En outre, ils jouent un grand rôle dans la formation des os : car ceux-ci, pour la plupart, passent d'abord par l'état cartilagineux (fig. 33, *1*) ; et ce n'est que plus tard que, dans ce tissu, se dépose la matière calcaire et apparaissent les autres dispositions caractéristiques de la substance osseuse. Rôle de ce tissu.

Tissu osseux. — Le tissu osseux forme la charpente solide du corps des Vertébrés. Si au moyen d'une scie fine on détache une mince rondelle d'un os, tel que celui du Constitution du tissu osseux.

(1) Du grec περί, autour ; et χόνδρος, cartilage.

bras, puis, que par le frottement sur un corps dur, la pierre ponce, par exemple, on use cette rondelle jusqu'à la réduire à l'état de lame transparente, on a ainsi une sorte d'anneau, dont la partie centrale évidée était naguère remplie par une substance demi-solide, la *moelle* de l'os.

Au microscope, on voit que le bord intérieur aussi bien que le bord extérieur de cet anneau, sont formés de

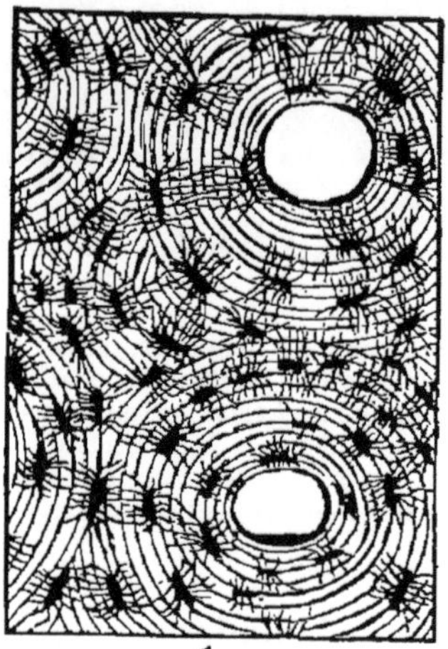

1

2

Fig. 34. — Tissu osseux ; *1* et *2*, coupe transversale d'une portion d'os à deux grossissements différents. On y voit plusieurs canaux de Havers entourés de lamelles concentriques, et de nombreux ostéoplastes ou cellules osseuses ramifiées.

fines *lamelles* concentriques, comme emboîtées les unes dans les autres ; entre ces deux systèmes de lamelles s'en trouvent d'autres, de forme circulaire, disposées autour de petits trous (fig. 34), qui ne sont autre chose que le lieu de passage des vaisseaux sanguins qui parcourent l'os et sont chargés de sa nutrition ; ces conduits creusés dans l'épaisseur de l'os sont appelés *canaux de Havers* (1). Sur une coupe longitudinale de l'os, ces canaux ont un aspect ramifié, car ils communiquent les uns avec les autres (fig. 35).

(1) Nom d'un anatomiste anglais.

En outre, tous ces systèmes de lamelles osseuses sont parsemés de petits espaces sombres, de forme étoilée, d'où partent, en tous sens, de très fins canalicules. Pendant la vie, chacun de ces espaces renferme une cellule, formée d'une gouttelette protoplasmique contenant un noyau. D'abord globuleuse, cette cellule s'aplatit et devient extrêmement mince par suite du développement de l'os : ces cellules sont les *ostéoplastes* ou *corpuscules osseux*, c'est-à-dire les éléments formateurs de l'os (fig. 36, *A*, *B*).

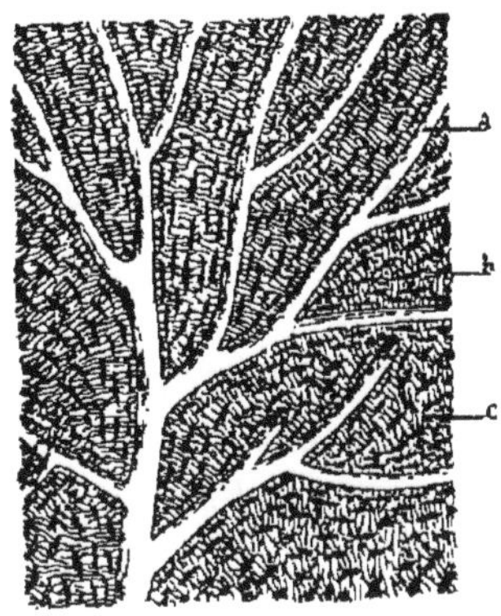

Fig. 35. — Coupe longitudinale du tissu osseux vue au microscope ; *a*, canaux de Havers ramifiés ; *b*, ostéoplastes ; *c*, lamelles osseuses.

Enfin, une membrane fibreuse, le *périoste*, recouvre, comme d'une gaine serrée, toute la surface extérieure de l'os, excepté au

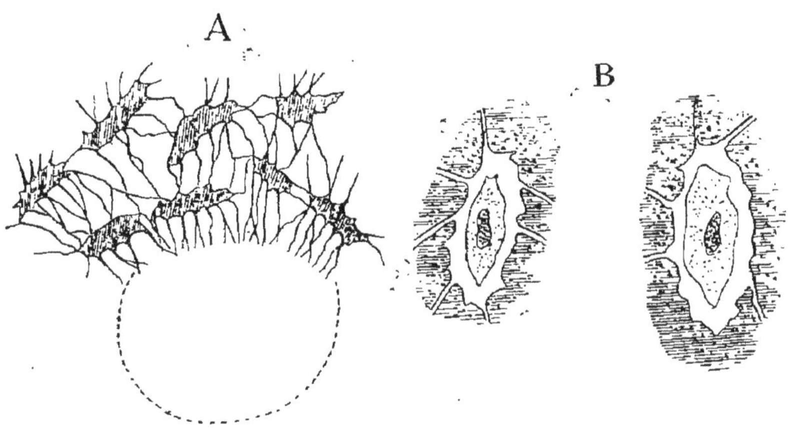

Fig. 36. — *A*, cellules osseuses ou ostéoplastes, et leurs canalicules, disposés autour d'un canal de Havers, et montrant leur abouchement avec celui-ci (grossis environ 400 fois). — *B*, deux ostéoplastes ou corpuscules osseux isolés.

niveau des parties recouvertes de cartilage (extrémités des os) et des points où se fait l'insertion des tendons musculaires et des ligaments qui réunissent l'un à l'autre deux os voisins. Elle lui est unie par des vaisseaux et de très fines et nombreuses fibres de tissu conjonctif, qui pénètrent dans l'os et sont appelées *fibres de Sharpey*, du nom de l'anatomiste anglais qui les a le premier signalées. Cette particularité anatomique rend compte de la solidité avec laquelle le périoste adhère à l'os et de la grande difficulté que l'on éprouve parfois à l'en arracher.

Tissu musculaire. — Ce tissu, qui constitue la chair proprement dite des animaux, a pour caractère essentiel la *contractilité*. Or, en se contractant, les muscles se raccourcissent et font, par exemple, exécuter aux os sur lesquels ils sont attachés, certains mouvements qui amènent par là même des changements de position du corps ou des membres.

Les muscles sont de deux sortes : les uns sont soumis à l'empire de la volonté, et ceux de la locomotion appartiennent à cette catégorie; les autres n'obéissent pas à la volonté, et c'est à eux que sont dus, entre autres, les mouvements des intestins, grâce auxquels les substances alimentaires cheminent peu à peu dans toute la longueur du tube digestif.

Or, la structure de ces deux sortes de muscles est bien différente ; elle a valu aux premiers le nom de *muscles striés*, et aux seconds celui de *muscles lisses*.

Muscles striés. Si l'on examine à l'œil nu un muscle des membres, on voit qu'il se laisse diviser en filaments, réunis par du tissu conjonctif. Si l'on s'aide du microscope, on remarque que chacun de ceux-ci se décompose en un grand nombre de filaments plus petits ou *faisceaux primitifs* (fig. 37, A), dont le diamètre ne dépasse pas huit centièmes de millimètre, mais dont la longueur est celle du muscle entier.

Chaque faisceau primitif a lui-même une structure compliquée : d'abord, on voit qu'il est entouré d'une mince membrane, appelée *sarcolemme* (B, *s*), d'une transparence parfaite, sans structure appréciable, et qui renferme la *substance musculaire* proprement dite. Celle-ci est striée dans le sens longitudinal et aussi dans le sens transversal, de sorte que le faisceau primitif peut à son tour être séparé en un certain nombre de *fibrilles* comme le montre le haut de la fig. A, et la fig. D, ou bien en petits *disques* d'une extrême minceur, disposés comme des piles de

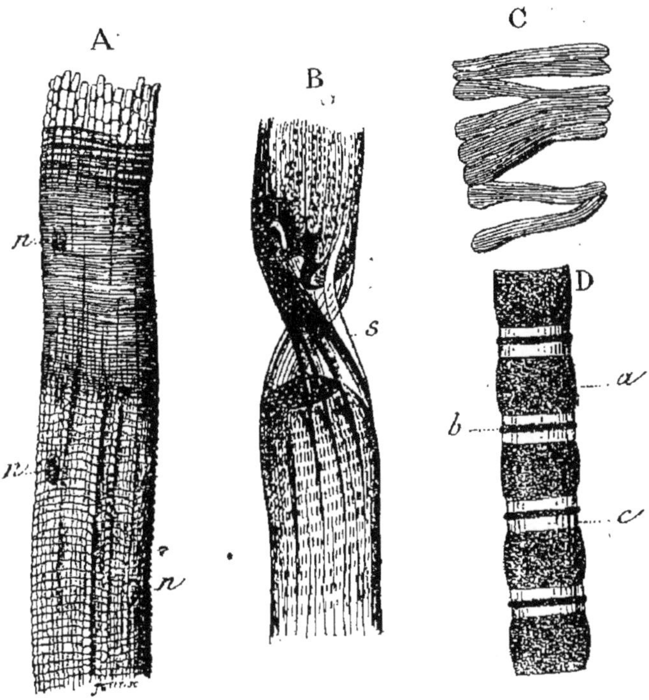

Fig. 37. — Tissu musculaire strié. *A*, un faisceau primitif décomposé en fibrilles à sa partie supérieure, et en disques au-dessous; *n*, *n*, noyaux disséminés sous le sarcolemme. — *B*, faisceau primitif montrant nettement le sarcolemme (*s*), en un point où la substance musculaire se trouve déchirée et séparée en deux tronçons. — *C*, portion d'un faisceau primitif décomposé en une pile de disques. — D, fibrille très grossie montrant ses disques superposés, alternativement plus épais (*a*), et plus minces (*c*), ceux-ci divisés eux-mêmes par une strie transversale (*b*).

monnaie (C). Chaque fibrille elle-même, considérée à part, offre ces mêmes stries transversales, et peut être décomposée en disques extrêmement petits, qui sont alternativement plus gros et sombres et plus minces et clairs (D).

Dans tous ces éléments, on ne reconnaît plus, il est vrai, de cellules distinctes; mais au moment où le muscle commence à se développer dans l'organisme, chaque faisceau primitif commence par être une simple cellule, qui s'allonge considérablement, en même temps que son noyau se multiplie, de sorte qu'au bout d'un certain temps on trouve un grand nombre de noyaux disséminés sous le sarcolemme d'un même faisceau primitif, comme le montre la fig. 37, *A, n*.

Muscles lisses. Quant aux *muscles lisses* ou muscles des organes végétatifs, on y reconnaît parfaitement l'existence des cellules

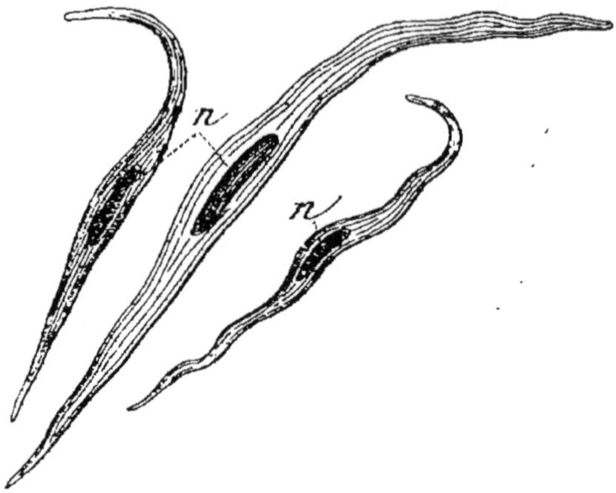

Fig. 38. — Trois cellules du tissu musculaire à fibres lisses ou fibres-cellules avec leur noyau.

primitives, lesquelles ont un aspect uniforme. Leur longueur ne dépasse pas quelques centièmes de millimètre, et chacune contient un noyau ovalaire; elles ne présentent jamais trace d'une striation analogue à celle des muscles précédents (fig. 38).

Contraction musculaire. La *contraction* du muscle est due à une propriété que ce tissu partage avec quelques autres éléments anatomiques. De même que le globule blanc du sang ou le corpuscule lymphatique se contracte à la manière de l'Amibe, de même chaque cellule des muscles lisses a la propriété de se contracter, comme aussi chacun des disques des faisceaux des muscles striés.

La rapidité de la contraction dans les muscles de la vie de relation est en rapport avec la petitesse des éléments qui entrent en jeu; en effet, tous les petits disques se raccourcissent simultanément, de sorte que le muscle se contracte par tous ses points à la fois. En même temps que chaque disque s'aplatit, il s'élargit : d'où résulte à la fois l'épaississement du muscle contracté et sa dureté plus grande, phénomènes bien faciles à constater sur le muscle biceps, quand on fléchit l'avant-bras.

La contraction de la fibre musculaire lisse, au lieu d'être instantanée, se fait bien plus lentement : ce qui peut s'expliquer par l'absence de division en disques contractiles, l'élément anatomique, par conséquent, restant beaucoup plus long, une dizaine de fois environ que dans le premier cas. Chaque fibre lisse a, en effet, deux à cinq centièmes de millimètre de hauteur, tandis que les disques des muscles striés n'ont pas plus de quelques millièmes de millimètre.

Tissu nerveux. — Ce tissu est assurément celui qui par son importance physiologique domine tous les autres ; il commande tous les mouvements et permet à l'animal de Rôle et constitution du tissu nerveux.

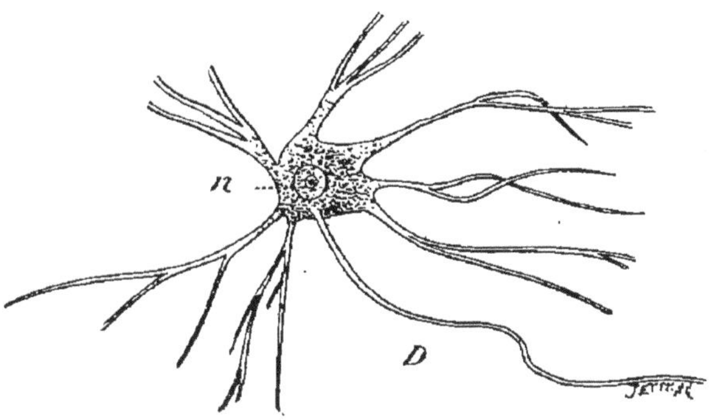

Fig. 39. — Une cellule nerveuse multipolaire ou à nombreuses ramifications ; n, noyau et nucléole ; D, fibre de Deiters, origine d'une fibre nerveuse, les autres prolongements aboutissant à des cellules.

se mettre en rapport avec le monde extérieur. Il préside à nos perceptions sensibles et aux réactions motrices qui sont la conséquence de celles-ci; par son intermédiaire s'établissent les communications entre le corps et les facultés intellectuelles.

Il se compose de parties principales, qu'on appelle les *centres nerveux :* ce sont le cerveau, la moelle épinière et

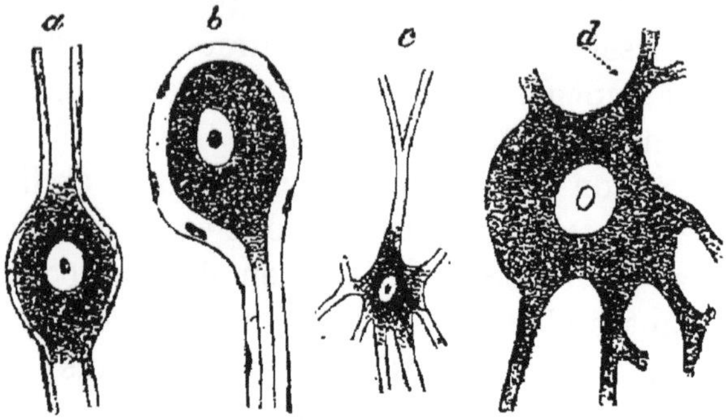

Fig. 40. — Cellules nerveuses ; *a, b,* cellules bipolaire et unipolaire prises dans un ganglion nerveux ; *c, d,* cellules multipolaires de la substance cérébrale. On reconnaît dans les deux premières une enveloppe de tissu conjonctif, qui manque dans les deux autres ; et dans toutes on voit le protoplasma et le noyau avec un nucléole.

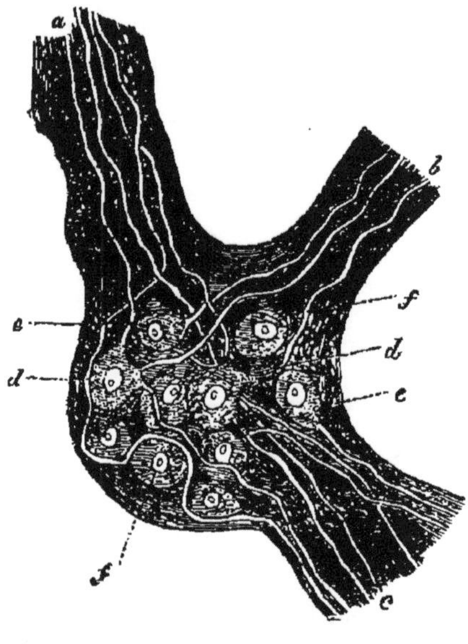

Fig. 41. — Structure d'un ganglion nerveux ; *a, b, c,* ramifications de ce ganglion, formées de fibres de tissu conjonctif, au milieu duquel se voient des fibres nerveuses ; *d, d,* cellules multipolaires ; *e, e,* cellules unipolaires ; *f, f,* cellules apolaires.

les ganglions. De ces centres, où se trouvent amassées des cellules en grand nombre, partent des nerfs qui les réunissent les uns aux autres ou qui les mettent en communication avec les différents organes.

Les *cellules nerveuses*, dont le diamètre, très variable, oscille d'ordinaire entre deux à quinze centièmes de millimètre, sont formées d'un protoplasma renfermant un beau noyau. Les unes (fig. 40 et 41) sont à peu près arrondies, sans prolongement, et ont reçu le nom de cellules *apolaires;* tandis que d'autres, renflées en fuseau, offrent deux prolongements et sont appelées *bipolaires;* d'autres, enfin, en présentent un grand nombre, ce qui leur donne un aspect étoilé : ce sont les cellules *multipolaires*. Ces prolongements aboutissent à d'autres cellules, ou bien sont le point de départ des nerfs (fig. 39).

Les *nerfs* forment des cordons blancs, qui recouverts d'une enveloppe commune, sont divisibles en fila-

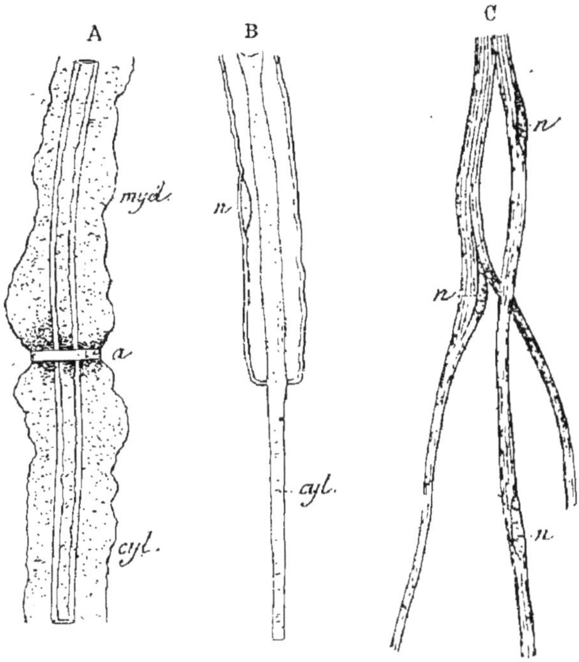

Fig. 42. — *A*, un tube nerveux, montrant de dehors en dedans l'enveloppe ou névrilème, la moelle nerveuse ou myéline, et le cylindre-axe ; *a*, un étranglement du tube, indice de la soudure de deux cellules nerveuses. — *B*, tube nerveux sans myéline, le cylindre-axe se prolonge en dehors du névrilème ; *n*, noyau, situé sous le névrilème. — *C*, faisceaux nerveux ramifiés ; *n*, *n*, noyaux.

ments ou *tubes nerveux* distincts, composés, chacun (fig. 42, A), d'une partie centrale, qu'on appelle le *cylindre-axe*, parce qu'elle a la forme d'un petit cylindre qui occupe l'axe du tube; d'un liquide graisseux, ou *moelle ner-*

veuse, qui entoure le cylindre-axe ; et enfin, d'une mince membrane, le *névrilème* ou *gaine de Schwann.*

Il est des nerfs qui ne renferment que le cylindre-axe et sont dépourvus de moelle nerveuse (B) : leur couleur est pâle, tandis que ceux où se remarque la structure ordinaire sont plus foncés.

La partie la plus importante du tube nerveux est le cylindre-axe, car seul il ne manque jamais. Les tubes nerveux, qui atteignent une grande longueur, puisque ceux qui partent du pied, par exemple, vont jusqu'à la moelle sans aucune interruption, résultent de cellules mises bout à bout et soudées les unes aux autres, chacune pouvant avoir la longueur d'un millimètre ou un peu plus, et une largeur d'un millième à un centième de millimètre. La trace de cette soudure des cellules primitives se reconnaîtrait dans les étranglements que le névrilème présente de distance en distance (fig. 42, *A, a*).

Tissus liquides. — Tandis que les éléments anatomiques qui constituent les tissus que nous venons de passer en revue sont réunis et soudés entre eux de façon à former un tout continu et plus ou moins solide, on en connaît qui restent libres de toute adhérence et flottent mobiles dans un liquide, avec lequel ils sont transportés d'un point à l'autre de l'économie, pour subvenir aux besoins de celle-ci : ces éléments sont les *globules du sang* et ceux de la *lymphe.* Nous nous trouvons là réellement en présence de tissus liquides : car ces globules sont de véritables cellules, et le liquide dans lequel ils sont plongés est la substance intercellulaire.

Sang. Les globules du sang, qui seront étudiés plus en détail au chapitre de la Circulation, sont de deux sortes : les uns rouges, les autres blancs. Les premiers sont, suivant les espèces animales, elliptiques ou aplatis en forme de disques; les globules blancs, beaucoup moins nombreux, sont sphériques, et possèdent la remarquable propriété d'être contractiles, de pouvoir émettre des prolongements analogues à ceux de la Monère. Il paraît probable que ces derniers sont de jeunes cellules, qui se transforment par la suite en globules rouges, lesquels seraient, au contraire, des cellules vieilles déjà et sur le point de disparaître.

Quant aux globules lymphatiques, ils sont de tous points semblables aux globules blancs du sang, doués de mouvements très prononcés, et renferment plusieurs noyaux ou un seul. Grâce à leurs mouvements, ils peuvent absorber, faire pénétrer en eux, non seulement les substances liquides, mais les corpuscules solides du voisinage, tels que granules divers, débris de globules sanguins, etc. **Lymphe.**

Tissus complexes. — Il existe encore d'autres tissus, mais dont les uns sont des modifications de ceux qui viennent d'être décrits, comme le *tissu dentaire*, par exemple, qui est une variété du tissu osseux, et les autres le produit d'une combinaison de plusieurs tissus différents : tels sont le *tissu vasculaire*, dans lequel il entre du tissu conjonctif, du tissu musculaire, du tissu épithélial; le *tissu glandulaire*, si répandu dans l'économie, où il joue un rôle d'une grande importance, et qui est essentiellement formé de cellules épithéliales, de tissu conjonctif et de vaisseaux.

ÉTUDE SPÉCIALE DE L'HOMME
ET NOTIONS D'ANATOMIE
ET DE PHYSIOLOGIE COMPARÉES

CHAPITRE III

NOTIONS PRÉLIMINAIRES

L'étude de l'Homme sera faite au point de vue de la conservation de l'individu. Définition et divisions. Anatomie : organes, appareils et systèmes. Physiologie : usage et fonction. Division du travail physiologique. — Régions du corps et principaux appareils qu'elles renferment. — Fonctions de Nutrition et fonctions de Relation. Comment se divisent les premières.

La structure de l'Homme envisagée au point de vue de la conservation de l'individu. — Le Créateur, en donnant à l'Homme une âme intelligente pour le connaître et l'aimer, l'a placé par là-même au-dessus de tous les animaux, mais il lui a donné en même temps un corps, dont l'organisation, quelque admirable qu'elle soit, est très comparable à la leur. Comme eux, il est obligé, pour vivre, de se nourrir, de rechercher des aliments, de les introduire dans son corps, pour leur y faire subir certaines modifications qui les rendent propres à être absorbés et à faire désormais partie de sa substance. Il doit se déplacer, se mettre en quête des substances nutritives convenables, user d'industrie, de ruse ou de force pour s'en emparer. Il possède des appareils de sensibilité analogues à ceux des autres espèces animales, et la locomotion se fait chez lui au moyen d'organes tout à fait comparables à ceux des autres Vertébrés.

Ces différentes opérations et toutes celles que nous avons à passer en revue dans ce livre, se rapportent, en définitive, à la conservation individuelle; et toute l'étude qui va suivre servira à mettre en évidence les moyens que le Créateur a accordés à l'Homme pour lui permettre d'atteindre cette fin.

Ce qu'on entend par organe ; appareil ; système ; usage ; fonction, etc. — Le corps de l'Homme se compose d'un assemblage compliqué de parties que nous pouvons par la pensée démonter pièce à pièce comme les rouages d'une montre, et du jeu desquelles résulte le fonctionnement de toute cette merveilleuse machine.

L'étude de ces différentes parties est l'objet de l'*Anatomie* (1). Celle-ci prend le nom d'*Anatomie comparée*, quand, au lieu de les envisager chez un seul et même animal, on les considère chez des espèces diverses, pour établir les rapprochements ou montrer les différences qui existent de l'une à l'autre. Anatomie.

La séparation de l'organisme en ses parties constituantes a donné lieu à la distinction d'*organes*, d'*appareils*, de *systèmes*, expressions sur le sens desquelles il importe que l'on soit bien fixé.

Un *organe* est une partie du corps formée de l'association de différents tissus et concourant à une opération physiologique quelconque. Comme exemple d'organe on peut prendre l'estomac, qui est une sorte de poche formée d'épithélium, de muscles, de tissu conjonctif, et qui sert à Organe.

(1) De ἀνά à travers; τομή section; parce qu'elle se fait au moyen de la dissection, dans laquelle on coupe ou sépare les parties, afin de les étudier.

l'une des opérations de la digestion. Les glandes salivaires, qui dissolvent ou ramollissent les aliments, les dents qui les broient, l'intestin qui achève leur transformation sont autant d'organes.

Appareil. Mais tous ces organes, glandes salivaires, dents, estomac, intestin, etc., agissent tellement de concert et sont si dépendants les uns des autres, qu'on doit les regarder comme les différentes parties d'un même ensemble, concourant toutes à un but commun, lequel est ici la digestion. On a donné le nom d'*appareil* à tout ensemble d'organes qui tendent ainsi à une action commune; et l'on dit, de cette façon : l'appareil de la digestion, l'appareil de la circulation, l'appareil de la respiration, etc.

Système. Il est des appareils qui ne sont formés que d'un très petit nombre de tissus principaux ou même d'un seul. On les désigne souvent alors sous le nom de *systèmes*. Ainsi l'appareil qui met en mouvement les os ne se compose que de tissu musculaire ; de même, ceux-ci ne sont formés que de tissu osseux : d'où les noms de système musculaire et de système osseux donnés respectivement à l'ensemble des muscles et à l'ensemble des os. Pour une raison semblable, on dit plutôt système nerveux qu'appareil nerveux.

Du reste, d'une façon générale, on désigne sous le nom de système chaque ensemble de tissus de même nature répandus dans l'organisme et répartis en proportions variables dans les divers appareils. C'est ainsi que l'on dit : le système tendineux, pour désigner les tendons qui unissent les muscles aux os qu'ils sont chargés de mouvoir ; le système vasculaire, pour les canaux dans lesquels circule le sang. Assez souvent, d'ailleurs, on emploie l'un pour l'autre les deux mots *appareil* et *système*.

Physiologie. L'étude du fonctionnement de chaque organe et de chaque appareil est l'objet de la *Physiologie* (1); et de

(1) De φύσις, nature; λόγος, traité ; expression qui vient de ce qu'autrefois, sous le nom de physiologie, on comprenait l'étude de la nature et de tous les objets qu'elle renferme. Elle est réservée aujourd'hui à l'étude des êtres vivants, qu'on appelle aussi la *biologie*, (de βίος, vie; λόγος, traité), terme qui a une signification plus éten-

même qu'il y a une Anatomie comparée, il y a, on le comprend, une *Physiologie comparée.*

La mission que chaque organe remplit dans la machine animale porte le nom de *rôle*, d'*opération* ou d'*usage* : ainsi les dents ont pour usage la mastication, et les glandes salivaires, l'insalivation; l'opération de la déglutition se fait au moyen de l'arrière-bouche.

On donne le nom de *fonction* au rôle complexe que joue chaque appareil : ainsi l'on dit la fonction digestive, la fonction respiratoire, etc.

Division du travail physiologique. — Tandis que chez les animaux les plus inférieurs, ceux du groupe des Protozoaires, il est impossible de distinguer le plus souvent ni organes, ni appareils différenciés, toutes les parties du corps ayant la même structure et étant susceptibles de remplir les mêmes fonctions, on voit les choses se compliquer à mesure que l'on s'élève dans l'échelle zoologique : les appareils se multiplient et se divisent en un plus grand nombre d'organes, dont chacun a sa mission spéciale. C'est ce qui constitue la *division du travail physiologique*, laquelle est la véritable marque de la perfection organique.

De même que, dans un atelier où chaque ouvrier ayant son rôle bien délimité, accomplit journellement le même genre de travail, de sorte que tous arrivent à acquérir une remarquable habileté et une grande promptitude d'exécution, on obtient une production plus abondante et plus parfaite que si chacun d'eux était obligé d'accomplir successivement toutes les opérations nécessaires à la fabrication du même produit : ainsi en est-il en quelque sorte pour l'organisme vivant, qui fonctionne avec d'autant plus de perfection qu'il offre des parties plus nombreuses et plus variées, chargées chacune d'un rôle qui ne se confond pas avec celui des parties voisines. Bien plus, la comparaison est tout à l'avantage de l'être vivant : car, tandis que l'or-

due; car cette partie de la science comprend encore les relations des êtres avec le milieu dans lequel ils vivent, leurs conditions d'existence, etc.

gane qui s'acquitte du rôle restreint qui lui est dévolu, remplit toute sa destinée et atteint complètement le but pour lequel il existe, il n'en est pas ainsi de l'ouvrier, qui ne développe d'une façon remarquable quelques-unes de ses aptitudes qu'au détriment des autres facultés, qu'il laisse forcément dans l'inaction.

Principales régions du corps; appareils qu'elles renferment. — Le corps de l'Homme, et il en est de même de celui de la plupart des Vertébrés, offre trois grandes cavités dans lesquelles sont renfermés les principaux appareils; ce sont la *tête*, la *poitrine* et l'*abdomen*, ces deux dernières séparées par une cloison musculaire, le diaphragme, et formant par leur réunion ce qu'on appelle le *tronc*, auquel sont rattachés, sous forme d'appendices, les organes de la locomotion, les *membres*.

Dans la **tête**, considérée avec raison comme la partie la plus noble du corps humain, se trouvent placés les *centres nerveux*, qui, par leur importance, dominent toute l'organisation, puisque c'est à eux qu'aboutissent les sensations et par eux que peut se manifester la volonté. Mais les centres nerveux ne sont pas entièrement renfermés dans la tête; ils se prolongent sous forme d'un long cordon, la *moelle épinière*, dans un canal osseux qui suit le tronc dans toute sa longueur.

C'est également à la tête qu'appartiennent les *organes des sens :* la vue, l'ouïe, le goût et l'odorat, à l'exception de celui du toucher, qui, répandu par tout le corps, est plus spécialement localisé dans les mains.

Dans la **poitrine** est placé l'organe central de la circulation, le *cœur*, auquel aboutissent les gros vaisseaux, qui lui ramènent le sang, ou dans lesquels il l'envoie. Là aussi sont logés les *poumons*, dont la fonction est intimement liée à la précédente, car c'est d'eux que le sang attend sa revivification.

Enfin, dans la troisième région, celle de l'**abdomen**, s'opèrent les premières élaborations des matières destinées par la suite à se transformer en la substance même du corps; elle renferme, à cet effet, les principaux organes digestifs : l'*estomac*, l'*intestin* et les *glandes* qui s'y rattachent. L'abdomen contient encore quelques autres organes importants, tels que les *reins*, qui sécrètent un liquide excrémentitiel, destiné à être expulsé de l'organisme.

TABLEAU résumant la division du corps en ses principales régions et la répartition des principaux organes.

Principales régions du corps

Tête	Cerveau, cervelet, ouïe, vue, odorat, goût ; Entrée des voies digestives et respiratoires.		
Cou	Larynx et trachée, œsophage, moelle épinière.		
Poitrine	Fin de la trachée, bronches, poumons, cœur et gros vaisseaux qui y arrivent ou en partent.		
	(Divisions verticales)	(Divisions horizontales)	(Organes contenus)
Abdomen	Région épigastrique	Hypochondre (1) droit ; épigastre (2) : Hypochondre gauche.	Foie et vésicule biliaire, estomac, rate.
	Région ombilicale	Flanc droit ; Ombilic ; Flanc gauche.	Intestin grêle, gros intestin, reins.
	Région hypogastrique	Région iliaque droite ; Hypogastre ; Région iliaque gauche.	Cæcum, uretères, vessie, rectum
Région postérieure du tronc ou dos.		*(en haut)*. Région scapulaire droite ; Région rachidienne ; Région scapulaire gauche.	
		(plus bas). Région lombaire droite (3) ; Région rachidienne ; Région lombaire gauche.	

Aisselles ou régions axillaires droite et gauche (à l'union du membre supérieur avec le tronc).

Aines ou régions inguinales droite et gauche (à l'union du membre inférieur avec le tronc).

(1) Du grec ὑπό, sous ; χόνδρος, cartilage ; c'est-à-dire la partie de l'abdomen placée au-dessous des cartilages costaux.

(2) Du grec ἐπί, sur ; γαστήρ, estomac.

(3) Les régions lombaires répondent à ce qu'on désigne dans le langage vulgaire sous le nom de *reins*, par exemple, dans les expressions : tour de reins, douleur de reins, etc.

Fonctions de nutrition et fonctions de relation. — Les organes si nombreux et si variés du corps de l'Homme, dont l'étude doit nous occuper, se rapportent à deux buts principaux, et par là même se répartissent en deux groupes assez nettement distincts.

Les uns sont plus spécialement chargés de conserver l'intégrité de l'organisme, de pourvoir à l'entretien de la vie, et tiennent par conséquent sous leur dépendance les *fonctions de nutrition*. Celles-ci, se rencontrant chez les végétaux aussi bien que chez les animaux, ont encore reçu le nom de *fonctions de la vie végétative*. Elles vont nous occuper les premières.

Les autres organes sont destinés à mettre l'Homme en rapport avec le monde extérieur. C'est par eux qu'il le connaît et en reçoit certaines impressions, qu'il se déplace, aperçoit et évite les obstacles et les dangers ; c'est par eux qu'il se met en communication avec ses semblables, etc. : ils ont donc pour objet les *fonctions de relation*. Or, comme celles-ci ne se rencontrent pas dans le règne végétal, mais sont exclusivement propres aux animaux, on leur réserve le nom de *fonctions de la vie animale*.

Division des fonctions de nutrition. — La vie, que nous ne pouvons pas pénétrer, il est vrai, dans sa nature intime, mais dont nous connaissons seulement certaines conditions d'existence, ne peut pas se maintenir sans un mouvement continuel accompli dans la profondeur même des diverses parties de l'être vivant. Ce mouvement consiste essentiellement dans l'apport de certains éléments qui arrivent aux organes pour en faire désormais partie, et dans le rejet d'autres éléments dont l'accumulation leur deviendrait nuisible.

L'entretien de ce mouvement incessant est le but même des fonctions de nutrition. Pour que les éléments nutritifs destinés à renouveler les organes arrivent jusqu'à ceux-ci tout un ensemble d'opérations compliquées est nécessaire : il faut d'abord que les *aliments* soient pris dans le monde extérieur, pour être ensuite soumis au travail de la *diges-*

tion ; lorsqu'ils ont été suffisamment élaborés par l'appareil digestif, ils pénètrent dans certains canaux, en vertu de l'*absorption ;* ils se transforment alors en un liquide particulier, le *sang*, qui, entraîné dans un mouvement désigné sous le nom de *circulation*, parcourt tout l'organisme et distribue partout les matériaux nécessaires au bon entretien de chaque partie ; mais le sang lui-même a besoin de recevoir de l'air atmosphérique certains principes pour conserver une composition constante, ce qui est le fait de la *respiration ;* enfin, certains organes, sous l'influence des matériaux apportés en plus grande abondance qu'il n'est nécessaire pour leur entretien pur et simple, donnent naissance à des produits, dont les uns doivent être rejetés au dehors par diverses voies, et dont les autres sont conservés et utilement employés par l'organisme : ce travail est accompli par les *sécrétions*.

Il y a donc à étudier, dans les fonctions de nutrition, la *Digestion*, l'*Absorption,* la *Circulation*, la *Respiration* et les *Sécrétions*.

CHAPITRE IV

LES FONCTIONS DE NUTRITION

DIGESTION ET ABSORPTION

Définition et division de la digestion. — Aliments organiques et inorganiques. Régime alimentaire propre aux différentes espèces. — Bouche, mâchoires et dents. Développement des dents. Glandes salivaires. Pharynx et Œsophage. Estomac. Intestin. Foie et Bile. Pancréas.

PHYSIOLOGIE DE LA DIGESTION. — Mode de préhension des aliments. — Mastication. — Insalivation. — Déglutition. — Digestion stomacale. Rôle mécanique et rôle chimique de l'estomac. — Digestion intestinale. Rôle du suc intestinal — Fonctions du foie : rôle de la bile ; fonction glycogénique. — Fonctions du pancréas.

ABSORPTION

Définition de la digestion. — La digestion est cette fonction qui a pour but de *séparer* des substances alimentaires toutes les parties qui peuvent être employées pour la nutrition, les *transformer*, de manière à les rendre absorbables, et *rejeter* celles qui sont inutiles.

Division de la digestion. — L'*aliment*, qu'il est indispensable d'étudier d'abord en lui-même, et dont la nature varie, comme nous le verrons bientôt, suivant les espèces, subit toute une série d'opérations entre le moment où il est saisi par l'Homme ou par l'animal et celui où il est devenu apte à faire partie de leurs tissus. Elles devront être étudiées suivant leur succession naturelle; ce sont : la *Préhension des aliments,* la *Mastication*, l'*Insalivation,* la *Déglutition*, la *Chymification* ou *Digestion stomacale*, la *Chylification* ou *Digestion intestinale*.

L'étude de ces différentes opérations physiologiques sera précédée de celle des organes qui servent à les accomplir, à savoir : la *bouche* et les organes qu'elle renferme, notamment les *mâchoires* et les *dents*, puis les *glandes salivaires*, le *pharynx*, l'*œsophage*, l'*estomac*, l'*intestin*, le *foie* et le *pancréas*.

Nous terminerons ce chapitre par l'étude d'une dernière opération, longuement préparée par celles qui précèdent, à savoir l'*Absorption*.

Des aliments. — *Définition de l'aliment; origine (minérale, végétale, animale) des aliments; absence de différence fondamentale entre les aliments de nature végétale et ceux de nature animale.*

On appelle *aliment* toute substance, qui introduite dans

Régime alimentaire propre aux diverses espèces (animaux carnivores, insectivores, herbivores, frugivores, granivores, omnivores).

Le régime alimentaire des animaux est des plus variés, mais peut être ramené à l'une de ces trois catégories : *exclusif*, *mixte*, *indifférent*. Et d'abord, les uns se nourrissent de la chair d'autres animaux, tandis que les autres empruntent leur alimentation au règne végétal. Mais, comme on pourra le voir à la page 66, malgré la différence d'origine, ce sont, en somme, les mêmes principes alimentaires qui sont empruntés dans l'un et l'autre cas. Les animaux du premier groupe sont désignés, d'une façon générale, sous le nom de *carnassiers* ou *carnivores :* tels sont le Lion, le Tigre, le Chat, l'Aigle ; ceux du second, sous celui d'*herbivores* ou *phytophages* (1), comme le Bœuf, la Chèvre, le Mouton, le Lapin.

(1) Du grec φυτὸν, plante ; φαγεῖν, manger.

l'organisme, peut servir à l'accroissement du corps, ou seulement à l'entretien des organes.

Le choix de la nourriture du carnivore ou de l'herbivore est souvent assez restreint, c'est-à-dire qu'il ne porte que sur une catégorie déterminée d'animaux ou de plantes, ou même de parties de plante. C'est ainsi, par exemple, que parmi les carnivores, il en est qui ne se nourrissent que d'insectes, d'où leur nom d'*insectivores*. De même parmi les herbivores, il en est qui ne s'adressent qu'à tel ou tel groupe de plantes à l'exclusion de tous les autres. Ces particularités s'observent facilement dans le monde des Insectes; aussi trouve-t-on à coup sûr telle ou telle espèce sur telle sorte de plantes en particulier, tandis qu'on la chercherait en vain sur des végétaux différents. Les uns ne s'attaquant qu'au bois même du tronc ou des branches, dans lesquels ils se creusent des galeries, comme c'est le cas de beaucoup de larves d'Insectes, méritent le nom de *lignivores*, tandis que d'autres ne rongent que les tissus des feuilles, et que d'autres encore ne se nourrissent que des fruits, ce qui leur a valu le nom de *frugivores*, terme sous lequel on désigne également assez souvent, pour une raison analogue, certains groupes de Mammifères et d'Oiseaux. Enfin, parmi ces derniers, beaucoup recherchent surtout les graines, comme les Perroquets, les Gallinacés, nombre de Passereaux, et méritent par là même le nom de *granivores*.

Cependant, il s'en faut que le régime soit toujours aussi rigoureusement circonscrit; souvent, au contraire, il est de nature *mixte*, et cela, même pour les espèces que leur constitution semble nettement prédestiner à un régime uniforme. Différentes circonstances, la domestication surtout, le font varier considérablement. Ainsi parmi les carnassiers, le Chien et le Chat font volontiers usage d'aliments empruntés au règne végétal, tels que le pain, le sucre, etc. De même, on sait que le Bœuf, animal essentiellement herbivore, peut être nourri avec de la chair de poisson, comme cela se pratique sur les côtes de l'Irlande; on peut nourrir le Lapin et l'Écureuil avec de la viande, et personne n'ignore que les volailles en sont également très friandes.

Le règne animal et le règne végétal fournissent la presque totalité des aliments ; mais le règne minéral n'est pas sans en donner quelques-uns : ainsi l'eau est un aliment, parce que les organes de l'animal en renferment une certaine quantité, et qu'il lui est par là même nécessaire de boire pour les entretenir en bon état ; il en est de même du sel, qui se trouve en assez grande proportion dans les différentes parties de l'organisme ; du fer, qui entre dans la constitution du sang. **Aliments minéraux.**

Enfin, il est un certain nombre d'espèces animales qui ne paraissent pas avoir de régime prédominant et qui font indifféremment usage de chair et de végétaux, ce qui leur a valu le nom d'*omnivores*. Beaucoup de nos animaux domestiques sont plus ou moins dans ce cas ; et même à l'état sauvage plusieurs espèces se comportent ainsi ; tel est l'*Ours*, notamment.

Mais de tous les êtres, celui qui répond le mieux à la qualification d'omnivore, c'est incontestablement l'*Homme*. Son régime est en effet des plus variés ; il se nourrit des différentes parties du corps des animaux et de leurs produits, œufs, lait, etc., il mange les racines et les tiges souterraines de nombre de plantes, les feuilles, les fruits de beaucoup d'entre elles, en un mot, toutes les parties tendres et succulentes des végétaux, parfois sans préparation préalable, le plus souvent après les avoir modifiées par la cuisson, ou y avoir ajouté des condiments qui en relèvent le goût et les rendent d'une digestion plus facile.

La nature du régime offre avec la structure de parties importantes de l'organisme des relations que l'on ne saurait méconnaître. La disposition, la forme et la structure des dents, le mode d'articulation des mâchoires (Voy. Organes de la mastication dans la série animale, p. 69), souvent même la forme du crâne en dépendent, car les côtés de la tête fournissent des surfaces étendues, des crêtes osseuses pour l'insertion des muscles chargés de faire mouvoir la mâchoire. Les organes internes qui concourent à la digestion, tels que les glandes salivaires, l'intestin, le foie, etc., présentent également d'importantes modifications suivant le régime alimentaire.

Aliments : végétaux et animaux.

Les animaux font leur nourriture habituelle d'autres animaux ou bien de végétaux. Aucun d'eux ne fait usage d'une alimentation exclusivement minérale.

Mais il est très important de remarquer que le carnivore et l'herbivore trouvent chacun dans son alimentation, qui au premier abord, paraît si différente, les mêmes principes nutritifs, comme le prouve la grande analogie de composition chimique des animaux et des végétaux. Ainsi, le blé, le seigle, l'avoine, en un mot toutes les céréales, et bien d'autres semences (fèves, haricots), les tiges ou les racines, les tubercules de pomme de terre, etc., renferment des *substances azotées*, albumine, fibrine, caséine, identiques aux principes constitutifs de la viande. De même, le *sucre*, aliment d'une utilité incontestable, qui existe en si grande proportion dans nombre de végétaux, mais surtout dans la betterave et la canne à sucre, se retrouve aussi dans la chair des animaux et principalement dans leur foie. Les *matières grasses*, qui sont si abondantes chez les animaux, se rencontrent aussi chez un très grand nombre de plantes, principalement dans leurs graines : il suffit de citer les olives, les noix, les noisettes, le colza, la pavot, le fruit du cocotier, etc.

La seule différence importante qui existe entre ces deux sources d'alimentation, c'est que les matières véritablement nutritives, celles qui servent à la réparation des organes, les substances azotées, en un mot, tirées du règne animal, se présentent sous un bien plus petit volume que les mêmes substances considérées dans le règne végétal. Il en résulte que l'herbivore, le Mouton, par exemple, pour obtenir le même résultat nutritif que le carnivore, le Lion, si l'on veut, doit consommer un volume de nourriture beaucoup plus considérable.

Il ne paraît pas utile de donner ici de plus grands détails à ce sujet : car, au Chapitre II, à propos de la constitution chimique du corps des animaux, on est entré dans d'assez longs développements, auxquels on peut se reporter pour apprécier la nature et la composition des aliments que fournissent les deux règnes animal et végétal.

La bouche. — La première partie du canal alimentaire est formée par la *bouche* (fig. 43) ; c'est là que les ali-

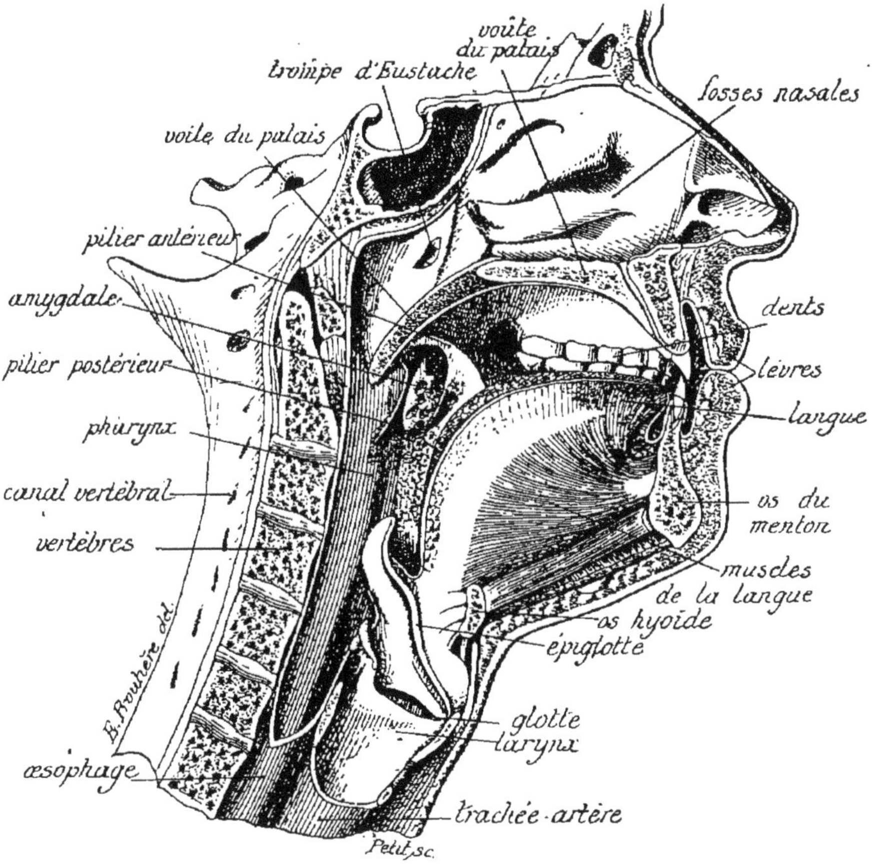

Fig. 43. — Coupe antéro-postérieure des fosses nasales, de la bouche et du pharynx (d'après Sappey).

ments, écrasés, broyés par les dents, en même temps que mêlés à la salive, subissent leur première modification.

La bouche offre à considérer :

les lèvres ;

les joues ;

la voûte palatine ;

le voile du palais :

les amygdales ;
la langue ;
les arcades dentaires;
une membrane muqueuse.

La cavité buccale est limitée en avant par les *lèvres* sortes de bourrelets qui en bordent l'orifice ; elles sont douées d'une souplesse et d'une mobilité remarquables, dues à la présence de muscles situés dans leur épaisseur ; elles renferment aussi beaucoup de petites glandes, dont le produit de sécrétion se déverse dans la bouche.

Sur les côtés sont les *joues*.

En haut, la bouche est limitée par la *voûte palatine*, cloison osseuse qui la sépare des fosses nasales ; cette voûte est formée dans sa partie antérieure par une lame horizontale dépendant de la mâchoire supérieure, en arrière par deux os spéciaux réunis sur la ligne médiane, les palatins.

En arrière, se trouve le *voile du palais*, sorte de rideau très mobile, faisant suite à la voûte palatine, et qui joue, comme on le verra bientôt, un rôle fort important dans la déglutition. Son bord inférieur, en forme de cintre, offre en son milieu un petit prolongement, la *luette*, facile à voir en ouvrant largement la bouche devant un miroir; les côtés du cintre sont formés par les *piliers* du voile du palais, qui sont au nombre de quatre, deux de chaque côté placés l'un derrière l'autre. Entre les deux piliers d'un même côté, se trouve une anfractuosité dans laquelle est logée l'*amygdale,* glande du volume d'une amande : elle sécrète une humeur épaisse, destinée à favoriser le passage des aliments dans cette région, qui se resserre sur eux pour les pousser vers le pharynx et l'œsophage.

La langue. En bas, le plancher de la bouche est formé surtout par la *langue*, organe tout composé de muscles, dont les directions variées lui donnent la plus grande mobilité. Ses usages sont multiples : loin d'être inactive pendant la mastication, elle pousse et maintient les aliments entre les arcades dentaires; puis, quand ils ont été suffisamment broyés, elle les réunit en une petite masse ou *bol alimentaire*, qu'elle dirige vers le pharynx. La langue est de plus l'organe spécial du goût et joue, en outre, un rôle considérable dans l'articulation des sons.

Enfin, la cavité buccale présente encore, de chaque côté, les *arcades dentaires*, formées par les mâchoires, dans lesquelles sont implantées les dents, dont il va être bientôt question.

La bouche est tapissée par une *muqueuse*, c'est-à-dire par une membrane qui est l'analogue de la peau, et avec laquelle elle se continue au niveau des lèvres. Cette membrane muqueuse se prolonge sur toute la longueur du tube digestif, dont elle tapisse la cavité. Dans toute son étendue, elle offre un grand nombre de pores ou petits orifices, par lesquels se déversent à sa surface des liquides destinés à la lubrifier, c'est-à-dire à l'entretenir dans un état d'humidité favorable à son fonctionnement et capables d'agir sur les substances alimentaires, afin d'en modifier la constitution physique et chimique. Muqueuse buccale.

La muqueuse buccale est particulièrement intéressante à étudier dans sa portion qui recouvre la langue. Elle se montre là hérissée de *papilles*, prolongements de forme et de dimension variables, dont les unes sont plus spécialement affectées à l'exercice du goût, comme on le verra à l'étude de ce sens, et dont les autres exercent plutôt une action mécanique sur les aliments. Ce rôle est surtout bien manifeste chez les grands mammifères carnassiers, car ces papilles y sont assez développées pour que leur langue se trouve ainsi transformée en une véritable râpe.

Les mâchoires. — Les *mâchoires* (fig. 44), sur lesquelles les dents se trouvent solidement implantées, sont au nombre de deux : Structure des mâchoires

---

*** Organes de la Mastication dans la série animale**

Les animaux des types inférieurs sont, pour la plupart, dépourvus d'appareil de mastication. Ils avalent leurs proies tout entières ; ne pouvant les diviser, ils abandonnent celles qui ont un volume trop considérable ou bien

L'une, *supérieure,* fortement soudée au crâne et immobile;

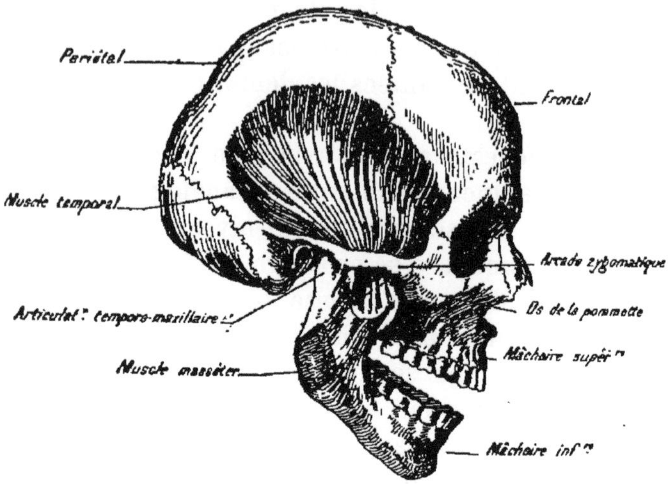

Fig. 44. — Organes de la mastication (le muscle massêter a été coupé près de son attache inférieure pour laisser voir celle du temporal).

L'autre, *inférieure,* qui seule exécute les mouvements nécessaires à la mastication. Toutes deux sont recourbées en forme de fer à cheval.

La première est formée de deux os principaux, les deux

---

s'en nourrissent par succion. On peut citer cependant, comme exception, certains Échinodermes (Oursins), qui ont à l'entrée des voies digestives des dents puissantes, capables d'agir d'une façon efficace sur les aliments.

Articulés. — C'est à eux qu'il faut arriver pour trouver un système assez compliqué de mâchoires et de dents, qui n'ont, il est vrai, avec celles des Vertébrés, qu'une analogie éloignée. Les Crustacés et nombre d'Insectes ont des organes de mastication qui ne sont autre chose que des membres modifiés, disposés pour cet usage et groupés autour de l'orifice buccal. En général, il n'y a pas mastication proprement dite, mais lacération de la nourriture, opération surtout nécessaire si celle-ci est de nature végétale.

Vertébrés. — Les *Poissons* ont, pour la plupart, une mâchoire supérieure mobile comme l'inférieure, grâce à la présence d'un os intermédiaire articulé avec elle et avec le

maxillaires supérieurs, qui s'avançant jusqu'au-dessous du nez, de l'orbite et de la pommette, constituent, par conséquent, toute cette partie de la face, en même temps que, du côté de la bouche, chacun d'eux envoie une lame horizontale qui forme la partie antérieure de la voûte du palais.

La seconde se compose d'un seul os, le *maxillaire inférieur*, dont la portion antérieure forme le *menton*. Celui-ci est vertical dans la race blanche, mais oblique et en partie effacé dans certaines races, chez les nègres, par exemple, par suite de la projection en avant du bord supérieur de la mâchoire, disposition qui constitue le *prognathisme* (1).

En arrière, la mâchoire inférieure s'élargit de chaque côté, en une sorte de lame, la *branche montante*, qui s'élève vers le crâne (fig. 44), et présente deux parties importantes : l'une appelée *apophyse coronoïde*, en forme de dent comprimée latéralement et qui donne attache aux muscles masticateurs ; elle est d'autant plus développée que ceux-ci sont plus puissants ; l'autre, le *condyle de la mâchoire*, partie arrondie en forme d'olive, et par laquelle la mâchoire s'articule avec le crâne (*articulation temporo-maxillaire*), lequel présente à cet effet, de chaque côté, une petite cavité pour la recevoir. (Voy. aussi la fig. 99.)

---

crâne. Ils sont voraces, avalent sans choix, et, en général, sans broyer leurs aliments, bien qu'ils aient des dents souvent très nombreuses, mais qui sont conformées plutôt, il est vrai, pour saisir et retenir la proie. Les mâchoires ne sont pas seules à porter des dents : on en trouve également sur les autres os de la cavité buccale, tels que ceux du palais, et même sur la langue, qui n'est pas molle, comme chez les Mammifères, mais dure et résistante.

Chez les *Batraciens*, la mâchoire inférieure seule est mo-

(1) Du grec πρὸ, en avant ; γνάθος, mâchoire. Par contre, on appelle *orthognathisme* (ὀρθὸς, droit ; γνάθος, mâchoire), la disposition ordinaire présentée par la race blanche.

Muscles mouvements des mâchoires.

Ces deux surfaces articulaires sont disposées de telle façon que la mâchoire peut exécuter des mouvements variés : d'*abaissement* et d'*élévation*, de *projection en avant* et de *latéralité*, mouvements qui se combinent entre eux dans l'acte de la mastication.

Les mouvements de la mâchoire sont dus à l'action de plusieurs muscles, dont les plus importants sont le *temporal* et le *masséter*. Le premier (fig. 44) s'attache sur les côtés du crâne, et, d'autre part, à l'apophyse coronoïde; le second s'insère sur toute la surface externe de la branche montante de la mâchoire, et, d'autre part, à l'os de la pommette et à l'arcade osseuse qui lui fait suite. Ce sont eux qui déterminent le mouvement d'élévation de la mâchoire, grâce auquel les deux arcades dentaires s'appliquent fortement l'une contre l'autre, en écrasant les aliments. D'autres muscles, moins importants, produisent les mouvements de latéralité et de projection en avant.

Enfin, le bord libre des mâchoires offre des trous ou *alvéoles*, dans lesquels sont implantées les dents ; ils varient de forme et de dimension suivant le nombre et la grosseur des racines de ces dernières.

Les dents. — Les aliments liquides ou demi-solides peuvent être avalés immédiatement; mais ceux qui sont résistants doivent être préalablement déchirés, broyés et réduits à un état pâteux. Pour arriver à ce résultat, la langue, les lèvres et les joues ramènent continuellement les aliments entre les dents des deux mâchoires.

---

bile; son bord et celui de la supérieure se trouvent souvent garnis de petites dents.

Parmi les *Reptiles*, il en est qui ont une bouche très dilatable (Serpents), ce qui leur permet d'engloutir des proies bien plus grosses qu'eux. Les Serpents non venimeux (Boas, Couleuvres) ont les deux branches de la mâchoire inférieure non soudées en avant, et pouvant s'écarter l'une de l'autre; de plus, l'articulation de cet os avec le crâne est très mobile; enfin, chaque branche pré-

On étudiera dans ce paragraphe :

la forme des dents;

leur structure;

leur nombre, qui varie avec la première et la seconde dentition.

Les *dents* (fig. 45) sont de petits corps extrêmement durs, qui se rapprochent beaucoup des os par leur structure, tout en étant beaucoup plus résistants qu'eux. Chaque dent se compose de deux parties : l'une qui dépasse le bord des mâchoires, et à laquelle on donne le nom de *couronne;* l'autre, cachée dans l'alvéole, la *racine*. La ligne de réunion de la couronne et de la racine est le *collet* de la dent.

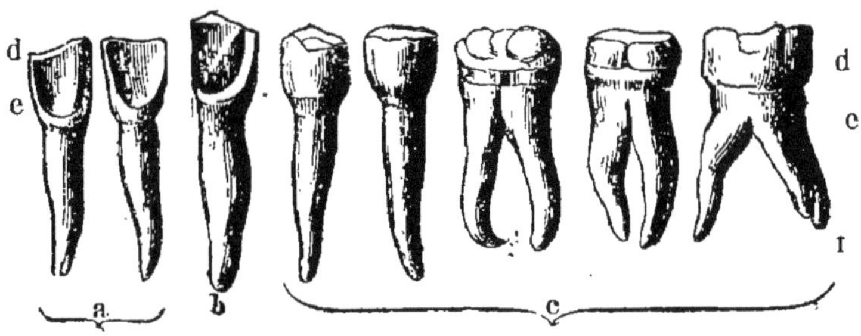

Fig. 45. — Les dents du côté droit de la mâchoire inférieure (2e dentition) vues en dedans : *a*, incisives ; *b*, canines ; *c*, molaires ; *d*, couronne ; *e*, collet ; *f*, racine.

Forme des dents.

La *forme* de la couronne varie selon les dents que l'on considère. Ainsi elle est aplatie d'avant en arrière et tranchante à son bord libre, aux quatre dents antérieures des deux mâchoires ou *incisives*, appelées de la sorte parce qu'elles servent à couper. Au contraire, la couronne est pointue à la dent qui vient après celle-ci : c'est la *canine*,

---

sente en son milieu une articulation très lâche. La mâchoire supérieure jouit elle-même d'une très grande mobilité. Il résulte de ces dispositions que toutes les parties peuvent s'écarter, se distendre, de sorte que l'ouverture buccale arrive à des dimensions considérables quand il en est besoin. Ceux qui sont venimeux (Crotales, Vipères), offrent

nom qui lui vient de ce qu'elle est très développée chez le Chien, comme chez tous les carnassiers; son rôle est de percer et de déchirer. Enfin, les dernières dents ont une surface plus large, et raboteuse comme une meule, d'où

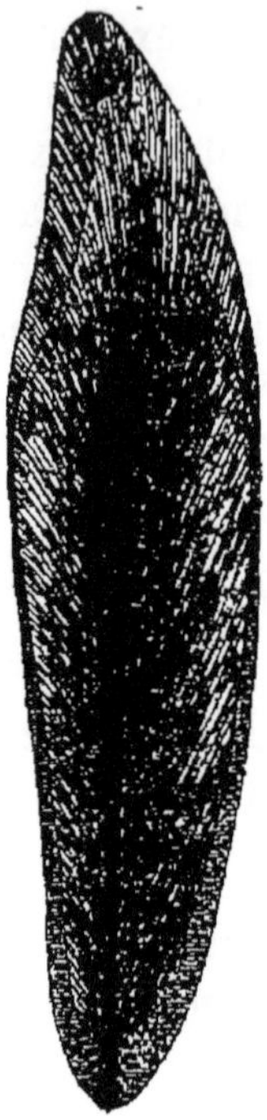

Fig. 46.

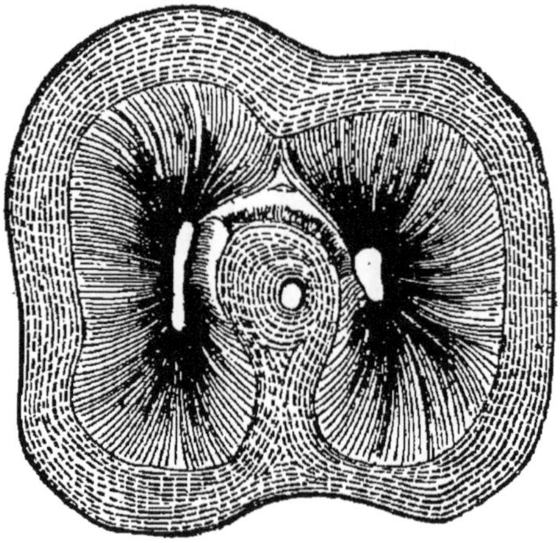

Fig. 47.

Fig. 46. — Dent incisive coupée en long pour en montrer la structure; au centre la pulpe dentaire entourée par l'ivoire que recouvrent en haut, l'émail, en bas, le cément.

Fig. 47. — Coupe transversale d'une molaire de l'Homme (grossie), au niveau de ses racines. A l'extérieur, une épaisse couche de cément qui pénètre même entre les racines; en dedans, l'ivoire, creusé de canalicules rayonnant autour d'un espace vide destiné à loger la pulpe dentaire.

leur nom de *molaires*, parce qu'elles servent, en effet, à broyer les aliments.

Quant à la racine, simple dans les incisives et les cani-

---

une structure analogue; mais de plus, le maxillaire supérieur, qui est très court, porte des *crochets* ou dents à venin, et peut se relever ou bien s'abaisser par un mouve-

nes, elle se divise en deux ou trois branches dans les molaires.

Chaque dent (fig. 46, 47) est composée d'une partie principale, l'*ivoire*, creusé d'une cavité ; il est recouvert, du côté de la couronne, d'une couche très dure, l'*émail*. Structure des dents.

Au niveau de la racine se voit une troisième substance le *cément*, matière analogue à la substance osseuse.

L'ivoire offre un très grand nombre de fins canalicules allant de sa surface extérieure à la cavité centrale de la dent. Il est surtout composé de phosphate de chaux et d'une matière organique dont on démontre facilement l'existence au moyen de l'acide chlorhydrique : celui-ci dissout la partie calcaire et laisse une petite masse d'aspect gélatineux, ayant encore la forme de la dent.

---

ment de bascule, de façon à faire saillir les crochets ou à les faire rentrer avec lui. Ces dents à venin, très effilées à leur extrémité, sont creusées d'un fin canal, qui aboutit à une glande placée à leur base et qui renferme le venin, lequel s'en écoule quand l'animal vient à mordre. Chez les autres Reptiles (Lézards, Tortues), les mâchoires sont plus solides et moins mobiles.

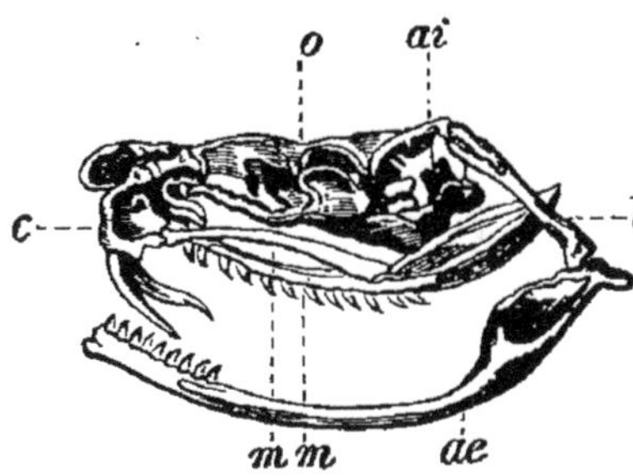

Fig. 48. — Squelette de la tête d'un Serpent venimeux ; *o*, crâne, sur le côté duquel est placée la glande à venin d'où part un conduit qui amène ce liquide à la base des crochets ; *ai*, occipital ; *c*, maxillaire supérieur, très court, mobile, portant les crochets ou dents à venin ; *m*, *m*, os transverse et ptérygoïde, le premier soutenant le maxillaire, le second portant de nombreuses dents non venimeuses ; *ae*, mâchoire inférieure ; *b*, os intermédiaire au crâne et à la mâchoire inférieure (*os carré*).

Les *Oiseaux* ont un *bec* formé de deux mâchoires ou *mandibules*. La supérieure se compose surtout de deux os, lesquels ne sont pas les équivalents des maxillaires supérieurs des Mammifères, mais que l'on retrouve chez eux plus ou moins développés, intercalés à la partie antérieure de ces os,

La cavité dont l'ivoire est creusé est occupée par la *pulpe dentaire*, qui descend jusque dans la racine, et dans laquelle pénètrent, par un petit orifice placé à l'extrémité de celle-ci, un fin vaisseau, qui sert à la nutrition de l'organe, et un nerf qui lui donne une sensibilité particulière (fig. 53). C'est cette sensibilité qui nous permet de reconnaître immédiatement qu'un aliment est chaud ou froid, ou bien qu'un noyau est dur ; par contre, elle est le point de départ

---

d'où leur nom d'*intermaxillaires*. Quant à la mandibule inférieure, elle a la forme d'un V, dont l'angle, très aigu, est dirigé en avant, tandis que l'extrémité postérieure de chaque branche s'articule non pas directement avec le crâne, comme chez les Mammifères, mais à un os intermédiaire, mobile (os carré), comme chez les Reptiles. Le bec ne possède jamais de dents implantées dans le bord des mâchoires. Il en est du moins ainsi pour les Oiseaux qui vivent actuellement; mais autrefois, à l'époque secondaire, il existait des espèces dont les mâchoires étaient armées de dents nombreuses.

La forme du bec varie notablement suivant le régime des Oiseaux. La mandibule supérieure est fortement recourbée et acérée chez les Carnassiers (Aigle, Épervier), et les bords en sont assez coupants pour permettre de dilacérer la chair, dont ces Oiseaux font leur nourriture.

Chez les Perroquets les deux mandibules sont très recourbées l'une vers l'autre, fort courtes, et pourvues de dents très prononcées sur leurs bords, toutes dispositions qui donnent au bec une grande puissance pour écraser les coques dures des graines dont ils se nourrissent, et de plus qui leur permettent de saisir fortement, pour s'aider à grimper et se suspendre. Les Pics l'ont fort et très allongé pour leur permettre de percer l'écorce et le bois des arbres, afin d'aller y chercher les insectes qui y sont profondément cachés. Chez les Passereaux qui vivent d'ordinaire de graines il est conique, gros et court, comme on le voit pour le Gros-bec, le Pinson; fin et délicat chez ceux qui se nourrissent de fruits pulpeux ou d'insectes, tels que les grives, Rouge-gorges, Bergeronnettes; très court et démesurément fendu dans les espèces qui saisissent les insectes au vol

de violentes douleurs lorsque la dent est gâtée, c'est-à-dire, creusée, par la *carie*, d'un trou qui arrive jusque dans le voisinage de la pulpe, de sorte que le nerf, presque à nu, est vivement irrité par le contact des aliments.

(Hirondelles, Engoulevents); excessivement fin et allongé chez celles qui cherchent les insectes dans les fentes des écorces ou dans le sein des fleurs (Huppe, Grimpereau, Oiseaux-mouches). Les Gallinacés qui vivent de graines, qu'ils trouvent en grattant le sol, ont le bec fort et dur, à pointe recourbée (Coq, Perdrix, Caille). Les Oiseaux qui cherchent leur nourriture dans l'eau des mares et des fossés ou sur les bords des rivières ou de la mer, ont tantôt un bec fort long et étroit, ou bien élargi en forme de cuiller, avec les bords dentelés, de façon à constituer un tamis qui laisse écouler l'eau en dehors, mais qui empêche les aliments solides de s'échapper.

Les *Mammifères* nous offrent, d'après leur régime alimentaire, trois types principaux : 1° Les Carnassiers ont les condyles allongés dans le sens transversal,

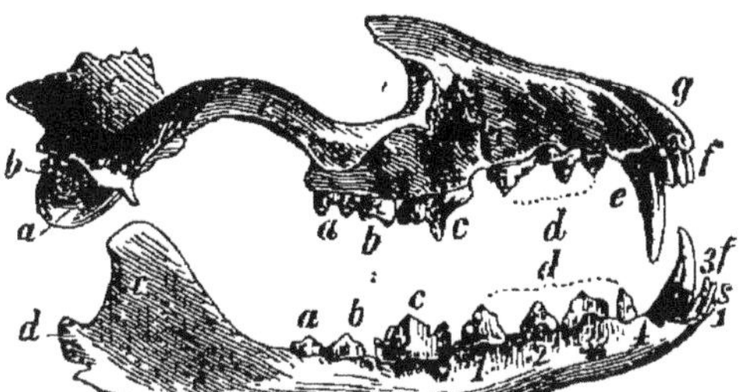

Fig. 49.

Fig. 50.

Fig. 49. — Mâchoires d'un Carnivore (Chien). En arrière, articulation temporo-maxillaire : le condyle (*d*), allongé dans le sens transversal, est reçu dans une étroite gorge (*a*, *b*) creusée dans le crâne. A chaque mâchoire il y a trois incisives (*f*) et une forte canine (*e*); à la mâchoire supérieure, trois petites molaires et quatre à l'inférieure (*d*, *d*); enfin, à chaque mâchoire, trois grosses molaires (*a*, *b*, *c*), dont la première (*c*), plus forte que les autres, porte le nom de carnassière.

Fig. 50. — Tête de Rongeur (Castor); quatre longues incisives ; pas de canines molaires séparées des incisives par un large espace.

et solidement emboîtés dans l'articulation du crâne, de sorte que la mâchoire inférieure peut faire seulement des mouvements d'abaissement et d'élévation : il en résulte

Au niveau de la couronne, l'ivoire est revêtu d'une matière extrêmement dure, destinée à le protéger : c'est l'*émail* (fig. 46). Cette partie est formée de petites colonnes prismatiques parallèles entre elles et perpendiculaires à la surface de la dent, disposées par groupes que séparent de fines stries. La composition chimique de l'émail est analogue

---

que la mastication est très incomplète, et ne consiste qu'en dilacérations de la proie, aidées d'ailleurs par les griffes, qui la maintiennent solidement. 5° Les Rongeurs ont, au contraire, les condyles allongés d'arrière en avant ; il en résulte, outre le mouvement précédent, un mouvement d'avant en arrière, permettant aux incisives inférieures de glisser sur les supérieures, pour couper et ronger les aliments. 3° Chez les Herbivores, les condyles, aplatis, jouent sur une large surface articulaire, qui leur permet des mouvements en tous sens, c'est-à-dire, en plus des pré-

Fig. 51. — Crâne d'Herbivore (Cheval). Surface de l'articulation temporo-maxillaire aplatie ; six incisives, formant la *pince ;* canines petites ; molaires nombreuses et séparées des précédentes par un large espace appelé *barre.*

cédents, ceux de latéralité, qui sont même les principaux, disposition éminemment favorable au broiement.

Mode de fixation des dents des Vertébrés.

Quant au mode de *fixation des dents*, celles des Rammifères sont toujours enfoncées dans des alvéoles creusés à cet effet sur le bord des mâchoires, tandis que chez presque tous les autres Vertébrés elles sont placées à la surface de ces os et soudées à eux, ankylosées, comme l'on dit (beaucoup

à celle de l'ivoire, mais il renferme moins de matière organique que celui-ci. Sa surface est recouverte par ce qu'on appelle la *cuticule* de l'émail, sorte de vernis qui résiste à toutes les actions chimiques, mais que les aliments trop chauds ou trop froids peuvent faire gercer et détruire en partie.

Première dentition.

Le *nombre* des dents n'est pas le même, chez l'Homme, à toutes les époques de la vie : lorsqu'il a atteint toute sa croissance, sa bouche est pourvue de trente-deux dents ; mais dans les premières années de son existence, il n'en a pas plus de vingt. Ces dernières, appelées *dents de lait* ou de *première dentition*, disparaissent au bout de quelques années et sont remplacées par d'autres ; c'est vers l'âge de sept ans qu'elles commencent à tomber, repoussées qu'elles sont par de nouvelles, plus grosses et plus nombreuses.

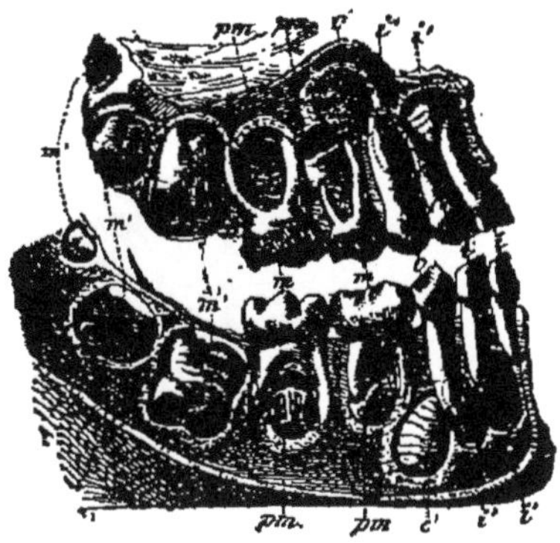

Fig. 52. — Portion des deux mâchoires avec les dents de lait et les dents de remplacement moins développées et encore cachées dans l'épaisseur des os ; première dentition : *i*, *i*, incisives ; *c*, canines ; *m*, *m*, molaires ; seconde dentition : *i'*, *i'*, incisives ; *c'*, *c'*, canines ; *pm*, *pm*, prémolaires ; *m'*, *m'*, *m'*, vraies molaires.

La première dentition se compose, pour chaque mâchoire, de quatre incisives, deux canines, quatre molaires.

---

de Poissons et de Reptiles), ou bien retenues simplement par des ligaments (Poissons cartilagineux).

Forme des dents des Mammifères.

Les dents des Mammifères sont de trois sortes : *incisives*, *canines* et *molaires*. Les molaires sont les plus constantes ; les Baleines, les Fourmiliers en sont cependant dépourvus, car ces animaux n'ont de dents d'aucune sorte. Les molaires sont hérissées de tubercules aigus et tranchants chez les

Seconde dentition. La seconde dentition offre en plus, à chaque mâchoire, six grosses molaires, trois de chaque côté, dont la der-

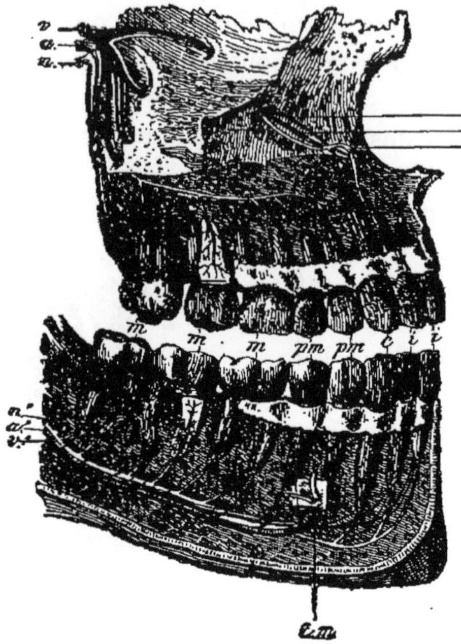

Fig. 53. — Portion des deux mâchoires avec les dents permanentes du côté droit, leurs vaisseaux et leurs nerfs; *i*, *i*, incisives; *c*, canines; *pm*, *pm*, prémolaires; *m*, *m*, *m*, molaires; *v*, *a*, *n*, veine, artère, nerf maxillaires supérieurs; *v'*, *a'*, *n'*, veine, artère, nerf sous-orbitaires, qui se distribuent à la canine et aux incisives supérieures; *v''*, *a''*, *n''*, veine, artère, nerf dentaires inférieurs; *tm*, trou mentonnier, par lequel sortent les ramifications des vaisseaux et nerfs dentaires inférieurs destinés à la peau du menton et de la lèvre inférieure.

nière, plus tardive que les autres, a reçu le nom de *dent de sagesse*. On appelle *prémolaires* les deux

---

Carnassiers, et ont au contraire une surface large et plate, traversée de lignes saillantes ou *collines*, chez les Herbivores; celles des Insectivores sont armées de longues pointes fines, qui s'entrecroisent exactement avec celles des dents de la mâchoire opposée. — Les canines font défaut chez les Rongeurs; elles manquent aussi à la mâchoire supérieure des Ruminants à cornes. Parfois elles ne servent pas à la mastication, mais sont employées comme *défenses* : elles

dents situées entre la canine et les vraies molaires ; leur couronne est bien plus petite que celle de ces dernières, et leur racine est toujours simple.

---

font alors saillie hors de la bouche (Sanglier). — Les incisives sont les moins constantes : elles manquent à tous les Édentés, qui doivent ce nom à leur absence; la mâchoire supérieure des Ruminants en est dépourvue; elles sont très allongées chez l'Hippopotame et surtout chez l'Éléphant, dont elles constituent les puissantes défenses.

Adaptation du système dentaire au régime alimentaire propre à l'espèce.

On a vu déjà par ce qui précède que la disposition de l'appareil dentaire est manifestement en relation intime avec le régime alimentaire, mais nous allons y insister un peu plus. Ainsi chez les Carnivores, les incisives coupantes, le développement énorme des canines, les tubercules aigus qui surmontent les molaires indiquent bien des animaux qui se nourrissent de chair, qu'ils avalent par gros morceaux, sans la mâcher, et qui toute sanglante n'a pas besoin d'être broyée et humectée de salive pour être facilement avalée. La dentition des Insectivores rappelle celle des carnassiers; mais de plus, les tubercules aigus qui hérissent leurs molaires s'engrènent si bien d'une mâchoire à l'autre, que les insectes ne sauraient manquer d'être broyés par le rapprochement de ces mâchoires. L'appareil dentaire des espèces herbivores se résume presque tout entier dans les molaires. En effet, les canines manquent, les incisives elles-même peuvent faire défaut à la mâchoire supérieure (Ruminants); au contraire, les molaires sont nombreuses, larges, à surface plate et d'une structure particulière qui en fait de véritables meules, bien propres à triturer les végétaux herbacés, lesquels se trouvent par là même plus facilement imbibés de salive et par suite avalés. Les Rongeurs possèdent de longues incisives recourbées en arc, et qui recouvertes d'émail seulement en avant, s'usent par conséquent plus vite en arrière, de façon à conserver toujours une forme en biseau, bien propre à couper les racines ou les autres substances ligneuses dont ils font usage pour leur nourriture. En outre, leurs molaires sont traversées de lames verticales qui en font de véritables râpes. Enfin, les Omnivores doivent, on le comprend posséder une dentition qui tient à la fois de

Développement des dents. — Les dents se forment au-dessous des gencives, dans l'épaisseur des os des mâchoires (fig. 54 et 55). Le *germe* de la dent ou *bulbe*

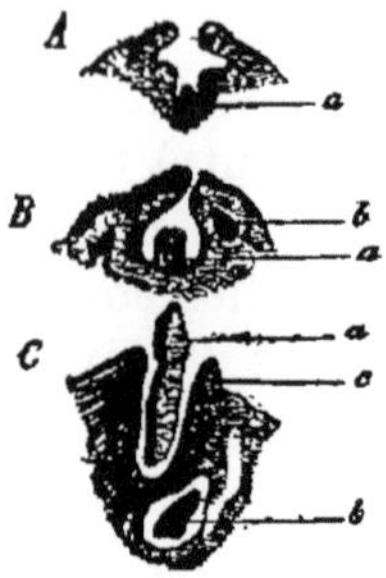

Fig. 54.

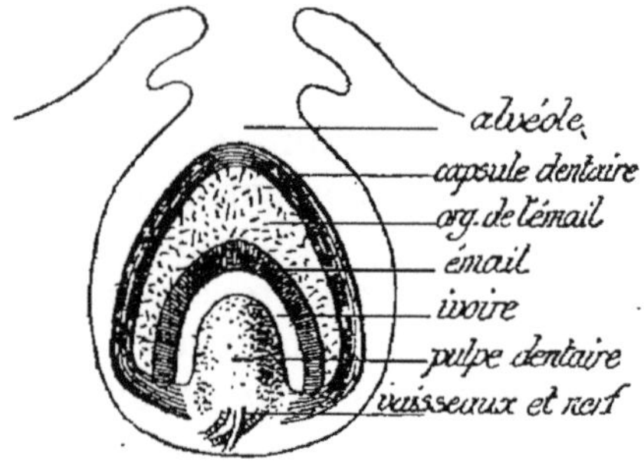

Fig. 55.

Fig. 54. — Mode d'apparition des dents de première et de deuxième dentition au fond des alvéoles de la mâchoire, figure à trois degrés différents de développement (*A, B, C*; *a*, germe d'une dent de lait; *b*, germe d'une dent permanente; *c*, bord de l'alvéole.

Fig. 55. — Développement d'une dent (très grossie). On y voit l'*alvéole* de la mâchoire au fond duquel germe la dent; la *capsule dentaire*; l'*organe de l'émail*; l'*émail*; l'*ivoire*; la *pulpe dentaire*; les *vaisseaux* et le *nerf* qui pénètrent dans sa cavité.

dentaire apparaît dans une cavité tapissée d'une membrane de tissu conjonctif, qu'on appelle la *capsule*.

---

celle des Carnivores, des Herbivores et des Rongeurs, en même temps que les caractères propres à chacun de ces groupes sont atténués, se contrebalancent, de façon qu'aucun ne l'emporte sur les autres. On rencontre donc chez eux les trois sortes de dents, incisives, canines et molaires. Il y a d'ailleurs des variétés à ce point de vue, les différentes espèces omnivores ne l'étant pas toutes au même degré.

Structure des dents des Mammifères.

La *structure des dents* n'est pas la même pour tous les Mammifères. Chez les Carnassiers elle est *simple*, comme chez l'Homme, c'est-à-dire qu'elle se compose d'une masse centrale d'ivoire, recouverte d'émail à la couronne, et de cément à la racine. Mais, chez un grand nombre les dents sont *composées*, c'est-à-dire que l'émail pénètre dans l'épaisseur de l'ivoire et y forme des lames verticales qui, bien plus dures, s'usent moins vite que celui-ci; chez les Ron-

Le bulbe a la forme de la dent qu'il doit produire; il est constitué par un tissu très mou, dans lequel pénètrent de petits vaisseaux et un nerf; sa partie périphérique s'incruste de sels calcaires et se creuse de fins canalicules pour constituer l'*ivoire;* cette ossification gagne de plus en plus le centre du bulbe, de façon à n'en respecter

---

geurs on voit commencer cette disposition, qui s'accuse chez les Ruminants, où l'émail forme des lames transversales ou *collines*, qui, sont elles-mêmes entourées d'une couche de cément. Chez le Cheval, l'émail de la couronne s'enfonce dans l'ivoire en manière d'un petit godet conique, rempli lui-même d'ivoire, de sorte que, quand la dent commence à s'user, sa surface offre une sorte d'anneau d'émail incrusté dans l'ivoire, et l'on dit que le Cheval *marque;* mais quand, par suite de l'âge, l'usure a atteint l'extrémité

A

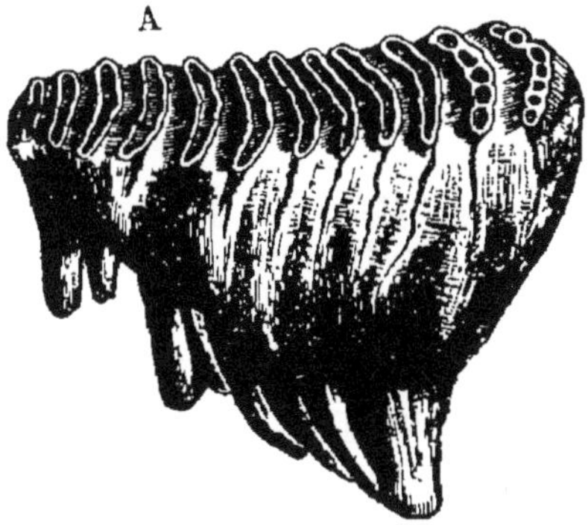

Fig. 56.

B

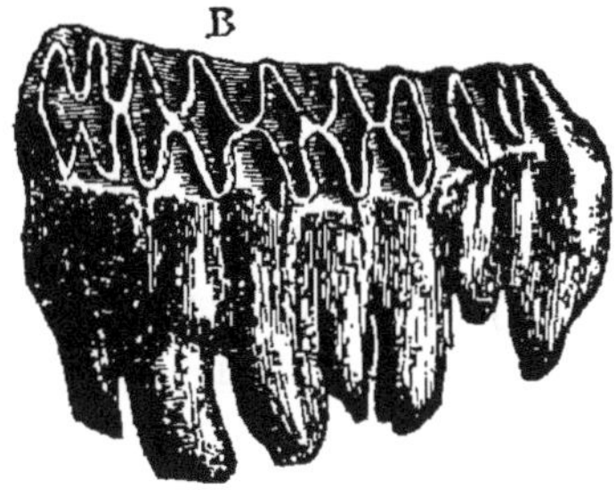

Fig. 57.

Fig. 56. — Dent molaire d'Éléphant d'Asie.
Fig. 57. — Dent molaire d'Éléphant d'Afrique.

du petit godet d'émail, on ne voit plus que de l'ivoire, et l'on dit que le Cheval ne marque plus : ce qui arrive entre sept et huit ans. Chez l'Éléphant, plusieurs lames d'émail et de cément divisent la dent suivant toute sa hauteur; ces lames forment des figures en losange chez l'Eléphant d'Afrique, et ovalaires chez celui d'Asie.

qu'une faible portion, que l'on appelle *pulpe dentaire*, laquelle persiste dans la dent même complètement développée. Mais chez les animaux dont les dents ont une croissance continue, la pulpe conserve des dimensions assez considérables, n'est pas étranglée au sommet de la racine, et fournit sans cesse au développement de ces organes (incisives des Rongeurs, défenses de l'Éléphant).

D'autre part, la surface interne de la *capsule* produit, du côté de la racine, une couche de tissu d'abord très mou, mais qui se durcit par le dépôt de sels calcaires et qui devient le *cément;* tandis que du côté de la couronne elle produit l'*organe adamantin*, qui se transforme en une substance pierreuse, d'aspect vitreux, l'*émail.*

En même temps que se développent les germes de la première dentition, ceux de la seconde se forment déjà, mais restent à un état très rudimentaire pendant plusieurs années; leur développement finit, à une époque donnée, par chasser de leurs alvéoles les premières dents, qui cèdent la place à celles de la dentition définitive (fig. 52).

Glandes salivaires. — La *salive*, qui joue un rôle important dans les opérations préliminaires de la digestion, provient de plusieurs sources. Dans les lèvres et les joues sont placées un grand nombre de petites glandes, qui s'ouvrent à la surface de la muqueuse et y versent leur sécrétion, qui consiste en un mucus visqueux. Deux glandes volumineuses placées en arrière et sur les côtés de la bouche, les *amygdales*, produisent une secrétion

---

Remarque. — Tandis que chez la plupart des Mammifères les dents s'usent par le frottement et diminuent de hauteur, il en est quelques-uns dont les dents croissent d'une façon continue, de manière à garder une longueur constante (incisives des Rongeurs), ou même à prendre un accroissement indéfini (défenses de l'Éléphant).

analogue; mais ce sont là des organes salivaires accessoires.

Les principales glandes destinées à fournir la salive sont au nombre de trois de chaque côté, à savoir : les *parotides* (παρά, proche; οὖς, ὠτός, oreille), qui placées en avant et au-dessous de l'oreille, s'ouvrent dans la bouche, au niveau de la deuxième grosse molaire supérieure, par un conduit appelé *canal de Sténon;* les *sous-maxillaires*, situées au-dessous et en dedans du corps de la mâchoire inférieure, vers son milieu, et qui se continuent par le *canal de Wharton*, lequel débouche sur le côté du frein de la langue, c'est-à-dire du repli qui se voit en soulevant la pointe de cet organe; les *sublinguales*, qui occupant la partie antérieure du plancher buccal, s'ouvrent par plusieurs fins canaux, également dans le voisinage du frein de la langue.

Ces organes sécréteurs rentrent tous dans la catégorie des glandes en grappe (fig. 66). Ils sont formés de petits lobules, de chacun desquels part un conduit excréteur. De la réunion de ceux-ci résulte un canal commun, par lequel

---

* Glandes salivaires dans la série animale.

Ces organes apparaissent à l'état rudimentaire dans le groupe des Vers; ils se montrent bien développés chez les Mollusques *Gastéropodes* et *Céphalopodes*.

Parmi les Arthropodes, les *Crustacés* en sont dépourvus; les *Arachnides* ont des glandes salivaires très développées, et même un grand nombre possèdent dans le voisinage de la bouche deux glandes salivaires dont les usages sont tout spéciaux. Leur sécrétion est un liquide vénéneux, qui traverse les griffes mobiles dont la bouche est armée. Grâce à cet appareil, les Araignées engourdissent ou tuent des proies très agiles et parfois bien plus volumineuses qu'elles. Les *Insectes* sont ordinairement pourvus d'organes salivaires, et les Sauterelles sont particulièrement bien douées sous ce rapport.

se déverse dans la bouche la sécrétion qui a été élaborée à l'intérieur des lobules.

Pharynx ou Arrière-bouche. Œsophage. — Le *pharynx*, cavité intermédiaire à la bouche et à l'œsophage, constitue un véritable carrefour, formé de deux voies qui se coupent obliquement, à savoir : la cavité buccale et l'œsophage, d'une part, appartenant au tube digestif; les fosses nasales et le larynx, d'autre part, faisant partie du système respiratoire.

Le bol alimentaire doit éviter de remonter dans les fosses nasales ou de tomber dans le larynx. Pour cela, la bouche est séparée des fosses nasales par le voile du palais, que nous connaissons déjà, et du larynx par une sorte de soupape ou languette aplatie, élastique, l'*épiglotte*, qui joue le rôle d'un pont jeté sur l'orifice du larynx.

L'*œsophage* (1), qui fait suite au pharynx et se termine à l'estomac, constitue un conduit dont les parois sont

---

Parmi les VERTÉBRÉS, ceux qui vivent dans l'eau manquent ordinairement de ces glandes : ainsi les *Poissons* en sont totalement dépourvus, à l'exception des Lamproies, animaux suceurs, dans la bouche desquels l'eau extérieure ne pénètre pas pendant la déglutition. — Les *Batraciens* ne possèdent pas autre chose que quelques glandes muqueuses. — Les *Reptiles* sont, les uns, à peu près dépourvus d'appareil salivaire ou n'en ont qu'un rudimentaire (Caméléons, Crocodiles, Tortues), et les autres, très bien doués sous ce rapport (Serpents). Entre la peau et les mâchoires de ces derniers se trouve une énorme quantité de glandules qui sécrètent un liquide visqueux. De plus, tout le produit des glandes lacrymales, après avoir baigné l'œil, passe dans la bouche par un canal spécial, pour faciliter la déglutition des proies souvent énormes que ces animaux avalent tout d'une pièce. Les Serpents venimeux présentent en outre une

(1) Οἴσειν, porter ; φαγεῖν, manger.

pourvues de fibres musculaires, les unes longitudinales et les autres circulaires.

Ses parois internes sont au contact dans l'état de repos et ne s'écartent qu'au moment de laisser passer le bol alimentaire.

Estomac. — L'*estomac* étant l'un des organes les plus importants de l'appareil digestif mérite un examen approfondi; nous étudierons successivement :

sa conformation intérieure et extérieure;
sa structure;
les glandes logées dans l'épaisseur de ses parois.

---

sorte de glande salivaire volumineuse, placée de chaque côté de la tête et recouverte d'une capsule fibreuse, sur laquelle se fixent des fibres du muscle temporal, principal agent des mouvements de mastication. Ces glandes sécrètent un liquide vénéneux, qui est amené par un canal jusqu'à la base des crochets ou dents à venin, perforées dans toute leur longueur. Quand l'animal mord, la glande, comprimée par suite de la disposition qui vient d'être indiquée, laisse écouler le venin, qui pénètre dans la blessure faite par la dent. — Les *Oiseaux* aquatiques ont des glandes salivaires de dimensions très restreintes; chez les espèces terrestres elles sont bien plus développées. — Les *Mammifères* offrent le plus grand degré de complication et de perfectionnement de cet appareil; mais il y a une exception pour ceux qui vivent dans l'eau : les *Cétacés* n'ont, en effet, que des glandes salivaires tout à fait rudimentaires. Parmi les autres Mammifères, ceux qui vivent de végétaux les ont bien plus développées que ceux qui se nourrissent de chair. En outre, la nature du liquide sécrété offre de notables variations suivant la nature du régime alimentaire.

* De l'Estomac dans la série animale.

Les Cœlentérés n'ont pas d'estomac distinct; mais leur corps est creusé d'une cavité, qui est à la fois le tube di-

Situation, forme et structure de l'estomac.

L'*estomac* de l'Homme, est une poche à parois minces, située à la partie supérieure de l'abdomen, au niveau du

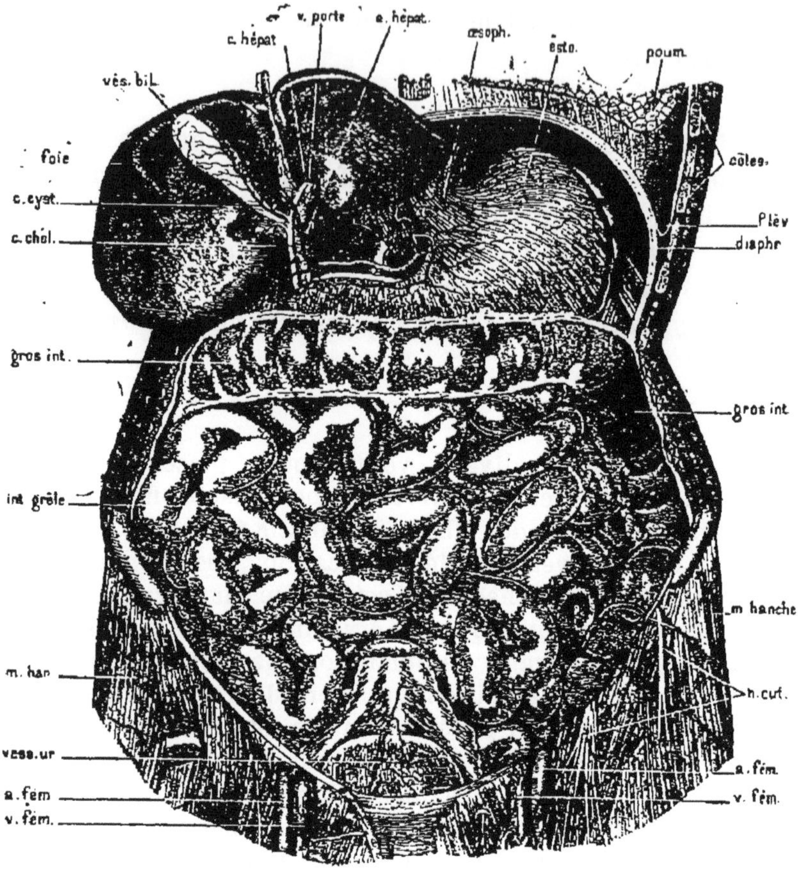

Fig. 58. — Principaux organes de la digestion. En haut : terminaison de l'*œsophage* dans l'*estomac ; foie* relevé; *vésicule biliaire ; canal cystique*, qui en part ; *canal hépatique*, sortant du foie ; *canal cholédoque*, qui résulte de la réunion des deux canaux précédents, et qui conduit la bile dans l'intestin grêle ; *veine porte* et *artère hépatique* se distribuant au foie ; en outre : une petite portion du *poumon gauche ;* quelques *côtes* coupées ; *plèvre*, tapissant la cavité thoracique ; *diaphragme*, — plus bas : *gros intestin*, entourant les circonvolutions de l'*intestin grêle ;* — à la partie inférieure : *muscles de la hanche ; vessie urinaire ; nerfs cutanés*, pour la peau des membres inférieurs ; *artère* et *veine fémorales*, destinés à ces mêmes membres.

---

gestif et l'organe central du système vasculaire, d'où son nom d'*appareil gastro-vasculaire*. Ce singulier appareil

creux épigastrique ou *creux de l'estomac* (fig. 58). Il se trouve séparé des poumons, par le diaphragme, cloison

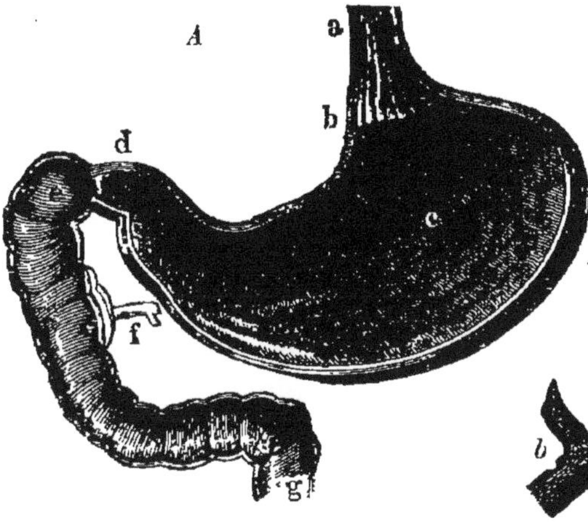

Fig. 59.

Fig. 60.

Fig. 59. — Estomac et commencement de l'intestin, ouverts pour en montrer la disposition intérieure; *a*, terminaison de l'œsophage; *b*, cardia; *c*, cavité gastrique; *d*, le pylore; *e*, *g*, commencement de l'intestin grêle (duodénum); *f*, conduits cholédoque et pancréatique s'ouvrant dans le duodénum.

Fig. 60. — Réseau vasculaire de la muqueuse stomacale; *a*, artère; *b*, veine; *c*, capillaires.

musculaire en forme de voûte, qui divise la grande cavité du corps en deux parties superposées, la poitrine et l'abdo-

---

digestif ne communique à l'extérieur que par un orifice unique (fig. 18.)

Les Échinodermes ont un tube digestif à parois propres, c'est-à-dire non confondues avec celles du corps; le système vasculaire en est distinct; il existe un orifice d'entrée pour les aliments et un orifice de sortie pour le résidu de la digestion.

Les Mollusques ont le plus souvent un *jabot*, surtout développé chez les Céphalopodes (Poulpes, Seiches), et un estomac proprement dit (fig. 7).

Les Vers offrent de nombreuses particularités dans la disposition du tube digestif. Il suffira de citer les Sangsues (fig. 13), dont l'estomac, qui occupe presque toute la

men, et qui joue un rôle considérable dans la respiration. comme on le verra plus loin.

---

longueur du corps, est divisé en un grand nombre de poches ou cæcums, dans lesquelles le sang que ces animaux ont sucé s'accumule et reste pendant des mois sans s'altérer, la digestion chez ces Vers étant très lente.

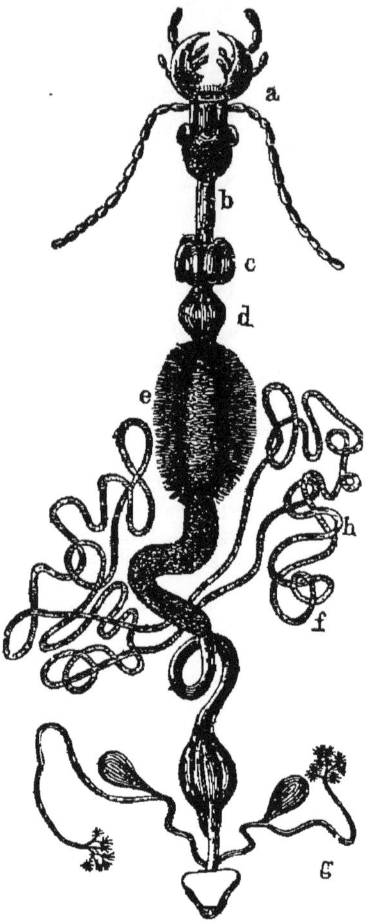

Fig. 61. — Appareil digestif d'un Insecte coléoptère (Carabe); *a*, la tête avec les antennes et les organes buccaux; *b*, œsophage; *c*, jabot; *d*, gésier; *e*, ventricule chylifique hérissé de glandes; un court intestin lui fait suite; *f*, *h*, organes urinaires (tubes de Malpighi); *g*, organe servant à sécréter un liquide anal fétide.

Les ARTHROPODES offrent des dispositions très variables : ainsi les *Crustacés* (fig. 10) possèdent un estomac garni de pièces nombreuses fort dures, destinées à broyer complètement les aliments qui y arrivent; les *Arachnides* ont un estomac, du pourtour duquel partent des cæcums qui s'enfoncent jusqu'à la base des pattes; les *Insectes* offrent un appareil digestif fort compliqué (fig 61) : on y voit un *jabot* (*c*), réservoir alimentaire; un *gésier* (*d*), organe de trituration, et un *ventricule chylifique* (*e*), qui sécrète le suc gastrique. De l'estomac ou de l'intestin partent des tubes souvent fort longs et flottants dans la cavité viscérale, regardés ordinairement comme des organes biliaires ou plutôt de sécrétion urinaire (*f*, *h*).

Dans les VERTÉBRÉS, l'estomac peut être simple, ou à une

L'estomac, dont la forme rappelle celle d'une cornemuse, est étendu transversalement et mesure dans ce sens 26 centimètres. La portion de gauche s'abouche avec l'œsophage, est plus renflée, et porte le nom de *grosse tubérosité ;* celle de droite, plus effilée, se continue avec l'intestin, et s'appelle *petite tubérosité ;* la partie convexe de l'estomac, dirigée en bas, est la *grande courbure ;* la partie concave, tournée en haut, est la *petite courbure.*

Il offre deux orifices (fig. 59) : l'un, qui conduit dans l'œsophage, est le *cardia* (καρδία, cœur ; à cause du voisinage de cet organe) ; l'autre, qui débouche dans l'intestin, est le *pylore* (πυλωρός, portier ; parce que de lui dépend le passage des aliments dans l'intestin). Ces deux orifices se ferment par le rapprochement de leurs parois ; le pylore est en outre renforcé par un anneau musculeux, sorte de sphincter qui s'oppose à la sortie prématurée du contenu stomacal.

Structure de l'estomac.

Les parois de l'estomac sont pourvues de plusieurs *couches musculaires,* dont les fibres sont dirigées en différents sens, de façon à déterminer des mouvements de contraction variés.

La surface interne ou *muqueuse* offre de nombreux replis, qui en augmentent d'autant l'étendue ; elle est elle-même protégée par une épaisse couche de cellules épithéliales pavimenteuses, qui, pendant la vie, se renouvellent sans cesse et constituent une sorte de vernis inattaquable par le suc gastrique, particularité qui explique comment l'estomac ne se digère pas lui-même.

Glandes de l'estomac.

De nombreuses petites *glandes* enfoncées dans les parois de l'estomac, où elles sont entourées d'un riche réseau vasculaire (fig. 60), débouchent à sa surface interne. Au

---

seule cavité, comme chez les *Poissons, Batraciens, Reptiles ;* mais il diffère notablement de forme dans ces différents groupes. Multiple chez les *Oiseaux* (fig. 62), il est le plus souvent formé de trois poches, parfois de deux seulement.

point de vue de la nature de leur sécrétion, on en distingue de deux sortes : des *glandes à mucus* et des *glandes à pepsine*.

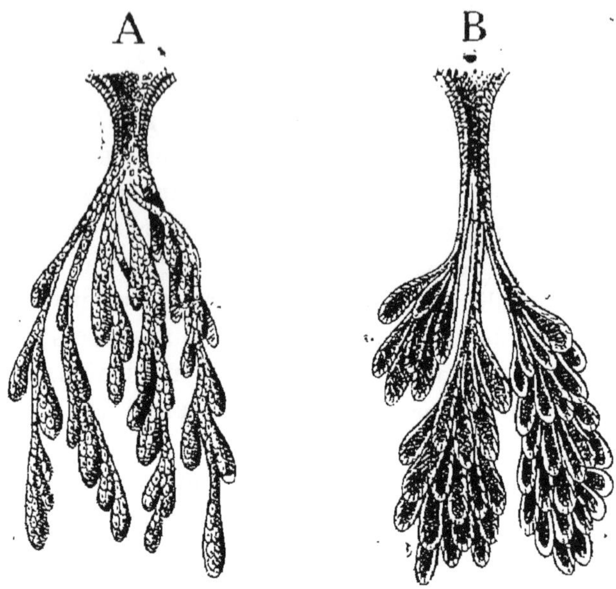

Fig. 62. — *A*, glande à pepsine; *B*, glande à mucus (très grossies).

Les premières (fig. 62, *B*), dont le nombre est immense (5 millions environ), disséminées sur toute la surface de l'estomac, ont la forme de petits tubes enfoncés dans la muqueuse et tapissés d'un épithélium cylindrique ; mais, dans le voisinage du pylore elles sont groupées ainsi

---

La première est le *jabot*, sorte de réservoir alimentaire, développé surtout chez les Oiseaux qui se nourrissent de graines, principalement les Gallinacés. Chez le Pigeon, cet organe joue un rôle important au moment de la naissance des petits : il devient en effet le siège, chez le mâle aussi bien que chez la femelle, d'une abondante sécrétion analogue à du lait, que ces Oiseaux dégorgent dans le bec de leurs petits, et qui suffit à leur nourriture dans les trois premiers jours de leur existence. La seconde poche est le *ventricule*

que le montre la figure 62, *B*, comme si plusieurs de ces tubes se réunissaient pour s'ouvrir par un orifice commun.

---

succenturié, qui, de moindre dimension que la première, a une plus grande importance physiologique, puisque ses parois sécrètent le suc gastrique. Les glandules qui le

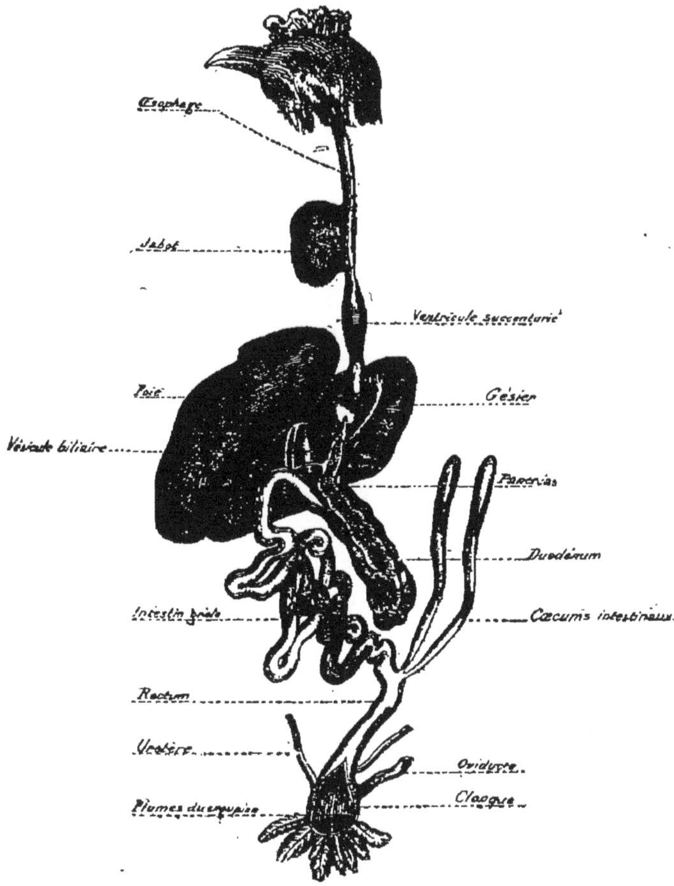

Fig. 63. — Appareil digestif d'un Oiseau (Poulet).

produisent sont parfois disposées en forme de zone ou de ceinture vers le milieu de cet estomac, d'où le nom de *succenturié* qui lui a été donné. La troisième poche ou le *gésier* a une structure variable suivant le régime alimen-

Quant aux glandes à pepsine (A), on ne les trouve que dans la région moyenne de l'estomac et vers le cardia; elles ont la forme de petits tubes bosselés, un peu ramifiés et remplis de grosses cellules arrondies caractéristiques.

Caractères du suc gastrique. Le *suc gastrique* résulte du mélange des diverses sécrétions de l'estomac. C'est un liquide à peu près incolore,

---

taire : à parois très minces chez les Oiseaux qui, comme le Pélican, se nourrissent de poissons, elle est très développée chez les Granivores et les Carnivores, qui avalent leurs proies par volumineux fragments. Sa surface intérieure est revêtue de deux plaques épaisses, de nature cornée, opposées l'une à l'autre; des muscles énormes et d'une grande puissance compriment entre ces deux plaques les aliments qui arrivent dans cette cavité, et les broient, quelle que soit leur dureté : car on a vu s'émousser et se tordre sous leur effort des pointes de fer et des fragments de verre que l'on avait fait avaler à ces animaux.

Dans les *Mammifères,* l'estomac est le plus souvent simple comme celui de l'Homme. Cependant, chez plusieurs Rongeurs on commence à voir une division de l'estomac en deux loges; la séparation en deux ou trois cavités distinctes s'accentue chez quelques Singes, des Pachydermes, tels que le Pécari, sorte de Sanglier américain, l'Hippopotame, les Cétacés. Aucun de ces animaux cependant n'est ruminant, de sorte que les aliments passent sucessivement d'une loge dans l'autre et de là directement dans l'intestin. Mais c'est chez les Ruminants (Bœuf, Mouton, Cerf, etc.), que la division de l'estomac en loges est portée le plus loin; il existe quatre poches distinctes : la *panse,* le *bonnet,* le *feuillet* et la *caillette* (fig. 64). La *panse,* encore appelée *rumen* ou *herbier,* est une sorte de réservoir, de magasin, qui occupe les trois quarts de la cavité abdominale, et dans lequel se rendent d'abord les aliments; elle peut être divisée en poches secondaires. Chez le Chameau elle présente un grand nombre de cellules ou alvéoles (plus de 800), dans lesquelles est renfermée une certaine quantité d'eau, évaluée pour l'ensemble à cinq ou six litres. C'est une provision que l'animal absorbe peu à peu, selon ses besoins; et c'est ce

d'odeur fade, de saveur aigrelette, à réaction acide, due à une petite quantité d'acide chlorhydrique. Cette acidité est indispensable à la digestion ; mais le véritable agent de

---

qui explique comment il peut résister pendant longtemps à la privation de toute boisson. Le *bonnet*, qui fait suite à la panse, présente à sa surface interne une disposition qui rappelle celle d'un gâteau de miel ; c'est à la forme extérieure de cette poche qu'est dû son nom. Le *feuillet* s'abouche directement avec l'œsophage ; sa surface interne présente un grand nombre de replis parallèles, que l'on a comparés aux feuillets d'un livre. La *caillette*, enfin, qui communique avec le feuillet par un étroit orifice, est pourvue d'une muqueuse de consistance molle et garnie de rides irrégulières longitudinales. C'est elle surtout qui est chargée de la sécrétion du suc gastrique. Dans le jeune âge, pendant l'allaitement, cette loge est la plus développée. Ces quatre poches sont disposées de manière à former deux appareils distincts : la panse et le bonnet, d'une part ; le feuillet et la caillette, de l'autre.

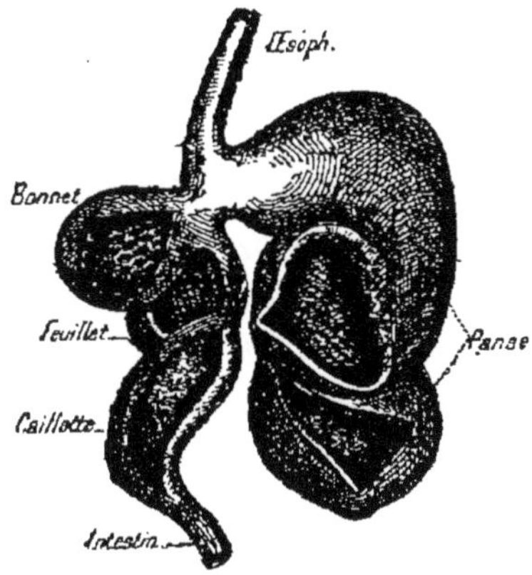

Fig. 64. — Estomac d'un Ruminant (Mouton), montrant la terminaison de l'*œsophage*, la *panse*, elle-même formée de plusieurs lobes, le *bonnet*, le *feuillet*, la *caillette*, toutes ces poches ouvertes pour montrer leur structure, enfin le commencement de l'*intestin*.

Voici comment elles fonctionnent : les aliments, d'abord incomplètement broyés, descendent dans la panse, puis ils arrivent par petites quantités dans le bonnet, qui les roule en petites pelotes ; de là, ils sont régurgités sous l'influence de contractions antipéristaltiques, ou plutôt, comme cela a été bien démontré, par le fait d'une brusque contraction du diaphragme ; celle-ci a pour résultat de déterminer une tendance au vide dans tous les organes thora-

celle-ci est la *pepsine* (πέψις, digestion), substance albuminoïde, sorte de ferment que l'on peut précipiter du suc gastrique par l'alcool, et qui se présente alors sous forme de petites écailles grisâtres, translucides. On emploie fréquemment en médecine, pour favoriser la digestion, la pepsine retirée de l'estomac du veau.

Gaz stomacaux. Il se forme, en outre, dans l'estomac, des gaz, principalement de l'acide carbonique et de l'azote, qu'on aurait tort d'attribuer toujours aux substances ingérées : ils sont dus le plus souvent à l'estomac lui-même, qui les sécrète et qui peut aussi les résorber.

Intestin. — *Divisions de l'intestin;*
description de l'intestin grêle;
description du gros intestin;
le péritoine;
structure et glandes de l'intestin.

L'*intestin* est un tube dont la longueur varie suivant le régime alimentaire des espèces animales. L'Homme, qui

---

ciques, aussi bien dans le conduit œsophagien que dans les autres, et par suite l'appel et l'ascension jusqu'à la bouche, restée hermétiquement close, d'une certaine quantité des aliments renfermés dans l'estomac : c'est ce qui constitue le phénomène de la *rumination*. Ces aliments sont alors complètement broyés par les dents; ils descendent de nouveau dans l'œsophage, mais maintenant à l'état d'une pâte molle, convenablement insalivée, qui, au lieu de tomber dans la panse, glisse par une sorte de rigole jusque dans le feuillet, où elle commence à être transformée par les sucs digestifs, opération qui s'accomplit surtout dans la caillette, où elle arrive peu à peu, pour pénétrer de là dans l'intestin.

*** La longueur de l'Intestin chez les Vertébrés.**

La longueur de l'*intestin*, très variable chez les Vertébrés, dépend avant tout du genre de nourriture. Les substances végétales se digérant surtout dans l'intestin, celui-ci devra

est omnivore, a un intestin d'étendue moyenne; il mesure environ sept fois la longueur de son corps. Il est replié,

---

être beaucoup plus long chez les Herbivores que chez les Carnivores, dont la digestion s'opère surtout dans l'estomac.

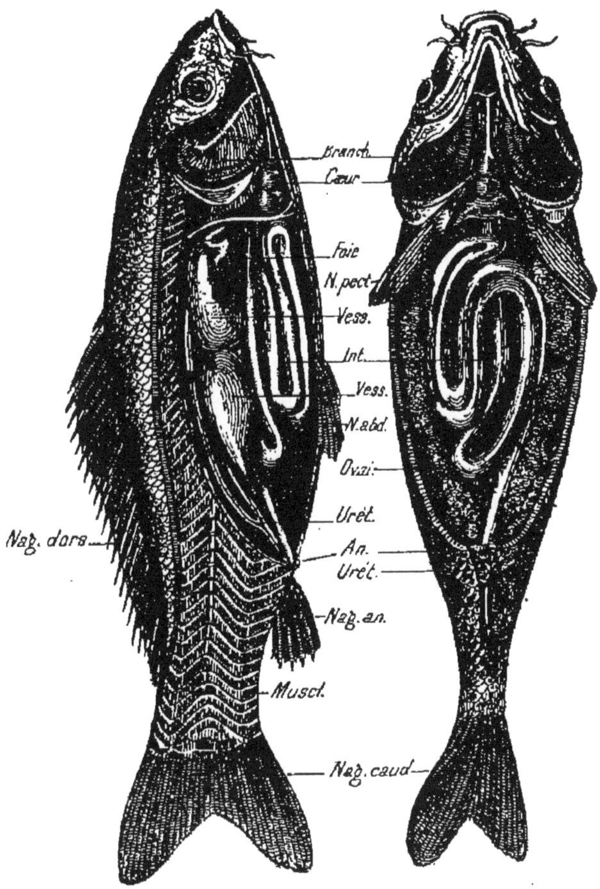

Fig. 65. — Anatomie de la Carpe, vue de profil et de face. On remarque d'avant en arrière : les *branchies*, le *cœur*, le *foie*, les *nageoires pectorales*, la *vessie natatoire*, formée de deux lobes, l'*intestin*, plusieurs fois contourné, les *nageoires abdominales*, l'*ovaire*, l'*uretère*, l'*orifice anal*, les *nageoires anale et caudale*. La figure de gauche montre en outre, la disposition des muscles extérieurs et la nageoire dorsale.

Il suffira de citer quelques exemples. La Carpe, qui se nourrit de végétaux, a un intestin de longueur double de celle de son

recourbé sur lui-même, et forme des *circonvolutions*, afin de pouvoir se loger dans la cavité abdominale (fig. 58).

La plus grande partie de ce tube est étroite : c'est l'*intestin grêle ;* l'autre, beaucoup plus courte, mais plus large, est le *gros intestin.*

Intestin grêle. L'*intestin grêle* se divise lui-même en trois portions, d'ailleurs mal délimitées : le *duodénum* (1), ainsi appelé parce qu'il mesure environ douze travers de doigt; le *jéjunum*, mot qui fait allusion à ce qu'on trouve cette portion presque toujours vide après la mort ; l'*iléon* (2), enfin, dont les circonvolutions sont caractéristiques.

Valvules conniventes et Villosités. L'intestin grêle offre à sa surface interne des parties saillantes, qui sont de deux ordres, à savoir : les *valvules conniventes* et les *villosités.* Les premières sont des replis de la muqueuse, distants les uns des autres de 1/2 à 1 centimètre; elles ont pour effet d'augmenter considérablement la surface d'absorption de l'intestin. Les secondes constituent de fins prolongements de consistance molle, qui hérissent toute la surface de la muqueuse et lui donnent un aspect velouté. Elles seront plus complètement étudiées à propos de l'absorption.

Gros intestin Le *gros intestin*, qui se distingue nettement du précédent par les bosselures qu'il présente, ne se continue pas directement avec lui : en effet, l'intestin grêle se termine un peu au-dessous du commencement du gros intestin, dans

---

corps (fig. 65), tandis que le Brochet, qui est carnivore, ne l'a que de même longueur. Chez la Tortue terrestre, animal herbivore, il est long comme cinq ou six fois son corps; chez le Lézard, insectivore, comme deux ou trois fois seulement. On verrait une différence analogue entre la Poule et l'Aigle. Le Cheval, la Chèvre, le Mouton, ont respectivement l'intestin long comme 10, 18 et 28 fois leurs corps, tandis que chez les Mammifères carnassiers il atteint rarement 4 ou 5 fois cette même étendue.

(1) *Duodeni*, douze (sous-entendu : *digiti*, doigts).
(2) Εἰλεῖν, tourner : allusion à ses circonvolutions.

lequel il s'ouvre obliquement. Il en résulte qu'à l'origine de celui-ci se voit une espèce de cul-de-sac volumineux, le *cæcum* (1), pourvu d'un prolongement très court, creux, de la longueur du doigt environ, qu'on appelle, en raison de sa forme, l'*appendice cæcal* ou *vermiculaire*. Au point de jonction des deux intestins se trouve un repli fort important, la *valvule iléo-cæcale*, qui a pour effet

Fig. 66. — Glande en grappe du duodénum (très grossie).

d'empêcher le contenu du gros intestin de refluer dans le grêle. Le gros intestin décrit une longue courbe, qui partant du côté droit, remonte jusqu'à l'estomac et redescend à gauche, puis directement en arrière, en prenant successivement les noms de *côlon* (2) et de *rectum* (3), pour se terminer enfin à l'*anus*.

L'intestin n'est pas entièrement libre dans la cavité abdominale; sa masse flottante est soutenue par une sorte de toile très mince, mais assez résistante, le *mésentère* (4), Péritoine et mésentère.

(1) De *cæcus*, aveugle, c'est-à-dire en forme de sac.

(2) Κωλύειν, arrêter; parce que le résidu de la digestion séjourne dans cette partie de l'intestin avant d'être expulsée au dehors.

(3) Du latin *rectum*, droit; parce que cette partie de l'intestin a dans son ensemble une direction verticale.

(4) Μέσος, qui est au milieu; ἔντερον, intestin.

qui l'enveloppe complètement et s'attache d'autre part à la colonne vertébrale. Le mésentère forme la plus grande partie d'une vaste membrane qui recouvre tous les organes logés dans la cavité abdominale et qui a reçu le nom de *péritoine*(1). Celui-ci, qui appartient à la catégorie des membranes séreuses, représente un sac sans ouverture; il n'est en rapport avec les organes qu'il recouvre que par sa surface extérieure, tandis que ses parois intérieures sont en contact avec elles-mêmes et constamment lubrifiées par une légère sécrétion qui leur permet de glisser facilement les unes contre les autres.

Structure de l'intestin; ses glandes.

Les parois de l'intestin offrent une double couche de fibres musculaires, les unes circulaires, les autres longitudinales. Enfin, la surface interne est recouverte par une muqueuse tapissée d'un épithélium à cellules cylindriques.

Dans l'épaisseur de la muqueuse on trouve des glandes de différente nature. Le duodénum présente seul des *glandes en grappe*, dites de *Brünner* (fig. 66); tout le reste de l'intestin offre des *glandes en tube*, ou de *Lieberkühn*, serrées les unes contre les autres et analogues aux glandes à mucus de l'estomac : du mélange de la sécrétion des unes et des autres résulte le *suc intestinal*.

Enfin, des organes singuliers, appelés *follicules clos*, ayant la forme de petits corps arrondis, blanchâtres, assez gros cependant pour être vus à l'œil nu, sont disséminés dans tout l'intestin grêle. Réunis parfois en nombre plus ou moins considérable, ils forment des groupes appelés *plaques de Peyer*, qui peuvent avoir plusieurs centimètres d'étendue. Les follicules clos sont autant de petites glandes, qui appartiennent au système lymphatique, dont il sera question dans le chapitre suivant.

Deux organes fort importants sont annexés à la première partie de l'intestin : le *foie* et le *pancréas*, lesquels sont chargés d'y verser chacun le produit d'une sécrétion spéciale.

(1) Περί, autour; et τείνειν, tendre.

Le foie et la bile. — *Description du foie ;*
circulation du foie : artère hépatique, veine porte, et veines hépatiques ;
structure du foie.

Le *foie* (fig. 58), situé dans la partie droite et supérieure de l'abdomen, sous le diaphragme, à droite de l'estomac, au-dessus duquel il se prolonge, est un organe volumineux, rougeâtre, incomplètement divisé en lobes.

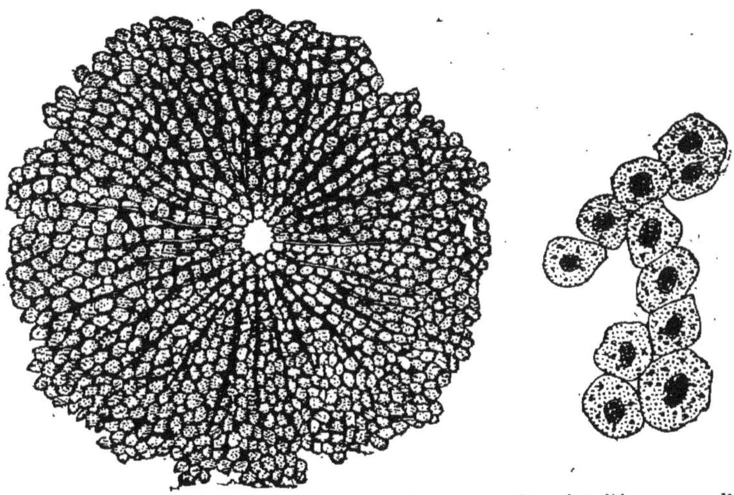

Fig. 67. — Un lobule du foie très grossi. Au centre, le point d'émergence d'une petite veine hépatique. Les canalicules biliaires se voient disposés en rayons autour de ce point central, entre les cellules hépatiques. A droite, quelques cellules du foie encore plus grossies.

A sa face inférieure se voit suspendue la *vésicule biliaire*, qui a l'aspect d'une petite poche piriforme, et de laquelle sort un conduit, le *canal cystique* (1), qui s'abouche avec un autre, le *canal hépatique,* venu directement du foie. De la réunion de ces deux conduits résulte le *canal cholédoque* (2), lequel aboutit au duodénum (fig. 59). La vésicule biliaire ne sécrète pas la bile, mais sert seule- Vésicule biliaire

(1) Κύστις, vessie.
(2) Χολή, bile ; δοχός, qui conduit.

ment de réservoir à ce liquide, lequel s'y accumule dans l'intervalle des repas.

Circulation du foie ; Veine porte. La circulation du foie (fig. 58) est intéressante à connaître. Le sang arrive à cet organe de deux sources : de l'*artère hépatique*, qui amène le sang artériel, et de la *veine porte*, laquelle y conduit le sang veineux qui revient de l'intestin et renferme les produits nouvellement élaborés de la digestion. Cette singulière veine, en pénétrant dans le foie, s'y divise à la façon d'une artère en rameaux de plus en plus délicats, qui finissent par former avec ceux que fournit l'artère hépatique un réseau capillaire commun.

Structure du foie. Dans ce réseau à mailles serrées se trouve une infinité de petits groupes ou *lobules hépatiques*, formés de cellules polyédriques (fig. 67), qui sont les éléments actifs de la glande. Chacun de ces lobules reçoit un ramuscule de la veine porte et un de l'artère hépatique ; en outre, du centre de chacun d'eux part un rameau d'origine des *veines hépatiques*, par lesquelles le sang qui a traversé le foie est conduit dans la veine cave.

Canalicules biliaires. De chaque lobule partent, en outre, des canalicules biliaires d'une finesse extrême, qui forment des réseaux tellement serrés que chacune de leurs mailles ne contient pas plus d'une cellule hépatique. Les canaux, de plus en plus gros, qui se forment successivement par la réunion des canalicules, suivent le trajet de la veine porte et de l'artère hépatique, avec lesquelles ils sortent du foie, pour former enfin le canal cholédoque, dont il a été question plus haut.

La bile. La *bile* est un liquide visqueux, filant, jaune chez les Mammifères, mais qui verdit rapidement au contact de l'air ; elle a une odeur nauséabonde, une saveur amère, une réaction alcaline. Elle contient un certain nombre de sels, plusieurs principes colorants, une matière cristallisée la *cholestérine* (1), etc. La quantité de bile sécrétée en un jour est évaluée, chez l'Homme, à 1.300 grammes.

(1) Les chimistes rapprochent la cholestérine de l'alcool.

Pancréas. — Le *pancréas* (πᾶς, tout; κρέας chair) rappelle par son aspect celui des glandes salivaires (voy. celui du Poulet, fig. 63). De couleur blanchâtre, comme couché sur le duodénum, il a une longueur de 15 centimètres environ, sur moins de 2 centimètres d'épaisseur. Il en part deux canaux, dont le principal, *canal de Wirsung*, s'ouvre au sommet d'une pupille saillante dans l'intestin et désignée sous le nom d'*ampoule de Vater;* elle est placée immédiatement au-dessous de l'ouverture du canal cholédoque.

Le *suc pancréatique* sécrété par cet organe est un liquide clair, visqueux, alcalin, de saveur salée; il renferme un ferment très actif, la *pancréatine*, substance de nature albuminoïde, qui joue un rôle important dans la digestion. La sécrétion du suc pancréatique est intermittente; elle a lieu seulement dans les premières heures qui suivent le repas. La dose fournie par un Chien de moyenne taille est de 6 à 8 grammes par heure. Suc pancréatique

---

PHYSIOLOGIE DE LA DIGESTION

Préhension des aliments. — En général l'Homme saisit avec la main l'aliment qu'il veut porter à sa bouche,

---

Préhension des aliments dans la série animale.

PROTOZOAIRES. — Des prolongements du corps, appelés *pseudopodes* (1), se développent en divers sens, et saisissent les particules alimentaires voisines, pour les ramener ensuite vers la masse du corps (Monères, Amibes, Rhizopodes, fig. 19, 20); ou bien, le corps est recouvert d'un grand nombre de filaments extrêmement fins et courts, des *cils*

(1) C'est-à-dire *faux-pieds*.

ou bien il se sert d'instruments spéciaux appropriés à cet usage, surtout s'il s'agit de substances liquides.

Dans certains cas, il applique directement les lèvres sur l'aliment ou plutôt sur l'objet qui le contient, et l'attire par un mouvement d'*aspiration* et plus souvent de *succion*, comme le fait l'enfant à la mamelle. La bouche représente alors un corps de pompe soigneusement fermé en arrière,

---

vibratiles, qui, continuellement agités, déterminent dans l'eau où nagent ces petits êtres, des courants qui amènent à leur bouche les particules alimentaires qui s'y trouvent en suspension (Infusoires, fig. 21, 22).

Cœlentérés. — Parfois des cils vibratiles tapissant des canaux qui parcourent le corps en tous sens, y font passer des courants d'eau, qui entraînent des particules alimentaires (Éponges). Mais chez la plupart, l'orifice buccal est garni de bras ou tentacules, souvent nombreux, armés d'une quantité de petites flèches ou hameçons microscopiques lancés à propos pour atteindre et paralyser les petits animaux qui passent à portée, et qui sont bientôt amenés à la bouche (Polypes, Hydres d'eau douce, Actinies, Méduses, etc., fig. 1, 2).

Vers. — Des cils vibratiles amènent les aliments à l'orifice buccal chez ceux qui, sédentaires, ne peuvent aller à la recherche de leur nourriture (Sabelles et Serpules, qui habitent des espèces de tubes). Un bon nombre ont une trompe protractile (Annélides errantes), parfois une ventouse, au moyen de laquelle ils se fixent sur leurs proies et s'en nourrissent par succion (Sangsues, fig. 13).

Tuniciers ; Mollusques. — Très souvent il existe des cils vibratiles (espèces sédentaires) ; chez les Mollusques les plus élevés, les lèvres sont les organes ordinaires de préhension (espèces libres) ; parfois il y a de longs bras garnis de nombreuses ventouses (Poulpes).

Articulés. — Organes de préhension variés : ce sont tantôt des pattes en forme de pince (Crustacés, fig. 9), tantôt les mâchoires et les lèvres, dont la structure est appropriée de la façon la plus ingénieuse au genre d'alimentation : trompe des Papillons, des Diptères (Cousin); suçoir

du côté du gosier, et la langue fait l'office de piston : appliquée d'abord contre les lèvres, elle se retire et fait le vide, ce qui oblige le liquide à monter dans la bouche.

Mastication. — Les animaux pourvus de dents ne mâchent pas tous d'une façon complète leurs aliments. Les carnassiers se contentent, en général, de déchirer leur proie, qu'ils avalent par gros morceaux : ainsi font le Lion, le Tigre, le Chat; et même, les Serpents avalent la leur tout entière

Utilité de la masticatio surtout pour les aliments végétaux.

---

des Hémiptères (Punaise); langue des Hyménoptères (Abeille).

VERTÉBRÉS. — Les *Poissons* n'ont pas d'autre organe de préhension que les bords de la bouche, qui sont souvent protractiles. — Les *Batraciens* projettent d'ordinaire leur langue engluée de salive sur les insectes posés à portée. — Chez les *Reptiles,* on voit de même le Caméléon lancer, avec la rapidité d'une flèche, une langue aussi longue que son corps, sur l'insecte le plus agile, qui est pris avant d'avoir eu le temps de s'envoler. — Les *Oiseaux* saisissent en général avec leur bec, quelquefois avec une des pattes (Perroquet), ou bien avec la langue, qui alors, démesurément allongée, peut aller dans les fentes des arbres chercher les fourmis et les autres insectes (Pics). — Chez les *Mammifères*, les Carnassiers s'emparent de leur proie avec leurs dents et la maintiennent avec leurs griffes puissantes (Lion, Chat); le Cheval se sert de ses lèvres; le Bœuf, de sa langue, avec laquelle on le voit entourer la touffe d'herbe pour l'arracher ensuite; le Fourmilier a les mâchoires excessivement allongées en une espèce de tube, d'où sort une langue vermiforme, recouverte d'une sécrétion visqueuse sur laquelle viennent s'engluer les insectes, surtout les Fourmis et les Termites, dont il est très friand; l'Éléphant se sert de sa trompe, qui n'est autre chose que son nez prodigieusement allongé et terminé par une sorte de doigt mobile. Le Castor, beaucoup de Rongeurs et les Singes saisissent leurs aliments et les portent à leur bouche avec l'extrémité de membres antérieurs.

L'alimentation végétale, au contraire, est d'une digestion bien plus difficile, et doit être prise en bien plus grande quantité, en raison de son moindre pouvoir nutritif : double circonstance qui condamnerait l'estomac et l'intestin à un excès de travail, si la mastication ne leur venait pas en aide. Certains aliments même, les graines principalement, ont une enveloppe résistante, réfractaire aux sucs digestifs, de sorte qu'ils traverseraient intacts tout le tube intestinal, s'ils n'étaient pas préalablement broyés. Cependant les Oiseaux granivores, qui avalent le plus souvent les graines sans en briser la coque, semblent faire exception; mais leur gésier musculeux est disposé de façon à suppléer par la puissance de ses contractions au travail réservé d'ordinaire aux mâchoires.

Pour ce qui regarde l'Homme, la mastication est un acte préparatoire indispensable à un bon travail digestif. Bien des maux d'estomac viennent de ce que l'on mange trop vite, ou de ce que les dents gâtées ou absentes empêchent la mastication de se faire d'une façon suffisante.

Insalivation. — Cette opération, qui s'accomplit au moyen de la sécrétion des glandes salivaires, a un double but, à savoir : faciliter la division et la déglutition des aliments ; en même temps agir sur eux en modifiant leur composition chimique. Nous étudierons successivement :

le rôle mécanique de la salive ;

les caractères des différentes sortes de salive ;

le rôle chimique de la salive ;

Quant aux *boissons*, beaucoup de Mammifères y plongent entièrement les lèvres et attirent l'eau par succion; il en est de même de quelques Oiseaux, les Pigeons, les Rapaces, par exemple ; mais la plupart puisent l'eau dans leur bec, et, en relevant la tête, la font couler dans leur gosier ; le Chien et les autres Carnivores lapent, c'est-à-dire qu'ils plongent leur langue dans le liquide et la retirent vivement dans la bouche, en entraînant avec elle une certaine quantité de boisson.

La mastication aurait pour effet de réduire les aliments en une sorte de poussière et d'en rendre la déglutition très difficile, si, en même temps qu'ils sont broyés, ils n'étaient convenablement humectés par un liquide. En se mêlant à eux, la salive aide à leur division, en dissout plusieurs et transforme ceux qui ne sont pas solubles en une sorte de pâte facile à avaler.

La salive sécrétée par les trois sortes de glandes que nous avons étudiées à la page 84, ne jouit pas de propriétés identiques et joue, par conséquent, un rôle différent suivant son origine. **Caractères des différentes sortes de salive.**

Celle de la parotide est très fluide et son abondance est en rapport avec la sécheresse des aliments : aussi, très développées chez les Herbivores terrestres, les parotides manquent chez les Cétacés; en outre, elles n'existent que chez les animaux pourvus de dents. La salive parotidienne est spécialement chargée de réduire les aliments en une bouillie de facile déglutition, et sa sécrétion est d'autant plus abondante que la mastication se fait plus longuement ; c'est à proprement parler la *salive de la mastication.* Elle renferme du phosphate de chaux, qui se dépose souvent autour des dents, et forme à leur base un encroûtement plus ou moins épais, que l'on appelle *tartre dentaire.*

La salive de la glande sous-maxillaire paraît plus en rapport avec l'exercice du sens du goût, car elle se produit surtout quand on met dans la bouche une substance sapide ; la vue même des aliments suffit à la provoquer, ce qui justifie l'expression « faire venir l'eau à la bouche » ; c'est la *salive du goût.*

La salive des sublinguales est très visqueuse; elle semble destinée à recouvrir le bol alimentaire d'une sorte de vernis propre à faciliter son passage à travers l'isthme du gosier et sa descente jusqu'à l'estomac ; c'est la *salive de la déglutition.*

Salive mixte Du mélange de ces trois salives avec le mucus buccal résulte la *salive mixte,* liquide faiblement alcalin, transparent, inodore, dont la sécrétion est continue, il est vrai, mais qui se fait avec une bien plus grande abondance pendant la mastication. Chez l'Homme, la quantité sécrétée chaque jour paraît être de 300 à 350 grammes.

Ptyaline. Outre le *rôle mécanique* dévolu à la salive, lequel a pour effet de transformer l'aliment en une sorte de pâte facile à avaler, cette sécrétion en possède un autre, d'ordre *chimique*, et d'une importance bien plus grande encore ; elle renferme, en effet, un principe particulier, un ferment soluble (1), la *ptyaline* ou *diastase salivaire*, que l'on peut isoler sous forme d'une matière solide, blanche, amorphe. Grâce à elle les substances féculentes, insolubles dans l'eau, sont modifiées dans leur constitution, transformées en *dextrine*, puis en *glycose* ou sucre de fécule, lequel est très soluble et par là même facilement absorbable. La ptyaline est en très faible quantité dans la salive; mais elle est tellement active, qu'un gramme suffit à transformer en glycose deux kilogrammes de fécule.

Déglutition. — Cette opération physiologique se décompose en trois temps :

premier temps : *formation du bol alimentaire ;*

second temps : *le bol alimentaire franchit le pharynx ;*

troisième temps : *le bol alimentaire passe dans l'œsophage.*

Premier temps. Lorsque les aliments sont suffisamment mâchés et insalivés, la langue les réunit en une petite masse, que l'on appelle le *bol alimentaire*, et qu'elle pousse vers le fond de la bouche en la comprimant d'avant en arrière contre la voûte palatine. Ce premier temps de la déglutition est

(1) Sous le nom de *ferments*, on entend des substances azotées jouissant de la propriété de modifier profondément, chimiquement, d'autres substances, sans leur rien enlever et leur rien donner. Ils paraissent agir simplement par leur contact ; et l'opération produite, ils se retrouvent intacts et sans avoir rien perdu de leur masse, de sorte qu'ils pourraient servir alors à une nouvelle opération. Mais une quantité donnée de ferment ne peut déterminer la *fermentation* que d'une certaine proportion de la matière fermentescible avec laquelle elle se trouve actuellement en contact.

sous la dépendance de la volonté ; mais, à partir du moment où il s'achève, cette opération lui devient complètement étrangère, et s'opère en vertu de ce qu'on appelle une action réflexe, mouvement tout à fait involontaire, irrésistible, déterminé par le contact du bol alimentaire avec les organes voisins.

Entre le moment où il est encore sur le dos de la langue et celui où il arrive à l'œsophage, le bol alimentaire a un passage difficile à franchir : c'est le *pharynx* ou *arrière-bouche* (fig. 43). Deuxième temps.

Forcé de passer entre les fosses nasales et le larynx il doit les éviter cependant : car, s'il s'engage dans les premières, il sortira par le nez, ce qui a lieu quelquefois, surtout pour les boissons, quand arrive un accès de rire au moment de la déglutition ; ou bien, s'il pénètre dans le second, il se produit une vive irritation et de violents accès de toux, lesquels ont précisément pour effet d'expulser les parcelles alimentaires qui ont fait fausse route.

Voici par quel mécanisme ces inconvénients sont évités.

Au moment où le bol alimentaire, pressé par la langue contre la voûte palatine, arrive à toucher le voile, les deux parties latérales de celui-ci se rapprochent l'une de l'autre, à la manière des rideaux d'une fenêtre, et se joignent à peu près sur la ligne médiane. De la sorte, les aliments ne peuvent remonter dans les fosses nasales.

Quant à l'ouverture du larynx, elle est évitée par la présence de l'épiglotte, sorte de pont jeté sur elle. Cependant la présence de l'épiglotte n'est pas indispensable, puisque l'on a constaté que des Chiens auxquels on l'avait coupée opéraient facilement la déglutition, du moins celle des matières solides. C'est qu'en effet, le larynx, entraîné par le pharynx, lequel s'avance au-devant du bol alimentaire pour s'en saisir, opère un mouvement d'ascension, comme il est facile de le constater en mettant le doigt sur sa partie saillante au-devant du cou appelée la *pomme d'Adam,* et vient appliquer son orifice derrière la base de la langue, qui le couvre et le protège. Ajoutons, d'ailleurs, que toute cette opération se passe avec une grande rapidité. Ainsi s'accomplit par cet ingénieux mécanisme le second temps si délicat de la déglutition (1).

Troisième temps.

Le troisième temps de la déglutition commence lorsque le bol alimentaire est saisi par le pharynx, lequel le transmet à l'*œsophage* qui lui fait suite. Celui-ci se contracte successivement de haut en bas, se raccourcit en quelque sorte, pour entraîner le bol alimentaire et le faire cheminer de proche en proche jusqu'à l'estomac. Ce n'est donc pas par l'action de la pesanteur que les aliments suivent le conduit œsophagien, comme d'ailleurs le prouve la possibilité d'avaler la tête en bas, ainsi qu'on le voit faire aux acrobates.

La faculté qu'a l'œsophage de se contracter en sens inverse, c'est-à-dire, de bas en haut, explique comment les Ruminants font remonter jusqu'à leur bouche, afin de leur faire subir une mastication plus complète, les aliments qu'ils ont avalés une première fois. Cette faculté se rencontre aussi chez quelques personnes : alors on la désigne sous le nom de *mérycisme*.

Digestion stomacale. Rôle chimique de l'estomac.
théories anciennes de la digestion ;
action du suc gastrique sur les différentes sortes d'aliments ;
intermittence de sa sécrétion.

Théorie de la digestion stomacale

Les Anciens se faisaient des idées très fausses sur la nature du travail digestif : les uns le considéraient comme une coction ; d'autres comme une sorte de putréfaction ; quelques-uns y voyaient une simple trituration, déterminée par des contractions très énergiques des parois

(1) La déglutition se fait ordinairement d'une façon très rapide, afin que la respiration, qui est forcément supprimée pendant qu'elle s'accomplit, ne soit pas longtemps suspendue. Mais, chez les Serpents, où la déglutition est très lente, en raison du volume de la proie, une disposition spéciale permet à la trachée de s'avancer entre les branches de la mâchoire inférieure et de faire saillie au dehors, de sorte que la respiration s'effectue sans interruption.

stomacales; quelques autres, une fermentation. C'est cette dernière opinion qui se rapproche le plus de la théorie acceptée de nos jours. Mais toutes ces vues étaient établies *a priori*, tandis que c'est à l'expérimentation directe que l'on aurait dû s'adresser pour avoir la solution du problème.

Réaumur (1) le comprit, et institua quelques expériences restées célèbres. Ayant fait avaler à des Oiseaux des aliments renfermés dans des tubes de métal criblés de trous, il reconnut qu'au bout d'un certain temps, bien que soustraits aux contractions de l'estomac, ces aliments étaient désagrégés, fluidifiés : ce qu'il attribua avec raison à l'action du suc gastrique qui avait pu pénétrer jusqu'à eux.

Ces expériences, reprises et complétées par le savant Italien Spallanzani (2), confirmèrent ce résultat. Celui-ci put même obtenir une *digestion artificielle*, en mettant dans un flacon un morceau de chair en contact avec le suc gastrique retiré de l'estomac d'un animal.

Depuis, des circonstances non moins favorables ont permis aux physiologistes d'apprécier directement les effets des sucs sécrétés par l'estomac de l'homme sur les aliments.

En 1825, un médecin américain, William Beaumont, eut l'occasion de donner des soins à un jeune chasseur canadien, Alexis Saint-Martin, auquel un coup de fusil avait

(1) RÉAUMUR (René-Antoine FERCHAULT DE), né à la Rochelle (1683), mort en 1757. L'un des plus illustres naturalistes français. Ses *Mémoires pour servir à l'histoire des insectes* sont une de ses œuvres capitales, et décèlent un observateur sagace et ingénieux. Ses connaissances étonnantes sur une foule de sujets, et les nombreux ouvrages qu'il a publiés sur les matières les plus diverses, lui ont justement valu le surnom de *Pline du* XVIIIe *siècle*. Le nom de Réaumur a été surtout vulgarisé par suite de l'invention du thermomètre à 80°, due à ce savant, à la fois physicien et naturaliste.

(2) SPALLANZANI (Lazare), né en 1729, dans le duché de Modène, mort à Paris en 1799, l'un des plus grands naturalistes italiens. Toutes les branches des sciences naturelles lui étaient familières; mais c'est en physiologie surtout que ses découvertes furent remarquables. Il a laissé de nombreux ouvrages sur la digestion, la circulation, la respiration et la reproduction des animaux.

occasionné une perforation de l'estomac. Ce jeune homme guérit ; mais il conserva une fistule stomacale, grâce à laquelle son médecin put étudier *de visu* la sécrétion de l'estomac, par conséquent dans de meilleures conditions qu'on ne l'avait fait avant lui.

En outre, des fistules ont été pratiquées expérimentalement un grand nombre de fois sur des animaux, le Chien, en particulier, afin de recueillir le suc gastrique et de l'étudier à loisir.

Action du suc gastrique sur les différentes sortes d'aliments.

Si l'on met en contact avec le suc gastrique les différentes sortes de substances alimentaires, on voit que les *matières féculentes* ne sont nullement modifiées par lui, pas plus que les *matières grasses*, mais que les substances *albuminoïdes* sont ramollies, désagrégées et transformées en *peptone* ou *albuminose*, substance très soluble et d'absorption facile.

Le suc gastrique est donc l'agent essentiel de la digestion des aliments albuminoïdes d'origine animale ou végétale.

L'estomac, lorsqu'il est vide, ne sécrète pas de suc gastrique, ou du moins celui-ci ne consiste alors qu'en un mucus inactif : la présence d'un aliment est indispensable pour que le suc gastrique vrai, celui qui renferme la pepsine, se produise. La quantité sécrétée est considérable, puisqu'un fragment d'albumine, tel qu'un morceau de blanc d'œuf solidifié par la cuisson, exige, pour se dissoudre, vingt-cinq fois son propre poids de suc gastrique. On estime à une vingtaine de litres la quantité de ce liquide produite en un jour.

Rôle mécanique de l'estomac. — Tandis que l'action chimique s'accomplit, les parois musculeuses de l'estomac ne restent pas inactives : elles se contractent de façon à agiter et à mieux mêler au suc gastrique la masse alimentaire. Ces contractions ont lieu d'une façon régulière, de telle sorte que le contenu stomacal est alternativement promené de gauche à droite, c'est-à-dire, du cardia vers le pylore (*mouvement péristal-*

tique (1), puis dans la direction inverse (*mouvement antipéristaltique*). Les contractions produites dans ce dernier sens jouent un certain rôle dans le *vomissement;* mais les agents essentiels de ce phénomène sont bien plutôt le diaphragme et les muscles de l'abdomen, qui, sous certaines influences, compriment fortement l'estomac.

Quoi qu'il en soit, les mouvements de cet organe sont insuffisants, du moins chez l'Homme, pour déterminer le broiement des aliments qui lui sont confiés, comme le prouve l'exemple des grains de raisin qui traversent intacts tout le tube digestif.

Lorsque les aliments sont réduits à l'état d'une pâte suffisamment homogène, ils constituent le *chyme* (χυμὸς, suc de viande), et franchissent alors le détroit pylorique pour passer dans l'intestin.

Action mécanique de l'intestin.

Digestion intestinale. — Le chyme, en arrivant par ondées dans l'intestin, se trouve en contact avec un mélange de bile, de suc pancréatique et de suc intestinal. Les contractions successives des parois intestinales (*mouvements péristaltiques*) le font cheminer lentement en le mêlant de plus en plus intimement avec les liquides épanchés dans ce conduit : des mouvements en sens inverse (*antipéristaltiques*) tendent à lui faire rebrousser chemin; finalement, les premiers l'emportent, et le contenu intestinal pénètre dans le gros intestin à travers les lèvres de la valvule iléo-cæcale, qui s'oppose d'une façon absolue à son retour. Mais, chemin faisant, la partie assimilable a été absorbée, et le gros intestin ne contient plus guère que le résidu de la digestion, lequel s'accumule dans le réservoir rectal, jusqu'à ce qu'il soit rejeté au dehors, sous l'influence de la volonté.

Action chimique.

En même temps que s'accomplissent ces phénomènes mécaniques, la digestion intestinale nous présente des faits d'ordre chimique accomplis par les sécrétions du foie, du pancréas et de l'intestin.

(1) Du grec περί, autour ; στέλλειν, resserrer.

Fonctions du foie ; rôle de la bile. — Le rôle du foie dans la nutrition est fort complexe. Deux de ses fonctions principales consistent dans la sécrétion de la bile et d'une matière sucrée ou glycogène.

La *bile* joue dans la digestion un rôle complexe : 1° elle commence à *émulsionner* les matières grasses contenues dans les aliments, c'est-à-dire qu'elle les réduit en gouttelettes d'une extrême finesse, comme cela a lieu quand on bat de l'huile dans une certaine quantité d'eau. Les graisses ainsi émulsionnées s'absorbent facilement. Aussi, lorsque le cours de la bile vient à être supprimé pour une cause ou une autre, on voit survenir peu à peu un amaigrissement notable, par suite du défaut d'absorption des graisses. 2° La bile, en imprégnant les parois intestinales, a encore pour effet, on l'a constaté expérimentalement, de favoriser le passage des matières grasses à travers leur épaisseur. 3° Enfin, elle retarde la putréfaction du résidu de la digestion.

Mais, plus que tout cela, peut-être, le rôle de la bile consiste à se déverser à la fin de chaque travail digestif, dans le but de balayer en quelque sorte l'intestin, d'aider à la chute des cellules épithéliales hors d'usage, qui tapissent sa muqueuse, et de favoriser le développement des cellules nouvelles qui devront accomplir la digestion suivante.

Fonction glycogénique du foie. — Mais le foie possède une autre fonction d'importance considérable, dont la découverte est due à Claude Bernard. Tandis que le sang de la veine porte, au moment où celle-ci pénètre dans le foie, ne contient qu'une faible quantité de matière sucrée, la veine hépatique, quand elle sort de cet organe, en renferme une notable proportion.

La preuve de la formation d'une matière sucrée, c'est que si on prend le foie d'un animal, puis, que par les vaisseaux de cet organe on fasse passer un courant d'eau, de façon à enlever, avec tout le sang qu'il renfermait, les substances sucrées qu'il pouvait contenir par suite de la digestion d'aliments qui en offraient, on constate quelques heures plus tard que, dans ce même foie, le sucre a reparu en abondance. Puisqu'il n'a pas pu venir du dehors, c'est donc bien le foie lui-même qui l'a formé. Cette glande produit donc du sucre, ou plutôt, pour être exact, une matière *glycogène* (1), analogue à l'amidon végétal, et qui, sous l'influence d'un ferment contenu dans le sang, se transforme en sucre, lequel est brûlé dans l'organisme pour servir à la calorification. Dans certains cas, cette matière, se produisant en trop grande abondance pour être entièrement consumée, passe du sang dans les urines, où il est facile de constater sa présence : c'est ce qu'on appelle la *glycosurie* ou le *diabète*.

Rôle du suc pancréatique. — Le suc pancréatique a une action multiple : 1° il agit sur les matières grasses à la façon de la bile, c'est-à-dire qu'il les émulsionne ; et même il l'emporte de beaucoup sur elle à ce point de vue. 2° De plus, il continue et complète l'action des glandes salivaires sur les matières féculentes. C'est même là son rôle essentiel, lequel, aussi bien que son aspect, justifie son nom de *glande salivaire abdominale :* il transforme donc les matières féculentes en glycose soluble et absorbable. 3° En outre, il paraît agir sur les matières albuminoïdes pour les transformer en peptones. Son rôle est donc d'achever l'élaboration des différentes sortes de substances alimentaires commencée dans les voies précédentes.

Rôle du suc intestinal. — Quant au suc intestinal, il contribue à la digestion des matières féculentes et albuminoïdes, sur lesquelles d'ailleurs il ne paraît pas avoir une action bien puissante. Mais un rôle spécial lui est dévolu, celui de transformer le sucre ordinaire ou sucre de canne en une substance absorbable : car, bien que soluble dans l'eau, ce sucre ne peut être absorbé s'il n'est modifié dant sa constitution, s'il ne passe à l'état de *sucre inter-*

(1) De γλυκύς, doux, sucré; γεννάω, former.

verti (1). On appelle *ferment inversif* la substance albuminoïde particulière à laquelle le suc intestinal doit cette propriété.

Absorption

Le chyle et les organes de l'absorption. — Dans ce paragraphe nous aurons à étudier les points suivants :

siège de l'absorption ;

voies de l'absorption : vaisseaux chylifères et vaisseaux veineux ;

trajet suivi par les substances absorbées, depuis l'intestin jusqu'à la circulation générale.

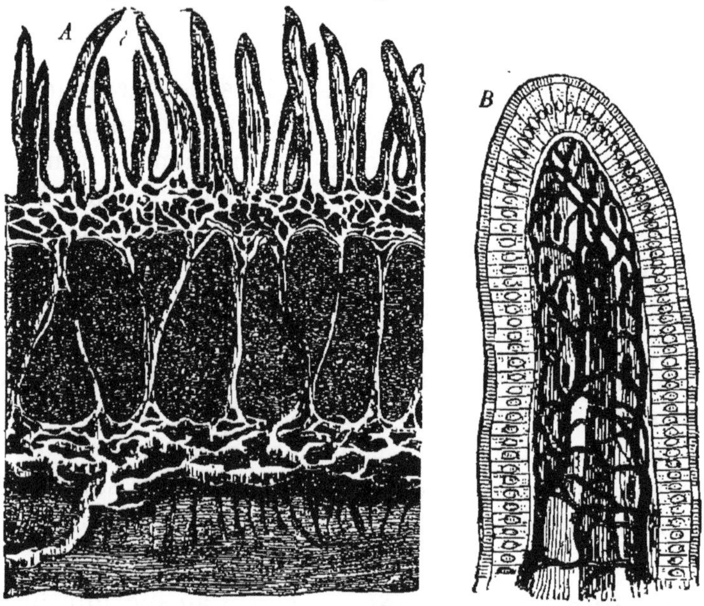

Fig. 68. — *A*, coupe verticale de la muqueuse intestinale, très grossie, montrant les villosités et l'origine des vaisseaux chylifères, qui pénètrent dans les villosités et forment deux réseaux superposés dans l'épaisseur de la muqueuse. — *B*, une villosité intestinale très grossie, montrant une couche continue de cellules épithéliales recouvrant une couche de fibres musculaires lisses, au milieu de laquelle se voit l'origine d'un chylifère entouré d'un réseau vasculaire.

Le chyle. Les aliments triturés et réduits en une pâte liquide par les sucs digestifs, sont transformés en *chyle*, lequel, pour

(1) Ce nom vient de ce qu'il dévie à gauche le rayon de lumière polarisée, contrairement au sucre qui n'a pas subi l'action du liquide pancréatique, qui le dévie à droite.

servir à la nutrition, n'a plus qu'à être absorbé. Tous les phénomènes étudiés jusqu'ici ne sont, en quelque sorte, que des opérations préparatoires à l'acte nutritif qui maintenant va faire un pas de plus : cette nouvelle phase est marquée par l'*absorption.*

L'absorption se fait à peu près exclusivement par l'intermédiaire de l'intestin, l'estomac ne paraissant pas jouir de cette faculté, si ce n'est toutefois pour les liquides. Dans l'intestin, se trouvent les nombreuses papilles, déjà désignées sous le nom de *villosités*, qui sont en quelque sorte autant de racines qui aspirent le chyle dont la cavité intestinale est remplie.

Absorption par les chylifères.

Chaque villosité (fig. 68, *B*) possède une charpente formée d'un lacis de vaisseaux auquel arrive une artériole et d'où part une veinule. Au centre de chacune d'elles se voit un fin conduit terminé en cul-de-sac : c'est une des mille radicules d'absorption du chyle, d'où le nom de *vaisseau chylifère* qui lui est donné; enfin, la villosité est toute recouverte de cellules épithéliales cylindriques. Le chyle pénètre d'abord dans ces dernières, qui se gonflent et le transmettent au vaisseau central.

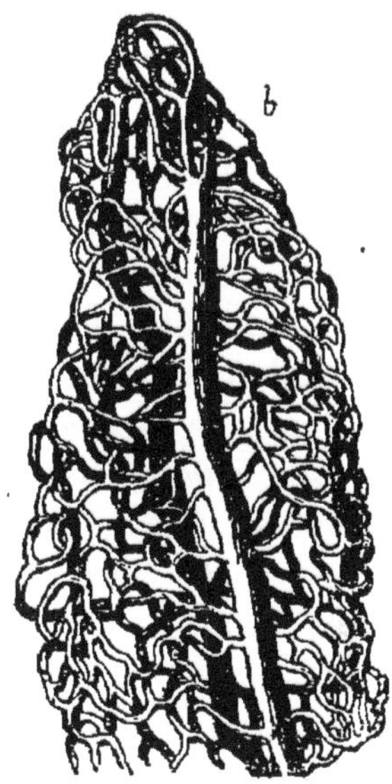

Fig. 69. — Réseau vasculaire entourant le chylifère central d'une villosité intestinale. On y voit un ramuscule artériel et une veinule réunis par de nombreux capillaires. La veinule est une des origines de la veine porte.

Absorption par les veines.

Mais il y a une autre voie d'absorption : les nombreux vaisseaux capillaires qui cheminent dans la muqueuse intestinale et dans ses villosités, et qui sont encore plus voisins de la surface que les chylifères, contribuent pour une bonne part à cette importante fonction.

Tandis que les vaisseaux chylifères puisent principalement les matières grasses, les veines pompent les substances albuminoïdes et sucrées.

Trajet suivi par les chylifères.

Les chylifères (1), encore appelés *vaisseaux lactés* (fig. 84), en raison de la couleur de leur contenu, qui se voit par transparence à travers leurs parois, passent de l'intestin dans l'épaisseur du péritoine. Chemin faisant, les ramifications des chylifères se réunissent entre elles de façon à constituer des vaisseaux de plus en plus gros, qui aboutissent à un réservoir particulier, la *citerne de Pecquet* (*d*), laquelle reçoit également le contenu des vaisseaux lymphatiques qui reviennent des parties inférieures du corps. De ce réservoir du chyle et de la lymphe, placé derrière l'estomac, part un vaisseau relativement considérable, le *canal thoracique* (*e*), qui remonte le long de la colonne vertébrale et se termine dans une grosse veine de la région du cou, la *veine sous-clavière gauche*. C'est donc là, par conséquent, que le produit de la digestion vient se mêler au sang, auquel il apporte des matériaux nouveaux, et avec lequel il est entraîné dans le torrent circulatoire.

Trajet suivi par les veines absorbantes.

De son côté, le réseau capillaire sanguin (fig. 69), qui a puisé dans l'intestin les matières albuminoïdes et sucrées, est l'origine du système de la veine porte, laquelle, on l'a vu, se dirige vers le foie et y pénètre en s'y divisant et s'y ramifiant, afin de fournir à cette glande les éléments nécessaires à ses fonctions; après quoi, élaborés et transformés, ces éléments pénètrent à leur tour dans la circulation générale par les veines sus-hépatiques, qui déversent dans la veine cave inférieure le sang qu'elles contiennent.

(1) Découverts en 1622 par un médecin italien, Aselli, sur un chien sacrifié et disséqué au moment du travail de la digestion.

CHAPITRE V

CIRCULATION

Division du sujet. Le SANG. Les caractères physiques du sang. Globules rouges ; globules blancs ; plasma ; gaz du sang. Coagulation du sang. Le CŒUR ET LES VAISSEAUX. Description du cœur ; structure du cœur. Les différentes sortes de vaisseaux. Structure des artères. Structure des veines. Structure des capillaires. Mode de distribution des vaisseaux. — PHYSIOLOGIE DE LA CIRCULATION. Bruits et mouvements du cœur. Force du cœur ; vitesse du sang ; quantité lancée à chaque pulsation. Physiologie des artères. Physiologie des veines. Physiologie des capillaires. Trajet parcouru par le sang : grande et petite circulation. Action du système nerveux sur la circulation. Le sang veineux et le sang artériel. Rôle du sang. Mode de formation du sang. Historique de la découverte de la circulation.

LE SYSTÈME LYMPHATIQUE ET LA LYMPHE.

Division du sujet. — Le corps de l'Homme, aussi bien que celui de la plupart des animaux, est creusé d'une infinité de canaux, les uns assez larges, les autres petits jusqu'à devenir imperceptibles à l'œil nu et formant des réseaux d'une extrême finesse. Ces canaux sont remplis d'un liquide qu'ils conduisent jusque dans la profondeur de tous les organes. Ce liquide est le *sang*, et les canaux qui le renferment sont les *vaisseaux*, sur le trajet desquels se trouve un organe de propulsion, le *cœur*.

Ce chapitre sera divisé en deux parties, l'une anatomique, la seconde physiologique. La première comprendra deux paragraphes, qui auront pour objet, le premier l'étude du *sang*, le second celle du *cœur* et des *vaisseaux*.

LE SANG

Les caractères extérieurs ou physiques du sang; sa composition. — Le sang est un liquide rouge vermeil, ou, au contraire, d'une teinte noirâtre, suivant certaines circonstances qui seront bientôt indiquées; il a une odeur à la fois âcre et fade toute spéciale et qui varie suivant les espèces animales, une saveur salée, et sa réac-

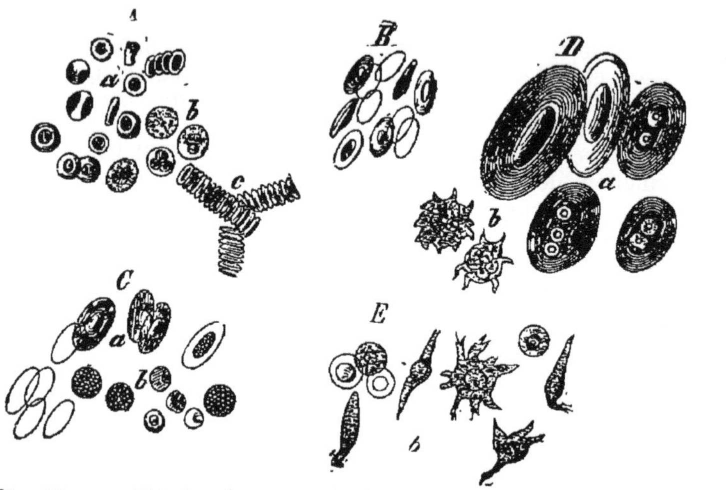

Fig. 70. — Globules du sang : *A*, de l'Homme; *B*, des Oiseaux; *C*, des Poissons; *D*, des Batraciens; *E*, des Invertébrés (Insectes et Mollusques); — *a*, globules rouges vus de face et de profil; *b*, globules blancs; *c*, globules rouges disposés en piles.

tion est toujours alcaline; il est un peu plus lourd que l'eau. Sa quantité est évaluée à cinq ou six litres chez l'homme arrivé à son complet développement.

Le sang, considéré tel qu'il est dans l'organisme, se compose de deux parties principales : l'une liquide et appelée *plasma* ou *liquor;* l'autre solide, c'est le *cruor*, formé de corpuscules microscopiques, les *globules*, qui sont les uns *rouges*, les autres *blancs*.

Sur 1000 parties de sang, 556 appartiennent au plasma et 446 aux globules, ceux-ci étant pesés à l'état humide. Si on les a préalablement desséchés, leur proportion devient beaucoup moins considérable ; elle est exactement la suivante : pour l'homme 140 ; pour la femme 127.

Nous allons étudier avec quelques détails d'abord les globules, puis le plasma.

Fig. 71. — Cristaux d'hémoglobine du sang de l'Homme et des Mammifères ; *a*, *b*, cristaux du sang veineux de l'Homme ; *c*, du sang du Chat ; *d*, du Cochon d'Inde ; *e*, du Castor ; *f*, de l'Écureuil.

Caractères physiques des globules rouges

Globules rouges du sang. — Les *globules rouges* du sang ou *hématies* (1) (fig. 70), découverts en 1658, par Swammerdam, chez la Grenouille, et vus pour la première fois chez l'Homme par Leuwenhoek, en 1773, ne sont pas, comme leur nom semble l'indiquer, des corps sphériques. Chez l'Homme, ils sont parfaitement discoïdes, aplatis comme de petites pièces de monnaie, et un peu

---

*** Les Globules du sang dans la série animale.**

Les globules sanguins des *Mammifères* sont analogues à ceux de l'Homme, et comme eux ne paraissent pas avoir de noyau ; mais ils en diffèrent par les dimensions : ceux de

(1) Du grec αἷμα, sang.

plus minces au centre qu'à la circonférence. Leurs dimensions sont de 6 à 7 millièmes de millimètre de diamètre, et de 2 millièmes de millimètre d'épaisseur : de sorte qu'il en faudrait près de 130, les uns à la suite des autres, pour faire la longueur d'un millimètre; et que, mis en pile, 600 environ seraient nécessaires pour arriver à la même hauteur. C'est par milliards que ces petits corps existent, puisqu'on évalue à 5 millions environ la quantité contenue dans un millimètre cube de sang, et qu'on estime à cinq ou six litres la masse totale de ce liquide chez l'Homme.

Structure des globules.

Chaque globule est une cellule, pourvue d'une membrane d'enveloppe molle et de consistance pâteuse, ce qui lui permet de se laisser traverser par de petits corps étrangers et de se refermer aussitôt sur eux sans porter la trace d'une déchirure. Ils sont dépourvus de noyau, il est vrai; mais dans les premiers mois de la vie ils en possèdent. Ils sont flexibles, élastiques, ce qui leur permet de passer par des vaisseaux dont le diamètre est aussi étroit que le leur.

Composition chimique des globules rouges.

L'étude chimique des globules rouges montre qu'ils sont formés de deux parties principales, l'une qui en constitue la charpente, le *stroma*, comme l'on dit; l'autre qui en est la *partie colorante.*

Le stroma est formé par de la *globuline*, substance de nature albuminoïde, renfermant une assez forte proportion de potasse; elle constitue seulement la treizième partie du globule.

La matière colorante ou *hémoglobine* (appelée encore *hématine* ou *hémato-cristalline*) est une substance albuminoïde capable de cristalliser. L'un de ses éléments constituants est le *fer*, qui s'y trouve à l'état de sesquioxyde (Fe^2O^3) et dont elle contient 0,43 pour cent. On en trouve près d'un gramme par litre, soit 5 à 6 gr. de fer pour

---

l'Éléphant sont plus volumineux (9 millièmes de millim.); ceux du Chien sont à peu près semblables ; ceux du Cheval, du Mouton et surtout de la Chèvre sont plus petits. Une exception curieuse à la forme des globules est fournie par les

toute la masse du sang. La diminution de la proportion du fer est une cause d'anémie; et l'un des meilleurs moyens de combattre cet état, c'est de mêler aux aliments une certaine quantité de ce métal.

L'hémoglobine a la remarquable propriété de se combiner avec l'oxygène, dans le phénomène de la respiration, de telle sorte que 100 grammes d'hémoglobine fixent 130 centimètres cubes d'oxygène.

L'oxyde de carbone a une grande affinité pour les globules; mis en leur présence, comme cela arrive trop souvent quand on se tient dans une chambre où se trouve un poêle qui tire mal, il chasse l'oxygène fixé sur les globules et prend sa place; il en résulte un empoisonnement rapide.

Il est à remarquer, enfin, que les globules rouges renferment surtout des phosphates et des sels de potasse, bien que le plasma dans lequel ils flottent contienne au contraire des carbonates et des sels de soude.

Globules blancs du sang. — Au milieu des globules rouges, le microscope en montre d'autres en bien moindre quantité, 1 pour 300 rouges, mais plus gros ; ils ont en effet 8 à 9 millièmes de millimètre, et sont de couleur blanche, ou plutôt incolores; on les appelle *globules blancs* ou *leucocytes* (1); au lieu d'être aplatis, ils sont sphériques (fig. 70, *b*); leur aspect est granuleux et leur contour irrégulier; ils contiennent un noyau dans leur centre. Ils ont la singulière propriété de changer de forme, d'émettre des prolongements à la manière de certains Protozoaires,

---

Caméliens (Chameau, Lama) : au lieu d'être discoïdes, ils sont elliptiques.

Les *Oiseaux* ont les globules plus gros que les Mammifères; ils sont de forme elliptique et biconvexes; on y trouve des traces de noyau (fig. 70, *B*).

(1) Du grec λευκός, blanc; κύτος, cellule.

et d'exécuter des mouvements dits *amiboïdes*, en raison de leur analogie avec ceux de l'Amibe. Les globules blancs augmentent de nombre après les repas ; par l'abstinence, au contraire, ils diminuent.

Plasma du sang. — Le *plasma*, qu'il ne faut pas confondre avec le sérum, car il contient en plus de celui-ci de la fibrine dissoute, a une couleur jaunâtre, une réaction alcaline ; il se compose d'eau, dans la proportion de 790 gram. pour 1000 gram. de sang, et d'un certain nombre de principes en quantité variable, à savoir : 3 gram. de fibrine spontanément coagulable à la sortie des vaisseaux, 75 gram. d'albumine coagulable seulement par les acides et la chaleur (1) et un grand nombre d'autres substances, mais qui ne s'élèvent pas à plus de 10 à 12 pour 1000. Les unes seront utilisées pour la nutrition, telles que du sucre (glycose), de la graisse, 2 à 4 pour 1000 parties de sérum, des sels, 6 à 8 pour 1000 parties de sérum : chlo-

---

Ceux des *Reptiles* et des *Batraciens* sont très gros (jusqu'à 1/12 de millim.), elliptiques, biconvexes et pourvus d'un beau noyau (*D*).

Ceux des *Poissons* (*C*) se rapprochent beaucoup des pré-

(1) Ces proportions se rapportent à la fibrine et à l'albumine desséchées ; car si on pèse la fibrine et l'albumine humides, on obtient pour la première 15 grammes, et 480 grammes pour la seconde.

La fibrine ne paraît pas, en réalité, préexister dans le sang à l'état de fibrine proprement dite, telle qu'on l'observe dans le phénomène de la coagulation du sang. Elle paraît simplement résulter du dédoublement d'une matière albuminoïde contenue dans le sang.

Cette matière albuminoïde serait composée de deux substances : la *sérine* et la *plasmine* : la sérine (52 pour 1000 parties de sang) n'est pas spontanément coagulable, mais seulement par les acides et la chaleur ; la plasmine (25 pour 1000 parties de sang), coagulable par le chlorure de sodium, se compose elle-même de deux substances dont l'une, spontanément coagulable, est la *fibrine concrète*, qui comme on l'a dit dans le texte, se trouve dans la proportion de 3 parties pour 1000 de sang, tandis que l'autre (22 pour 1000) ne se coagule pas spontanément, mais par le sulfate de magnésie : c'est la *fibrine dissoute*.

rure de sodium, carbonate de soude et de chaux, phosphate de soude et plusieurs autres, du fer, de la silice, etc., tandis que les autres doivent être rejetées de l'organisme par les diverses glandes excrémentitielles; ce sont surtout des substances azotées, comme l'acide urique, la créatine, et aussi certains sels et acides.

Gaz du sang. — Enfin, le sang renferme plusieurs gaz : de l'acide carbonique, de l'oxygène et de l'azote. Ce dernier est à l'état de dissolution dans le plasma, tandis que l'acide carbonique s'y trouve à l'état de simple solution, et plutôt combiné aux carbonates alcalins, qui deviennent ainsi des bicarbonates. Quant à l'oxygène, il est fixé pour la plus grande partie sur les globules. Le volume de ces gaz réunis se trouve dans la proportion de 600 centimètres cubes environ pour 1000 centimètres cubes de sang (1).

---

cédents; mais, chez les Cyclostomes (Lamproies) ils sont sphériques; ils ont toujours un noyau.

Chez les Vertébrés le sang est coloré, et cette coloration est toujours due aux globules. On ne connaît à cette règle qu'une exception, laquelle est fournie par le plus inférieur des Vertébrés, l'*Amphioxus*, dont le sang est incolore.

(1) Cette évaluation est celle qu'on obtient en retirant les gaz du sang par des moyens physiques, tels que celui qui consiste à chauffer ce liquide dans la pompe à mercure et à extraire avec cet appareil les gaz qui se dégagent. On trouve alors :

pour le sang veineux :	450	cm. c.	d'ac. carbonique;
	135	«	d'oxygène;
	15	«	d'azote;
pour le sang artériel :	388	«	d'ac. carbonique;
	203	»	d'oxygène;
	16	»	d'azote.

Mais les chiffres qui viennent d'être indiqués pour l'oxygène, ne représentent pas la totalité de celui qui est renfermé dans le sang; une forte portion reste en effet en combinaison stable avec la matière colorante des globules, d'où l'on ne peut l'extraire que par des réactions chimiques, lesquelles se produisent d'ailleurs dans l'organisme vivant, de façon que la proportion d'oxygène combiné à cette matière colorante varie, selon que le sang est artériel ou veineux.

Coagulation du sang. — Si l'on reçoit dans un vase le sang d'un animal, on le voit se prendre, se *coaguler*, en une masse molle. Celle-ci se divise bientôt en deux parties : l'une, le *sérum*, reste liquide, jaunâtre, et n'est autre chose que le plasma, moins la fibrine, qui tenue en dissolution dans le sang lorsque celui-ci est encore renfermé dans les vaisseaux de l'animal, se solidifie quand ce liquide en est retiré; l'autre, le *caillot*, forme une masse solide, rouge, qui n'est autre chose que les globules plus la fibrine.

Mais, si au lieu de laisser le sang se déposer tranquillement, on le bat avec un petit balai à mesure qu'il sort des vaisseaux, on voit bientôt un grand nombre de filaments grisâtres, demi-élastiques, s'attacher aux brins du balai, tandis qu'il reste dans le vase un liquide rouge qui ne se coagule plus.

Voici ce qui s'est passé dans l'un et l'autre cas.

Dans le premier, les filaments élastiques dont il vient d'être question, et qui sont constitués par de la *fibrine,* sont restés mêlés au sang et ont formé une espèce de réseau dans les mailles duquel ont été emprisonnés les globules pour former cette masse solide qu'on appelle le caillot.

Dans le second cas, la séparation de la fibrine au moyen du battage a empêché la formation du caillot, de sorte que la masse du sang a conservé sa fluidité et que les globules sont restés mobiles, en suspension dans le sérum.

Le sang *défibriné*, c'est-à-dire, dont on a retiré la fibrine, perd complètement la propriété de se coaguler, puisque c'est uniquement à cette substance qu'il la devait.

Cette propriété qu'a la fibrine de se solidifier dès que le sang est retiré des vaisseaux contribue à arrêter les hémorragies qui se produisent à la suite de blessures ; mais certaines personnes ont parfois le sang si pauvre en fibrine,

---

Le sang des *Invertébrés* contient aussi des globules (*E*); souvent il est coloré; mais, dans l'immense majorité des cas, cette coloration est due au plasma et non aux globules.

qu'il ne se coagule que difficilement, de sorte que les moindres coupures sont suivies d'hémorragies abondantes en raison de la difficulté qu'éprouve ce liquide à former un petit caillot capable d'obstruer l'extrémité des vaisseaux qui ont été accidentellement divisés.

La fibrine augmente avec les inflammations. Dans la pneumonie ou fluxion de poitrine, par exemple, elle forme au-dessus du caillot une couche épaisse, blanchâtre, non mêlée de globules et qui a reçu le nom de *couenne*.

Cause de la coagulation.

On peut se demander pour quelle cause le sang se coagule dès qu'il est retiré des vaisseaux, tandis que ce phénomène ne se produit pas dans l'organisme vivant. La science ne connaît pas de réponse certaine à cette question. On sait, toutefois, que la coagulation ne peut être attribuée ni au froid extérieur, ni aux gaz contenus dans l'air. L'action des parois du vase qui reçoit le sang paraît avoir une grande importance, car si on coupe sur un animal vivant un vaisseau après l'avoir lié aux deux bouts, de façon qu'il reste plein de sang, celui-ci ne s'y coagule pas.

Le Cœur et les Vaisseaux

Forme et situation du cœur.

Description du cœur. — Pour que le sang soit lancé dans l'organisme et en parcoure toutes les régions, il est nécessaire qu'il existe sur son trajet un organe de propulsion, une sorte de pompe foulante, qui envoie dans toutes les directions le liquide nourricier. Ce rôle est dévolu au *cœur*, organe musculeux, par conséquent de la même nature que la chair des membres. Il a le volume du poing, une forme ovoïde, avec la grosse extrémité tournée en haut. Situé au milieu de la poitrine, derrière le sternum, entre les deux poumons, sa pointe dévie un peu à gauche, de telle sorte que l'on en perçoit les battements dans l'espace qui sépare la cinquième côte de la sixième (pl I, page 136 et fig. 85).

Oreillettes et ventricules

Le cœur est creusé de quatre cavités (fig. 75 et 77) : deux supérieures, les *oreillettes*, deux inférieures, les *ven-*

tricules; et l'on distingue une oreillette et un ventricule *droits*, une oreillette et un ventricule *gauches*. Chaque oreillette communique largement avec le ventricule correspondant, et seulement avec lui. Les choses se passent donc

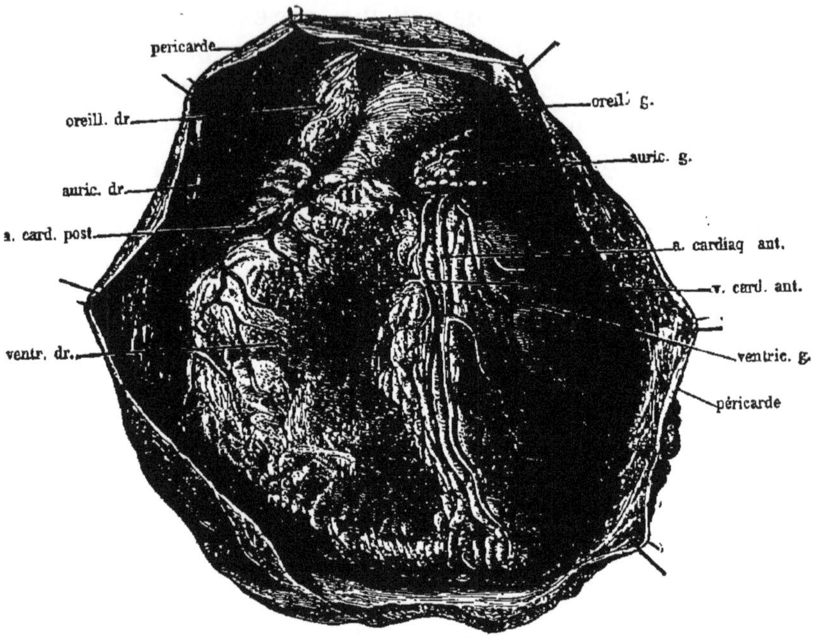

Fig. 72. — Le cœur de l'Homme vu par sa face antérieure, le *péricarde* étant largement ouvert et écarté. On y remarque : l'*oreillette droite* et son prolongement, l'*auricule droite ;* l'*oreillette gauche* et l'*auricule gauche ;* le *ventricule droit* et le *ventricule gauche ;* enfin, les vaisseaux propres du cœur : *artères* et *veines cardiaques antérieures* et *postérieures.*

comme s'il y avait deux cœurs distincts, ainsi que les Mammifères marins du genre Dugong en offrent d'ailleurs un remarquable exemple (fig. 83). Il faut ajouter, toutefois, que dans les premiers mois de la vie les deux oreillettes communiquent l'une avec l'autre, de façon à mélanger le sang qu'elles renferment, par l'intermédiaire d'un orifice percé dans la cloison qui les sépare. Cet orifice s'appelle *trou de Botal;* il en reste pendant toute la vie une trace persistante sous la forme d'une fossette.

Valvules auriculo-ventriculaires.

La communication entre une oreillette et le ventricule correspondant se fait par un large orifice garni de replis valvulaires formés par l'endocarde, membrane séreuse qui tapisse les cavités du cœur.

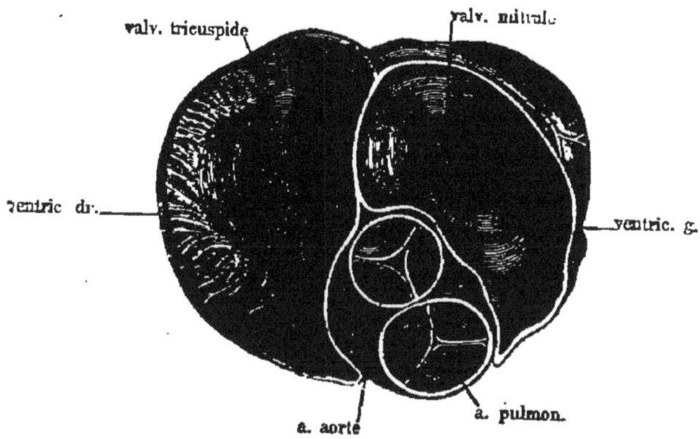

Fig. 73. — La base du cœur, les oreillettes étant enlevées pour montrer l'orifice auriculo-ventriculaire gauche avec la *valvule mitrale*, l'auriculo-ventriculaire droit avec la *valvule tricuspide*, l'orifice de l'*aorte* et celui de l'*artère pulmonaire* avec leurs valvules sigmoïdes.

La valvule auriculo-ventriculaire du cœur gauche est formée de deux replis opposés l'un à l'autre, et a été comparée à une mitre, d'où son nom de *valvule mitrale;* celle du cœur droit, formée de trois replis (fig. 73 et 75), porte le nom de *tricuspide* ou *triglochine* (1).

Valvules sigmoïdes.

Ces valvules ne sont pas les seules que nous offre le cœur : on en voit d'autres à l'orifice de l'artère aorte et de l'artère pulmonaire (fig. 73), qui partent, la première, du ventricule gauche, la seconde, du ventricule droit. Elles sont formées de trois replis en forme de gousset ou de *nid de pigeon*, pour employer l'expression consacrée, et portent le nom de *sigmoïdes* (2). Leur bord libre est

(1) *Tres*, trois ; *cuspis*, pointe; ou *τρεῖς*, et γλωχίν, qui ont la même signification.

(2) L'ancienne forme majuscule de l'*s* grec ou *sigma* (C) explique la première partie du mot; εἶδος, forme: ces valvules ayant une certaine ressemblance avec cette lettre.

tourné vers le vaisseau ; le fond du gousset fait saillie du côté du ventricule. Au contraire, les veines qui s'ouvrent dans le cœur sont dépourvues de valvules à leur orifice cardiaque, à l'exception de la veine cave inférieure, qui en présente une incomplète (*valvule d'Eustache*), et de la veine coronaire ou veine propre du cœur, destinée à ramener le sang qui a servi à la nutrition de cet organe.

Structure du cœur. — Les oreillettes ont des parois minces, peu résistantes, tandis que les ventricules sont

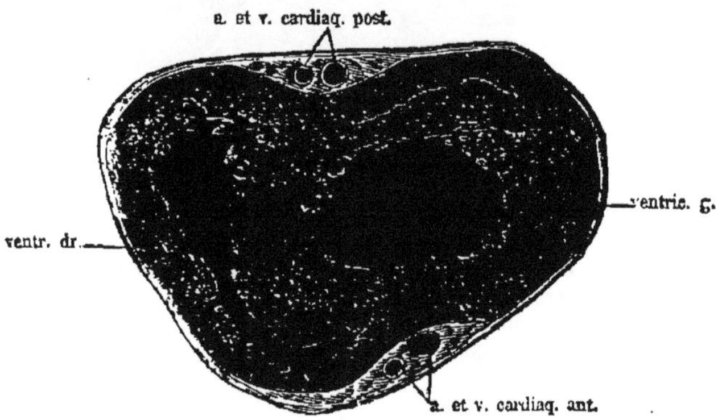

Fig. 74. — Coupe transversale du cœur, pour montrer la forme des cavités et l'épaisseur respective des parois du *ventricule droit* et du *ventricule gauche*, ainsi que la position des artères et veines cardiaques antérieures et postérieures sur la ligne de jonction des deux ventricules.

épais et charnus : différence qui s'explique par la raison que les premières n'ont à envoyer le sang que dans les ventricules, tandis que ces derniers doivent le chasser dans tout l'organisme. Pour une raison de même ordre, le ventricule gauche (fig. 74) est beaucoup plus puissant que le droit.

La disposition des fibres musculaires du cœur est remarquable. Chaque ventricule est formé de trois couches musculaires superposées. La *moyenne* est composée de fibres propres à chacun d'eux et disposées en une sorte de manchon ouvert par les deux bouts ou plutôt en cône creux et tronqué.

La *superficielle*, commune aux deux ventricules s'étend sur la surface des deux cônes juxtaposés, en se dirigeant obliquement de leur base vers leur pointe. Arrivées là, les fibres musculaires pénètrent par cette dernière dans les cavités ventriculaires, s'appliquent contre la surface interne de la

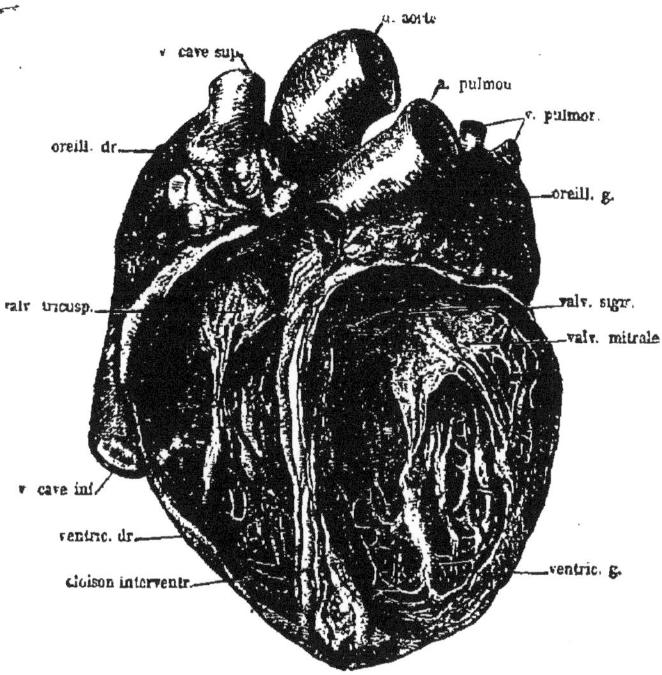

Fig. 75. — Le cœur ouvert dans le sens vertical pour montrer sa structure intérieure, ses colonnes charnues ou muscles papillaires, la cloison interventriculaire; on y voit les *valvules mitrale* et *tricuspide*, qui font saillie dans les cavités ventriculaires; les *valvules sigmoïdes* de l'*aorte*; l'*oreillette droite* et les *veines caves supérieure* et *inférieure*; l'*oreillette gauche* avec les *veines pulmonaires*; l'*artère aorte* et l'*artère pulmonaire*.

couche moyenne précédemment décrite, pour constituer la couche *profonde*. Un grand nombre de ces fibres, groupées en faisceaux, forment les *muscles papillaires*, qui se séparent en quelque sorte de la paroi interne du cœur pour aller s'attacher à un autre point de cette paroi, ou se continuer par de fins tendons, qui vont se fixer aux valvules, dans le jeu desquelles il leur est assigné, comme nous le verrons, un rôle important.

Il résulte de cette disposition, que les cavités ventriculaires sont très anfractueuses (fig. 74 et 75).

Caractères microscopiques des fibres musculaires du cœur.

L'étude microscopique des fibres musculaires du cœur fait connaître quelques particularités fort remarquables : au lieu d'être *lisses*, comme celles de tous les organes qui sont, ainsi que le cœur, soustraits à l'action de la volonté, elles sont *striées*, comme celles des muscles de la vie de relation ; de plus, elles sont ramifiées et anastomosées entre elles, disposition que l'on ne rencontre nulle part ailleurs.

Endocarde et péricarde.

La surface intérieure des cavités du cœur est en outre tapissée d'une fine membrane séreuse, l'*endocarde*, qui en suit toutes les saillies et les anfractuosités. De même, la surface extérieure de cet organe est recouverte par une membrane de nature analogue, le *péricarde* (fig. 72), qui remonte jusque sur les vaisseaux partant du cœur, puis se replie, se réfléchit sur elle-même, pour constituer une seconde enveloppe extérieure à la première, de façon à former autour du cœur une espèce de chambre complètement close, qui humectée d'une légère sérosité, facilite les glissements de l'organe.

Les différentes sortes de vaisseaux. — C'est du cœur que partent tous les vaisseaux destinés à distribuer le sang dans les différentes parties de l'organisme, et c'est à lui qu'aboutissent ceux qui en ramènent ce liquide. Les premiers, qui partent toujours des ventricules, sont les *artères* (1) ; les autres, qui arrivent toujours aux oreillettes, sont les *veines*. Mais entre ces deux ordres de vaisseaux s'en trouvent interposés d'une troisième sorte, les *capillaires* (2), ainsi appelés en raison de leur étroitesse.

Après avoir fait connaître la structure des vaisseaux nous en indiquerons le mode de distribution.

Structure des artères. — Les artères ont leurs parois

(1) Du grec ἀήρ, air ; τηρεῖν, garder ; parce qu'on croyait autrefois que ces canaux étaient pleins d'air.

(2) Du latin *capillus*, cheveu.

formées de trois couches ou *tuniques* superposées. *L'interne*, très mince, est formée de cellules épithéliales aplaties et a reçu le nom d'*endothélium*; l'*externe* est formée de tissu conjonctif; la *moyenne*, de beaucoup la plus importante, consiste en un tissu épais, solide, élastique, de couleur jaune et riche en fibres musculaires lisses; il donne à l'artère une grande résistance. Le tissu élastique domine dans les grosses artères, le tissu musculaire n'y étant que très peu représenté; c'est l'inverse pour les petites, le tissu musculaire y constituant à lui seul la tunique moyenne. Il arrive parfois, que sous l'action de différentes causes, la tunique moyenne d'une artère vienne à se rompre; sous la poussée du sang les autres parois se distendent, en constituant une tumeur qui porte le nom d'*anévrysme*. L'artère peut finir par se rompre et il en résulte d'ordinaire une mort foudroyante.

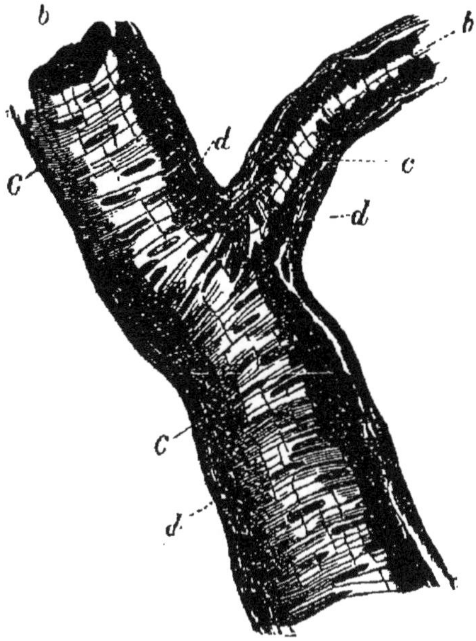

Fig. 76. — Fragment d'une petite artère très grossie. On y reconnaît les trois couches : l'interne ou endothélium (*b*); la moyenne (*c*), formée des fibres musculaires lisses à direction transversale; dont on voit bien les noyaux; l'externe, formée de tissu conjonctif (*d*).

Les différences de structure présentées par les diverses sortes d'artères ont d'importantes conséquences physiologiques.

Structure des veines. — Les veines sont, comme les artères, composées de trois tuniques, dont l'interne et l'externe sont à peu près semblables à celle des premières,

Mais la tunique moyenne en diffère sensiblement ; on n'y trouve plus ce tissu élastique si abondamment répandu dans les précédentes. Par contre, elle est riche en fibres musculaires à direction circulaire, de sorte que la paroi des veines est très contractile ; toutefois, la distribution de ces fibres y est fort inégale.

Un détail important de la structure des veines c'est la présence, sur leur paroi, de nombreux replis ou *valvules* en forme de gousset, et dont l'ouverture est toujours tournée du côté du cœur. Nous verrons qu'elles aident à la marche du sang. Elles ne se rencontrent pas dans toutes les veines, mais surtout dans celles qui ont le plus de longueur verticale, comme celles des jambes, et aussi dans celles qui sont fréquemment exposées à subir des pressions locales, sous l'action des muscles de la région. En effet, celles du cerveau et des poumons, qui ne se trouvent pas dans ce cas, en sont dépourvues.

Structure des vaisseaux capillaires. — Les capillaires n'ont pas tous le même diamètre. Les uns sont tellement fins qu'un globule du sang a de la peine à y passer; tels sont ceux du cerveau et des poumons. La structure de ces capillaires, dont le diamètre varie de 7 à 30 millièmes de millimètre, ont une structure très simple et réduite à une mince couche de cellules épithéliales faisant suite à celle qui tapisse la surface interne des artères et des veines (endothélium).

Les autres capillaires, les plus gros, c'est-à-dire ceux dont le diamètre atteint jusqu'à 140 millièmes de millimètre, possèdent en outre des fibres musculaires lisses, circulaires, et même une troisième tunique de nature conjonctive.

Mode de distribution des vaisseaux. — Du ventricule gauche (fig. 77, *l*) part une grosse artère, l'*aorte* (*m*), qui remonte, puis se recourbe bientôt en forme de *crosse* et descend le long de la partie gauche de la colonne vertébrale (*p*, *q*). Elle sort de la poitrine à travers le diaphragme et pénètre dans l'abdomen. Au niveau des dernières vertèbres lombaires elle se bifurque.

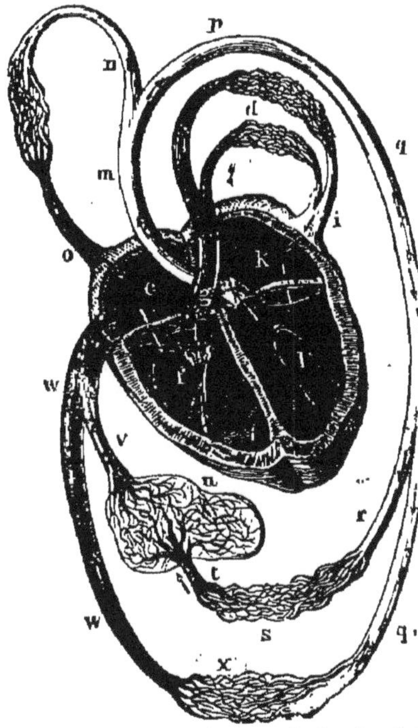

Fig. 77. — Vue théorique de la circulation du sang chez l'Homme et les Mammifères ; *m*, *m*, artère aorte, partant du ventricule gauche (*l*); elle fournit : 1° les artères de la tête (*n*), dont le sang, devenu veineux, revient par la veine cave supérieure (*o*) à l'oreillette droite (*e*); 2° les artères qui se distribuent au reste du corps (*p*, *q*) ; les unes vont à l'intestin (*r*), se réduisent en capillaires (*s*), puis se réunissent en un tronc unique, la veine porte (*t*), qui pénètre dans le foie, où elle se ramifie, se réduit en capillaires (*u*) et en ressort par les veines sus-hépatiques (*v*), qui débouchent dans la veine cave inférieure (*w*) ; les autres ramifications de l'aorte se distribuent aux parties inférieures du corps (*q'*), se réduisent en capillaires (*x*), qui se réunissent en veines pour constituer enfin la veine cave inférieure (*w*), laquelle débouche dans l'oreille droite (*e*). Le sang des deux veines caves (*o*, *w*), amené à l'oreillette droite (*e*), passe dans le ventricule droit (*f*), est lancé dans l'artère pulmonaire (*g*) et distribué aux deux poumons (*d*), d'où il revient par les veines pulmonaires (*i*), qui aboutissent à l'oreillette gauche (*k*), et passe dans le ventricule gauche (*l*), pour être lancé de nouveau dans l'aorte (*m*).

Dans son trajet l'aorte fournit de nombreux vaisseaux ; ainsi près de son origine elle envoie de chaque côté du cou et de la tête les artères *carotides* et *sous-clavières* (*n*), les premières destinées à la tête, et les secondes surtout aux bras; plus loin elle fournit les artères *bronchiques, intercostales, diaphragmatiques*, destinées aux organes que ces noms rappellent; les artères *cœliaques*, pour le foie, l'estomac et la rate; les *rénales*, les *mésentériques*, ces dernières destinées à l'intestin.

Les deux artères résultant de la bifurcation de l'aorte sont les *iliaques*, qui, se divisant en plusieurs branches, se distribuent aux organes du bassin et aux membres inférieurs.

A mesure qu'elles s'éloignent du cœur, les artères diminuent de volume, se divisent en rameaux de plus en plus fins, deviennent des *artérioles* et enfin passent à l'état de

Planche I

Principaux vaisseaux artériels et veineux du corps de l'Homme. — Du *cœur*, dont on voit le *ventricule droit*, l'*oreillette droite* et une portion du *ventricule gauche*, partent : les *vaisseaux pulmonaires droits* et *gauches* (artères et veines), coupés près de leur origine ; l'*aorte*, qui se recourbe presque aussitôt à gauche et en bas (côté droit du dessin) pour former la *crosse aortique;* elle fournit en haut : les *artères : carotides* pour la tête ; *sous-clavières*, *humérales*, *cubitales*, *radiales*, les *arcades palmaires*, pour les membres supérieurs ; en bas, devenue *aorte descendante*, elle fournit les *artères*. *viscérales*, *rénales*, *iliaques*, *fémorales*, *tibiales* et *pédieuses*, pour les membres inférieurs. — Le sang de la tête et des membres supérieurs est ramené au cœur par les *veines faciales*, *jugulaires*, *humérales*, *sous-clavières*, et *la veine cave supérieure*, laquelle reçoit aussi la *veine azygos*, qui ramène le sang de la région thoracique ; celui de la partie inférieure revient par des veines dont les principales suivent la direction des artères : veines des membres inférieurs, puis *veines fémorales*, *iliaques*, *rénales*, *hépatiques*, et enfin *veine cave inférieure*. — Cette figure présente en outre la *clavicule*, de chaque côté, coupée pour montrer les vaisseaux qui passent au-dessous ; le *diaphragme*, les *reins*, le *bassinet* et les *uretères* qui partent de chacun d'eux pour se terminer à la *vessie urinaire;* la terminaison du *rectum*, les os du *bassin*, les muscles de plusieurs régions : de la face, du bras droit, du membre inférieur, notamment les muscles *adducteurs de la cuisse*.

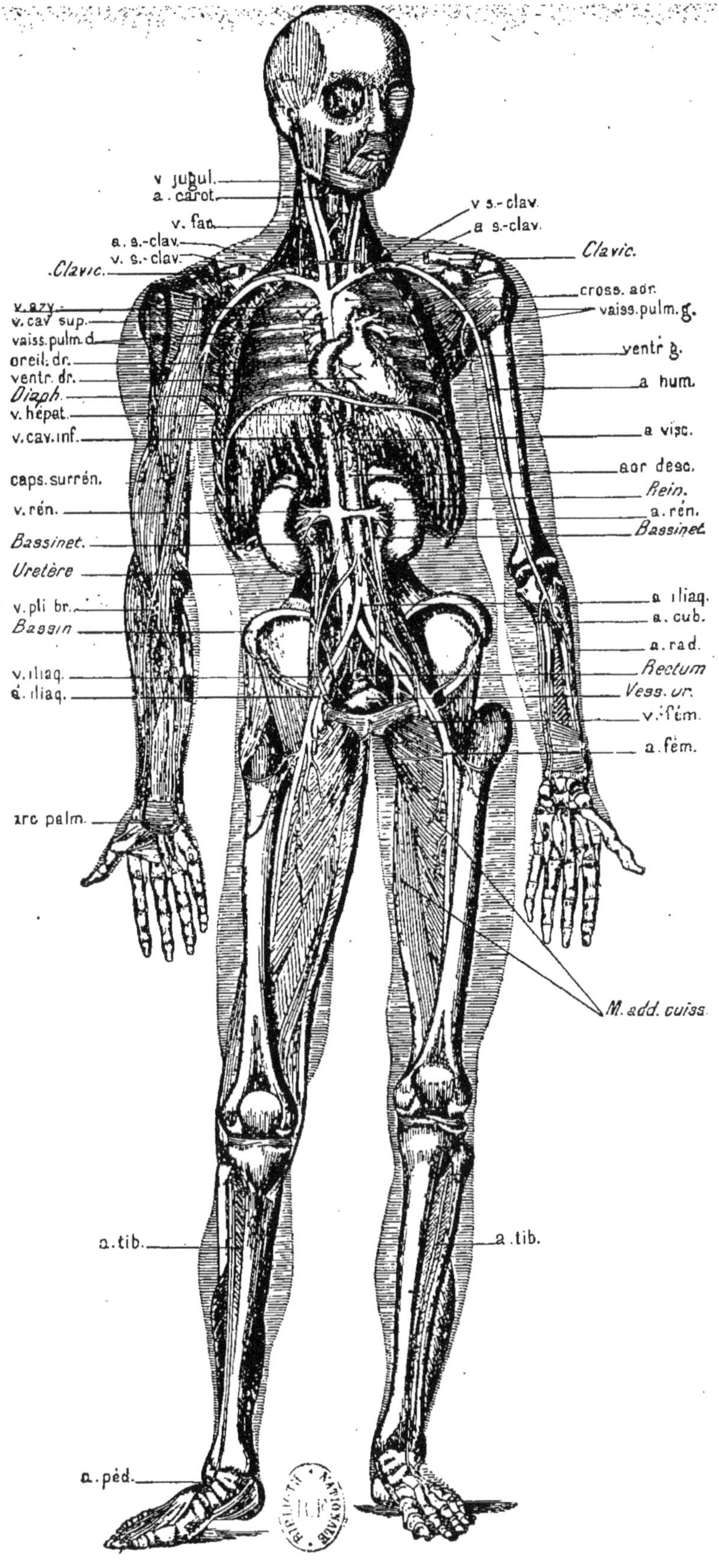

Planche I. — Appareil de la Circulation et autres organes de l'Homme.

capillaires. Ceux-ci pénètrent dans toutes les parties du corps, s'enfoncent dans l'épaisseur des organes et y forment des réseaux d'une grande finesse

Aux vaisseaux capillaires font suite des canaux qui d'abord très étroits, deviennent de plus en plus larges en se réunissant, s'anastomosant les uns avec les autres : ce sont les *veines*. Elles se dirigent vers le cœur; mais tandis qu'une seule artère part de cet organe, deux veines y aboutissent, à savoir : la *veine cave supérieure* (*o*), dans laquelle se terminent toutes les veines de la partie supérieure du corps, et la *veine cave inférieure* (*w*), à laquelle se rendent celles de la partie inférieure. Toutes deux aboutissent à l'oreillette droite (*e*).

Comme exception au mode de distribution ordinaire des veines, nous ferons observer que la *veine-porte* (*r*, *s*, *t*, *u*), formée par la réunion des veines de l'intestin, de l'estomac et de la rate, et qui s'enfonce dans le foie, s'y comporte comme une artère, c'est-à-dire qu'elle se ramifie, pour aboutir à un réseau de capillaires; à ceux-ci succèdent les *veines sus-hépatiques* (*v*), qui se jettent dans la veine cave inférieure.

Les veines suivent le plus souvent le trajet des artères correspondantes; mais ordinairement, pour une seule artère on compte deux veines.

Les vaisseaux qui se distribuent aux poumons forment un système à part, complètement distinct de celui que nous venons d'étudier. Ils comprennent aussi des artères, des capillaires et des veines (*g*, *d*, *i*).

Du ventricule droit part l'*artère pulmonaire*, qui se divise en deux branches, l'une destinée au poumon droit, l'autre au poumon gauche. Ces artères s'y ramifient en vaisseaux de plus en plus étroits jusqu'à former des *capillaires* d'une extrême finesse, disposés en réseaux à mailles très serrées, au contact desquels vient sans cesse se mettre l'air introduit par la respiration, de sorte que celui-ci ne se trouve séparé du sang que par une paroi d'une minceur incroyable.

Aux capillaires pulmonaires font suite des vaisseaux veineux, au nombre de deux pour chaque poumon : ce sont les *veines pulmonaires droites* et *gauches,* qui toutes les quatre s'ouvrent dans l'oreillette gauche.

PHYSIOLOGIE DE LA CIRCULATION

oc du cœur

Bruits et mouvements du cœur. — Si l'on applique la main sur la région de la poitrine qui correspond à la pointe du cœur, on a la sensation d'un choc très net, qui se reproduit en moyenne 70 fois par minute chez l'Homme, et qui correspond à la contraction ou *systole* des ventricules, laquelle a pour effet de chasser le sang dans les vaisseaux. En réalité, il n'y a pas là un choc à proprement parler : la pointe du cœur reste d'une façon permanente en contact avec la paroi thoracique; elle ne peut par conséquent heurter celle-ci. Le choc n'est donc pas dû à un déplacement.

On l'a attribué encore à un *mouvement de recul,* à un *choc en retour,* dû à ce que le sang étant chassé vers la base du cœur par la contraction de celui-ci, il se produirait vers la pointe un phénomène analogue à celui qui a lieu du côté de la crosse d'un fusil, quand le coup part. Mais on a observé que sur des animaux mis en expérience, quelle que soit la partie du cœur que l'on touche, même sa base, la contraction de l'organe donne lieu à la même sensation.

On a essayé de l'attribuer à un *redressement* de la crosse aortique sous l'action de la poussée du sang dans ce vaisseau; mais la sensation de choc se produit aussi bien chez les animaux qui n'ont pas de crosse aortique.

En somme, cette apparence de choc doit être attribuée simplement à la contraction même du cœur; sur des animaux en expérience, quand celui-ci passe de l'état de mollesse et de flaccidité à l'état de raideur, il donne cette sensation à la main qui le serre.

Si l'on place l'oreille dans la région du cœur, on entend certains bruits qui se succèdent dans un ordre très régulier : le premier est un bruit sourd assez prolongé, auquel en succède un second plus clair et plus bref ; puis vient un moment de silence, interrompu bientôt par le premier bruit, lequel recommence la série. Bruits du cœur

Le *premier* bruit perçu par l'oreille répond, comme le choc, à la *systole ventriculaire;* il est dû surtout à la brusque tension des valvules auriculo-ventriculaires sous l'action des muscles papillaires, qui restent contractés pendant toute la durée de la systole.

Le jeu des valvules auriculo-ventriculaires a été méconnu jusqu'à ces derniers temps. On croyait que ces replis s'abaissent et s'appliquent contre les parois du ventricule pour y laisser arriver le sang qui vient de l'oreillette et que, par contre, pour l'empêcher de retourner dans l'oreillette ils se relèvent sous la poussée du sang, lorsque chassé par la contraction ventriculaire, il tend aussi bien à remonter vers l'oreillette qu'à passer dans l'artère qui part du ventricule.

Des recherches récentes ont montré que le mécanisme est différent. Les valvules forment en réalité une sorte d'ajutage (fig. 75) en manière de cône creux, qui descend des bords de l'orifice auriculo-ventriculaire dans la cavité du ventricule. Quand celui-ci entre en contraction, les muscles papillaires (au nombre de 100 environ dans le ventricule droit, et de 120 dans le gauche) se contractent aussi, abaissent fortement et allongent les replis valvulaires; ceux-ci s'appliquent alors les uns contre les autres par leur extrémité inférieure, et en même temps, s'accolent par leur surface extérieure contre la paroi du ventricule revenu sur lui-même, l'aidant ainsi à en expulser tout le sang qu'il contenait. Les muscles papillaires attachés au pourtour des valvules sont alors serrés les uns contre les autres, de façon à ne laisser aucun interstice entre eux par lequel le sang puisse refluer dans l'oreillette.

Par conséquent, pour empêcher le sang de remonter dans cette cavité, *les valvules ne se relèvent pas*, *elles s'abaissent.*

En outre, en même temps que le ventricule se vide, l'oreillette se remplit : c'est la *diastole auriculaire.*

Le *second* bruit, qui suit immédiatement le premier et qui est plus clair, résulte du claquement des valvules sigmoïdes, qui existent à la naissance de l'aorte et de l'artère pulmonaire, lorsqu'elles s'abaissent sous la pression de la colonne sanguine, qui tend à retomber dans le cœur. Pendant qu'il se produit, les ventricules sont en repos.

Le jeu des *valvules sigmoïdes* est fort simple. Lorsque le sang est chassé dans ces artères par la contraction du cœur, les valvules se relèvent sans résistance et s'effacent en s'appliquant contre les parois de l'artère ; mais, à la fin de la systole ventriculaire, le sang tendant à retomber dans les ventricules par son propre poids, il écarte lui-même les valvules sigmoïdes qui obstruent alors complètement la lumière du vaisseau et empêchent tout reflux vers les cavités ventriculaires.

Enfin, le *troisième* temps de la révolution cardiaque, c'est-à-dire le *silence*, répond à la *systole auriculaire* et à la *diastole ventriculaire,* cette dernière s'opérant passivement, sous l'influence de l'ondée sanguine qu'envoie l'oreillette.

Le tableau suivant, emprunté à la *Physiologie* de Küss et Duval, fera saisir d'un coup d'œil les trois temps successifs dont se compose une révolution du cœur, en même temps que la correspondance et la durée relative des bruits et des mouvements qui ont lieu pendant sa durée, celle-ci étant supposée égale à une ligne divisée en dix parties de même longueur.

	1	2	3	4	5	6	7	8	9	10
Oreillette	Systole		Diastole ou Repos							
Ventricule	Repos		Systole					Repos		
Bruit	Silence		1er Bruit					2e Bruit		
Choc			Choc							

Dans tous ces mouvements les oreillettes agissent simultanément; il en est de même des deux ventricules : il en résulte que les bruits qui accompagnent la systole du ventricule droit et celle du ventricule gauche se confondent entre eux; il ne deviennent distincts que dans certaines lésions, reconnaissables précisément au *dédoublement* de ces bruits.

Force du cœur; vitesse du sang; quantité lancée à chaque pulsation du cœur. — La force d'impulsion dépensée par le cœur à chaque systole ventriculaire est assez considérable; on l'évalue à la pression exercée par une colonne de mercure de 18 centimètres, équivalant à une colonne d'eau de 2 m. 50 de hauteur.

La *quantité* de sang poussée dans l'aorte à chaque systole ventriculaire est de 175 à 180 grammes.

Quant à la *vitesse* avec laquelle le sang est lancé dans les vaisseaux et parcourt tout le système circulatoire, on la déduit facilement de la quantité envoyée à chaque systole et de la masse totale du sang, qui est évaluée en moyenne à cinq litres. On en conclut qu'il faut 25 à 30 pulsations pour que tout le sang de l'organisme repasse par le cœur; donc, toutes les 30 secondes environ, le même globule revient au cœur.

La longueur du trajet parcouru dans un temps donné est loin d'être la même dans tous les vaisseaux : c'est ainsi que

---

*** Organes de la Circulation dans la série animale.**

L'appareil de la circulation est nul ou à peine indiqué chez les animaux les plus inférieurs, tels que les PROTOZOAIRES.

Les CŒLENTÉRÉS offrent, la plupart, une ébauche de cet appareil, consistant en canaux plus ou mois ramifiés, creusés dans les parois mêmes du corps, et qui partant du réservoir gastrique, reçoivent directement le produit de la digestion stomacale, de sorte que les systèmes digestif et circulatoire ne font qu'un seul et même appareil, appelé *gastro-vasculaire* (fig. 17 et 18). Le liquide qu'il renferme

le sang franchit 44 centimètres par seconde, dans l'aorte, et 33 dans la carotide.

Physiologie des artères. — Nous avons vu dans la partie anatomique de ce chapitre que les artères sont

---

est soumis à des mouvements d'oscillation dans un sens ou dans l'autre, plutôt qu'à une véritable circulation.

Les Mollusques et les Arthropodes offrent un système circulatoire nettement délimité sur une bonne partie de son

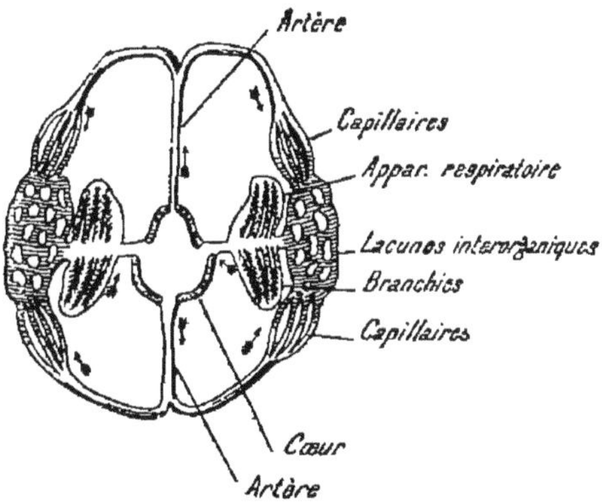

Fig. 78.

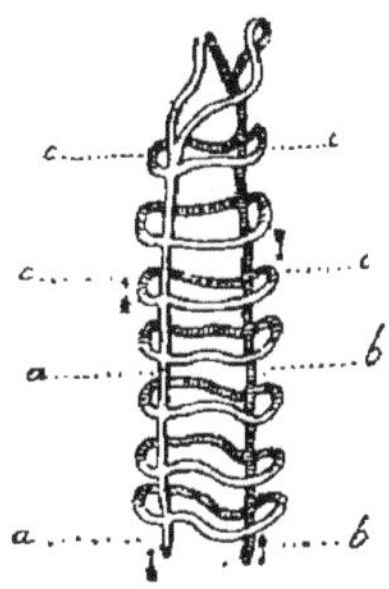

Fig. 79.

Fig. 78. — Dessin théorique de la circulation chez les Mollusques et les Arthropodes : les flèches indiquent que le sang parti du *cœur* passe par les *artères aortes* antérieure et postérieure et leurs divisions, puis dans les *capillaires*, ou dans des *lacunes interorganiques*, enfin dans les *branchies* ou *appareil respiratoire*, pour revenir au cœur.

Fig. 79. — Dessin théorique de la circulation chez les Vers : *a*, vaisseau dorsal ; *b*, vaisseau ventral ; *c*, *c*, vaisseaux transversaux les reliant l'un à l'autre. — Les flèches indiquent la direction du courant sanguin.

parcours (fig. 78) : on y trouve un cœur formé d'un ventricule, d'une ou deux oreillettes ou même d'un plus grand nombre, comme cela se voit, par exemple, chez les Insectes, dont le cœur est représenté par un long vaisseau (*vaisseau dorsal*), divisé par des cloisons incomplètes en plusieurs chambres, pourvues chacune d'une paire d'oreillettes.

Il y a chez tous une circulation véritable, par suite de la présence de valvules en certains points du système, qui

très élastiques et qu'elles sont contractiles ; ces propriétés ont des conséquences importantes pour la circulation du sang.

Si l'on coupe un semblable vaisseau, il reste béant en vertu de l'*élasticité* de ses parois; et si on ne le lie pas, le sang peut couler sans interruption, jusqu'à la mort. On remarque, en outre, qu'il jaillit avec une certaine force et par saccades isochrones avec les mouvements de contraction du cœur.

Voici l'explication de ces effets. Chaque systole cardiaque détermine une poussée du sang dans les artères, d'où le jet vigoureux qui se produit par la blessure artérielle. Pendant la diastole ventriculaire, qui vient ensuite, le jet est moins

---

obligent le sang à suivre une direction constante. Mais chez tous aussi une partie de la circulation se fait dans des lacunes creusées dans la substance même des organes, de sorte que le système circulatoire n'est pas complètement clos. Chez un bon nombre même de Mollusques cet appareil communique au dehors, de sorte que l'animal peut, à sa volonté, expulser une certaine quantité de sang.

Dans tous les cas le sang arrive au cœur après s'être artérialisé dans l'appareil respiratoire ; c'est donc un *cœur artériel.*

Chez les Vers, au contraire, le système circulatoire est le plus souvent entièrement formé de vaisseaux clos de toutes parts; les plus importants sont contractiles et déterminent la progression du sang par leurs mouvements rythmiques (fig. 79).

Les Vertébrés ont un appareil plus parfait et plus complexe que celui des types précédents. Le cœur se compose d'un ou deux ventricules et d'une ou deux oreillettes; mais, toujours le sang, renfermé dans des vaisseaux à parois propres et complètement clos, suit une direction constante, grâce aux valvules dont les veines sont pourvues. Des différences considérables s'observent cependant, de sorte que la circulation des Vertébrés peut être ramenée à trois types : celui des Poissons, celui des Batraciens et des Reptiles, enfin celui des Oiseaux et des Mammifères.

fort, mais sans être complètement supprimé : car les artères qui, en raison de leur élasticité, se sont d'abord dilatées sous la poussée cardiaque, reviennent sur elles-mêmes quand celle-ci ne se fait plus sentir, d'où la projection moins forte du sang pendant la diastole ventriculaire.

Phénomène du pouls. Le phénomène du *pouls* tient à la même cause. Quand on comprime avec le doigt une artère contre un plan résistant, un os, par exemple, placé derrière elle, on sent le doigt légèrement soulevé à chaque battement du cœur.

En effet, le sang chassé par le cœur rencontre aussitôt

Poissons. — Ils ont un cœur composé d'un ventricule et d'une oreillette. Celle-ci reçoit tout le sang veineux qui revient du corps ; elle l'envoie dans le ventricule, qui le lance dans le système branchial, où il devient artériel, pour

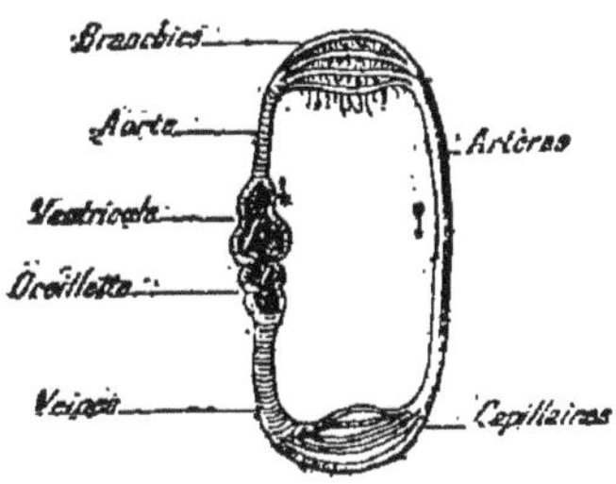

Fig. 80.

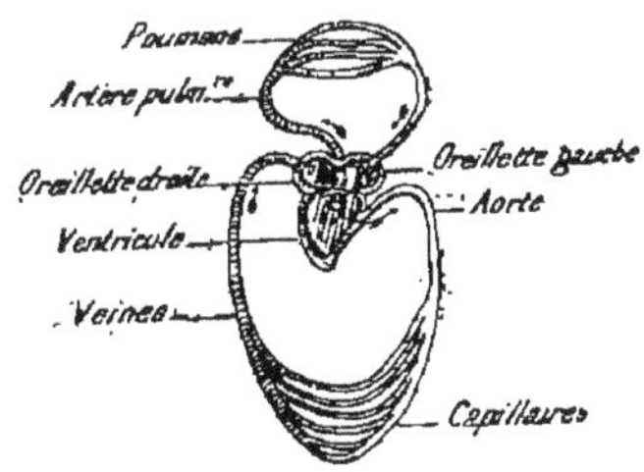

Fig. 81.

Fig. 80. — Dessin théorique de la circulation chez les Poissons; *ventricule* unique ; *aorte ; branchies ; artères* qui en partent ; *capillaires généraux ; veines* ramenant le sang veineux à l'*oreillette* unique.

Fig. 81. — Dessin théorique de la circulation chez les Reptiles : le *ventricule* unique envoie par l'*artère pulmonaire* du sang aux *poumons*, d'où il revient à l'*oreillette gauche ;* et d'autre part, du sang par l'*aorte*, lequel revient à l'*oreillette droite ;* d'où il résulte que le sang artériel et le sang veineux se mêlent dans le ventricule.

se répandre ensuite dans tout l'organisme. Le cœur se trouve donc sur le trajet du sang veineux et n'en reçoit jamais d'autre : aussi lui donne-t-on le nom de *cœur veineux;* et la circulation est dite *simple* (fig. 80).

Batraciens et *Reptiles.* — Le cœur est pourvu, chez eux, de trois cavités, à savoir, deux oreillettes et un ventricule (fig. 81). L'une des oreillettes reçoit le sang veineux qui

celui qui remplit déjà l'artère; il en résulte dans celle-ci une *augmentation de la pression* sanguine, et par là même une tendance de l'artère à se dilater.

Le sang qui soulève la paroi artérielle n'est pas, comme on pourrait le croire, celui qui a été chassé par la contraction cardiaque qui se fait sentir en même temps que la pulsation artérielle; c'est le *mouvement* imprimé au sang par

---

revient du corps; l'autre, le sang artériel venu des poumons. Mais ces deux sortes de sang se mêlent dans le ventricule unique, de façon que c'est un mélange artériel et veineux qui se trouve être lancé dans les différentes parties du corps. Cependant, chez un grand nombre de Reptiles, par suite de la présence d'une cloison, qui divise incomplètement le ventricule, le mélange n'est pas aussi absolu qu'on pourrait le croire, soit parce que les deux parties du ventricule où se déversent le sang veineux d'une part, et le sang artériel de l'autre, se contractent successivement, de façon à lancer le premier dans les vaisseaux veineux, le second dans les vaisseaux artériels qui partent du cœur (Tortues); soit parce que la cloison interventriculaire est assez développée pour empêcher le mélange des deux sortes de sang qui se déversent dans l'une ou l'autre des loges séparées par cette cloison (Crocodiles fig. 82). Quoi qu'il en soit, le mélange a toujours lieu à un moment donné, sinon dans le cœur, du

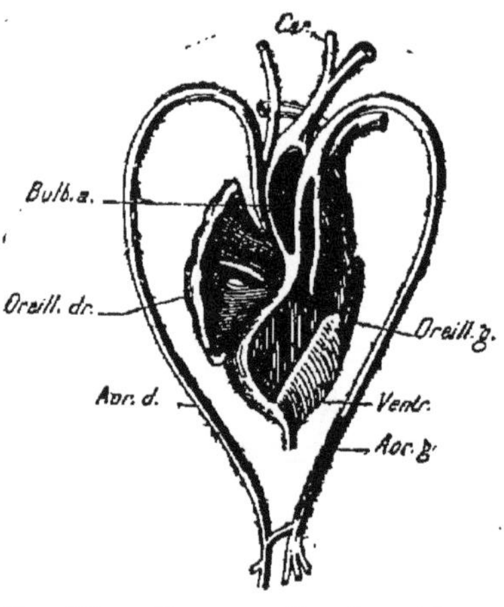

Fig. 82. — Le cœur d'un Crocodile, ouvert (d'après Gegenbaur). L'*oreillette droite* ouverte, communiquant avec le *ventricule droit* ouvert et le seul visible sur le dessin; l'*oreillette gauche* s'ouvrant dans le *ventricule gauche*, caché par le droit; l'*aorte* et l'*artère pulmonaire* (*p*) sont séparées à leur origine par une cloison; l'arc aortique qui part du ventricule droit, renfermant du sang veineux, et celui qui part du ventricule gauche, du sang artériel, communiquent entre eux au-dessous du cœur; du *bulbe artériel* partent les *artères carotides*, destinées à la tête.

le cœur qui produit cet effet : de même, quand on jette une pierre dans l'eau, les ondes se propagent jusqu'à la rive, sans que l'eau elle-même se déplace, comme on le démontre en faisant flotter un corps léger à sa surface.

Chez l'Homme adulte, dans l'état de santé, on compte en moyenne 70 à 75 pulsations par minute; le nombre en est un peu plus grand chez le vieillard, mais surtout dans l'enfance, où, suivant l'âge, il varie de 80 à 100, et encore plus chez le nouveau-né, où il atteint 140 à 180.

La fréquence des pulsations augmente sous l'action d'un exercice violent, pendant le travail de la digestion, dans les fièvres; elle diminue sous l'influence de certaines émotions, dans la syncope, etc.

L'élasticité de la paroi artérielle n'est pas seule en cause; il faut tenir compte aussi de sa *contractilité*, laquelle est surtout accusée pour les petites artères.

Cette contractilité favorise la circulation du sang et vient en aide au cœur, dont elle soulage d'autant l'effort. C'est par elle encore qu'on explique pourquoi sur le cadavre les artères sont toujours vides, la paroi de ces vaisseaux se contractant sur la dernière ondée de sang chassée par les ventricules au moment de la mort.

Physiologie des veines. — Les *veines* ne donnent pas lieu aux mêmes phénomènes que les artères. En effet, si l'on coupe l'une d'elles en travers, le sang sort en jet continu, non saccadé, comme cela se voit dans la saignée du bras. Le mouvement du sang est, en effet, uniforme et continu dans ces vaisseaux : car il a dû traverser d'abord

---

moins un peu plus loin, car les vaisseaux artériels et veineux qui en partent se réunissent pour former un vaisseau unique, l'aorte descendante. Il faut remarquer, toutefois, que les vaisseaux qui se rendent à la tête partent du tronc artériel avant sa réunion au tronc veineux ; cette partie du corps et les organes si importants qu'elle contient reçoivent donc un sang réellement artériel. En somme, dans ces deux grandes classes de Vertébrés *la circulation est double et incomplète.*

les capillaires, dans lesquels les pulsations du cœur ne se font plus sentir, en raison de leur éloignement de cet organe et de la petitesse de leur calibre.

Les veines n'ont pas l'élasticité des artères ; il en résulte que leurs parois s'affaissent quand elles se trouvent coupées, et que l'hémorragie s'arrête d'elle-même au bout de peu de temps.

Oiseaux et *Mammifères*. — Quatre cavités parfaitement distinctes, une séparation complète entre le cœur du sang veineux et le cœur du sang artériel, caractérisent l'organe central de la circulation dans les deux classes les plus élevées des Vertébrés (fig. 77) Chaque oreillette, en effet, communique seulement avec le ventricule correspondant, et les deux ventricules sont entièrement séparés l'un de l'autre par une cloison complète, du moins à partir de la naissance : car, pendant la vie fœtale, cette cloison offre une perforation (trou de Botal), par laquelle se fait un mélange du sang veineux et du sang artériel. La séparation est si réelle entre le cœur artériel ou cœur gauche, qui reçoit le sang artériel revenant des poumons, pour le lancer dans les différentes parties du corps, et le cœur veineux ou cœur droit, qui reçoit le sang revenu des différentes régions et l'envoie dans le poumon, que l'on peut, en prenant quelques précautions, les isoler complètement l'un de l'autre. Il y a même quelques Mammifères qui, à l'état normal, offrent le cœur nettement séparé en deux, sur une certaine étendue : tel est le Dugong, de l'ordre des Cétacés (fig. 83). La circulation des Oiseaux et des Mammifères mérite donc bien le nom de *circulation double* et *complète*.

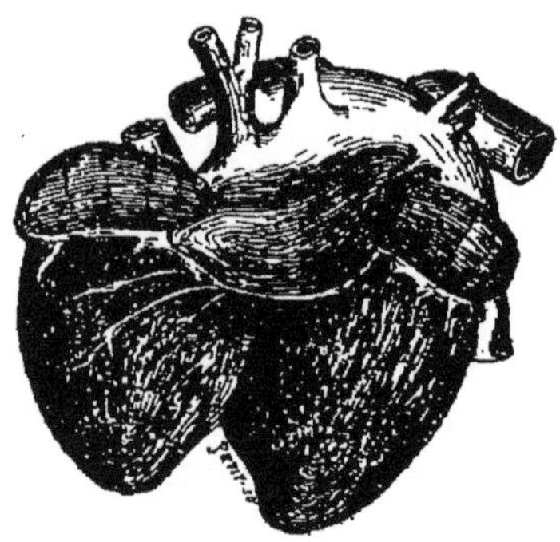

Fig. 83. — Cœur de Dugong, montrant le cœur gauche et le cœur droit séparés dans une grande étendue.

Si les veines ne sont pas élastiques comme les artères, elles sont très *contractiles* et susceptibles de revenir fortement sur elles-mêmes, comme on le voit facilement en plongeant la main dans un baquet d'eau froide, quand par la chaleur de l'été les veines de ce membre se trouvent très dilatées.

Cette contractilité des veines vient en aide à la circulation, laquelle d'ailleurs ne peut s'y faire que dans un sens, c'est-à-dire vers le cœur, à cause de la présence des *valvules*. Ces replis, en coupant en quelque sorte la colonne sanguine, surtout dans les veines des membres inférieurs, diminuent sensiblement l'effort que le cœur serait obligé d'accomplir si cette disposition faisait défaut. En outre, grâce à elles, la circulation au lieu d'être gênée, est plutôt aidée par les contractions des muscles qui compriment les veines placées entre eux; aussi est-ce surtout dans celles qui se trouvent interposées aux muscles que les valvules sont le plus abondantes.

C'est néanmoins dans ces mêmes régions, malgré cette heureuse disposition anatomique, que se produisent, surtout chez les personnes que leur profession oblige à se tenir ordinairement debout, ces sortes de tumeurs sanguines appelées *varices*, qui sont le résultat d'une distension plus ou moins considérable des veines sous l'influence du poids de la colonne liquide qui les remplit.

Physiologie des capillaires. — Les capillaires les plus fins étant dépourvus de fibres musculaires ne sont pas contractiles; mais les plus gros le sont à un haut degré, et leur action sur la circulation est pour cela fort importante.

En raison de leur faible diamètre, la poussée cardiaque ne se fait plus sentir à leur niveau ; de saccadé qu'il était dans les artères, le mouvement est devenu continu.

Le rôle physiologique des capillaires est considérable, car c'est par leur intermédiaire que se font les échanges soit avec les organes, soit avec les milieux extérieurs (fonction respiratoire). C'est là que se passent les phénomènes intimes de la vie des cellules, auxquelles, selon l'expression de Cl. Bernard, le sang constitue un véritable milieu, un *milieu intérieur*, car les éléments anatomiques baignent en quelque sorte dans ce liquide.« Les gros vaisseaux, les artères, les veines, dit cet éminent physiologiste, ne sont que les rues qui nous permettent de parcourir une ville; mais avec les capillaires, nous pénétrons dans les maisons, où nous pouvons observer directement la vie, les occupations, les mœurs des habitants.

« Ainsi, quand on introduit une substance toxique ou médicamenteuse dans l'arbre circulatoire, celle-ci ne commencera à manifester son action que quand elle arrivera dans les capillaires. »

Action du système nerveux sur le cœur et les vaisseaux. — Les mouvements du cœur ne sont pas soumis à la volonté, quoique la structure de cet organe soit semblable à celle des muscles de nos membres, qui pourtant se contractent suivant notre caprice.

Ce n'est donc pas du cerveau proprement dit, point de départ des manifestations de la volonté, ainsi que nous le verrons dans un autre chapitre, que partent les nerfs qui règlent les mouvements du cœur. Ils ont leur siège dans cette partie du système nerveux qui fait suite au cerveau et qu'on appelle le bulbe rachidien, et aussi dans la moelle épinière qui lui fait suite.

Les physiologistes ont constaté que les mouvements du cœur sont réglés par deux sortes de nerfs, dont l'action est opposée et qui, dans l'état normal, se font équilibre. Les uns appartiennent au grand sympathique (Voy. Chap. XII et XIII) et déterminent l'accélération, la force et le nombre des battements; les autres, fournis par les nerfs pneumogastriques, modèrent les effets des premiers.

En outre, il existe dans le cœur de petits centres ou ganglions nerveux, au nombre de trois principaux, situés vers la base des ventricules. C'est à l'existence de ces ganglions nerveux qu'est due la propriété que possède le cœur de battre pendant plusieurs heures, après qu'il a été retiré de la poitrine d'un animal vivant, comme il est facile de le constater sur une grenouille ou une tortue.

La contraction et la dilatation des vaisseaux, qui jouent un si grand rôle dans la circulation du sang, sont placées sous la dépendance des filets nerveux du grand sympathique, partagés pour ce fait en nerfs *vaso-constricteurs* et *vaso-dilatateurs*. Le point de départ de ces nerfs se trouve à l'origine de la moelle épinière. (Pour plus de détails, voy. le Chap. XIII, *Fonctions du grand sympathique*.)

Trajet parcouru par le sang : grande et petite circulation. — La circulation du sang chez l'homme est *double* et *complète*, c'est-à-dire que ce liquide organique accomplit un double circuit avant de revenir à son point de départ, et que la masse du sang tout entière suit ce trajet.

Le premier circuit a reçu le nom de *grande circulation;* le second celui de *petite circulation* ou *circulation pulmonaire*.

Grande circulation.

Dans la *grande circulation* (fig. 77), le sang parti du ventricule gauche est lancé dans l'aorte et par celle-ci dans les diverses artères du corps, jusqu'aux plus fines, et de là dans les vaisseaux capillaires, qui le transmettent aux veines; celles-ci, se jetant les unes dans les autres, finissent par former deux troncs volumineux, les veines caves, qui aboutissent à l'oreillette droite du cœur.

On peut donc comparer l'ensemble des vaisseaux sanguins à deux arbres dont les tiges partiraient du cœur, tandis que les rameaux de plus en plus fins se répandraient à la surface du corps et pénétreraient jusque dans l'intimité des organes en se confondant les uns avec les autres. Mais, dans l'un (arbre artériel), le sang marcherait du tronc vers les branches ; dans l'autre (arbre veineux), il irait des branches vers le tronc.

Petite circulation.

Dans la *petite circulation* ou *circulation pulmonaire* (fig. 77), le sang part du ventricule droit, auquel il est amené par l'oreillette droite, qui le reçoit elle-même des veines, comme nous venons de le voir à l'instant. Il passe dans l'artère pulmonaire et se distribue aux deux poumons, d'où, après avoir parcouru le réseau capillaire de ces organes, il revient, par les veines pulmonaires, à l'oreillette gauche, pour être de nouveau lancé dans la circulation générale.

Caractères différentiels du sang veineux et du sang artériel. — Le sang qui part du cœur et celui qui y arrive n'ont pas les mêmes caractères physiques, ni les mêmes propriétés physiologiques.

Le premier, appelé *sang artériel*, est d'un beau rouge vermeil; le second ou *sang veineux* est plus foncé, de couleur pourpre, noirâtre, différence de coloration qui tient à une composition différente.

Le sang artériel vient de passer par les poumons, où il s'est purifié, vivifié; ses globules se sont chargés d'oxygène par le fait de la respiration.

Le sang veineux arrive des parties les plus éloignées de l'organisme; dans son trajet à travers les organes ses globules ont perdu de leur oxygène, et il a reçu en échange un nouveau gaz, l'acide carbonique, substance nuisible tenue en dissolution ou en combinaison dans le plasma et qui devra être rejetée au dehors quand le sang repassera par les poumons.

La différence de *coloration* du sang artériel et du sang veineux dépend si bien de la présence des gaz précédents, que si l'on agite dans une éprouvette du sang artériel avec de l'acide carbonique il devient noirâtre; et, par contre, si l'on fait arriver un courant d'oxygène dans du sang veineux, celui-ci prend une belle teinte rouge vermeil.

Remarque. — Contrairement aux vaisseaux de la grande circulation, ceux de la petite circulation, qui partent du cœur pour se rendre aux poumons, à savoir l'artère pulmonaire et ses branches, contiennent du sang veineux (celui qui a été ramené au cœur par les veines de la grande circulation), tandis que les veines qui partent des poumons pour revenir au cœur renferment du sang artériel (celui qui vient de se révivifier dans les poumons et qui va être lancé dans la circulation générale).

Rôle du sang. — Le sang a une fonction de premier ordre à remplir : il est en effet chargé d'entretenir la vie dans tous les organes, c'est-à-dire de leur apporter les principes nécessaires à leur nutrition et à leur renouvellement. Non seulement il se fait l'intermédiaire entre l'appareil digestif et les organes, pour amener à ceux-ci les aliments élaborés par celui-là, mais encore il joue le même rôle entre les organes et les différentes excrétions : c'est ainsi qu'il se charge des principes liquides, solides et gazeux inutiles ou nuisibles, qui doivent être rejetés par les excrétions ou l'exhalation pulmonaire.

...les différents ...u plasma et ...es globules.

Le plasma et les globules ont un rôle distinct : le premier sert spécialement à la nutrition, les seconds surtout à la respiration.

Le plasma tient en dissolution les éléments de la nutrition des organes : de l'albumine, de la graisse, du sucre, etc., qui y sont déversés à la suite de la digestion, et qui vont se porter là où leur présence est utile pour réparer les pertes organiques ou former une réserve nutritive.

Quant aux globules, que l'on peut à bon droit regarder comme la partie vivante du sang, leur importance est mise en évidence par l'expérience suivante. Si l'on enlève à un animal la plus grande partie de son sang, il tombe inanimé : c'est, pour ainsi dire, un cadavre. Que l'on vienne à lui injecter dans les veines une certaine quantité du liquide nourricier, opération connue sous le nom de *transfusion du sang*, il revient à la vie ; mais si on ne lui rend que du sang dont on a enlevé les globules au moyen d'une filtration préalable, on ne produit pas d'autre effet que si l'on employait de l'eau pure.

Mode de formation du sang ; origine de ses globules ; leur destruction. — Dans le Chapitre précédent on a montré que les substances alimentaires, profondément modifiées par la digestion, étaient absorbées et passaient dans le sang soit par les veines intestinales, soit par les vaisseaux chylifères. Ainsi, après chaque repas, la masse du sang se trouve augmentée d'une certaine quantité. Cependant, la façon dont les globules, cette partie essentielle du sang, sont formés, est des plus obscures. On a lieu de croire, toutefois, que les globules blancs du chyle et de la lymphe, laquelle va être bientôt étudiée, se transforment en globules rouges; et l'on est porté à attribuer au foie, et à la rate surtout, un rôle important dans cette transformation. On trouve, en effet, les globules blancs en plus grande abondance dans les veines qui sortent de la rate et du foie que dans tous les autres vaisseaux.

Rôle probable de la rate et du foie.

La *rate,* l'un des organes de l'abdomen, située à gauche de l'estomac, a été tour à tour regardée comme ayant pour rôle de détruire les globules rouges déjà vieux et hors d'usage, ou bien, au contraire, de servir à la formation de nouveaux globules. Ces deux opinions ne sont pas d'ailleurs contradictoires. Un fait certain, c'est que, dans les maladies de la rate, il arrive souvent que le sang renferme une bien plus grande proportion de globules blancs, jusqu'à prendre même une couleur lactescente, ce qui constitue la *leucémie* (λεύκος, blanc; αἷμα, sang), soit que la rate, altérée dans sa constitution, ne puisse plus opérer la transformation des globules blancs en globules rouges, soit qu'elle produise alors des globules blancs en excès. Dans cette dernière hypothèse, elle partagerait donc le rôle attribué aux ganglions lymphatiques, que nous aurons à étudier bientôt.

Théorie des hématoblastes.

Cependant, d'après les travaux récents de Hayem, les globules rouges dériveraient non des globules blancs, mais de corpuscules beaucoup plus petits, appelés *hémato-blastes* (1), pendant longtemps méconnus par suite des difficultés que présente leur observation. Les uns sont incolores, les autres colorés par places, pour se teinter ensuite uniformément. D'abord pourvus d'un noyau, ils le

(1) Du grec αἷμα, sang; βλαστος, germe.

perdraient à mesure qu'ils acquièrent les caractères définitifs des globules.

Enfin, quoique la question soit encore controversée, le *foie* paraît être un organe dans lequel les vieux globules rouges se détruisent.

Rôle des glandes vasculaires sanguines.

Ajoutons à ces considérations qu'il existe deux organes glandulaires, dont la fonction est en réalité peu connue, mais que l'on est porté à regarder comme jouant un certain rôle dans la formation du sang, d'où le nom de *glandes vasculaires sanguines* sous lequel on les désigne. Ce sont le *thymus* et le *corps thyroïde;* mais la rate, dont il a été déjà question, paraît aussi devoir rentrer dans ce groupe.

Thymus

Le premier, bien connu en économie domestique sous le nom de *ris de veau*, est un organe glanduleux, placé sous le sternum, au-devant du cœur. Assez volumineux dans l'enfance, il s'atrophie peu à peu et disparaît chez l'homme dès l'âge de douze ans.

Corps thyroïde.

Le second est situé au-devant du larynx et du commencement de la trachée-artère. Parfois il acquiert un énorme développement et constitue alors le *goître*.

Historique de la découverte de la circulation du sang. — Les connaissances que l'on possède aujourd'hui sur le phénomène de la circulation du sang, ont été longues à acquérir.

Les Anciens.

Les anciens, Hippocrate, Aristote, Érasistrate, ne connaissaient pas les artères, ou ne s'en faisaient nullement l'idée que nous en avons : ils croyaient que ces canaux renfermaient seulement de l'air, d'où leur nom même (ἀήρ, air ; τηρεῖν, garder), erreur due sans doute à ce que, sur le cadavre, ils sont complètement vides de sang.

Galien (131 de l'ère chrétienne) reconnut que les artères charrient du sang; mais il pensa que celui-ci leur venait du ventricule droit, au travers de la cloison interventriculaire qu'il croyait devoir être poreuse, où il acquérait de nouvelles propriétés et se transformait en *esprits vitaux*. Le respect que l'on avait pendant le moyen âge, pour l'enseignement de Galien, était tel, que son opinion fut universellement acceptée, et qu'il eût fallu un véritable courage pour oser l'attaquer.

André Vésale, de Bruxelles, au commencement du XVIe siècle, montra que la communication interventriculaire à laquelle croyait Galien, n'existe pas. Temps modernes

Mais ce fut Michel Servet (1) qui donna la véritable explication de l'arrivée du sang dans le ventricule gauche. Il écrivit, en effet, que ce sang vient bien du ventricule droit, mais après avoir fait un long détour par les poumons. C'était la *petite circulation* qui venait d'être découverte. Quant à la principale, la grande circulation, elle n'était pas encore soupçonnée.

Il est bon de signaler que, pour la première fois, en 1563, on trouve consigné dans un ouvrage scientifique, dû à Césalpin, professeur à l'université de Pise, l'expression de *circulation du sang*.

En 1574, un célèbre anatomiste de l'université de Padoue, Fabrice d'Acquapendente, découvrit l'existence des valvules des veines. Mais ce fait, qui aurait dû le mettre sur la voie du véritable cours du sang, s'il avait tenu compte de la direction constante de ces replis, ne fut consigné par lui que comme un simple détail anatomique.

La gloire de la véritable découverte de la circulation du sang revient en réalité à Guillaume Harvey, médecin du roi d'Angleterre Charles Ier. Après des expériences multiples, renouvelées sur un grand nombre d'animaux, il publia en 1629 son remarquable ouvrage : *de Motu cordis et sanguinis Circulatione*, dans lequel il analysa avec beaucoup de sagacité les mouvements du cœur, établit que l'oreillette droite chasse le sang dans le ventricule droit, lequel le Harvey

(1) Né en Espagne, en 1509, il prit ses grades de médecin à Paris, s'occupa beaucoup de questions théologiques, exerça la médecine à Vienne, en Dauphiné. Protestant, comme Calvin, il différait d'opinion avec lui sur plusieurs points, particulièrement au sujet du mystère de la sainte Trinité, qu'il refusait d'admettre. Une polémique très vive s'éleva entre lui et le réformateur, qui parvint à le faire saisir, le fit juger et condamner à être brûlé vif avec ses ouvrages. Il fut exécuté à Genève, le 27 octobre 1553.

lance dans les poumons par l'artère pulmonaire, d'où il revient au cœur par les veines pulmonaires; que le ventricule gauche le pousse dans l'aorte et dans les différentes artères du corps, chaque contraction du cœur envoyant une nouvelle ondée de sang dans les artères, ce qui est la cause du pouls. Il constata que, si après avoir lié une artère, on l'ouvre au-dessus de la ligature, le sang jaillit, tandis que rien de semblable ne se produit si on l'ouvre au-dessous, et que la même expérience pratiquée sur une veine donne des résultats absolument opposés : ce qui prouve que le sang, dans les artères, coule du cœur vers la périphérie, et que dans les veines il va de la périphérie vers le cœur. Quant aux valvules des veines, il comprit qu'elles sont destinées à faciliter le retour du sang vers le cœur, en aidant celui-ci à lutter contre les effets de la pesanteur.

Malgré les preuves décisives apportées par Harvey, sa découverte rencontra la plus vive opposition, à laquelle prit une part éclatante, il faut bien l'avouer, la faculté de Paris, dans la personne de deux de ses illustres doyens, Riolan et Guy-Patin.

Aujourd'hui, la découverte du médecin anglais n'est mise en doute par personne, et les études plus récentes ont ajouté peu de choses à ce qu'il a si magistralement établi. Cependant, la communication entre les artères et les veines, dont son génie lui avait révélé l'existence, mais qu'il n'avait pu constater directement, fut confirmée, quelques années plus tard, par Leuwenhoeck et Malpighi, qui, aidés du microscope, que l'on venait d'inventer, reconnurent la présence des capillaires interposés entre ces deux ordres de vaisseaux. Ainsi la dernière lacune qui existait encore dans la démonstration du circuit parcouru par le sang, fut bientôt comblée par la précision des recherches anatomiques.

LE SYSTÈME LYMPHATIQUE ET LA LYMPHE

Parties constituantes du système lymphatique : son rôle dans l'organisme. — Au Chapitre précédent (p. 117), on a vu que, tandis qu'une partie des matières élaborées dans le tube digestif est en quelque sorte pompée par les veines, l'autre est puisée par les *vaisseaux chylifères*, passe par leur intermédiaire dans le canal thoracique et de là dans la veine sous-clavière, c'est-à-dire, dans le torrent circulatoire. Ces vaisseaux chylifères ne sont autre chose qu'une fraction d'un vaste réseau qui a des ramifications étendues dans l'organisme et qu'on appelle le *système lymphatique*.

Origine du systè[me] lymphatiq[ue]

Nous avons déjà eu l'occasion de dire (page 42) qu'il y a désaccord entre les physiologistes au sujet de la véritable origine du système des vaisseaux lymphatiques.

Pour les uns, la principale se trouverait dans le tissu conjonctif répandu en si grande abondance entre les organes, pour les unir ou les isoler les uns des autres; et c'est des lacunes interposées entre les lames de ce tissu que partiraient directement les vaisseaux lymphatiques. La surface des séreuses, entre autres celle de la plèvre et du péritoine, serait l'origine d'un très grand nombre de capillaires lymphatiques.

Pour les autres, et notamment d'après les travaux de Sappey, les vaisseaux lymphatiques ont pour origine un réseau extrêmement serré, composé de deux sortes d'éléments, à savoir, des *capillicules* et des *lacunes*. Le diamètre des premiers ne dépasse pas deux millièmes de millimètre de diamètre. Les secondes sont des espaces étroits, de dimension variable, et de forme étoilée, communiquant avec les premiers. C'est de ce réseau que partiraient les capillaires lymphatiques. D'après les mêmes anatomistes, on observe une semblable origine dans la peau, les muqueuses, le tissu musculaire, les glandes, plusieurs viscères; et contrairement à la première opinion, le tissu conjonctif et ses dérivés, entre autres les membranes séreuses, en seraient dépourvus. En outre, et ceci a une grande importance physiologique, les réseaux lymphatiques communiqueraient avec les vaisseaux sanguins par l'intermédiaire des capillicules, lesquels déboucheraient dans ces vaisseaux. Mais le diamètre des capillicules est si étroit, que dans l'état normal les globules n'y peuvent passer, mais seulement la partie séreuse du sang.

Dans tous les cas, quelle que soit l'opinion que l'on adopte, il est hors de doute que le système sanguin et le système lymphatique ont entre eux, vers l'origine de celui-ci,

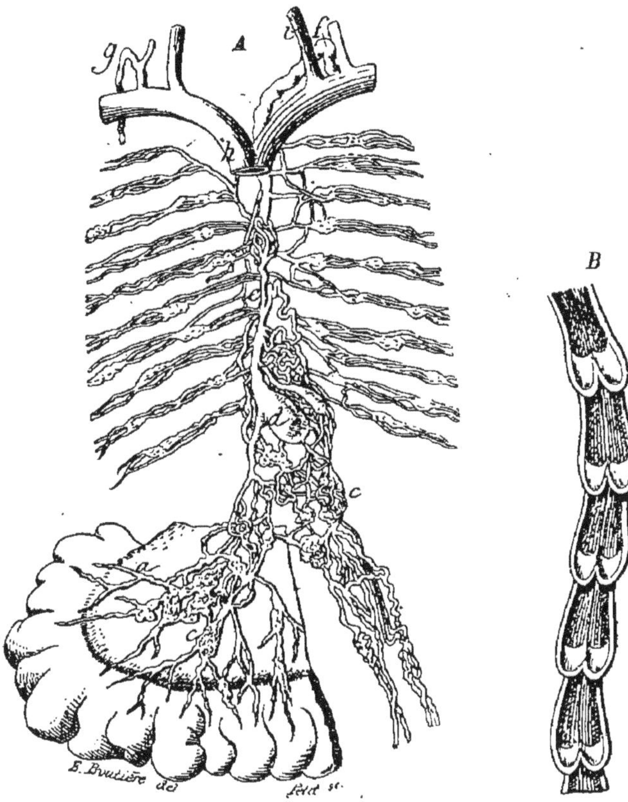

Fig. 84. — *A*, les vaisseaux chylifères et la portion centrale du système lymphatique; *a*, chylifères venant de l'intestin dont une faible portion a été représentée; *c*, *c*, ganglions lymphatiques; *d*, citerne de Pecquet ou réservoir du chyle; *e*, canal thoracique et vaisseaux lymphatiques qui s'y rendent; *f*, terminaison du canal thoracique dans la veine sous-clavière gauche; *g*, grande veine lymphatique, s'ouvrant dans la veine sous-clavière droite; *h*, veine cave supérieure; *i*, veine jugulaire gauche; — *B*, un vaisseau chylifère, ouvert pour montrer la disposition de ses valvules intérieures adossées deux à deux.

de nombreuses communications, de sorte que le système artériel paraît presque aussi bien se continuer avec le système lymphatique qu'avec les veines.

Structure des vaisseaux lymphatiques. Le système lymphatique se compose de *vaisseaux* et de *glandes* ou *ganglions lymphatiques* (fig. 84).

Les *vaisseaux*, d'une extrême finesse, forment des réseaux serrés dans toutes les parties du corps, et particulièrement à la surface des membres; leur aspect est variqueux, c'est-à-dire que sur tout leur trajet ils sont alternativement dilatés et rétrécis, leur canal présentant à chaque dilatation une paire de petites valvules adossées l'une à l'autre (fig. 84, *B*).

Sur le trajet de ces petits vaisseaux se trouvent de nombreux *ganglions lymphatiques*, sortes de petites glandes spongieuses, qui résultent de la réunion et de l'enroulement de plusieurs de ces petits vaisseaux. Très nombreux, surtout dans le voisinage des viscères et au pli des membres, il est facile de les sentir rouler sous le doigt, notamment dans l'aisselle, surtout dans le cas d'inflammation du membre correspondant. Il suffit souvent, en effet, d'une légère écorchure à la main pour que ces ganglions se gonflent et deviennent douloureux; de même, dans les inflammations de la gorge, on en trouve constamment sur les côtés du cou. Ils sont plus volumineux et sujets à se tranformer en abcès chez certains individus d'une constitution débile, dits, pour cette raison, lymphatiques ou scrofuleux.

Les ganglions lymphatiques semblent destinés à contribuer à l'élaboration des corpuscules de la lymphe. En les traversant celle-ci est retardée dans son cours et les globules blancs s'y multiplient.

Nous avons vu précédemment que la rate paraît avoir le même rôle, de sorte qu'elle pourrait être regardée comme un énorme ganglion lymphatique.

Les vaisseaux lymphatiques convergent vers la cavité thoracique, pour se jeter, les uns, dans la *grande veine lymphatique*, laquelle débouche dans la veine sous-clavière droite (*g*); le plus grand nombre, dans le *canal thoracique*, qui aboutit, comme il a été dit, à la veine sous-clavière gauche (*f*). (Voy. la légende de la fig. 84.)

Lymphe. — Le liquide contenu dans ce système de canaux, la *lymphe*, au lieu d'être rouge, comme le sang, Composition de la lymphe.

est à peu près incolore, et renferme un grand nombre de globules, doués, comme on l'a vu à propos des globules blancs du sang, de mouvements amiboïdes : ce sont les *corpuscules lymphatiques*. Cependant, on y trouve aussi une petite quantité de globules rouges.

La partie liquide de la lymphe a une composition très analogue à celle du liquor du sang. On y trouve également de la fibrine, mais qui se coagule plus lentement. L'albumine y existe en moindre proportion que dans la partie liquide du sang (42 pour 1000).

Par contre, on y observe une plus forte proportion de produits excrémentitiels, notamment de l'urée.

Enfin, les sels et les gaz du sang s'y trouvent aussi.

Circulation de la lymphe

La cause de la progression de la lymphe dans les vaisseaux qui la renferment, est mal connue; sans doute qu'elle est une conséquence de cette force particulière qui préside à l'absorption : à mesure en effet que de nouveaux éléments de la lymphe sont puisés et pour ainsi dire aspirés par les terminaisons de ces vaisseaux, le contenu de ceux-ci est refoulé vers le centre du système. En tout cas, la présence des valvules, dont ces vaisseaux sont si bien garnis, doit y aider singulièrement.

Chez certains animaux, il existe des organes contractiles spéciaux ou *cœurs lymphatiques*, placés sur le trajet des vaisseaux et destinés à faire cheminer la lymphe : on en trouve chez les Poissons et les Batraciens.

Rôle de la lymphe.

L'importance de la lymphe se laisse aisément pressentir, si l'on considère qu'elle est le plus abondant de tous les liquides organiques, de sorte qu'on peut évaluer son poids au tiers ou au quart de celui du corps. Un physiologiste en a retiré 95 kilogr. en 24 heures, par une fistule pratiquée sur le canal thoracique d'une vache.

CHAPITRE VI

RESPIRATION

Définition et importance de la Respiration. Appareil de la respiration. 1° Voies respiratoires : larynx, trachée-artère, bronches. 2° Poumons. Circulation pulmonaire. 3° Thorax; plèvre; muscles de la respiration, diaphragme. — Physiologie de la respiration. 1° Phénomènes mécaniques : mouvements des côtes, rôle des muscles, etc. Nerfs qui président à cette fonction. Bruits respiratoires; rythme et amplitude des mouvements respiratoires. Actes physiologiques qui se rattachent à cette fonction : olfaction, ronflement, soupirs, etc. 2° Phénomènes chimiques : l'hématose. Nature et quantité des gaz inspirés et expirés. Respiration des tissus, siège véritable des combustions organiques. Modifications chimiques produites dans le sang; changement de couleur. — Asphyxie.

CHALEUR ANIMALE. Son origine, ses causes, ses agents modérateurs; son but. Animaux à température constante ou à température variable.

Définition de la respiration; importance de cette fonction. — La respiration a pour but de faire pénétrer l'air extérieur jusqu'au sang afin de rendre à celui-ci les qualités propres à l'entretien de la vie, qualités qu'il a perdues dans son trajet à travers les organes.

Cette fonction est donc de la plus grande importance, et ne saurait être suspendue sans que la vie soit aussitôt détruite : aussi n'est-il pas surprenant que vivre et respirer aient pris dans le langage ordinaire la même signification. Cette fonction vitale est commune à tous les êtres vivants, animaux et végétaux, bien que les appareils organiques au moyen desquels elle s'accomplit soient des plus variés.

Appareil de la respiration chez l'Homme; voies respiratoires. — Nous aurons dans la partie anatomique de ce chapitre trois choses à étudier :

Les *voies respiratoires*, qui conduisent l'air jusque dans la poitrine ;

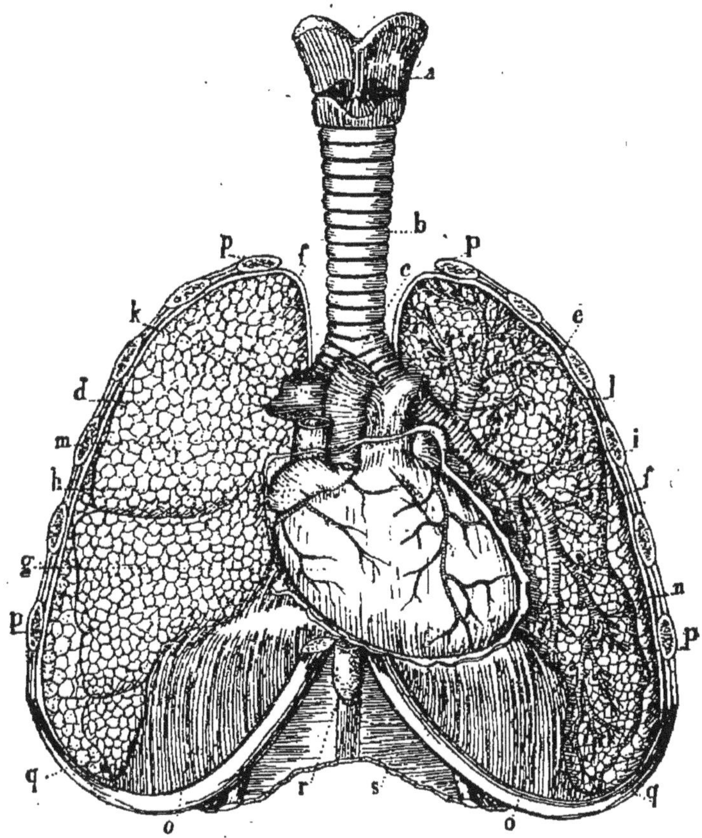

Fig. 85. — Appareil de la respiration chez l'Homme : *a*, larynx, *b*, trachée ; *c*, bifurcation de la trachée et origine des bronches ; *d*, poumon droit, dont on voit les trois lobes ; *e*, poumon gauche, montrant la distribution des bronches ; *f*, plèvre ; *g*, cœur ; *h*, oreillette droite ; *i*, oreillette gauche ; *k*, aorte ; *l*, artère pulmonaire, qui se bifurque pour se distribuer aux deux poumons : la branche gauche est coupée dès son origine, la droite s'enfonce dans le poumon correspondant, en passant derrière l'aorte ; *m*, veine cave supérieure ; *n*, péricarde, dont la partie antérieure a été enlevée pour montrer le cœur ; *o*, diaphragme ; *p*, *p*, les six premières côtes ; *q*, *q*, septième côte ; *r*, pointe du sternum ; *s*, muscles de la paroi antérieure de l'abdomen.

Les *poumons*, lieu des échanges gazeux entre l'air et le sang ;

Le *thorax* et les muscles qui le mettent en mouvement.

Les *voies respiratoires* se composent de trois parties : le *larynx*, la *trachée-artère* et les *bronches;* elles ont une double entrée, le *nez* et la *bouche* (fig. 43).

Le nez est plus que la bouche affecté à la respiration : il offre un accès toujours libre, et de plus, il présente des anfractuosités compliquées, par lesquelles l'air aspiré est obligé de passer, en s'imprégnant d'un degré d'humidité convenable, quand il est trop sec, et en se réchauffant, quand il est trop froid. De cette façon, il impressionne moins vivement la muqueuse délicate des voies respiratoires et des poumons, effet qui a bien plus de chance de se produire quand on respire, la bouche ouverte, l'air se précipitant plus brusquement dans la larynx et la trachée. Toutefois, avant d'y pénétrer, l'air traverse le pharynx, sorte de carrefour où les voies digestives coupent les voies aériennes et qui a été étudié au Chapitre de la Digestion. **Fosses nasales, bouche.**

Le *larynx* (fig. 85, *a*), qui s'ouvre dans le pharynx, sera plus complètement étudié au Chapitre qui traite de la Voix (fig. 109). **Larynx.**

Il a la forme d'un entonnoir à parois résistantes, soutenues par des cartilages qui maintiennent ce conduit toujours béant. Il est facile de le sentir au cou, sous forme d'une saillie plus ou moins prononcée et mobile.

La *trachée-artère* (*b*), qui lui fait suite, descend le long du cou, au-devant de l'œsophage : c'est un conduit demi-cylindrique, dont la charpente solide est composée d'anneaux cartilagineux, interrompus en arrière, de sorte que **Trachée-artère.**

---

* Organes de la Respiration dans la série animale.

PROTOZOAIRES; CŒLENTÉRÉS. — Dans les groupes inférieurs du règne animal, il n'y a pas d'organes spéciaux pour la respiration. L'eau, dans laquelle vivent tous ces animaux, leur fournit une certaine quantité d'oxygène, qui s'unit directement à leurs tissus pour subvenir aux combustions organiques, ou bien qui pénètre directement à travers leur peau jusque dans le liquide nourricier : c'est une respiration *cutanée*. Cependant, les tentacules qui, chez un grand nom- **Respiration cutanée.**

la trachée est membraneuse dans cette partie. La présence de ces demi-anneaux de cartilage a pour effet de maintenir le tube trachéen toujours béant, afin de donner libre passage à l'air et d'empêcher ses parois de s'affaisser lors de l'appel de celui-ci par les poumons. Arrivée à la hauteur du quart supérieur du thorax, la trachée se bifurque (*c*) pour former les bronches.

Bronches. Les *bronches,* qui sont au nombre de deux, destinées l'une au poumon droit, l'autre au poumon gauche, se divisent, à leur tour, après un très court trajet, en conduits plus petits, qui se subdivisent de même en rameaux secondaires, tertiaires, de plus en plus fins, de façon à imiter les ramifications d'un arbre. Les bronches proprement dites ou grosses bronches, ont leurs parois soutenues par des anneaux cartilagineux complets, qui, sur les ramifications suivantes, sont remplacés par des lamelles de plus en plus courtes et étroites et de plus en plus minces, lesquelles disparaissent même complètement sur les divisions bronchiques dont le diamètre ne dépasse pas un millimètre.

La surface interne des voies respiratoires est tapissée par une muqueuse recouverte de cils vibratiles, dont les mouvements incessants entraînent à l'extérieur les mucosités en excès. Cette muqueuse possède de nombreuses glandules, dont le produit de sécrétion se déverse à la surface de la muqueuse pour la lubrifier et l'entretenir dans un degré d'humidité convenable. Il existe aussi des fibres élastiques

---

bre d'entre eux, comme les Coralliaires, entourent la bouche, sont plus spécialement destinés à la fonction respiratoire.

Échinodermes. — Des organes particuliers sont affectés à la respiration. En général, ils forment un système compliqué de petits tubes membraneux, qui, communiquant tous les uns avec les autres, sortent par des trous percés dans les parois du corps, et plongent dans l'eau de mer où vivent ces animaux.

Branchies. Mollusques. — Les uns, comme les Acéphales, les Céphalopodes et un bon nombre de Gastéropodes, respirent par des organes d'une structure particulière appelés *bran*

et des fibres musculaires, ces dernières étant surtout abondantes dans les plus fines bronchioles, afin de permettre à ces conduits de se dilater sous l'influence de l'arrivée de l'air, pour revenir ensuite sur eux-mêmes par une véritable contraction et aider ainsi à l'expulsion des gaz abandonnés par le sang.

Description et structure des poumons.

Poumons; circulation pulmonaire. — Les *poumons*, au nombre de deux, l'un droit, l'autre gauche, sont placés dans la cavité thoracique (fig. 85). Ce sont des organes mous, spongieux, d'une teinte rosée ou grise ; ils sont séparés l'un de l'autre par le cœur et les gros vaisseaux qui en partent; ils s'appliquent contre les côtes par leur surface externe convexe. Les deux poumons ne sont pas exactement semblables pour la forme et la dimension : le gauche est plus long, mais moins large que le droit; le premier est divisé en deux lobes; le second en trois. Leur surface paraît comme formée d'un grand nombre d'îlots serrés les uns contre les autres, aspect dû à la disposition des vaisseaux superficiels et à la distribution des ramuscules bronchiques.

---

chies, qui utilisent l'oxygène dissous dans l'eau. Ce sont, d'une façon générale, des tubes plus ou moins nombreux et rapprochés les uns des autres, en forme de peignes, de houppes, etc., remplis du liquide sanguin et baignés par l'eau dans laquelle se tiennent ces animaux.

Un certain nombre de Gastéropodes vivent sur le sol : ceux-là ont, au lieu de branchies, des *poumons*, c'est-à-dire, un organe creux, une sorte de chambre, dans laquelle pénètre l'air atmosphérique, et sur les parois de laquelle rampent de nombreux vaisseaux capillaires : telles sont les Limaces. Il est même des Gastéropodes aquatiques qui présentent également une chambre pulmonaire; aussi sont-ils obligés, pour respirer, de monter à la surface de l'eau : tels sont les Planorbes, les Limnées de nos étangs.

Ainsi les Mollusques présentent les deux types d'organes au moyen desquels peut s'opérer la respiration : soit des

Les poumons sont formés par l'agglomération des dernières ramifications des bronches. Celles-ci, comme nous l'avons déjà dit, lorsque leur calibre ne dépasse pas un millimètre de diamètre, deviennent entièrement membraneuses.

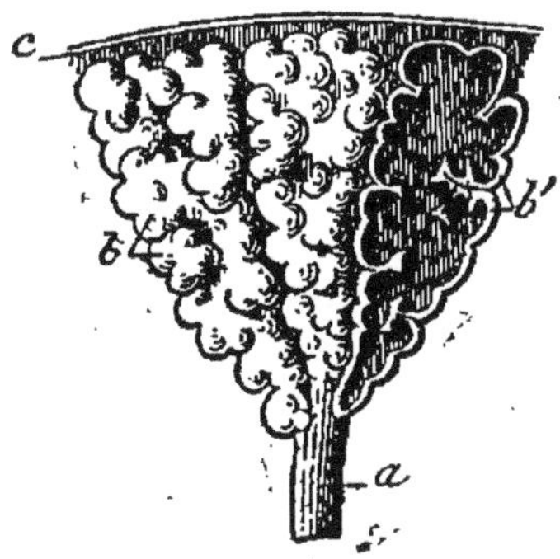

Fig. 86. — Trois lobules pulmonaires, dont l'un est ouvert pour montrer les alvéoles ; *a*, terminaison d'une bronchiole ; *b*, vésicules ou alvéoles pulmonaires ; *c*, plèvre.

Elles finissent par n'avoir plus qu'un dixième de millimètre de diamètre et se terminent alors par de petits culs-de-sac ou *lobules pulmonaires* (fig. 86), dont les parois offrent de nombreuses et microscopiques bosselures, formées par les *vésicules pulmonaires*. Cette disposition multiplie singulièrement l'étendue de la surface pulmonaire. On a calculé, en effet, que si toutes les vésicules des poumons étaient déplissées et étalées, elles couvriraient un espace de plus de 200 mètres carrés. Quant à la capacité totale des poumons, elle est de 4 à 5 litres dans les fortes inspirations.

---

branchies, soit des poumons. Ils ne sont pas les seuls, et jusque chez les Vertébrés on retrouve ces deux sortes d'appareils.

La *respiration branchiale* doit être considérée comme étant inférieure à la respiration pulmonaire. L'oxygène, en effet, est en moindre proportion dans l'eau que dans l'air, de sorte que la fonction respiratoire est moins active dans le premier cas que dans le second.

Vers. — La respiration s'exerce principalement par l'intermédiaire de la peau ; mais aussi, chez un certain nombre, au moyen de prolongements distribués de chaque côté du corps ou groupés dans le voisinage de la tête, et qui jouent le rôle de branchies (fig. 12, *br.*).

Le sang est amené aux poumons par l'*artère pulmonaire*, qui, partie du ventricule droit, se bifurque au point où les bronches pénètrent dans ces organes, pour fournir à chacun d'eux une artère, laquelle suit les ramifications bronchiques et se divise comme elles. Ces vaisseaux sont Circulation pulmonaire.

ARTHROPODES. — Chez ceux qui sont aquatiques, comme les Crustacés, la respiration s'effectue à l'aide de branchies, souvent fort compliquées. Mais chez les espèces aériennes (Insectes, bon nombre d'Arachnides), elle s'opère au moyen de *trachées*. On entend par là des organes qui jouent le rôle de poumons, c'est-à-dire, dans lesquels l'air pénètre, mais qui ont la forme de tubes très fins et très ramifiés, répandus dans toutes les parties du corps et enveloppant tous les organes d'une sorte de lacis. Bien que les Insectes respirent tous l'air atmosphérique, la plupart, à l'état de larve, sont munis de branchies et respirent l'oxygène en dissolution dans l'eau. Trachées.

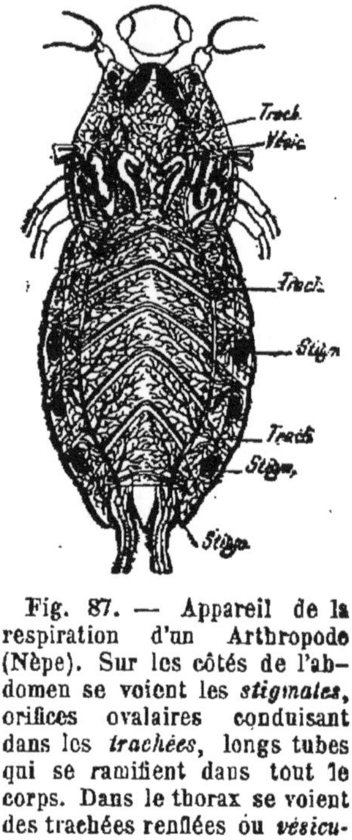

Fig. 87. — Appareil de la respiration d'un Arthropode (Nèpe). Sur les côtés de l'abdomen se voient les *stigmates*, orifices ovalaires conduisant dans les *trachées*, longs tubes qui se ramifient dans tout le corps. Dans le thorax se voient des trachées renflées ou *vésiculaires*.

VERTÉBRÉS. — Les uns respirent par des branchies ; les autres, en plus grand nombre, par des poumons.

Les *Poissons* font pénétrer l'eau dans leur bouche, et de là, à travers des fentes que présentent les parois de cette cavité, dans un espace situé de chaque côté de la tête, où se trouvent logées les branchies (fig. 65), formées de très nombreuses lamelles serrées les unes contre les autres, et dans lesquelles la circulation est très active. Enfin, l'eau, après avoir baigné les branchies, est rejetée au dehors par les ouïes, orifices placés de chaque côté de la tête et ordinairement recouverts d'un opercule que l'on voit sans cesse se soulever et s'abaisser.

remplis du sang veineux que le cœur a reçu des différentes régions du corps, et qui doit s'artérialiser dans les poumons. Ils se réduisent en capillaires d'une extrême finesse, qui tapissent d'un réseau serré les lobules pulmonaires. Le calcul montre que le nombre de ces petits vaisseaux est tel

1

2

Fig. 88. — Une portion du réseau capillaire artériel (1) et veineux (2) des poumons.

qu'ils équivalent à une nappe de sang d'une surface de 150 mètres carrés, et que le volume de liquide qu'ils renferment est de deux litres.

La circulation est très active dans ce réseau de capillaires, si bien qu'en vingt-quatre heures il passe 20.000 litres de sang dans les poumons. L'extrême minceur de la paroi des capillaires et des vésicules pulmonaires permet entre le sang contenu dans les premiers et l'air renfermé dans les secondes des échanges faciles; c'est ainsi que s'opère la pénétration de l'oxygène de l'air dans le sang, lequel, en retour, exhale dans les vésicules l'acide carbonique dont il était chargé.

Les *Batraciens* possèdent pendant le jeune âge, avant d'avoir subi leurs métamorphoses, une respiration branchiale. Ainsi, chez le têtard de la Grenouille et du Crapaud, on voit de chaque côté de la tête une petite houppe formée

Du réseau capillaire des poumons partent des veines, qui, par leur réunion successive, deviennent de plus en plus grosses et suivent le trajet des artères : ce sont les *veines pulmonaires*, lesquelles ramènent au cœur gauche le sang qui s'est artérialisé dans les poumons, et qui va être maintenant lancé dans toutes les parties du corps

Thorax; plèvre; muscles de la respiration, diaphragme. — L'appareil destiné à loger l'organe de la respiration est le *thorax* (fig. 89 et pl. II, p. 214). C'est une sorte de cage pyramidale, étroite vers le haut, très évasée par le bas, et formée par les côtes, qui articulées en arrière à la colonne vertébrale par une surface arrondie ou tête, aboutissent, en avant, au sternum. Thorax.

La *direction des côtes* est importante à considérer : elles ne sont pas horizontales, mais obliques, de façon que leur extrémité sternale est située plus bas que leur extrémité vertébrale. En outre, elles sont comme tordues sur elles-mêmes, d'où résultent, suivant les mouvements d'inspiration et d'expiration, de notables changements dans leur position.

Au nombre de douze de chaque côté, elles ne sont pas toutes de même dimension, mais augmentent de longueur de la première à la septième, pour diminuer ensuite jusqu'à la douzième. Il s'ensuit que la cage thoracique a une forme ovoïde, dont la grosse extrémité est tournée en bas. Des cartilages interposés aux côtes et au sternum, donnent une grande élasticité à l'appareil.

La surface interne du thorax est tapissée dans toute son étendue par une membrane séreuse, la *plèvre* (πλευρά, côté) (fig. 85, *f*), qui, au moment où les bronches pénètrent dans les poumons, se rabat sur ceux-ci et les enveloppe Plèvre.

---

par les branchies ; un peu plus tard, cet appareil se résorbe et est remplacé par un autre, qui se forme dans la même région, mais au-dessous de la peau. Enfin, quand les métamorphoses sont achevées, il se développe des poumons. Il

complètement, de façon à former un véritable sac continu et sans ouverture, dont la surface intérieure est incessamment lubrifiée par une très faible couche de liquide, afin de faciliter les mouvements de glissement des poumons contre les parois thoraciques. Dans certaines maladies (pleurésies), le liquide devient plus abondant, et empêche les mouvements d'expansion des poumons ; souvent même il se transforme en membranes résistantes, qui s'étendant de ces organes au thorax, causent de la douleur en même temps qu'ils gênent beaucoup la respiration.

Muscles de la respiration : 1° inspirateurs. Des muscles rattachent les côtes entre elles ou aux os voisins (fig. 89) : d'après leur rôle, les uns sont appelés *inspirateurs*, les autres, *expirateurs*. Les premiers ont pour effet de dilater la cavité thoracique; les seconds, d'en diminuer la capacité.

Les principaux muscles inspirateurs, fixés, d'une part, aux côtes, vont, d'autre part, s'attacher au-dessus d'elles, aux vertèbres, à l'omoplate, à la clavicule; il faut rapporter à la même catégorie les muscles *intercostaux externes*, lames musculaires minces qui, étendues d'une côte à l'autre, ferment chaque espace intercostal.

Diaphragme. Mais l'organe qui joue le rôle prépondérant dans l'inspiration, c'est le *diaphragme* (pl. I, p. 136), large muscle formant une cloison qui sépare complètement la cavité thoracique de la cavité abdominale; il n'est pas horizontal, mais disposé en forme de voûte, avec la convexité tournée du côté de la poitrine. Attachées au pourtour de la base du thorax, c'est-à-dire aux dernières côtes et aux vertèbres correspondantes, ses fibres se terminent, d'autre part, à une forte aponévrose ou lame fibreuse, qui occupe le

---

en est ainsi chez tous les Batraciens, bien que quelques espèces continuent en outre à garder en même temps des branchies extérieures.

Les *Reptiles* sont pourvus de poumons d'une structure en général assez simple, formés d'une paire de poches divisées en chambres ou cellules plus ou moins nombreuses, sur les parois desquelles circulent les capillaires sanguins.

milieu même du muscle, et qu'on appelle le *centre phrénique.*

Les muscles expirateurs vont des côtes aux parties situées au-dessous d'elles, vertèbres, os du bassin. Il faut y ajouter les muscles *intercostaux internes*, lesquels forment une seconde lame musculaire appliquée en dedans des intercostaux externes signalés plus haut. 2° expirateurs.

PHYSIOLOGIE DE LA RESPIRATION

Phénomènes mécaniques de la respiration. — Nous aurons à étudier sous ce titre :

les mouvements des côtes sous l'action des muscles de l'inspiration et de l'expiration;

le mécanisme de l'entrée de l'air dans les poumons et celui de sa sortie;

les différents types respiratoires dans l'espèce humaine.

Connaissant les points d'insertion des muscles inspirateurs, on comprend que leur contraction oblige les côtes à se relever. Mouvements des côtes dans l'inspiration.

Par suite de ce mouvement, celles-ci devenant plus horizontales, leur face externe se porte plus en dehors et le sternum se projette en avant. Il en résulte par là même une augmentation de la cavité thoracique d'arrière en avant et dans le sens transversal.

En même temps, le diaphragme se contracte et abaisse sa voussure en refoulant les organes de l'abdomen, dont la paroi se soulève. La contraction de ce muscle a donc pour effet d'augmenter la cavité thoracique dans le sens vertical.

Il en résulte que dans chaque inspiration, la cavité du

Chez les Serpents, l'un des poumons est atrophié, rudimentaire.

Les *Oiseaux* sont, de tous les animaux, ceux qui ont la respiration la plus active. Leurs poumons, il est vrai, ne Sacs aériens des Oiseaux.

thorax est agrandie suivant tous ses *diamètres, antéro-postérieur, transversal* et *vertical.*

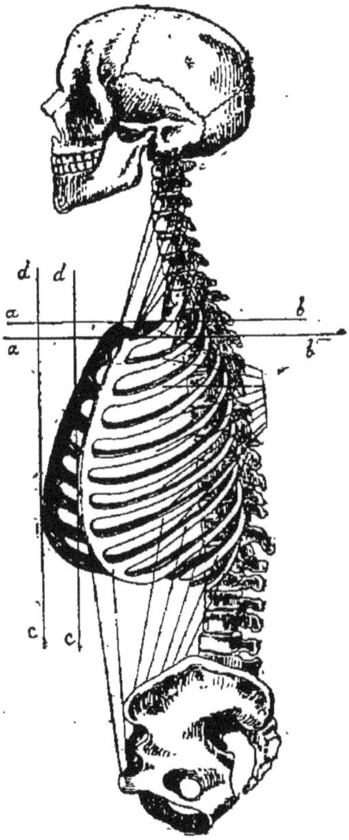

Fig. 89. — Modifications de la cage thoracique dans l'état d'inspiration, figuré par le sternum et les côtes teintés en noir, et dans l'état d'expiration, figuré par ces mêmes parties en blanc. Les muscles de la respiration sont indiqués par de simples traits : les inspirateurs aboutissent aux parties teintées en noir, les expirateurs à celles qui ne le sont pas. — L'écart entre les deux lignes horizontales *a*, *b*, mesure le soulèvement de la cage thoracique pendant l'inspiration, et l'écart des deux lignes verticales *c*, *d*, sa projection en avant.

Dans la *respiration ordinaire*, chez l'Homme adulte, l'agrandissement des deux premiers diamètres de la poitrine est très faible, puisqu'il atteint 3 a 4 millimètres seulement.

Dans les *inspirations forcées*, l'antéro-postérieur peut être augmenté de 3 centimètres environ, là où l'agrandissement est au maximum, c'est-à-dire au niveau de l'extrémité inférieure du sternum. Le transversal peut, dans les mêmes circonstances, au niveau de la septième ou huitième côte, augmenter de 4 centimètres.

C'est surtout dans le sens du diamètre vertical que, sous l'influence de la contraction du diaphragme, se fait l'agrandissement de la cavité thoracique, notamment dans l'inspiration ordinaire.

Rôle des muscles expirateurs.

La contraction des muscles qui agissent dans l'expiration a pour effet d'abaisser les côtes et de ramener la poitrine à ses dimensions primitives.

Hâtons-nous d'ajouter que

---

sont pas très volumineux : mais chacun d'eux présente cinq orifices, qui communiquent avec autant de poches membraneuses, les *sacs aériens ou réservoirs pneumatiques,* qui

dans la respiration ordinaire le rôle des expirateurs est peu marqué, le poumon revenant sur lui-même en vertu de son élasticité; mais dans l'expiration forcée leur action est considérable.

---

remontent vers la région du cou, ou descendent vers l'abdomen (fig. 90). En outre, plusieurs de ces réservoirs communiquent avec les cavités des os, dépourvues de moelle : il en est ainsi pour les os des membres, les vertèbres, les os mêmes de la tête, qui sont très celluleux. Il résulte de cette disposition une grande diminution de poids, qui doit singulièrement aider au vol, et une respiration d'une incroyable activité : aussi dit-on que les Oiseaux ont la *respiration double.*

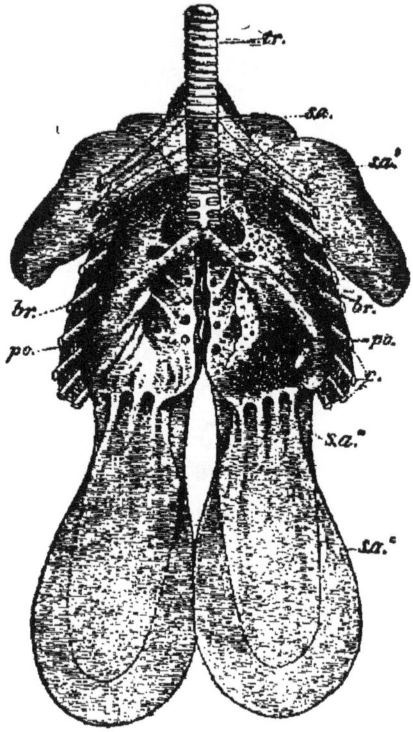

Fig. 90. — Appareil respiratoire des Oiseaux; *tr*, trachée; *br*, *br*, bronches; *po*, *po*, poumons droit et gauche; *sa*, *sa'*, *sa''*, *sa'''*, principaux sacs aériens; *c*, côtes.

Quant aux *Mammifères*, l'organisation de leur appareil respiratoire offre la plus grande analogie avec celle de l'Homme.

Signalons cependant la disposition exceptionnelle présentée par l'Éléphant, le Chameau, le Cheval et quelques autres espèces voisines. Le voile du palais descend plus bas que d'ordinaire et entoure en avant, sous forme d'un demi-anneau, la partie supérieure du larynx, de façon que la respiration ne peut pas se faire par la bouche, mais seulement par le nez. Mais c'est surtout chez les Cétacés carnas-

Mécanisme de l'entrée de l'air dans les poumons et de sa sortie.

Voici maintenant par quel *mécanisme* l'air arrive aux poumons dans chaque *inspiration*. En vertu de leur application exacte contre les parois thoraciques, lorsque cette cavité, sous l'action des muscles inspirateurs s'agrandit, ils en suivent le mouvement d'une façon tout à fait *passive* et se dilatent avec elle : il en résulte qu'un vide tend à se faire dans les lobules pulmonaires, qui se déplissent, ainsi que dans tout l'arbre aérien, et que l'air extérieur s'y précipite.

Dans l'*expiration*, au contraire, les poumons, en vertu de leur élasticité, tendent à reprendre leur dimension première et reviennent sur eux-mêmes, suivis par les parois thoraciques sollicitées également par leur élasticité; car il faut reconnaître qu'à part le cas d'*expiration forcée*, les muscles expirateurs n'entrent pas en jeu d'une manière active. A mesure que la poitrine diminue de capacité suivant ses différents diamètres, les gaz renfermés dans les poumons sont en grande partie expulsés au dehors ; il en reste cependant encore un litre environ, qui constitue ce qu'on appelle la *réserve pulmonaire*.

Différents types respiratoires.

Il faut ajouter ici que l'agrandissement du thorax ne se fait pas chez tous exactement de la même façon, et que l'on a distingué trois modes ou types respiratoires principaux : le *type abdominal*, dans lequel les côtes restent à peu près immobiles, le diaphragme agissant seul et refoulant fortement les viscères abdominaux, comme on l'observe dans les premières années de la vie et parfois plus tard ; le *type costo-inférieur*, les côtes supérieures restant immobiles, les inférieures se relevant seules, comme c'est le cas le plus fréquent chez les hommes et dans beaucoup d'espèces animales ; enfin le *type costo-supérieur*, dans lequel

---

siers (les Souffleurs) que cette disposition est accusée. En effet, la glotte remonte très haut, jusqu'au voisinage des arrière-narines, et elle est entourée par le voile du palais de façon à ce qu'il n'y ait aucune communication entre la bouche et les voies respiratoires.

au contraire, ce sont les côtes supérieures qui sont les plus mobiles, de sorte que la poitrine se soulève à chaque inspiration, comme on le voit surtout chez la femme.

Nerfs qui président aux mouvements respiratoires. — Soumise jusqu'à un certain point à la volonté dans le rythme de ses mouvements, la fonction respiratoire, considérée en elle-même, en est essentiellement indépendante. Quelque effort que l'on fasse pour la suspendre, il arrive un moment où il est impossible de résister au besoin de respirer. Les nerfs *pneumogastriques*, en effet, qui président à ces mouvements (voy. Chap. du *Système nerveux*), et dont il a déjà été question au sujet des mouvements du cœur, ne sont pas soumis à la volonté comme ceux, par exemple, qui se distribuent aux muscles de la vie de relation. Ces nerfs prennent leur origine dans cette partie de l'encéphale que l'on appelle le bulbe rachidien, et qui commence la moelle épinière. On appelle *nœud vital* l'endroit précis d'où ils partent, parce qu'une simple piqûre faite en ce point suffit à foudroyer l'animal, par la suppression brusque de la fonction respiratoire.

Bruits, rythme et amplitude des mouvements respiratoires. — Si l'on applique l'oreille sur la poitrine d'une personne bien portante, on entend un souffle doux, qui tient au frottement de l'air contre les parois des ramifications bronchiques et des lobules pulmonaires : c'est ce qu'on appelle le *murmure respiratoire*. Bruits respiratoires.

Dans le cas d'inflammation des poumons, d'accumulation de mucosités dans les bronches et leurs divisions, ce murmure normal fait place à des bruits variés, qui ont reçu les noms de *râles*, de *crépitation*, de *craquements*, suivant les caractères qu'ils présentent. C'est sur ces données, fournies par l'*auscultation*, que repose le diagnostic de la plupart des affections de la poitrine.

De même, en frappant avec les doigts de petits coups secs sur la paroi thoracique, on produit un bruit sonore, qui rappelle celui que donne, par le même procédé, une barrique vide; mais, dans le cas de lésion intérieure, la *sonorité* est exagérée, ou au contraire remplacée par de la *matité,* laquelle est plus ou moins étendue, selon la nature et l'intensité du mal. C'est ainsi que la *percussion* vient en aide à l'auscultation, pour poser le diagnostic des affections de poitrine.

Rythme. La *fréquence* des mouvements respiratoires varie avec l'âge : tandis que le nouveau-né respire plus de 40 fois par minute, l'enfant de cinq ans 25 fois, l'adolescent 20 fois, l'homme adulte fait en moyenne 16 inspirations dans le même temps. Elle est moindre dans le repos, le sommeil, que pendant la marche et surtout durant une course forcée. Dans la fièvre, la respiration est souvent *haletante*, c'est-à-dire fréquente au point que les inspirations empiètent en quelque sorte les unes sur les autres.

Amplitude des mouvements respiratoires. L'*amplitude* des mouvements respiratoires varie aussi, suivant les circonstances, et l'on peut y distinguer trois degrés, savoir : l'*inspiration ordinaire,* la *grande inspiration* et l'*inspiration forcée,* suivant le degré de dilatation auquel arrive la cavité thoracique sous l'action des forces musculaires indiquées plus haut. A ces trois degrés d'inspiration répondent, on le comprend, trois degrés analogues d'expiration.

Actes physiologiques qui se rattachent aux mouvements respiratoires. — Aux mouvements respiratoires se rattachent plusieurs actes physiologiques, qui s'accomplissent par leur intermédiaire. En tête, il faut placer la *phonation*, c'est-à-dire l'émission de la voix, puisque c'est l'air expulsé de la poitrine qui fait vibrer les cordes vocales. On doit citer ensuite l'*olfaction*, intimement liée à l'inspiration, l'air chargé des particules odorantes passant alors sur la muqueuse olfactive qui tapisse la cavité nasale. Puis viennent : le *ronflement*, qui se produit pendant le sommeil, quand l'air expiré vient heurter le voile du palais, qu'il met en vibration ; le *soupir,* produit par de larges et lentes inspirations suivies de brèves expirations accompagnées d'un gémissement; les *sanglots*, formés d'inspirations et d'expirations brèves et saccadées, l'air brusquement chassé venant heurter la glotte, en produisant le bruit particulier qui les accompagne; le *bâillement*, qui consiste en une large et profonde inspiration, suivie d'une courte et parfois bruyante expiration; l'*éternuement*, violente expiration dans laquelle l'air vient brusquement heurter l'orifice postérieur des narines; la *toux*, le *rire*, qui sont encore des dépendances de la respiration; enfin, le *hoquet*, formé d'une inspiration et d'une expiration très rapides, dues à une contraction convulsive du diaphragme, le bruit qui se produit étant dû au choc de l'air, brusquement expiré, contre les lèvres de la glotte spasmodiquement serrées.

Phénomènes chimiques de la respiration. — Les phénomènes chimiques qui s'accomplissent pendant la respiration et qui sont en définitive le but de cette grande fonction, ne pouvaient être connus avant que la chimie ne reposât sur des bases certaines. Aussi y a-t-il à peine un siècle que la théorie physiologique de la respiration a pu être édifiée. Elle est due à Lavoisier; mais elle avait été préparée par les travaux de Michel Servet (1), Robert Boyle, Priestley, etc.

(1) Michel SERVET (1553), reconnut que le sang veineux arrive aux poumons, s'y vivifie au contact de l'air, et devient alors le sang artériel; Robert Boyle (1670), physicien anglais, observa qu'après avoir servi à la respiration, l'air était désormais impropre à l'entretenir; Black (1757), reconnut dans l'air expiré par les animaux un gaz, l'acide carbonique, semblable à celui que dégage de la craie sur laquelle on verse un acide; Priestley (1772), décela dans l'air la présence de l'azote, et, deux ans plus tard, découvrit, en Angleterre, au même moment que Scheele, en Suède, l'autre gaz de l'air, l'oxygène, qu'il reconnut être propre à activer les combustions et à entretenir la respiration. C'est Priestley aussi qui saisit cette admirable harmonie de la nature, en vertu de laquelle, tandis que l'air expiré est un poison pour l'animal, il est au contraire très favorable à la vie de la plante, laquelle rend en échange à l'animal un air qui convient parfaitement à l'entretien de sa respiration. Mais il eut le tort, bien explicable d'ailleurs, de croire à un antagonisme fonctionnel entre les deux règnes organiques : car, en réalité, la plante et l'animal respirent l'oxygène et rejettent de l'acide carbonique. C'est en vertu d'une fonction toute différente et qui s'exerce seulement dans cer-

Les phénomènes chimiques de la respiration comprennent trois séries d'opérations :

1° l'*hématose* (1), c'est-à-dire les *échanges gazeux* qui s'opèrent au niveau de la muqueuse pulmonaire, entre le sang amené aux poumons et l'air atmosphérique qu'il y rencontre;

2° le *transport par le sang, de l'oxygène de l'air* vers les différents tissus, et de l'*acide carbonique* vers les poumons;

3° la *respiration des tissus,* but réel et définitif de la fonction que nous étudions.

Laissant de côté le second point qui a été étudié un peu plus haut, à propos de la circulation pulmonaire et au chapitre de la circulation, nous exposerons les considérations relatives aux deux autres.

Phénomène de l'hématose; nature et quantité des gaz inspirés et expirés. — Les physiologistes ont reconnu que chaque mouvement inspiratoire introduit en moyenne dans les poumons un demi-litre d'air. D'autre part, il est facile de constater que dans l'état normal nous respirons en moyenne 14 à 16 fois par minute.

Dès lors, un calcul bien simple permet d'estimer la quantité d'air nécessaire à l'Homme en vingt-quatre heures : s'il y a quinze inspirations par minute, il y en a environ 20,000 dans une journée; si chaque inspiration introduit dans es poumons un demi-litre d'air, en 20,000 inspirations ou en vingt-quatre heures il en pénétrera 10,000 litres ou 10 mètres cubes. Or, nous avons vu plus haut qu'il passe 20,000 litres de sang dans les poumons pendant le même laps de temps; la proportion du sang par rapport à l'air inspiré est donc comme 2 est à 1. De plus, les globules étant pour moitié à peu près dans la masse

taines conditions déterminées, que la plante décompose l'acide carbonique en ses éléments constituants : l'oxygène, qui devient libre, et le carbone, qu'elle conserve.

(1) Du grec αἷμα, sang; c'est-à-dire formation ou rénovation du sang.

totale du sang, leur proportion par rapport à l'air inspiré est donc la plus simple possible, puisqu'elle est à peu près comme 1 est à 1.

Connaissant, d'autre part, la composition de l'air, à savoir : 21 parties d'oxygène pour 79 d'azote, soit en chiffres ronds, 1 d'oxygène pour 4 d'azote, il en résulte que la *quantité d'oxygène*, seul gaz utile à la respiration, absorbée en vingt-quatre heures, devrait être de 2,000 litres. Mais il faut remarquer qu'à chaque mouvement expiratoire nous rejetons, avec tout l'azote qui a été inspiré et l'acide carbonique ramené par le sang aux poumons, une certaine quantité d'oxygène inutilisé. En somme, les poumons ne retiennent guère qu'un quart de l'oxygène qu'ils ont aspiré, soit pour une heure 20 litres environ, et pour vingt-quatre heures 500 litres (1).

Quant à la quantité d'*acide carbonique* exhalée par les poumons, elle est de 15 à 20 litres par heure, soit 400 litres par jour (2).

Rien n'est plus facile que de démontrer la présence du gaz carbonique dans l'air expiré par les poumons : il suffit de souffler au moyen d'un tube dans une solution de chaux : le liquide, d'abord transparent, se trouble bientôt par suite de la formation d'un carbonate de chaux insoluble.

Enfin, les poumons rejettent en vingt-quatre heures environ 500 grammes d'*eau* sous forme de vapeur; phénomène qui a reçu le nom de *transpiration pulmonaire*. C'est cette vapeur que l'on voit, par les temps froids, se condenser au sortir du nez ou de la bouche, sous forme d'un léger nuage.

Telles sont les évaluations moyennes pour l'homme en santé et dans l'état de repos; mais nombre de circonstances

(1) Cela fait environ, en poids, 740 grammes d'oxygène, le litre d'oxygène pesant 1 gr., 4.

(2) Ce qui fait, en poids, 850 grammes. Il est bon de se rappeler que l'acide carbonique est un gaz toxique, qui ne se trouve normalement répandu dans l'air que dans la proportion de 4 dix-millièmes, les plantes absorbant au fur et à mesure celui que déversent sans cesse dans l'atmosphère les êtres animés.

les font varier : un abaissement de la température extérieure augmente la consommation d'oxygène; il en est de même pendant le temps de la digestion, et surtout sous l'influence des efforts musculaires nécessités par le travail manuel. Dans ce dernier cas, la quantité d'oxygène inspirée et la quantité d'acide carbonique exhalée augmentent énormément, et cependant la température du corps reste presque exactement la même, la chaleur développée par l'active combustion qui se produit alors se transformant pour la plus grande partie en travail mécanique.

Remarque. — Il est important de faire observer que les quantités d'air qui viennent d'être indiquées, d'après des calculs précis, comme étant suffisantes pour assurer le service de la respiration dans les circonstances ordinaires, ne le seraient plus dans une enceinte absolument close et où l'air ne pourrait en aucune façon se renouveler. Les produits exhalés du corps, tant ceux qui sont rejetés par les poumons, que ceux qui se dégagent de toute la surface de l'organisme, en se mêlant à l'air respirable dans une proportion qui deviendrait forcément de plus en plus grande, détermineraient certainement des accidents d'empoisonnement chez celui qui se trouverait plongé dans cet *air confiné*.

Respiration des tissus ou siège véritable des combustions organiques. — Le but de la respiration est d'amener au contact des tissus, l'oxygène emprunté à l'air atmosphérique. Car ce sont, en effet, les tissus seuls qui utilisent et consomment l'oxygène ; et ce phénomène ultime de la respiration consiste dans une *oxydation*, une *combustion* à proprement parler.

Lavoisier (1) eut le grand mérite de reconnaître, le pre-

(1) Lavoisier (Antoine-Laurent), né à Paris, le 16 août 1743, était fils d'un commerçant. Toute sa jeunesse fut exclusivement consacrée à l'étude des sciences physiques et naturelles. A l'âge de vingt-cinq ans il fut nommé membre de l'Académie des sciences. La place de fermier général qu'il obtint, lui permit de subvenir aux dépenses

mier, qu'il s'opère dans le corps de l'Homme et de l'animal une véritable combustion, analogue à celle de nos foyers, et que, comme dans ceux-ci, l'un des gaz de l'air, l'*oxygène*, est la partie *comburante*, tandis que le *combustible* est fourni par le *corps* même de l'animal, le résultat de cette combustion n'étant autre que l'*acide carbonique*. Il montra encore que ce dernier, exhalé par les poumons, ne renferme pas toute la proportion d'oxygène qui a été inspirée; et il en trouva la raison dans ce fait, que le poumon rejette à chaque expiration une certaine quantité de *vapeur d'eau*, pour la formation de laquelle une partie de l'oxygène absorbé, s'est combinée avec de l'hydrogène. Il reconnut en outre, que la combustion qui se passe dans le corps de l'animal est la véritable source de la *chaleur* propre qu'il possède.

Siège des combustions organiques.

Un seul point restait à élucider, à savoir, si les phénomènes de combustion s'opèrent dans le poumon, ou bien si cet organe n'est que le lieu où se font les échanges entre l'air atmosphérique et les gaz résultant de la combustion intra-organique. Lavoisier se contenta de poser la question, sans pouvoir la résoudre.

C'est aux observations et aux expériences de Spallanzani et de William Edwards que l'on a dû de savoir d'une façon certaine que la combustion se fait dans toutes les parties de l'organisme, dans l'intimité même des tissus, tandis que dans les poumons s'accomplit seulement l'échange entre les gaz que le sang y ramène et l'oxygène de l'air. On a en outre constaté que les tissus qui consomment le plus d'oxygène sont les muscles et les glandes.

C'est donc bien, en définitive, au niveau des tissus que se trouve le siège véritable de la fonction respiratoire. Ce sont les tissus qui respirent; les phénomènes qui se passent

nécessitées par ses recherches scientifiques. Il s'occupa avec un égal succès de science pure, de questions économiques, industrielles et agricoles. Mais les services que cet homme de bien rendit à la nation ne l'empêchèrent pas d'être condamné à l'échafaud par le tribunal révolutionnaire. Le 8 mai 1794 il y monta avec vingt-sept autres fermiers généraux.

dans les poumons n'étant que des opérations préparatoires. Cette manière de voir est d'ailleurs confirmée par les faits observés chez les animaux dépourvus d'un appareil respiratoire spécial : chez eux ce sont les tissus qui respirent directement l'oxygène de l'air.

Modifications chimiques éprouvées par le sang; changement de couleur. — D'importantes modifications chimiques se passent dans le sang sous l'influence de la respiration.

En effet, on a constaté chez le Chien que, tandis que le sang veineux qui arrive aux poumons renferme, pour 100 volumes, 12 d'oxygène et 47 d'acide carbonique, le sang artériel qui en sort contient 20 vol. d'oxygène et 34,8 d'acide carbonique. Le sang veineux a donc perdu au niveau des poumons, une partie de son acide carbonique qui était en dissolution dans le plasma ou combiné aux carbonates et phosphates alcalins qu'il contient. Par contre, il a pris à l'air atmosphérique une certaine quantité d'oxygène qui s'est fixé sur les globules rouges.

Ces modifications chimiques sont accompagnées d'un changement marqué dans la coloration du liquide sanguin. En effet, le sang veineux était noirâtre, tandis que le sang artériel est d'un rouge vermeil. Ce changement de coloration paraît tenir à deux causes. Elle dépend sans doute de la combinaison de l'oxygène avec la matière colorante des globules; mais elle tient aussi à une modification de la forme des globules. Sous l'action de l'oxygène les globules deviennent plus aplatis et réfractent autrement la lumière, que lorsqu'ils sont plongés dans un milieu plus chargé d'acide carbonique, comme est le sang veineux, et qui tend à leur faire prendre une forme plus sphérique.

Ces phénomènes de coloration peuvent d'ailleurs être produits artificiellement. En faisant passer un courant d'oxygène dans du sang veineux renfermé dans un vase, ce liquide prend une teinte vermeille; et au contraire, en agitant du sang artériel dans un bocal contenant de l'acide carbonique, on le voit devenir noirâtre.

Asphyxie; mal des montagnes; cloche à plongeur; gaz irrespirables. — La vie est incompatible avec la suspension quelque peu prolongée de la respiration. Si, pour une cause ou une autre, les poumons ne reçoivent pas la quantité d'air nécessaire, la mort arrive au bout de 4 ou 5 minutes chez l'Homme, et l'on dit qu'il y a *asphyxie*.

Celle-ci se produit avec d'autant plus de rapidité, pour une espèce déterminée, que la respiration est plus active : tandis qu'un moineau périt en moins d'une minute, un lézard en quarante minutes, une tortue résiste pendant quatorze heures.

L'asphyxie peut se produire suivant trois modes principaux : l'air n'arrive plus aux poumons, par suite d'un obstacle intervenu sur le trajet des voies aériennes; ou bien, l'air ne se trouve pas à un état de pression suffisante, autrement dit, il est raréfié; enfin, il contient des gaz délétères ou tout au moins impropres à l'entretien de la respiration.

1° Asphyxie par obstacle mécanique à l'arrivée de l'air

L'asphyxie par le premier de ces modes se produit dans la strangulation, la pendaison, la compression violente des parois de la poitrine, comme cela a lieu dans les éboulements de carrières, dont les ouvriers sont trop fréquemment victimes; ou, par suite de la présence d'un corps étranger, soit dans les voies aériennes, soit dans l'œsophage, de façon à comprimer la trachée; enfin, dans la submersion.

2° Asphyxie par diminution de la pression atmosphérique mal des montagnes

Le second mode d'asphyxie, bien moins fréquent que le précédent, ne se rencontre que dans quelques circonstances toutes spéciales. A mesure que l'on s'élève dans l'atmosphère, on rencontre des couches d'air de moins en moins denses, et il arrive un moment où les mouvements respiratoires ne suffisent plus à faire arriver aux poumons la quantité d'oxygène voulue pour entretenir la vie. On a appelé cette sorte d'asphyxie le *mal des montagnes* ou *mal des aéronautes*, parce que c'est en gravissant les montagnes qu'on en éprouve les pénibles effets et parce que trop souvent les aéronautes en ont été les victimes.

Le mal des montagnes se caractérise par une fatigue des plus pénibles, qui oblige le touriste gravissant de hauts sommets à s'arrêter tous les dix ou quiuze pas pour prendre quelque repos : il ressent des éblouissements, des bourdonnements d'oreilles, des vertiges dus à la tension des liquides et des gaz de l'organisme, tension à laquelle ne fait plus équilibre la pression de l'air extérieur devenue trop faible ; le sang finit même par s'écouler au dehors par les différentes muqueuses, celles du nez, des oreilles, etc. Chose curieuse, dans certains massifs montagneux, ces accidents se montrent de très bonne heure, dans les Alpes, par exemple, vers une hauteur de 3,000 et quelques cents mètres, tandis que dans les montagnes du Thibet ou du Mexique, on ne les éprouve pas ou à peine, en deçà d'une hauteur de 5,000 à 7,000 mètres, si bien que des villages entiers se trouvent établis, sans inconvénient pour les habitants, à des hauteurs qui atteignent parfois de 4,500 à 5,000 mètres.

Il n'est pas douteux qu'une des causes principales du mal des montagnes consiste en un véritable empoisonnement par l'acide carbonique, qui s'accumule dans le sang sous l'influence du travail musculaire considérable accompli dans ces ascensions, au milieu d'un air raréfié incapable de subvenir aux dépenses faites par l'organisme. Cela est si vrai, que l'aéronaute, forcé de rester immobile dans sa nacelle, n'éprouve de semblables accidents qu'à des hauteurs bien plus considérables.

Pour remédier au danger d'asphyxie, les aéronautes qui tentent de s'élever dans les hautes régions de l'atmosphère, c'est-à-dire, vers 7,000 ou 8,000 mètres, se munissent aujourd'hui de ballons remplis d'oxygène, pour le respirer quand l'air atmosphérique vient à leur manquer. Malgré cette précaution, dans une ascension opérée en 1875 et restée désormais célèbre dans les fastes de la science, des trois aéronautes qui montaient le ballon le *Zénith,* lequel atteignit une hauteur de 8,000 mètres, deux d'entre eux, Sivel et Crocé-Spinelli, périrent par asphyxie.

Accidents causés par une trop forte pression atmosphérique cloche à plongeur

Tandis que l'air raréfié a de si fâcheux résultats, l'oxygène condensé en offre de non moins funestes. C'est ainsi qu'un homme plongé dans de l'oxygène pur soumis à une pression de trois atmosphères, est aussitôt pris de convulsions et ne tarderait pas à périr. L'oxygène pur peut cependant être respiré sans danger, mais c'est à la condition que sa tension sera notablement inférieure à trois atmosphères. Ce qui a lieu pour l'Homme a lieu pour tous les animaux : tous succombent dans l'oxygène fortement comprimé.

Mais, chose remarquable, l'Homme ou l'animal peut être plongé dans un milieu gazeux soumis à une pression considérable, laquelle peut aller jusqu'à vingt atmosphères, à la condition que l'oxygène se trouve mélangé à d'autres gaz inoffensifs, en proportion telle que sa propre tension reste ce qu'elle est dans l'atmosphère normale, ou du moins qu'elle n'atteigne pas une tension trois fois plus forte.

Les individus que l'on renferme dans des cloches à plongeur ou des scaphandres, pour exécuter des travaux sous l'eau à des profondeurs parfois considérables, ne respirent qu'au moyen de l'air qui leur arrive par des tubes, dans lesquels une pompe le refoule jusqu'à l'appareil hermétiquement clos dans lequel ils sont renfermés. Le mélange gazeux que l'on fait ainsi arriver jusqu'au plongeur atteint parfois une forte pression, laquelle cependant ne cause aucun malaise, à la condition de rester inférieure à trois atmosphères. Mais il peut arriver que le plongeur, en sortant de son appareil, tombe foudroyé, bien que la limite de pression qui vient d'être indiquée n'ait pas été dépassée. Ce déplorable effet tient à ce que le plongeur passe trop rapidement d'un milieu fortement comprimé dans un autre qui l'est beaucoup moins : le sang, sous l'influence d'une forte pression, a dissous en plus grande proportion que dans l'état normal le gaz inerte mêlé à l'air, l'azote ; puis, la pression venant tout à coup à être supprimée, ce gaz, auquel ne fait plus équilibre la tension du milieu extérieur, se rassemble en petites bulles dans les capillaires, ce qui arrête brusquement la circulation du sang.

Le meilleur traitement, en pareil cas, serait de soumettre

aussitôt le malheureux ouvrier à une nouvelle pression atmosphérique considérable, que l'on aurait le soin de diminuer ensuite progressivement pour donner à l'excès d'azote le temps d'être rejeté.

Asphyxie par des gaz propres à la respiration des gaz délétères. L'asphyxie peut enfin être une conséquence de l'absorption, par les voies pulmonaires, de gaz délétères, ou bien de certains autres gaz qui, malgré leur innocuité, sont *impropres* à entretenir la respiration. Parmi ces derniers il faut citer l'azote, une des parties constituantes de l'air atmosphérique, dans lequel il entre pour les quatre cinquièmes, l'oxygène n'y étant que pour un cinquième. Il sert à modérer les effets de celui-ci, qui, respiré seul, serait trop actif; mais, par contre, l'azote n'est pas apte à entretenir, par lui-même, la respiration, de sorte qu'un animal plongé dans ce gaz ne tarde pas à périr asphyxié. L'hydrogène, qui uni à l'oxygène forme l'eau, milieu respirable pour beaucoup d'animaux, semble avoir, lorsqu'il est respiré seul, une action à peu près identique à celle de l'azote.

Les accidents produits par les gaz *délétères* sont fréquents ; mais ils sont plutôt le fait d'un *empoisonnement* que d'une véritable asphyxie. Si un certain nombre de personnes se trouvent renfermées dans une chambre étroite, hermétiquement close, elles éprouvent au bout de quelques heures des vertiges, du malaise et divers accidents : ces phénomènes sont dus à ce que l'air ne se renouvelle pas, en un mot, à ce que l'air est *confiné*. L'acide carbonique exhalé par les poumons est, en effet, un gaz délétère. Ce qui contribue, pour une bonne part, aux accidents causés par l'air confiné, ce sont les émanations que dégage le corps de l'Homme, comme d'ailleurs celui de tous les animaux, émanations qui, dans certaines études ou certains dortoirs de collèges, surtout dans les chambrées où les soldats sont entassés, ne laissent pas que d'affecter péniblement l'odorat ; lorsqu'elles sont concentrées, ces émanations paraissent constituer un véritable poison. Un autre gaz, des plus toxiques, l'oxyde de carbone, qui se produit en grande quantité pendant la combustion du charbon, incomplète faute de tirage, détermine promptement la mort s'il se dégage dans des appartements sans cheminée et bien clos; d'où le danger qu'il y a à se servir des poêles dits fumivores. Plusieurs autres gaz ne sont pas moins redoutables, mais sont plus rarement l'occasion d'accidents : tels sont l'hydrogène sulfuré ou arsénié, ou encore quelques autres gaz très irritants, le chlore, l'acide sulfureux, etc.

LA CHALEUR ANIMALE

Résistance de l'Homme aux températures extrêmes.

Origine, causes déterminantes de la chaleur du corps. — L'Homme peut habiter sous des climats dont la température est extrêmement différente, dans les régions torrides de l'équateur, aussi bien que parmi les glaces du pôle. Des expériences réitérées ont montré qu'il pouvait rester, sans inconvénient grave, pendant quelques minutes, dans une étuve sèche chauffée à 100° et même à 120°; tandis que, d'autre part, les explorations du pôle ont soumis d'intrépides voyageurs à des froids de 40°. L'écart est donc considérable, et cependant, en des circonstances aussi opposées, le corps de l'Homme conserve à peu près exactement la même température, 37° environ. Il y a donc en lui une source constante de chaleur, réglée de façon à lutter contre le froid extérieur, en même temps que des causes modératrices, qui empêchent cette chaleur de s'élever plus qu'il ne convient.

On a pu estimer la quantité de chaleur développée dans l'organisme humain, comme dans tout appareil producteur de calorique, et arriver à conclure que l'homme produit en moyenne 2700 à 3250 calories en vingt-quatre heures, soit environ 112 calories par heure (1). Pendant le sommeil cette proportion est beaucoup moins forte que pendant la veille.

(1) On entend par *calorie* la quantité de chaleur nécessaire pour élever de 0 à 1 degré la température d'un kilogramme d'eau.

Origine de la chaleur organique. Les anciens croyaient, avec Aristote et Galien, que la chaleur est une force *innée*, dont le siège se trouve au cœur. Cette opinion, qui régna aussi pendant tout le moyen âge, ne fut définitivement rejetée qu'après que Lavoisier eut montré la véritable nature de la respiration. Une fois qu'il fut établi que cette grande fonction a pour résultat une combustion, l'origine de la chaleur animale était trouvée, et celle-ci devait être considérée désormais comme étant la conséquence naturelle de celle-là.

Respiration ;

Phénomènes chimiques de la nutrition. Mais la combustion du carbone et de l'hydrogène, d'où résulte l'acide carbonique et la vapeur d'eau rejetés par les poumons, et qui s'opère soit dans le sang même, aux dépens des aliments qui y ont été introduits par la digestion, soit dans les tissus, n'est pas la source unique de la chaleur animale; peut-être même n'est-elle pas la principale. On admet généralement avec Claude Bernard que dans sa production, il faut tenir grand compte des nombreux phénomènes chimiques qui se passent dans l'intimité de notre organisme pendant les différentes opérations qui s'y accomplissent, telles que l'absorption, les sécrétions, les contractions musculaires, etc.

Ainsi, d'une part, il est de connaissance vulgaire qu'un bon moyen de se réchauffer consiste à faire un bon repas; que même la simple ingestion d'une boisson excitante, l'eau-de-vie, par exemple, produit un effet du même genre. C'est pour cela que les habitants des pays froids sont obligés de manger beaucoup plus que ceux des pays chauds ou tempérés. Le Napolitain sait vivre de quelques légumes; mais l'Esquimau ne peut soutenir son existence qu'en dévorant chaque jour plusieurs livres de lard et en buvant à longs traits de l'huile de poisson ou de cétacé. Par contre, on sait que l'abstinence prolongée détermine le refroidissement du corps.

D'autre part, toute contraction musculaire, tout effort produit de la chaleur; personne n'ignore qu'une marche rapide a pour résultat de remplacer par une agréable impression de chaleur la pénible sensation de froid du moment précédent. Les physiologistes ont également constaté que le sang qui sort de toute glande en activité est plus chaud que celui qui y arrive. C'est sans doute à cette cause que l'on doit attribuer l'augmentation de température d'1°, présentée par le sang qui vient de traverser le foie, lequel est la glande la plus volumineuse du corps.

Variations de la températu dans quelque parties du corp

Il y a en effet de légères variations dans la température des différentes parties du corps. Ainsi, celles qui sont les plus éloignées du cœur sont les plus sujettes à se refroidir : tels sont le nez, les oreilles, les mains et les pieds; entre les températures du creux de l'aisselle et du pied, par exemple, on peut trouver un écart de 2°. De même, on constate quelques différences suivant l'âge : le nouveau-né et le vieillard ont une température un peu moins élevée que l'adulte, et résistent moins aux causes de refroidissement.

Dans un grand nombre de maladies accompagnées de fièvre, la température augmente et s'élève à 40° et même 42° ou 43°; dans le choléra, par contre, et dans plusieurs autres affections, elle s'abaisse considérablement.

Causes modératrices de la chaleur organique. — Les causes multiples de la chaleur organique étant connues, on doit se demander maintenant par quels moyens l'Homme peut résister aux températures extérieures les plus élevées.

Deux causes d'origine interne tendent à refroidir le corps, et elles se manifestent avec une énergie d'autant plus grande que la chaleur extérieure est plus considérable : ce sont l'*exhalation pulmonaire* et la *transpiration cutanée*. En effet, d'après un principe de physique bien connu, la vapeur d'eau que le poumon rejette en quantité considérable à chaque expiration, absorbe une grande quantité de chaleur, pour passer de l'état liquide, où elle se trouve dans le sang, à l'état de vapeur. D'autre part, il se fait par toute la surface du corps une déperdition de chaleur considérable, due à la transpiration cutanée, c'est-à-dire au dégagement d'une certaine quantité de vapeur d'eau à travers les pores de la peau, phénomène qui se produit avec une intensité d'autant plus grande que l'air extérieur est plus chaud. En outre, si ce dégagement de vapeur d'eau ne suffit pas, le corps se couvre de sueur, et l'évaporation de ce liquide amène un refroidissement considérable, contre lequel il est bon, comme chacun le sait, de prendre certaines précautions.

e système nerveux le régulateur de la leur animale.

Il reste à ajouter que la part du système nerveux dans les phénomènes de calorification, bien qu'indirecte, est considérable, puisque c'est lui qui préside, en somme, à toutes les fonctions vitales. En vertu de son action sur les vaisseaux capillaires, que, selon les circonstances, il dilate ou resserre, de façon à activer ou à ralentir la circulation et la nutrition des organes, il détermine l'élévation ou l'abaissement de la température de l'organisme.

But de la chaleur organique. — La résistance au froid et le maintien du corps à une température constante, destinée à entretenir l'activité physiologique, sans laquelle l'organisme tomberait dans la torpeur et la mort, n'est pas le but unique de la production de la chaleur animale. Celle-ci est encore la source réelle de tous les efforts accomplis par les muscles, de tout le *travail* qu'ils produisent. Elle se transforme donc en *force mécanique*, absolument comme dans la machine à vapeur le combustible qui brûle dans le foyer est la source de la force qui met en mouvement les rouages de cette machine.

imaux à sang chaud et maux à sang froid.

Température constante ou variable suivant les espèces animales; ses conséquences. — Ce qui vient d'être dit au sujet de la chaleur animale ne s'applique qu'à l'Homme et aux deux classes d'animaux qui s'en rapprochent le plus, les Mammifères et les Oiseaux, qui, comme lui, ont une *température constante*, quelle que soit celle de l'atmosphère.

Mais toutes les autres classes du règne animal ne renferment, au contraire, que des espèces dont la température varie comme celle de l'extérieur et en suit toutes les oscillations. Aussi dit-on que ces animaux sont *à température variable*, expression que l'on remplace souvent par celle, moins juste, d'*animaux à sang froid*, de même qu'on appelle souvent *animaux à sang chaud* les Oiseaux et les Mammifères.

Il résulte de la dépendance dans laquelle se trouvent par rapport à la chaleur extérieure les animaux à température variable, que, lorsque le milieu dans lequel ils vivent devient très froid, ils tombent dans un engourdissement léthargique, pendant lequel ils ne font aucun mouvement et ne mangent pas. Tout le monde sait que les Serpents, par exemple, présentent cette particularité : la chaleur produite dans leur corps par la respiration, qui est très lente, et par les actions chimiques très peu actives de leur nutrition, étant incapable de contrebalancer l'action du froid extérieur.

Mammifères hibernants.

Mais, chose remarquable, il est un certain nombre de Mammifères, qui pendant l'hiver, tombent dans un état léthargique tout à fait analogue : tels sont les Chauves-Souris, les Marmottes, les Loirs, etc.; on les appelle pour ce fait *Mammifères hibernants*. Dans ces conditions, leur température propre s'abaisse considérablement et suit les variations de celle de l'atmosphère; en même temps leurs fonctions, extrêmement ralenties, sont alors tout à fait comparables à celles des Reptiles.

CHAPITRE VII

SÉCRÉTIONS ET APPAREILS D'ÉLIMINATION

Division des sécrétions. Constitution et organes sécréteurs ou Glandes. Mécanisme de la sécrétion glandulaire. Les Reins; leur structure. Sécrétion rénale; son mécanisme. Composition de l'urine; Urée; Acide urique, etc. Glandes de la peau. Les glandes sudoripares et la sueur.

ÉQUILIBRE DES FONCTIONS DE NUTRITION. Assimilation et désassimilation.

Excrétion et sécrétion.

Division des sécrétions en deux grandes classes, au point de vue physiologique. — L'organisme animal ne peut se maintenir dans les conditions requises pour la santé, qu'en subissant un renouvellement incessant, en vertu duquel, à mesure que de nouveaux matériaux arrivent à chaque organe, les parties usées, en quelque sorte, de ces mêmes organes sont rejetées au dehors. Le sang et la lymphe sont les intermédiaires de ce double mouvement : de même qu'ils renferment les éléments de rénovation, ils se chargent de ceux de désassimilation, pour les conduire à certains organes spéciaux, lesquels ont pour mission de les en extraire afin de les rejeter au dehors

Les principales voies d'expulsion des produits de désassimilation, ou autrement dit les *appareils d'élimination*, sont : les *poumons*, qui exhalent l'acide carbonique et la vapeur d'eau, résultant des combustions accomplies dans les tissus; la *peau*, qui laisse transsuder de l'eau, soit à l'état liquide, soit à l'état de vapeur; les *reins*, qui rejettent de l'eau, de l'urée et différentes autres substances résultant de l'usure même des organes et qui en représentent en quelque sorte le déchet.

L'exhalation opérée par les poumons ayant été étudiée dans le chapitre précédent, nous n'y reviendrons pas ici.

Mais il y a une seconde catégorie d'organes, qui sécrètent des substances variées, et dont le rôle physiologique est tout différent, car, au lieu d'être rejetées au dehors, elles sont résorbées et concourent à la nutrition : tels sont les sucs gastrique, intestinal, pancréatique, salivaire, etc.

Ces deux sortes de sécrétions sont donc bien différentes, et peuvent être désignées, les premières, sous le nom d'*excrémentitielles* ou *excrétions*, les secondes, sous celui de *récrémentitielles* ou *sécrétions* proprement dites.

Mais la délimitation de ces deux groupes est impossible à établir, car entre eux il existe des transitions insensibles. Les produits du foie, par exemple, appartiennennent à l'un et à l'autre : car, tandis que la bile rentre dans le premier groupe, la substance glycogène appartient au second.

Il ne faudrait pas croire, d'ailleurs, que la sécrétion des produits excrémentitiels n'ait jamais d'autre usage que de dépurer le sang; souvent un rôle physiologique plus ou moins important lui est attribué : c'est ainsi que les larmes lubrifient le globe de l'œil et facilitent le mouvement des paupières ; que la sueur sert de régulateur à la chaleur animale, etc.

Constitution des organes sécréteurs. — On appelle *glandes* les organes chargés des différentes sécrétions, quelle que soit la nature de celle-ci.

Les unes sont disséminées en quantité souvent considérable dans l'épaisseur de certains organes, des muqueuses, par exemple, dont elle font partie intégrante. Ce sont ordinairement de simples tubes fermés à une extrémité, qui est un peu renflée, et ouverts à l'autre, laquelle débouche à la surface de la muqueuse. La partie renflée porte le

Glandes simples.

nom d'*acinus* ou *cul-de-sac glandulaire ;* le reste du tube est le *conduit excréteur* (fig. 91, *D*).

Glandes composées.

Les autres offrent une division du travail physiologique poussée plus loin, une spécialisation plus nette, de façon à apparaître comme des organes indépendants et parfaitement distincts. On peut les comparer à des glandes simples ou *acini*, réunies en groupes ou *lobules*, par le moyen des conduits excréteurs. Ceux-ci se soudent les uns aux autres pour en former, en dernière analyse, un seul, lequel à son tour s'unit à ceux des lobules voisins, jusqu'à ce qu'enfin de leur réunion successive résulte un canal unique, par lequel s'écoule la sécrétion de toute la glande. Celles qui ont une semblable constitution ressemblent assez bien à une grappe de raisin en miniature, ce qui leur a fait donner le nom de

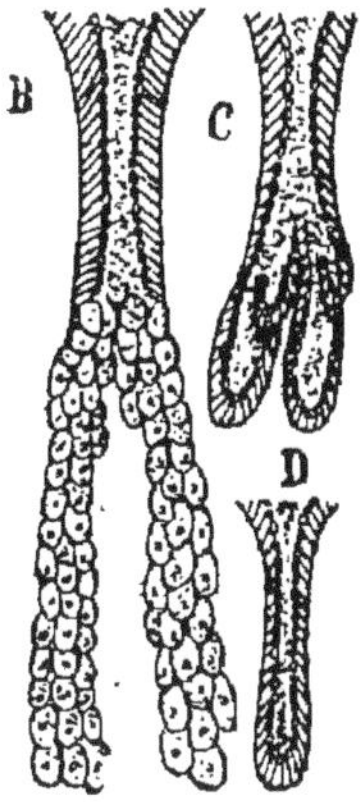

Fig. 91. — Glandes de la muqueuse de l'estomac.

Fig. 92. — Une glande composée (de la paroi de l'intestin).

glandes en grappe : les organes salivaires, le pancréas, et plusieurs autres sont dans ce cas (fig. 62 et 92).

Les canaux excréteurs n'existent pas toujours, comme on le voit pour la rate et quelques organes glandulaires; dans ce cas, le produit élaboré par les glandes est immédiatement repris par le sang.

Mécanisme de la sécrétion glandulaire. — Les produits sécrétés par les différentes glandes ne sont pas dus à un seul et même procédé. On peut les répartir à ce point de de vue en deux groupes : les uns, en effet, résultent d'une *fonte cellulaire* des éléments anatomiques qui tapissent les culs-de-sac glandulaires; les autres, d'une sorte de *filtration* mécanique de certaines parties du sang à travers la paroi des glandes. Nous dirons quelques mots de l'un et l'autre de ces procédés.

Sécrétion par fonte cellulaire.

Comme il a été dit un peu plus haut, chaque partie du corps se renouvelle sans cesse : il en est donc ainsi pour la surface interne des *acini*, c'est-à-dire que les cellules qui les tapissent se gonflent de liquide, et finissent par se rompre, en donnant lieu au produit de sécrétion. En même temps que les anciennes cellules se fondent et se détruisent, de nouvelles se développent pour remplacer celles qui disparaissent; et cette rénovation se fait avec une rapidité qui varie selon les circonstances. Ce mode de sécrétion se réduit donc en somme à un double mouvement d'assimilation et de désassimilation : les cellules se nourrissent, absorbent avec une grande activité, puis se décomposent.

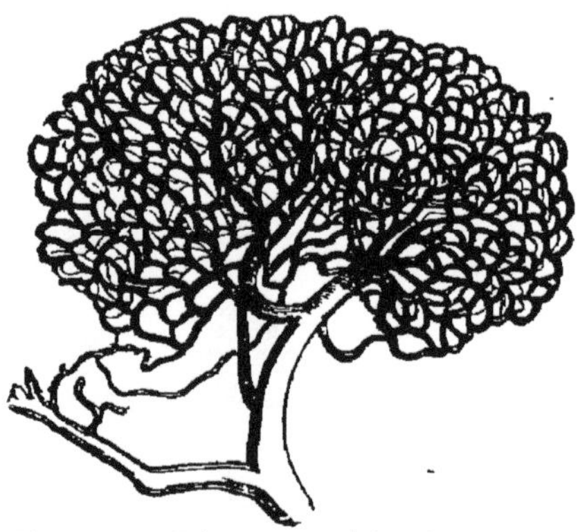

Fig. 93. — Réseau vasculaire d'une glande en grappe l'enveloppant et la pénétrant de ses mailles serrées

L'activité glandulaire est toujours réglée par l'abondance du sang qui arrive à l'organe sécréteur toujours très riche en vaisseaux (fig. 93) : car c'est le sang, en définitive, qui fournit à ce dernier les éléments nécessaires à la formation des produits de sécrétion. Aussi le sang qui sort d'une glande n'a-t-il plus la même composition que celui qui y arrive.

Les sécrétions sont en outre sous la dépendance du système nerveux, car c'est lui qui règle l'arrivée du sang dans les glandes.

A mesure que les culs-de-sac glandulaires se remplissent, le produit de sécrétion gonfle les canaux excréteurs et finit par s'écouler hors de la glande.

Tel est le mécanisme du plus grand nombre des sécrétions, de celles qu'on peut appeler sécrétions proprement dites, parce qu'elles forment aux dépens du sang des *produits nouveaux*, comme la bile, le lait, la salive.

Sécrétion par filtration.

Parmi les sécrétions du second groupe, et dont le mécanisme est bien différent, se range celle des reins, l'une des plus importantes de l'économie. Ces organes se contentent d'extraire du sang certains principes, eau, urée, sels divers, qui y existent tout formés ; ils jouent donc en quelque sorte le rôle de filtres traversés par le sang, lequel y abandonne seulement certains éléments qu'il contient en trop. Ce sont de véritables appareils d'élimination.

Il en est de même des glandes sudoripares, qui offrent avec les reins plus d'une analogie et qui seront étudiées aussitôt après ceux-ci.

Les reins; leur structure. — On donne le nom de *reins* à deux glandes placées dans la cavité abdominale, l'une à droite, au-dessous du foie, l'autre à gauche, au-dessous de la rate (pl. I, p. 136). Leur forme rappelle celle d'un haricot, c'est-à-dire, qu'ils sont aplatis et présentent un bord convexe, lequel est tourné en dehors, et un bord concave ou *hile*, qui regarde en dedans, et par où entrent et sortent les vaisseaux sanguins et les canaux excréteurs. Leur extrémité supérieure est surmontée d'un organe glandulaire en forme de coiffe, appelé *capsule surrénale*, et dont le rôle est encore mal connu. Longs de 12 centimètres environ, leur largeur est de 6 et leur épaisseur de 3 centimètres.

Si l'on fend un rein par le milieu, dans le sens de sa longueur (fig. 94), on remarque sur la surface de section deux parties distinctes : l'une périphérique, ou *portion corticale,* de couleur rosée, qui recouvre comme une calotte la partie intérieure, plus pâle, ou *portion tubuleuse.*

Celle-ci se compose de dix à quinze faisceaux coniques, dont le sommet se voit sur le bord concave du rein, tandis que leur base s'étale vers la partie corticale et se continue avec elle. Ces faisceaux ou *pyramides de Malpighi*, sont formés chacun par un grand nombre de tubes rectilignes (fig. 94 et 95), les *canalicules urinifères* (1), qui se réunissent successivement les uns aux autres, de façon à être finalement réduits à un petit nombre, lesquels débouchent par d'étroits orifices au sommet de la pyramide correspondante, de sorte que celle-ci est criblée de trous comme une pomme d'arrosoir. Portion tubuleuse.

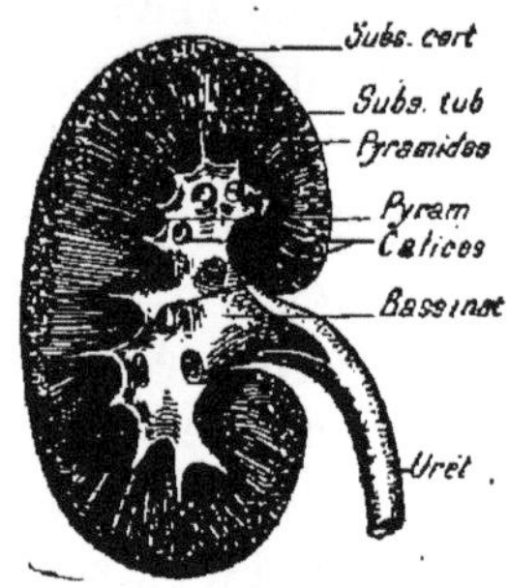

Fig. 94. — Coupe longitudinale d'un rein, montrant la *substance corticale*, la *substance tubuleuse*, les *pyramides de Malpighi*, les *calices*, le *bassinet*, le commencement de l'*uretère*.

En pénétrant dans la partie corticale, les tubes urinifères se contournent sur eux-mêmes en tous sens (2) et se terminent chacun par un petit renflement, appelé *corpuscule de Malpighi* (fig. 95 *gl*), dont le diamètre est de deux dixièmes de millimètre; leur nombre dépasse deux millions. Portion corticale.

Parallèlement aux tubes des pyramides, marchent une quantité de fins vaisseaux artériels fournis par l'*artère rénale*, laquelle se divise en un grand nombre de branches Vaisseaux sanguins des reins.

(1) On les appelle encore *tubes de Bellini*, du nom d'un anatomiste florentin du XVIIe siècle qui les a fait connaître.

(2) On les appelle alors *tubes de Ferrein*, du nom de l'anatomiste français du XVIIIe siècle qui les a le premier décrits.

à son entrée dans la glande. La plupart de ces vaisseaux se rendent aux corpuscules de Malpighi, se ramifient dans leur intérieur et s'y enroulent sur eux-mêmes en une petite

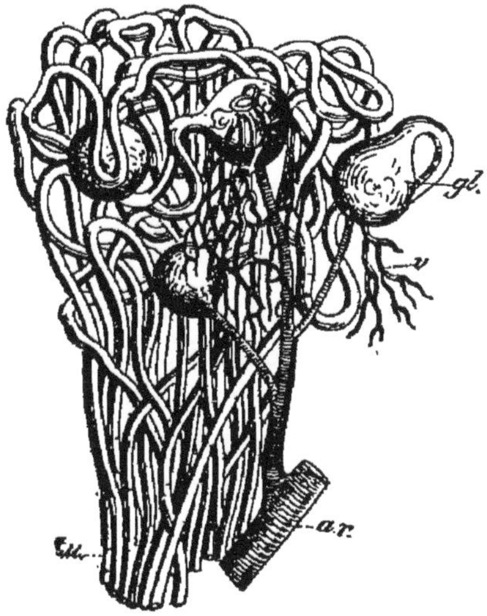

Fig. 95.

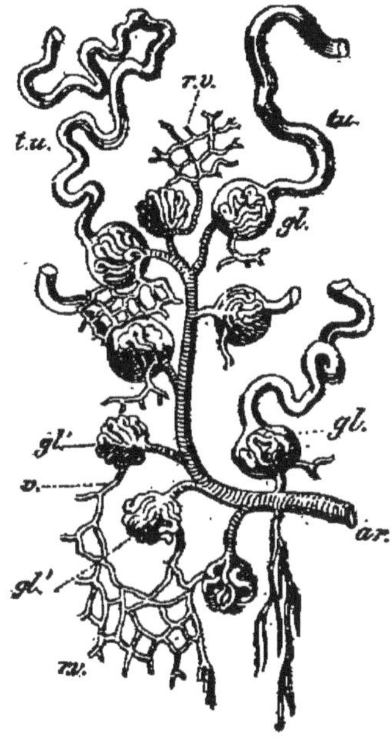

Fig. 96.

Fig. 95. — Fragment très grossi du rein, montrant, en haut, la substance corticale, avec canaux urinifères contournés; en bas, la substance tubuleuse (*tu*), aux conduits urinifères rectilignes; *ar*, artériole envoyant un rameau à chaque glomérule (*gl*), d'où il sort aussi une petite veine (*v*).

Fig. 96. — Structure de la substance corticale; *ar*, artère; *gl*, *gl*, glomérules de Malpighi, à chacun desquels aboutit une artériole, un tube urinifère (*tu*) et d'où sort une veinule (*v*); les veinules se groupent aussitôt en un réseau serré (*r. v*).

pelote qui porte le nom de *glomérule* (fig. 96, *gl*, *gl'*). A ces capillaires artériels font suite des capillaires veineux, qui, à leur sortie du glomérule, sont réunis en un seul petit vaisseau, lequel se porte vers le réseau des capillaires veineux de la substance corticale. Là, ils forment par leur réunion des rameaux de plus en plus volumineux, et finissent par constituer un seul vaisseau, la *veine rénale*, laquelle sort du rein et va déboucher dans la veine cave.

Sécrétion rénale. — La structure anatomique des

reins étant connue, voici ce qui se passe. Le sang fourni en abondance par l'artère rénale laisse transsuder dans les corpuscules de Malpighi une partie de l'eau qu'il contient, en même temps que certaines substances qui s'y trouvent en dissolution. Des corpuscules, ce liquide passe dans les tubes urinifères, lesquels le conduisent au sommet des pyramides, où il est reçu dans autant de petits entonnoirs membraneux ou *calices* qu'il y a de pyramides. Ceux-ci, à leur tour, se réunissent en une poche plus spacieuse, le *bassinet* (fig. 94), d'où part un long conduit, l'*uretère*, qui débouche dans la *vessie urinaire* (pl. I, p. 136), en traversant obliquement ses parois, de telle sorte qu'il est impossible au liquide qu'elle renferme de remonter par l'uretère.

La vessie, logée dans le bassin, en avant du rectum, est un organe musculo-membraneux, d'une capacité moyenne d'un demi-litre. Le liquide urinaire s'y accumule en certaine quantité, pour en être expulsé sous l'influence d'une contraction de ce réservoir, par le canal de l'urètre, qu'un anneau musculaire, le *sphincter vésical*, ferme d'une façon mécanique, mais qui se relâche quand la volonté le commande.

Mécanisme de cette sécrétion

Si l'on part de ce fait reconnu par tous les physiologistes, que la composition de l'urine ne diffère de celle du plasma du sang, que parce qu'elle ne renferme pas d'albumine comme celui-ci, on pourra admettre que le rein agit comme un filtre à travers lequel toute la partie liquide du sang peut passer, à l'exception de l'albumine. Il importe maintenant de remarquer que le sang est sans cesse amené aux organes par l'artère rénale, et que d'autre part, cette artère se divise promptement en nombreuses ramifications d'une extrême finesse et très sinueuses dans leur trajet, surtout au niveau des glomérules de Malpighi, circonstances qui ralentissent forcément la circulation intra-glandulaire. Or, les plus récentes recherches tendent à faire admettre que sous l'influence de la très forte pression subie par le sang, surtout au niveau des glomérules, le plasma filtre avec tous les principes qu'il tient en dissolution, y *compris l'albumine,* mais que celle-ci est ensuite résorbée en parcourant les tubes urinifères et rentre dans le sang.

Il y aurait donc à la fois, dans la sécrétion rénale, une *action mécanique* ou *exosmotique,* et une *action vitale* due à l'activité propre de l'organe sécréteur.

Composition de l'urine : urée, acide urique. — La quantité d'urine sécrétée en 24 heures est de 1.200 à 1.500 grammes en moyenne; elle varie d'ailleurs avec la quantité des boissons ingérées, l'activité de l'évaporation cutanée et de l'exhalation pulmonaire. Ce liquide, de couleur jaunâtre, à réaction acide, mais devenant alcalin par son contact avec l'air, tient en dissolution, par vingt-quatre heures, 50 à 60 grammes de parties solides, de nature variée.

Urée. La plus importante de ces matières est l'*urée*, qui constitue à elle seule la moitié de ce poids. C'est une substance neutre, incolore, très soluble dans l'eau, cristallisable en longues aiguilles prismatiques aplaties, et dont la formule est $C\ H^4\ Az\ CO$. Elle se transforme facilement en *carbonate d'ammoniaque*, qui donne à l'urine, au bout

---

*** Appareil rénal dans la série animale.**

VERTÉBRÉS. — Les *Mammifères* ayant cet appareil construit sur le même type que celui de l'Homme, il n'y a rien à en dire. Ajoutons seulement que l'urine des animaux qui font usage de chair est acide, tandis qu'elle est alcaline chez les herbivores.

Oiseaux. — Leurs reins sont très volumineux, ordinairement divisés en trois lobes situés dans les régions lombaire et sacrée. Les uretères débouchent dans le cloaque (fig. 63); il n'y a pas de vessie urinaire. Le produit de sécrétion est très épais et sous forme d'une pâte formée d'acide urique, de chaux et d'ammoniaque. Dans certaines îles du Pacifique, des dépôts de cette nature, accumulés depuis des siècles, constituent le *guano*, que l'on exploite comme engrais.

de peu de temps, une réaction alcaline et une odeur désagréable. Elle renferme une énorme quantité d'azote, environ la moitié de son poids, plus par conséquent que toute autre substance organique. L'urée est le produit de l'altération, de l'usure des tissus des organes. Or, comme les dépenses de l'organisme varient avec l'activité qu'il déploie, la sécrétion de l'urée suit les variations de celle-ci, augmentant par l'exercice, les efforts, la fatigue musculaire, diminuant au contraire par la vie sédentaire et inactive. L'urée est pour l'organisme un poison dont il doit absolument se débarrasser; les animaux auxquels on enlève les reins périssent bientôt, empoisonnés par l'urée, qui ne peut plus s'éliminer en quantité suffisante. Cet accident, qu'on appelle l'*urémie,* se produit parfois chez l'Homme dans le cas de certaines altérations des voies urinaires, qui permettent la résorption de l'urée.

Cette substance ne se forme donc pas dans les reins : elle leur est apportée par le sang, qui la recueille dans les différentes parties de l'organisme; mais son élaboration complète semble s'accomplir surtout dans le foie, car le sang qui sort de cet organe en renferme moitié plus que celui qui y arrive. Quant au rein, il ne fait que l'extraire du sang.

Reptiles. — Reins ordinairement peu volumineux, et, suivant les cas, séparés en lobules distincts (Ophidiens), ou, au contraire, très serrés (Crocodiliens); quelques-uns seulement ont une vessie urinaire (Tortues). Le produit de sécrétion est très analogue à celui des Oiseaux.

Batraciens. — La forme des reins est, en général, en rapport avec celle du corps : ramassés chez les Anoures (Grenouille), ils sont plus allongés chez ceux qui ont une queue (Salamandres, Tritons). Les corpuscules de Malpighi sont assez gros pour être visibles à l'œil nu. Les uretères débouchent dans le cloaque; il existe une vessie urinaire, mais dans laquelle les uretères ne s'ouvrent pas directement.

Poissons. — Développement considérable des reins, qui vont jusqu'à occuper toute la longueur de la cavité du

Acide urique. Un autre principe important et constant de l'urine, c'est l'*acide urique* ($C^5 H^4 Az^4 O^3$), corps solide, peu soluble et qui se dépose facilement, en rendant l'urine trouble ou rougeâtre; il se trouve souvent à l'état d'urate, par sa combinaison avec la potasse ou la soude. Il est, lui aussi, le résultat de l'usure de nos tissus, de l'altération des éléments organiques; mais dans le cas de l'acide urique, l'oxydation de ces éléments est moins avancée que pour la formation de l'urée. L'Homme en élimine, en moyenne, un gramme par jour. Contrairement à l'urée, il se produit en plus grande abondance par la vie sédentaire, puisque alors lescombustions sont moins actives, les oxydations moins énergiques, de sorte qu'au lieu de passer à l'état d'urée, une portion importante des éléments organiques usés n'arrive qu'à celui d'acide urique.

Or, comme l'acide urique et les urates jouent le principal rôle dans la gravelle, les calculs urinaires, la goutte, il n'est pas étonnant que le développement de ces affections soit favorisé par le défaut d'exercice musculaire ou par un régime très animalisé, lequel, fournissant à l'organisme une grande quantité de principes azotés, donne lieu à la formation d'une proportion exagérée d'acide urique que les reins sont souvent impuissants à éliminer. L'excès d'acide

---

corps; chez les Poissons osseux, les deux reins se confondent de façon à ne former qu'une seule masse. Il existe une vessie urinaire. Certaines espèces de Poissons cartilagineux présentent pendant l'état embryonnaire, avant le développement des reins proprement dits, une paire de tubes au niveau de chaque vertèbre; ces tubes s'ouvrent, d'une part, dans la cavité abdominale, et, d'autre part, dans un long canal qui débouche à la partie postérieure du corps. Cet appareil joue le rôle de reins provisoires. Comme il en existe une paire au niveau de chaque vertèbre ou segment de la colonne vertébrale, on leur donne le nom d'*organes segmentaires*. Cette disposition rappelle celle qui existe chez un grand nombre de Vers, et les transformistes attachent une importance considérable à ce rapprochement.

urique contenu dans le liquide sécrété se dépose alors sous forme de concrétions rénales ou vésicales; ou bien, celui qui reste contenu dans le sang s'accumule autour des articulations qu'il déforme, en déterminant les cruelles douleurs de la goutte.

Acide hippurique.

Un autre acide, l'*acide hippurique*, remplace le précédent, du moins en partie, chez les gens qui font un abondant usage de légumes; il manque à peu près chez ceux qui mangent presque exclusivement de la chair.

C'est ce même principe qui existe en abondance dans l'urine des herbivores (Ruminants, Pachydermes, etc.), où il est uni à de la potasse; par contre, l'acide urique y fait défaut. Cette urine est alcaline, trouble et épaisse.

Substances diverses.

Outre ces principes, l'urine renferme des sels divers : phosphates, sulfates alcalins, chlorure de sodium; de la créatine et de la créatinine, etc., matières qui sont les produits spéciaux de la décomposition de la substance musculaire. Il faut ajouter que beaucoup de substances non assimilables introduites accidentellement dans le sang, soit par des frictions sur la peau, soit surtout par l'intermédiaire de la muqueuse pulmonaire ou du tube digestif, se retrouvent au bout de très peu de temps dans le liquide urinaire.

En résumé, les reins jouent un rôle considérable dans le phénomène de la dépuration du sang: c'est par eux surtout

---

Mollusques. — L'existence d'un organe de sécrétion urinaire n'est pas douteuse chez ces animaux, où il porte d'ordinaire le nom d'*organe de Bojanus* (fig. 7); la structure de l'appareil varie avec les ordres de cet embranchement.

Arthropodes. — Tous paraissent avoir des organes doués de fonctions analogues à celle des reins des animaux les plus élevés. Ainsi les Insectes présentent, en certains points de l'intestin, de longs tubes flottants, connus sous le nom de *vaisseaux de Malpighi* (fig. 61), qui sont considérés comme des organes de sécrétion urinaire.

Vers. — Ils offrent des *organes segmentaires* (fig. 13) analogues à ceux qui ont été signalés comme temporaires

que s'élimine l'azote des éléments anatomiques altérés, de même que par les poumons s'éliminent, sous forme de vapeur d'eau et d'acide carbonique, l'hydrogène et le carbone de ces mêmes éléments.

Glandes de la peau. — Les glandes de la peau sont de deux sortes : les *sudoripares* et les *sébacées*. Ces dernières, qui semblent être des annexes des poils, seront étudiées plus loin avec ceux-ci, quand nous en serons à l'examen du sens du toucher.

Glandes sudoripares. Les *glandes sudoripares* (fig. 113, *e*), chargées de la sécrétion de la sueur, sont répandues en énorme proportion dans l'épaisseur de la peau : on en compte de 120 à 300 par centimètre carré, ce qui ferait environ deux millions pour toute la surface du corps.

Chacune d'elles se compose d'un tube enroulé sur lui-même en forme d'un petit peloton ou *glomérule,* logé à la partie profonde du derme et entouré d'un réseau de capillaires sanguins. De là, le tube excréteur, long d'environ deux millimètres, remonte à travers le derme et l'épiderme et s'ouvre à la surface de celui-ci.

La *sueur,* produit de la sécrétion des glandes sudoripares, est un liquide composé d'eau en grande partie et tenant en dissolution les mêmes sels que le sang, surtout du chlorure de sodium, et aussi des matières grasses, de l'urée et plusieurs acides (formique, butyrique, etc.), qui expliquent son *acidité*. Ces dernières substances sont volatiles et donnent à la sueur son odeur caractéristique, laquelle offre des différences suivant les individus et suivant les races ; on a depuis longtemps observé que le nègre,

---

chez certains Poissons. D'autres possèdent un appareil excréteur différemment disposé.

ÉCHINODERMES ; CŒLENTÉRÉS ; PROTOZOAIRES. — Il semble exister chez un grand nombre d'entre eux des organes d'excrétion ; mais il règne à cet égard bien des incertitudes.

le juif exhalent une odeur *sui generis* peu flatteuse pour l'odorat. Cependant la sueur de certaines parties du corps, de l'aisselle notamment, est, au contraire, alcaline.

La sueur est sécrétée d'une façon continue quoique peu sensible, et c'est elle qui donne à la peau cette légère moiteur caractéristique, laquelle est remplacée, dans l'ardeur de la fièvre, par une sécheresse désagréable, la sécrétion étant alors tout à fait supprimée. La sueur sécrétée dans les glomérules sudoripares monte à la surface de l'épiderme et se répand entre les cellules de la couche la plus superficielle, celles qui sont en voie de se desquamer, et s'évapore au fur et à mesure. Mais, sous certaines influences elle est sécrétée en si grande abondance, qu'elle perle à la surface de la peau et coule plus ou moins abondamment.

En général, la sueur sécrétée par l'Homme en vingt-quatre heures est de 1.300 grammes, qui contiennent 15 à 20 grammes de matières solides; c'est donc une moyenne de 40 à 50 grammes de sueur par heure, quantité qui peut s'élever à 400 grammes sous l'influence d'un exercice violent.

MEMBRANES MUQUEUSES ET SÉREUSES

Aux sécrétions de la peau on peut rattacher celle des membranes muqueuses, organes qui ont avec le tégument externe la plus grande analogie de structure, et aussi celle des membranes séreuses, qui offrent avec ces dernières plusieurs caractères communs.

On entend par *membranes muqueuses* cette sorte de peau, qui sous forme d'une lame continue tapisse tous les organes creux du corps s'ouvrant au dehors par un orifice; à ce niveau les muqueuses se continuent avec la peau ou tégument externe ; aussi a-t-on donné à l'ensemble de ces membranes le nom de *tégument interne*. Les plus étendues sont celles qui tapissent les cavités digestive et pulmonaire.

Les muqueuses se composent 1° d'une couche dermique ou *chorion*, formé d'un tissu plus ou moins serré, riche en vaisseaux capillaires sanguins et lymphatiques, qui expliquent la rapidité d'absorption dont la plupart sont susceptibles, tandis que la face profonde adhère lâchement aux tissus sous-jacents de façon à pouvoir glisser sur eux; 2° d'un revêtement épithélial, simple ou stratifié, pavimenteux ou prismatique, et parfois, comme celui des voies respiratoires, surmonté de cils vibratiles. La surface des muqueuses est souvent hérissée de prolongements, tantôt mous, qui lui donnent un aspect velouté, comme dans l'intestin, où ils constituent les villosités intestinales, tantôt plus durs et comme cornés, ainsi qu'on le voit à la surface de la langue.

Les membranes muqueuses sont constamment recouvertes d'une couche de *mucus*, c'est-à-dire d'un liquide visqueux, filant, dû à la sécrétion des *glandes mucipares*, enfoncées en très grand nombre dans leur épaisseur.

Le mucus se compose d'eau tenant en dissolution une petite quantité de sels d'origine minérale et surtout des substances organiques (mucosine), auxquelles il doit sa viscosité ; il contient de nombreuses cellules épithéliales, dont les caractères, variables suivant leur provenance, permettent de reconnaître l'origine d'un mucus soumis à l'examen microscopique.

La sécrétion continuelle de ce liquide maintient les muqueuses dans un état de souplesse favorable à leurs fonctions, les protège contre la rudesse des corps avec lesquels elles se trouvent en contact, comme c'est le cas pour celle du tube digestif, atténue au niveau des voies respiratoires l'irritation que causerait le passage d'un air trop sec, etc. Nous n'avons pas à parler ici des autres glandes d'un ordre tout spécial que renferment encore les muqueuses, notamment celle du tube digestif, et qui jouent un si grand rôle dans la digestion des aliments.

Les *membranes séreuses* sont des membranes minces et transparentes, étendues sur les parties soumises à de fréquents glissements, comme sont les organes renfermés dans les cavités thoracique, abdominale, céphalique et les articulations, etc. Contrairement aux précédentes, elles représentent des sacs sans ouverture et ne communiquent pas par conséquent avec l'extérieur. Lorsque la cavité dont elles tapissent les parois renferme un ou plusieurs organes, elles se réfléchissent sur ceux-ci et les recouvrent également mais sans nuire à la liberté de leurs mouvements. C'est ainsi que la séreuse de la cavité thoracique (plèvre thoracique), après avoir recouvert les parois de cette cavité, passe sur les poumons (plèvre pulmonaire), et sur le cœur (péricarde); que la séreuse de la cavité abdominale (péritoine), se réfléchit sur les différents viscères, intestin, foie, reins, etc. qu'elle renferme, et auxquels elle forme une véritable enveloppe, en même temps qu'un appareil de soutien (Voy. p. 99 et 100).

Les séreuses qui tapissent les cavités articulaires ont reçu le nom de *synoviales*, et le liquide qu'elles sécrètent celui de *synovie* (Voy. p. 227),

Comme les membranes muqueuses, elles sont formées d'un tissu conjonctif à fibres entre-croisées, assez serrées et mêlées de fibres élastiques; enfin, elles sont recouvertes d'un épithélium pavimenteux.

La surface des membranes séreuses est constamment enduite d'une légère couche d'un liquide séreux, transparent, sécrété ou plutôt exhalé par elles, identique parfois à la sérosité du sang. Ce liquide, tout en favorisant les mouvements de glissement, empêche l'adhérence des parois de la séreuse en contact les unes avec les autres.

Ajoutons, enfin, que ces membranes sont des organes d'absorption très actifs.

ÉQUILIBRE DES FONCTIONS DE NUTRITION

Assimilation et désassimilation. — Les matières que l'organisme a absorbées par ses différents appareils digestif, respiratoire, etc., il se les *assimile* (1), c'est-à-dire qu'après leur avoir fait subir certaines transformations il en fait sa propre substance.

A ce phénomène d'*assimilation* correspond un phénomène inverse, méritant le nom de *désassimilation*, car,

(1) Du latin *assimilare*, rendre semblable ; c'est-à-dire que les aliments introduits dans l'organisme sont rendus semblables aux parties qui le constituent.

il consiste dans le rejet de certaines parties de ce même organisme devenues impropres à concourir aux fonctions vitales.

De l'équilibre entre ces deux opérations, c'est-à-dire entre l'apport et le rejet, variables du reste suivant les âges, dépend la santé; s'il vient à se rompre, l'individu se trouve placé dans un état anormal, nuisible à l'accomplissement de ses fonctions.

Échanges incessants entre l'organisme et le milieu extérieur.

Nous avons vu en effet que l'organisme fait des pertes incessantes, tant par les poumons, que par les diverses excrétions de la peau, des reins, etc.; nous savons en outre que toute action qu'il exécute, tout travail qu'il accomplit, s'accompagne d'une dépense de chaleur. Et ainsi on a calculé qu'en moyenne l'Homme perd par jour 20 gr. d'azote, 310 gr. de carbone, 30 gr. de sels divers et 3 litres d'eau.

Il est donc tenu de compenser ces pertes, sous peine de dépérir; il y arrive au moyen de la respiration qui lui amène l'oxygène, l'un des éléments de la combustion intérieure, et par l'alimentation qui lui fournit, d'une part, l'autre élément de cette même combustion, le carbone, et d'autre part, les substances propres à entretenir la composition normale des organes et à servir à leur développement.

Tout animal est ainsi le siège d'un mouvement incessant, d'une sorte de tourbillon, d'un changement sans trêve ni repos, tout en demeurant le même et conservant toujours son individualité; de même, un fleuve dont les eaux s'écoulent continuellement pour être remplacées par d'autres, reste cependant toujours le même fleuve.

Le mouvement vital sépare nettement le monde organisé du monde inorganique.

Ce double mouvement organique, à savoir, d'une part, l'apport de certaines substances, d'autre part, le rejet de certaines autres, établit à lui seul une limite tranchée entre les corps inanimés et les êtres doués de vie. Tandis que le Minéral reste indéfiniment *stable,* à moins de circonstances extérieures tout à fait indépendantes de lui, qui viennent à l'atteindre et à l'altérer, il en est tout autrement de l'Animal et du Végétal: ceux-ci ne peuvent se maintenir dans leur état normal, s'ils ne reçoivent continuellement du dehors un apport proportionné à ce qu'ils rejettent incessamment. Cet échange continuel est indispensable à l'entretien de l'être vivant, dont l'*instabilité* même est par conséquent la meilleure caractéristique.

Toutes les fonctions nutritives se résument donc, en somme, en deux grandes opérations, à savoir, l'assimilation et la désassimilation.

Par la première, qui a pour sources principales la digestion et la circulation, l'organisme s'accroît et s'entretient; par la seconde, qui s'accomplit par l'intermédiaire de la respiration et de diverses excrétions, il tend à s'amoindrir.

Réserve nutritive. Engraissement

Si l'assimilation l'emporte notablement sur la dénutrition, non seulement les organes et les tissus qui les composent reçoivent la quantité de matière nutritive qui leur est nécessaire, mais l'excédent des matériaux résultant de ce travail assimilateur s'accumule en dehors d'eux, dans leurs interstices, sous forme de graisse ou d'huile, suivant les espèces animales.

Cette accumulation de matière grasse a un double but: l'un d'eux est de former une sorte de couche isolante, propre à empêcher la déperdition de la chaleur animale, notamment pour les espèces des pays froids, les Oiseaux d'eau et surtout les Mammifères marins; l'autre, et c'est le plus important, est de constituer une *réserve* nutritive, qui sera consommée suivant les besoins de l'organisme, quand les circonstances le demanderont, circonstances qui se présentent avec le plus d'évidence chez les animaux hibernants, c'est-à-dire ceux qui restent pendant la plus grande partie de l'hiver sans manger.

C'est à faire prédominer l'assimilation que s'attache l'éleveur qui destine ses animaux à la boucherie. Pour obtenir ce résultat, il les nourrit fortement et leur demande peu de travail.

Amaigrissement.

Si la désassimilation l'emporte au contraire sur l'assimilation, l'organisme s'amaigrit; d'abord les réserves nutritives, s'il y en avait, sont les premières à s'épuiser; ce sont ensuite les tissus eux-mêmes qui servent à entretenir la nutrition; l'amaigrissement s'accentue, il y a véritablement autophagie (1) ; et la maigreur atteint alors un degré incroyable, comme nous en voyons des exemples dans les expériences de jeûnes prolongés auxquels se soumettent certains individus, notamment les derviches de l'Inde, et dans le dernier degré de la phtisie lente. Enfin, si cet amaigrissement est poussé un peu trop loin, la mort en est la conséquence obligée.

Suivant l'âge de l'individu les rapports entre l'assimilation et la désassimilation varient notablement.

Application de ces données à l'Homme

Pour nous en tenir à ce qui regarde l'Homme, dans le jeune âge l'assimilation l'emporte sur l'élimination et se traduit à la fois par une accumulation de graisse et l'accroissement du corps (première enfance), ou seulement par le développement de celui-ci (seconde enfance et adolescence) ; lorsque le corps arrive à sa dimension définitive, c'est la période de jeunesse, caractérisée par un équilibre à peu près complet entre les deux opérations ; celle de l'âge mûr, qui lui succède, est marquée par une prédominance de l'assimilation : c'est celle où plus qu'à tout autre époque de la vie la graisse tend à envahir l'organisme ; enfin, vient la période dans laquelle, par suite du ralentissement des fonctions digestives, la désassimilation l'emporte sur l'assimilation, et qui marque la vieillesse.

(1) Du grec αὐτὸς, soi-même ; φαγεῖν, manger.

CHAPITRE VIII

LES FONCTIONS DE RELATION

ORGANES DE LA LOCOMOTION

Conditions nécessaires à l'existence des fonctions de relation; division de ces fonctions. — Organes passifs et actifs de la locomotion. LES OS. Leur composition chimique; leur accroissement; le Périoste. — Classification des os : principaux os du corps. — LES ARTICULATIONS. Différentes sortes d'articulations. — LES MUSCLES. Leur constitution et leurs propriétés générales : élasticité, tonicité, contractilité. Effets de la contraction musculaire; phénomènes physiques, chimiques et organiques qui l'accompagnent. — PHYSIOLOGIE DES MOUVEMENTS. Différents modes de locomotion.
Adaptation des formes générales du corps et des membres au genre de vie des diverses espèces.

Les fonctions de relation sont propres aux animaux parce qu'ils sont seuls doués d'instinct ou d'intelligence.

Conditions nécessaires à l'existence des fonctions de relation ; division de ces fonctions. — Toutes les fonctions qui ont été étudiées dans les chapitres précédents se rencontrent, au moins dans leurs traits essentiels, chez les divers êtres organisés, par conséquent chez les plantes aussi bien que chez les animaux : c'est pourquoi on leur a donné le nom de *fonctions de la vie végétative*.

Celles qui restent à étudier, à savoir les *fonctions de relation*, n'appartiennent au contraire qu'aux animaux. Elles ont besoin, pour s'accomplir, d'organes spéciaux, et sont placées sous la dépendance d'un principe supérieur, sans lequel elles n'auraient pas leur raison d'être, l'*intelligence* ou l'*instinct*. Comprendrait-on, en effet, l'existence d'un animal qui ayant faim n'irait pas à la recherche de sa nourriture, quand il ne la trouve pas sur place ; ou d'un autre qui éprouvant une douleur ne chercherait pas à s'y soustraire ? L'espèce dépourvue de l'instinct de la conservation ne tarderait pas à disparaître, sous l'influence des causes de destruction qui la menacent sans cesse (1).

L'instinct se rencontre chez tous les animaux, y compris l'Homme ; quant aux facultés de l'intelligence, elles se constatent à des degrés divers chez un grand nombre d'animaux, mais elles sont plus développées là où l'organisation physique est plus parfaite (2) ; elles élèvent l'Homme incomparablement au-dessus de toutes les espèces animales.

Division des fonctions de relations.

La *sensibilité* et le *mouvement* constituent les fonctions de relation, parce que c'est par leur moyen que l'animal est mis en rapport avec les différents êtres qui l'entourent, et qu'il en reçoit des impressions variées,

La sensibilité se partage entre *cinq sens,* dont l'étude fera l'objet de chapitres spéciaux.

Le mouvement s'exécute au moyen de l'*appareil de la locomotion*, lequel va d'abord être étudié.

Enfin, au-dessus des appareils organiques qui servent, soit à recueillir les impressions venues du dehors, soit à opérer le déplacement du corps, est établi le *système nerveux,* chargé de commander aux uns et aux autres. C'est par lui que nous terminerons l'étude des fonctions de relation.

Organes passifs et actifs de la locomotion. — L'appareil de la locomotion se compose, chez l'Homme et

(1) Ces considérations, qui s'appliquent si manifestement à l'immense majorité des animaux, paraissent toutefois se trouver en défaut quand il s'agit de certaines espèces inférieures, absolument sédentaires, les Éponges, par exemple ; mais c'est par là aussi que le règne animal se rapproche le plus du règne végétal.

(2) Il est bien entendu, pour ce que nous venons de dire des animaux, qu'il ne s'agit pas des facultées supérieures de l'intelligence, lesquelles sont l'apanage de l'Homme, mais des facultés de second ordre, telles que la mémoire, l'imagination, un certain raisonnement même, mais appliqué seulement aux choses concrètes.

chez les Vertébrés, de deux sortes d'organes bien distincts : les *os* et les *muscles*.

Les os sont des corps inertes, ou, si l'on veut, les organes passifs du mouvement ; les muscles en sont au contraire les organes actifs, c'est-à-dire que ce sont eux qui mettent les premiers en mouvement.

Enfin, une condition indispensable du mouvement, c'est que les os soient *articulés* entre eux, c'est-à-dire, attachés les uns aux autres par des ligaments qui permettent certains mouvements, tout en s'opposant à des déplacements nuisibles.

De là une division toute naturelle de ce chapitre en trois paragraphes : les *Os*, les *Articulations* et les *Muscles*.

Les Os

Composition chimique des os. — Si l'on jette un os dans le feu, peu à peu il blanchit, et devient bientôt beaucoup plus léger et très cassant. Si, maintenant, on dépose un autre os dans un liquide caustique, tel que l'acide chlorhydrique, on observe que, tout en conservant sa forme primitive il perd une partie de son poids, et qu'il est devenu souple, élastique, et en tout comparable à de la gélatine.

Cette double expérience montre que les os se composent de deux parties principales : l'une de nature minérale, analogue à du calcaire (c'est en effet du phosphate de chaux principalement, et du carbonate de chaux en moindre quantité), sur laquelle le feu n'a pas d'action, mais qui est dissoute par l'acide ; l'autre, de nature organique, qui est consumée par le feu, mais inattaquable par le liquide corrosif auquel elle a été soumise : on la nomme *osséine*. C'est cette dernière, qui retirée des os de boucherie, est employée sous le nom de gélatine dans l'alimentation, et surtout dans l'industrie pour la fabrication de la colle forte. Le poids de la matière calcaire et celui de la substance organique égalent le poids total de l'os.

Chez les enfants, l'osséine est en très grande proportion ;

chez les vieillards, au contraire, c'est la partie organique qui prédomine : aussi leurs os sont-ils bien plus fragiles que dans le jeune âge, et les moindres chutes déterminent-elles souvent des fractures.

La structure histologique des os ayant été exposée dan la première partie du livre (1), il est inutile d'y revenir ici.

Accroissement des os; le périoste. — Les considérations précédentes montrent qu'il s'opère dans les os des changements intimes, et qu'avec l'âge leur composition se modifie.

Tout d'abord l'os est à l'état cartilagineux; mais, avec le temps, celui-ci cède la place à la substance osseuse. Une fois complètement formé, l'os est encore le siège d'un travail permanent.

La rénovation du tissu osseux est en effet continuelle, comme l'ont si bien démontré un physiologiste du XVIIIe siècle, Duhamel, et plus tard Flourens. Après avoir nourri des lapins avec une plante qui sert à la teinture en rouge, la garance, ces savants ont remarqué que la partie superficielle des os devenait rouge ; puis, qu'en interrompant ce régime, cette même région redevenait blanche ; et qu'en coupant alors un de ces os en travers, on voyait dans l'épaisseur même du tissu une zone rouge, qui répondait précisément au temps durant lequel l'animal avait été soumis au régime de la garance ; enfin, qu'au bout d'un certain temps pendant lequel l'animal avait repris son régime ordinaire, la coloration rouge disparaissait entièrement de l'os.

Cette expérience, renouvelée bien des fois, et diverses autres méthodes d'observation montrent que l'os s'accroît en épaisseur par formation de nouvelles couches osseuses à sa surface extérieure, tandis que sa surface interne en contact avec la moelle se résorbe peu à peu.

L'accroissement de l'os en *épaisseur* est dû à la membrane fibreuse qui le recouvre, le *périoste* (2). Cela est si

(1) Voy. p. 43 et suiv.
(2) Du grec περί, autour ; ὄστεον, os. Voyez p. 45.

vrai, que l'on peut, après certaines opérations chirurgicales qui ont nécessité l'ablation d'une portion d'os, déterminer sa reformation, en prenant la précaution de respecter le périoste.

Les os ne se développent pas seulement en épaisseur, mais aussi en *longueur;* cet accroissement se fait, du moins dans les os longs, par chacune des extrémités ou *épiphyses* (1), lesquelles, pendant l'enfance, restent distinctes du corps de l'os ou *diaphyse* (2) et ne sont soudées à lui que lorsque l'individu a atteint toute sa croissance.

Le point de départ de la formation de la substance osseuse porte le nom de *point d'ossification.* La plupart des os en présentent plusieurs; ainsi les os longs en ont un pour la diaphyse et au moins un pour chaque épiphyse.

Enfin, on appelle *apophyses* (3) des saillies osseuses ayant la forme de crêtes ou d'éminences plus ou moins aiguës, servant à l'insertion des muscles.

Classification des os du corps, ou le Squelette. — L'ensemble des os a reçu le nom de squelette. Selon leur forme, on a divisé les os en *longs*, *courts* et *plats*. Forme des os.

Les *os longs*, ceux de la jambe, par exemple, sont creusés, dans la plus grande partie de leur étendue, d'un canal qui renferme une espèce de graisse particulière qu'on appelle la *moelle* des os. Dans les *os courts*, tels que ceux du poignet ou du cou-de-pied, ce canal est remplacé par des cloisons osseuses irrégulières, formant un tissu spongieux, dans les aréoles duquel est logée une matière analogue à la précédente. Enfin, les *os plats*, tels que ceux du bassin, l'omoplate, sont formés d'un tissu compact, et la moelle en disparaît presque entièrement.

Pour étudier avec méthode les os du corps, on les répartit en trois groupes: ceux de la *tête*, du *tronc* et des *membres*.

(1) Du grec επί, sur, et φύσις, production.
(2) Du grec διὰ, à travers, et φύσις.
(3) Du grec ἀπὸ, de, marquant le point de départ, et φύσις.

TABLEAU DES OS DU SQUELETTE

TÊTE	CRANE	Os pairs (sur les côtés)	pariétaux. temporaux.	
		Os impairs (sur la ligne médiane)	frontal. occipital. sphénoïde. ethmoïde.	
	FACE	Os pairs	maxillaires supérieurs. palatins. os malaires ou des pommettes. os du nez ou os nasaux. os lacrymaux. cornets inférieurs du nez.	
		Os impairs	maxillaire inférieur. vomer.	
	COU		os hyoïde.	
TRONC	Colonne vertébrale (33 vertèbres)		7 vertèbres cervicales. 12 — dorsales. 5 — lombaires. 5 — sacrées (sacrum). 4 — coccygiennes (coccyx).	
	Thorax		Sternum.	
			Côtes (12 paires)	7 paires de vraies côtes. 5 paires de fausses côtes.
MEMBRES	SUPÉRIEURS	Épaule	Omoplate. Clavicule.	
		Bras	Humérus.	
		Avant-bras	Cubitus. Radius.	
		Main	Carpe ou Poignet	8 os disposés sur deux rangs.
			Métacarpe	5 métacarpiens.
			Doigts	phalanges. phalangines. phalangettes.
	INFÉRIEURS	Bassin	Os iliaque ou de la hanche.	
		Cuisse	Fémur.	
		Jambe	Tibia. Péroné. Rotule.	
		Pied	Tarse	7 os : astragale, calcanéum, et cinq autres.
			Métatarse	5 métatarsiens.
			Orteils	phalanges. phalangines. phalangettes.

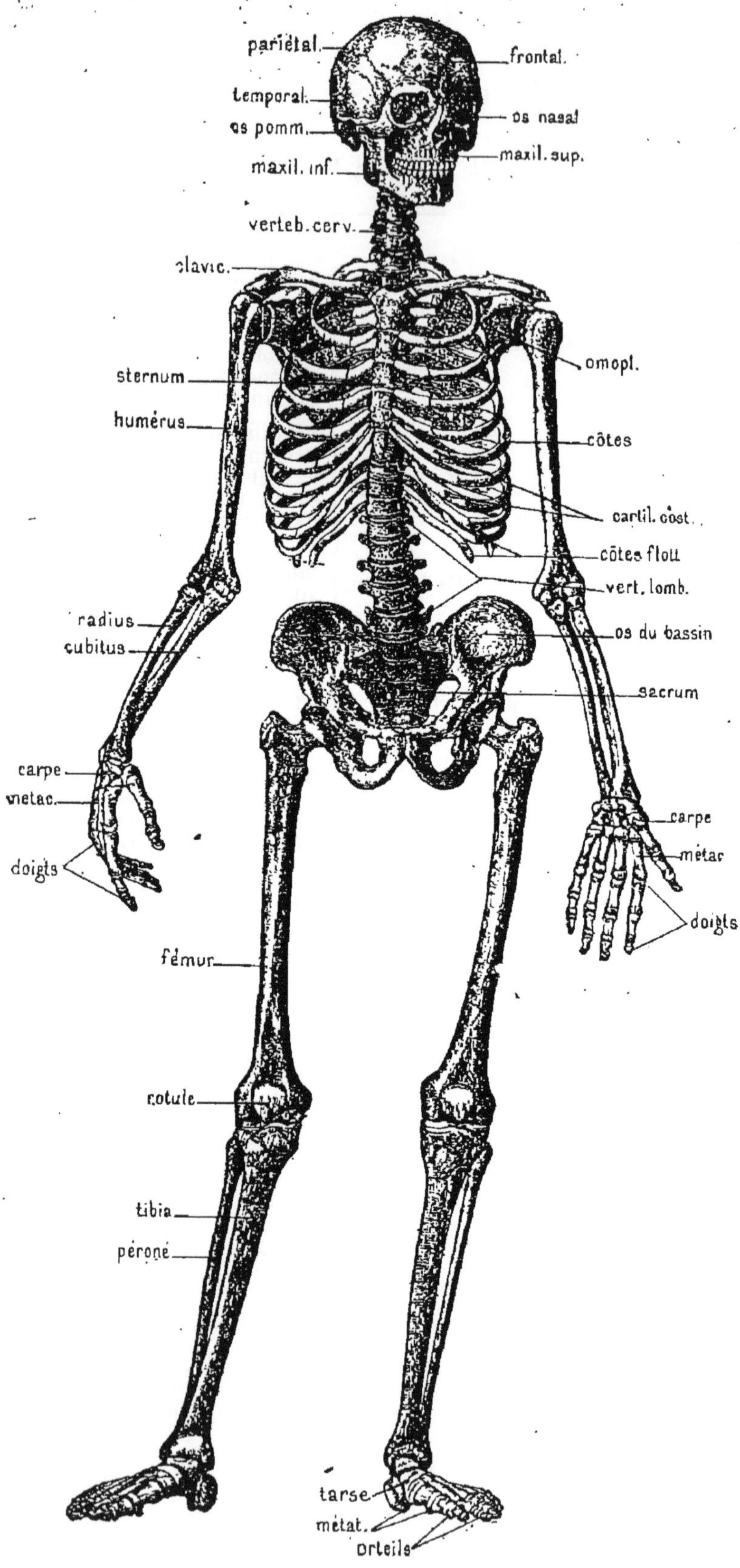

PLANCHE II. — Le Squelette de l'Homme.

La TÊTE se compose de deux portions : le crâne et la face. 1° Région de la tête.

Le **crâne** est cette partie du squelette qui loge le cerveau ; il se compose d'os dont la plupart sont articulés entre

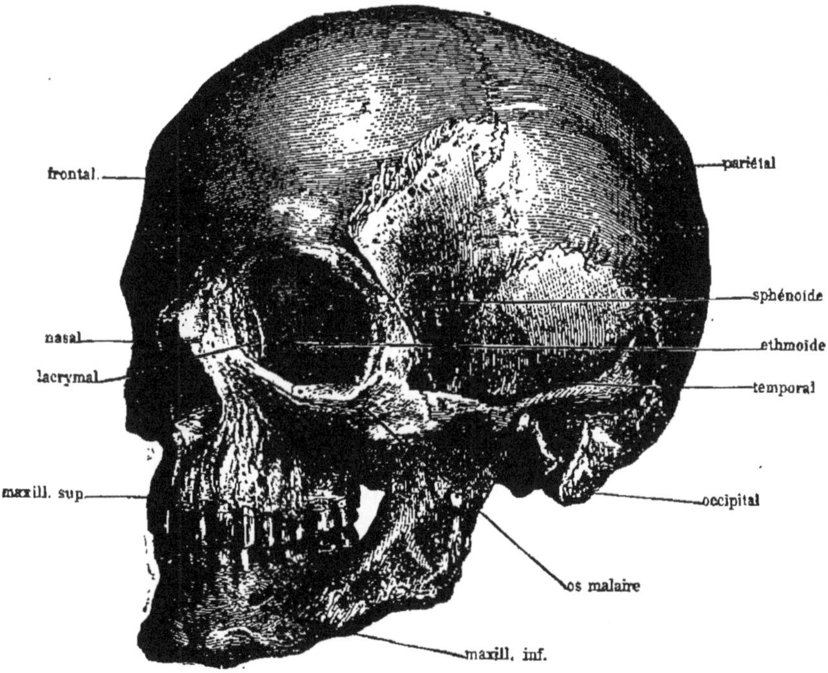

Fig. 97. — Tête osseuse de l'Homme montrant les os qui la constituent, à savoir, pour les os du crâne : *frontal*, *pariétal*, *temporal*, *occipital*, *sphénoïde*, *ethmoïde* ; et pour ceux de la face : *nasal*, *lacrymal*, *os malaire* ou *de la pommette*, *maxillaire supérieur*, *maxillaire inférieur*.

eux d'une façon très solide, au moyen de dentelures profondes, et disposés en manières de voûte, de façon à résister aux chocs extérieurs ; ils sont en tout au nombre de huit, dont quatre pairs et quatre impairs. Ce sont :

En avant, le *frontal*, creusé d'une cavité ou sinus (fig. 100, sf), dont le développement variable détermine la proéminence plus ou moins marquée du front ;

Sur les côtés et en haut, les *pariétaux*, réunis sur la ligne médiane du crâne ;

Sur les côtés et plus bas que ceux-ci, les *temporaux* (fig. 97 et 98), dont une portion, d'une extrême dureté et que pour cette raison l'on appelle le *rocher*, loge l'appareil de l'ouïe; ce sont eux aussi qui offrent la cavité articulaire qui reçoit les condyles de la mâchoire inférieure pour l'articulation de cet os avec le crâne. Ils présentent, en outre, deux saillies osseuses longues et étroites : l'une

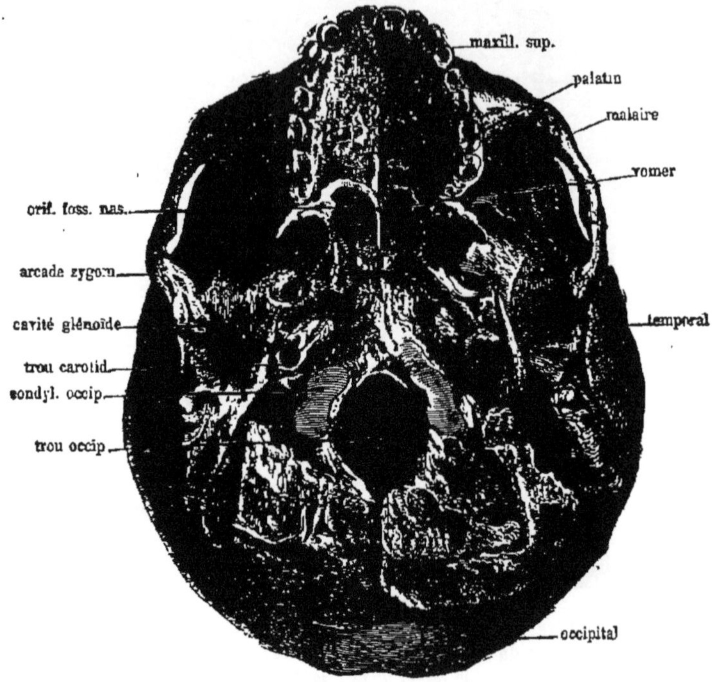

Fig. 98. — Tête osseuse de l'Homme, vue du côté de sa base, montrant les *maxillaires supérieurs*, les *palatins*, les *os malaires* ou des *pommettes*, le *vomer* entre les deux *orifices postérieurs des fosses nasales*, le *temporal* avec son *arcade zygomatique* et sa *cavité glénoïde* pour l'articulation de la mâchoire inférieure; le *trou carotidien*, par où l'artère carotide pénètre dans le crâne ; l'*occipital* avec les deux condyles occipitaux, au moyen desquels la tête s'articule avec la première vertèbre; enfin, le *trou occipital*, par où passe la moelle épinière.

dirigée en avant, qui va s'articuler avec l'os de la pommette pour former l'*arcade zygomatique;* l'autre dirigée en bas en manière de pointe, l'*apophyse styloïde* (fig. 100, St);

En arrière, l'*occipital*, percé à sa base d'un trou par lequel passe la moelle épinière pour se continuer avec le cerveau; il s'articule avec la première vertèbre par les deux condyles occipitaux (fig. 98);

Enfin, en bas et sur la ligne médiane, à la réunion du crâne et de la face, le *sphénoïde* (1), qui forme une partie du plancher du crâne (fig. 100, Sp) et remonte sur ses côtés (fig. 97); et l'*ethmoïde* (2), qui présente une lame horizontale criblée de trous, par où passent les nerfs de l'odorat, et une autre, verticale, formant la partie antérieure de la cloison des fosses nasales (fig. 100, E).

La face présente plusieurs cavités, dans lesquelles sont logés et protégés les organes de la vue, de l'odorat et du goût. Les os qui entrent dans sa constitution sont au nombre de quatorze, dont douze pairs et deux impairs.

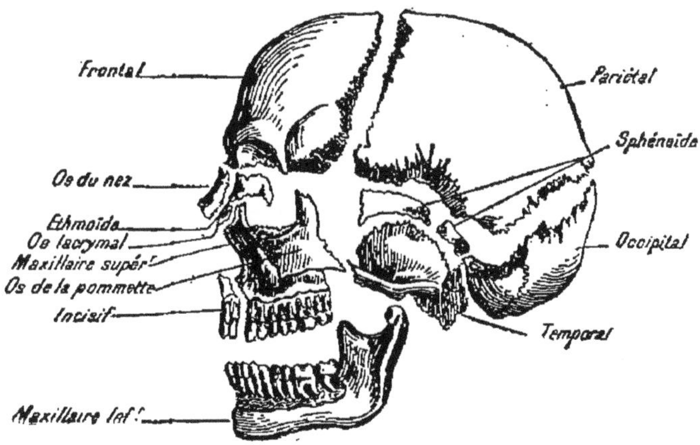

Fig. 99. — Les os de la tête de l'Homme désarticulés.

Les principaux servent à former les mâchoires, dont la supérieure est essentiellement composée par les deux *maxillaires supérieurs*, l'un droit, l'autre gauche (3).

(1) Du grec σφήν, coin, et εἶδος, forme, parce qu'il est enclavé comme un coin entre les os du crâne et de la face.

(2) Du grec ἠθμος, crible.

(3) Les maxillaires supérieurs sont complétés en avant par deux petits os, les *intermaxillaires* ou *os incisifs* (fig. 99), qui à partir de l'époque de la seconde dentition sont entièrement soudés au maxillaire, dont on peut les regarder comme faisant désormais partie intégrante. Si l'on tient compte des os incisifs, le nombre des os de la face doit être porté à 16 au lieu de 14.

La mâchoire l'inférieure, en forme de fer à cheval, est constituée par un seul os, le *maxillaire inférieur*.

Les autres os de la face sont:

les *palatins* ou os du palais, formant la partie postérieure de la voûte palatine;

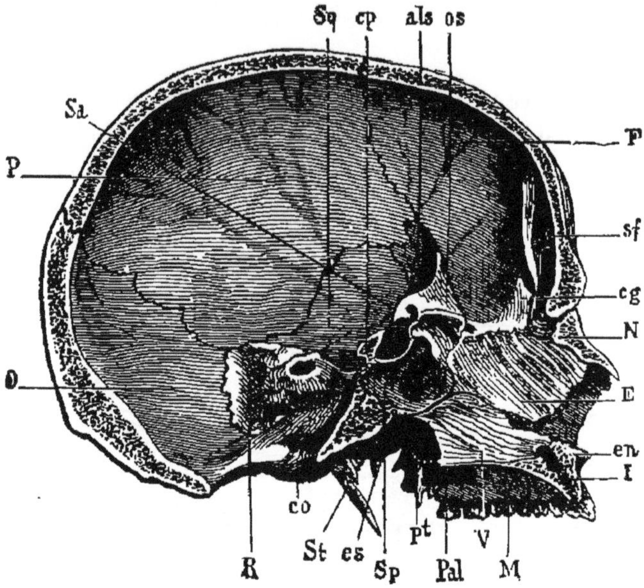

Fig. 100. — Coupe verticale et antéro-postérieure de la tête, montrant l'intérieur du crâne. *F*, frontal; *sf*, sinus frontal; *P*, pariétal; *O*, occipital; *R*, rocher (portion du temporal); *St*, son apophyse styloïde; *Sa*, *Sp*, *Sq*, sphénoïde et ses diverses portions (*cp*, *als*, *os*); *Pal*, *pt*, os palatin; *V*, vomer; *M*, maxillaire supérieur; *E*, *cg*, ethmoïde; *N*, os nasal; *I*, os incisif.

Les *os malaires* ou os de la pommette,

Les *os du nez* ou *os nasaux*, formant la voûte du nez;

Les *os unguis* ou os *lacrymaux*, placés dans l'angle de l'orbite et creusés d'un canal pour l'écoulement des larmes.

Les *cornets inférieurs du nez*, sortes de lames contournées placées dans la partie inférieure des fosses nasales.

Le *vomer* (fig. 98 et 100, *V*), qui forme la partie postérieure de la cloison des fosses nasales.

Enfin, au-dessous de la mâchoire inférieure, se trouve

un os en forme de demi-anneau, l'*hyoïde* (1), qui supporte le larynx. Au lieu de s'articuler avec un autre os, il est rattaché à la base du crâne par un ligament fibreux qui fait suite à l'apophyse styloïde de l'os temporal (fig. 100, St).

Le TRONC est formé de deux tiges osseuses, la colonne vertébrale en arrière, le sternum en avant, reliées l'une à l'autre par les côtes. 2° Région du tronc.

La colonne vertébrale ou rachis (2), qui se compose de petits os superposés appelés *vertèbres*, se partage en cinq régions :

La *région cervicale* ou du *cou*, formée de sept vertèbres ;

La *région dorsale* ou du *dos*, qui compte douze vertèbres ;

La *région lombaire* ou des *lombes*, appelée vulgairement les reins, les organes de ce nom se trouvant à ce niveau, et qui offre cinq vertèbres ;

La *région sacrée* ou du *sacrum*, qui en compte cinq également ;

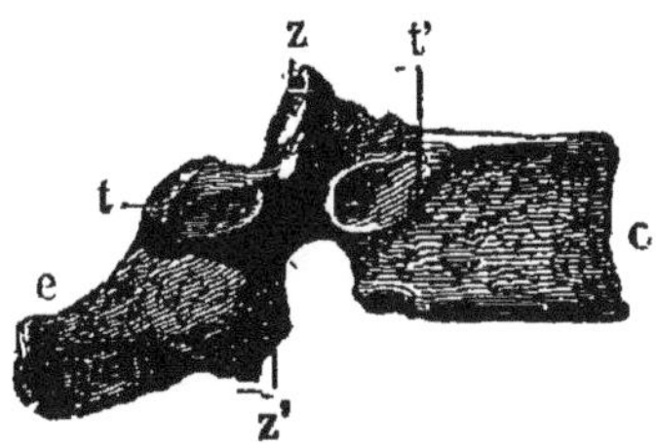

Fig. 101. — Une vertèbre dorsale vue de profil : *c*, corps ; *e*, apophyse épineuse ; *t*, apophyse transverse, offrant une petite facette, qui comme celle figurée en *t'* s'articule avec la côte correspondante ; *z*, apophyse offrant une facette articulaire répondant à une facette semblable portée par la vertèbre située au-dessus ; *z'* facette articulaire pour la vertèbre située au-dessous.

La *région coccygienne* ou du *coccyx*, qui n'en a que quatre, lesquelles sont fort rudimentaires.

Soit en tout trente-trois vertèbres.

Chaque *vertèbre* (fig. 101, 102) a la forme d'un anneau, qui donne passage à la moelle épinière. La partie de la vertèbre placée en avant de l'anneau est élargie, résistante : c'est le *corps de la vertèbre* (fig. 101, *c*) ; la partie placée Structure des vertèbres.

(1) De la voyelle grecque υ, et εἶδος, ressemblance.

(2) Prononcez *rachisse ;* on dit aussi *colonne rachidienne, épine dorsale.*

en arrière, formée par les *lames vertébrales*, offre plusieurs prolongements osseux, dont l'un médian, l'*apophyse épineuse* (*e*), qu'il est facile de sentir à travers la peau du dos, au niveau de chaque vertèbre. La plupart de ces saillies ou apophyses offrent des surfaces articulaires qui s'articulent avec des facettes correspondantes portées par les vertèbres adjacentes. On remarque aussi des facettes de ce genre sur les côtés du corps des vertèbres dorsales (*t'*), pour l'articulation des côtes. A la réunion du corps et des lames se trouve une échancrure (fig. 101), qui jointe à celle de la vertèbre voisine forme un trou, dit *trou de conjugaison ;* chacun de ces trous donne passage à un nerf émis par la moelle épinière.

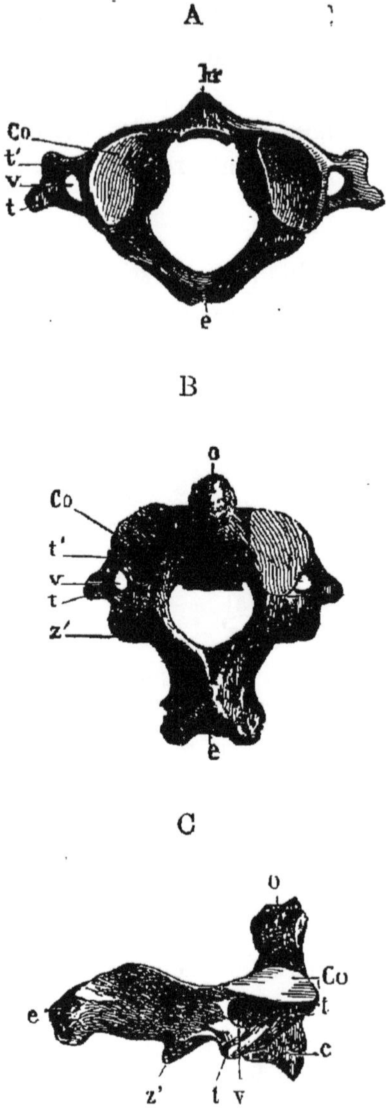

Fig. 102. — *A*, Atlas vu de face ; *B*, Axis vu de face ; *C*, la même vertèbre vue de profil. Les mêmes lettres désignent les mêmes objets dans les trois dessins ; *hr*, arc antérieur de l'atlas ; *e*, arc postérieur de l'atlas, ou apophyse épineuse de l'axis ; *Co*, surface articulaire supérieure de ces vertèbres ; *t*, *t'* apophyse transverse ; *v*, trou vertébral, qui traverse la base de cette apophyse et par où passe une artère ; *z'*, surface articulaire inférieure ; *o* apophyse odontoïde de l'axis.

Des ligaments attachent solidement les vertèbres les unes aux autres, tout en leur permettant d'exécuter certains mouvements. Notons surtout comme moyens d'attache les *ligaments* ou *disques intervertébraux*, qui séparent deux corps vertébraux voisins ; souples et très élastiques dans l'enfance, ils perdent leur souplesse chez le vieillard, d'où résulte la rigidité de la colonne vertébrale.

Les caractères anatomiques des vertèbres offrent des différences suivant les régions que l'on considère, de sorte qu'il est facile de les distinguer les unes des autres.

Deux surtout se font reconnaître à première vue, à savoir: la première cervicale ou l'*atlas*, dont la forme est celle d'un anneau sans corps vertébral, et qui s'articulant avec l'occipital, supporte par là-même le poids de la tête (fig. 102, A).

La seconde vertèbre cervicale ou l'*axis* (fig. 102, *B*, *C*), dont le corps est surmonté d'un fort prolongement ou apophyse (*o*), qui pénètre dans l'anneau de la précédente et sert de pivot pour les mouvements de rotation de la tête (1).

Le **sternum** est un os aplati qui occupe la région antérieure de la poitrine. Sa partie supérieure sert d'appui à des os dépendant des membres supérieurs, les clavicules; ses bords reçoivent les côtes, ou plutôt les cartilages costaux (2).

Les **côtes** sont au nombre de douze de chaque côté. Leur tête ou extrémité postérieure, s'articule avec les vertèbres dorsales; en avant, elles se continuent avec des cartilages élastiques, qui aboutissent au sternum et contribuent à donner à la cage thoracique sa souplesse et son

(1) C'est l'*apophyse odontoïde* (du grec ὀδοὺς, ὀδόντος, dent, et εἶδος, forme).

(2) Le sternum résulte de la réunion de trois pièces bien distinctes, surtout dans le jeune âge; la supérieure, plus large et avec laquelle s'articulent les clavicules, a été comparée à la poignée des épées romaines et appelée *manubrium ;* la partie moyenne, la plus longue, représentant le corps même de l'épée, *ensis;* tandis que la troisième, qui reste longtemps cartilagineuse, a reçu le nom d'*appendice xiphoïde* (du grec ξίφος, et εἶδος, en forme de pointe d'épée).

élasticité. On donne le nom de *fausses côtes* aux cinq dernières, lesquelles ne s'avancent pas jusqu'au sternum; même les deux dernières, beaucoup plus courtes que les autres, sont entièrement libres en avant et sont dites *flottantes*.

3° Les membres. Les MEMBRES, au nombre de quatre, sont, les uns supérieurs, les autres inférieurs, et tous composés de parties homologues, c'est-à-dire que les pièces osseuses qui entrent dans la structure des premiers, sont exactement comparables à celles qui font partie des seconds.

Membres supérieurs. Chacun des membres supérieurs offre à considérer l'épaule, le bras, l'avant-bras et la main.

L'épaule est formée de deux os :

L'un plat, triangulaire, très large, l'*omoplate* (1), situé en arrière, à la partie supérieure de la cage thoracique; son angle externe offre une surface articulaire, la *cavité glénoïde*, surmontée de deux forts prolongements ou apophyses, l'*acromion* (2) et le *coracoïdien* (3). Celui-ci devient un os distinct chez bon nombre de Vertébrés, les Oiseaux par exemple, où il acquiert une grande importance.

L'autre os de l'épaule, la *clavicule*, un peu recourbé en S, sert à unir l'omoplate au sternum et à maintenir les épaules écartées, en leur fournissant un point d'appui pour les mouvements du bras (4).

Le bras se compose d'un seul os, l'*humérus*, qui commence par une grosse tête arrondie, reçue dans la cavité glénoïde de l'omoplate, et se termine par une articulation

(1) Du grec ὦμος, épaule, et πλάτη, surface plate.

(2) Du grec ἄκρος, sommet, et ὦμος, épaule.

(3) Du grec κόραξ, corbeau, et εἶδος, forme, parce qu'on l'a comparé à un bec de corbeau.

(4) Les omoplates en arrière, et en avant les deux clavicules réunies au sternum, forment une sorte d'anneau osseux irrégulier, auquel on donne le nom de *ceinture scapulaire*, de même qu'on appelle *ceinture iliaque* l'anneau formé par les deux os iliaques unis entre eux, en avant, et avec le sacrum en arrière.

en forme de poulie, la *trochlée* (1), à laquelle s'adaptent les os de l'avant-bras.

L'avant-bras offre deux os : le cubitus en dedans, le radius en dehors.

Le *cubitus* ne peut exécuter sur l'humérus que des mouvements d'arrière en avant et *vice versa ;* le mouvement en arrière ou d'extension ne peut dépasser le point où l'avant-bras se trouve en ligne droite avec le bras, par suite de l'existence d'un prolongement du cubitus, l'*olécrâne* (2), qui va s'appliquer contre la partie postérieure de l'humérus et limite forcément l'extension.

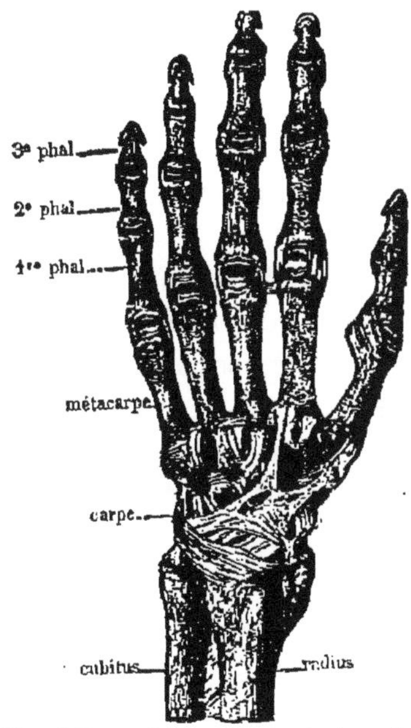

Fig. 103. — Le squelette de la main de l'Homme avec l'extrémité des os de l'avant-bras et les ligaments qui réunissent les différentes pièces osseuses.

Le *radius* est articulé de façon à présenter, outre les mouvements précédents, un mouvement de rotation sur lui-même et autour du cubitus; et comme c'est surtout à lui que le poignet est attaché, il entraîne la main dans son déplacement, de sorte que celle-ci se place à volonté la face palmaire en bas (*pronation*), ou en haut (*supination*).

La **main** (fig. 103) comprend le carpe, le métacarpe et les doigts.

Le **carpe** ou poignet est formé de huit petits os disposés sur deux rangs (1er rang : *scaphoïde*, *semi-lunaire*,

(1) Du latin *trochlea*, poulie.
(2) Du grec ὠλένη, coude, et κρανίον, tête.

pyramidal, *pisiforme ;* 2e rang : *trapèze*, *trapézoïde*, *grand os*, *os crochu*) ; les premiers s'articulent avec l'avant-bras, et les seconds avec le métacarpe.

Cette multiplicité des os du poignet a pour effet de répartir entre un plus grand nombre d'articulations les mouvements de flexion et d'extension de la main, et de donner par là même plus de souplesse à celle-ci.

Le **métacarpe**, qui forme la paume et le dos de la main, présente cinq os allongés, lesquels s'articulent chacun avec un doigt.

Les **doigts**, au nombre de cinq, désignés sous les noms de *pouce*, *index*, *majeur* ou *médius*, *annulaire* et *auriculaire*, sont formés chacun de trois os, qui sont, en allant de leur base vers leur extrémité, la *phalange*, la *phalangine*, la *phalangette*, que l'on désigne aussi sous les noms de 1re, 2e et 3e phalange ; le pouce seul n'en a que deux.

Membres inférieurs.

Les membres inférieurs offrent comme les supérieurs, quatre parties principales : la hanche, la cuisse, la jambe et le pied.

La **hanche** est formée par un os très large et très fort, l'*os iliaque*, qui réuni en avant à celui de l'autre côté, pour former la *symphyse du pubis*, en est séparé, en arrière, par le *sacrum*, intercalé entre eux deux comme un coin : il résulte de cette disposition une ceinture osseuse complète, qui a reçu le nom de *bassin*. Sur la partie latérale externe de chaque os iliaque se trouve une dépression profonde, hémisphérique, la *cavité cotyloïde* (1), dans laquelle s'emboîte la tête du fémur.

La **cuisse** est composée d'un seul os, le *fémur*, dont l'extrémité supérieure ou *tête du fémur*, renflée en forme de sphère, est reçue dans la cavité cotyloïde ; cette tête

(1) Du grec κοτύλη, cavité profonde ; εἶδος, forme.

est rattachée au corps de l'os par une partie amincie, le *col du fémur*, qui en est la portion la plus faible et celle où il se fracture le plus souvent, surtout chez les vieillards ; deux fortes saillies, destinées à fournir des insertions musculaires, se voient à la base du col ; on les nomme *grand* et *petit trochanters* (1).

A la réunion de la cuisse et de la jambe se trouve un petit os très mobile, de forme lenticulaire, la *rotule* (2), l'analogue de l'olécrâne du cubitus, lequel est au contraire soudé à cet os du bras.

La **jambe** est, comme l'avant-bras, formée de deux os : le *tibia* (3) en dedans, le *péroné* (4) en dehors, celui-ci beaucoup moins robuste que l'autre. A la partie inférieure, ces os sont disposés en forme de mortaise, dans laquelle s'enfonce le tarse, qui y est solidement maintenu : en dedans, par la *cheville* ou *malléole interne,* laquelle fait partie du tibia ; en dehors, par la *cheville* ou *malléole externe*, qui appartient au péroné.

Le **pied** (fig. 104) comprend le tarse, le métatarse et les orteils.

Le **tarse** offre sept os : l'*astragale* (5), qui s'articule avec les os de la jambe; le *calcanéum* (6), qui forme la saillie du talon; puis viennent cinq os, qu'en raison de leur configuration l'on a appelés le *scaphoïde* (7), le *cuboïde* et les *cunéiformes,* ces derniers au nombre de trois. Les os du tarse, joints à ceux du métatarse, forment une sorte de voûte, disposition la plus favorable pour supporter le poids du

(1) Du grec τροχάξειν, tourner ; parce que ces saillies donnent insertion aux muscles qui font tourner la cuisse sur elle-même.
(2) Du latin *rotula*, petite roue.
(3) Du latin *tibia*, flûte.
(4) Du grec περόνη, agrafe.
(5) Du grec ἀστράγαλος, osselet.
(6) Du latin *calx*, talon.
(7) Du grec σκάφη, nacelle ; εἶδος, forme.

corps, en même temps que pour donner de la souplesse et de l'élégance à la marche.

Le **métatarse** compte cinq os, désignés, en allant de dedans en dehors, par les noms de 1er, 2e, 3e, 4e, 5e *métatarsiens.*

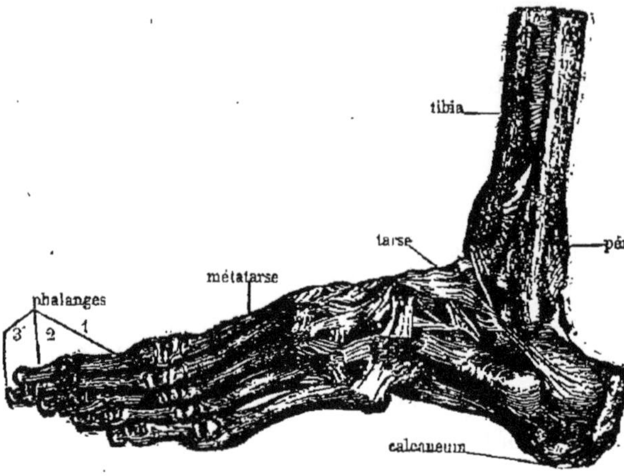

Fig. 104. — Le squelette du pied de l'Homme, avec les ligaments qui en unissent les os.

Les **orteils**, enfin, au nombre de cinq, sont composés chacun de trois *phalanges*, comme les doigts, à l'exception du gros orteil, qui n'en a que deux, comme le pouce.

Les doigts du pied sont beaucoup moins mobiles que ceux de la main, et le pouce ne leur est pas opposable ; il en est du moins ainsi pour l'Homme. Chez les Singes, au contraire, aux pieds comme aux mains le pouce est opposable aux autres doigts.

LES ARTICULATIONS

Différentes sortes d'articulations. — Les os sont réunis les uns aux autres de différentes manières ; et les parties par lesquels ils sont joints entre eux portent le nom d'*articulations*.

Celles-ci présentent trois sortes principales, suivant qu'elles sont très mobiles, peu mobiles, ou complètement immobiles.

Dans les premières ou *diarthroses* (1), celles des membres par exemple, les os sont attachés par des *ligaments* (fig. 103 et 104) très résistants, qui, tout en leur permettant de glisser les uns sur les autres, dans certaines limites, les empêchent de trop s'écarter. Pour faciliter les mouvements entre les extrémités osseuses en contact, il existe des dispositions toutes particulières. Leur surface est recouverte d'une couche de *cartilage*, substance élastique et résistante, qui est sans cesse lubrifiée par une petite quantité d'un liquide onctueux appelé *synovie*. Ce liquide joue le rôle de l'huile dans les rouages d'une machine, et facilite par conséquent les mouvements de l'articulation, tout en empêchant l'usure que déterminerait un frottement répété. La synovie est sécrétée par la *membrane synoviale*, laquelle tapisse toute la surface interne de l'articulation, moins les cartilages eux-mêmes et transforme la cavité articulaire en un sac clos de toutes parts.

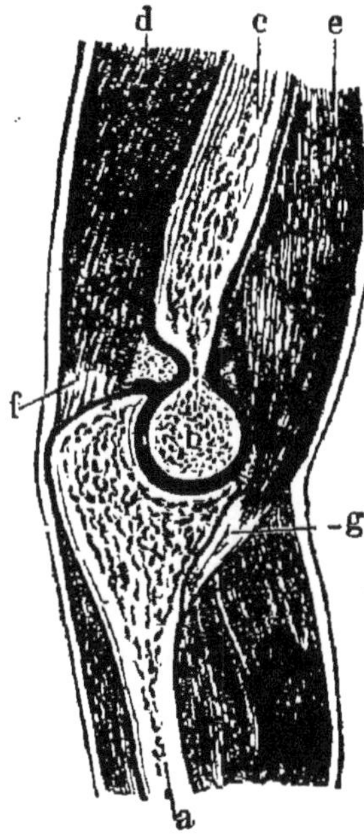

Fig. 105. — Articulation du coude, qui a été coupée verticalement d'avant en arrière, pour montrer la disposition des os et des muscles principaux ; *a*, le cubitus, creusé d'une gorge pour recevoir l'extrémité inférieure (*b*) de l'humérus (*c*) ; *e*, muscle fléchisseur de l'avant-bras (biceps), dont le tendon (*g*) s'attache à la partie supérieure et antérieure du cubitus ; *d*, muscle extenseur de l'avant-bras, dont le tendon (*f*) s'attache à l'olécrâne ou partie supérieure et postérieure du cubitus.

Dans les articulations peu mobiles, appelées *amphiar-*

(1) Du grec διὰ, à travers, et ἄρθρωσις, articulation.

throses (1), des ligaments serrés, interposés entre les surfaces articulaires, limitent les mouvements, au point que ceux-ci sont parfois insensibles. A ce genre d'articulations appartiennent celles des vertèbres, des os du bassin.

Dans les *synarthroses* (2), enfin, il n'y a plus possibilité de mouvement. Tel est le cas des os du crâne et de la face (fig. 97 et 99), engrenés au moyen des dentelures de leurs bords qui se correspondent exactement et s'emboîtent les uns dans les autres, d'où résultent des articulations très solides et absolument immobiles.

Les Muscles

Constitution des muscles (3). — Tandis que les os ne sont que des organes passifs, les muscles sont au contraire des organes actifs, c'est-à-dire que ce sont eux qui impriment le mouvement aux premiers.

On entend par *muscles* ces masses de couleur rouge ou blanche qui constituent la chair des animaux, et que tout le monde a pu observer dans les espèces qui servent à notre nourriture. Ils présentent, d'une espèce à l'autre et dans les différentes régions du corps d'un même animal, une infinie variété de formes et de dispositions ; mais tous se composent essentiellement d'une partie charnue, plus ou moins allongée, ordinairement renflée vers le milieu, parfois aplatie en lame, et terminée à chaque extrémité par un *tendon*, lequel se distingue nettement du corps du muscle par sa couleur d'un blanc nacré, son aspect fibreux et sa grande résistance (fig. 105, *g*). Les deux tendons d'un même muscle s'attachent à des os différents, et y sont si solidement fixés, qu'on les déchire plutôt que de les en arracher.

Propriétés physiologiques des muscles : élasticité, tonicité, contractilité. — Les propriétés princi-

(1) Du grec ἀμφὶ, de part et d'autre, et ἄρθρωσις, articulation ; c'est-à-dire qui tient des deux autres sortes d'articulations.

(2) Du grec σύν, marquant le rapprochement, et ἄρθρωσις.

(3) Pour la structure histologique des muscles, *voy*. p. 102 et suiv.

pales des muscles sont au nombre de trois, à savoir : l'*élasticité*, la *tonicité*, la *contractilité*.

Élasticité musculaire.

Les muscles sont *parfaitement* élastiques, c'est-à-dire qu'après avoir diminué de longueur ils reviennent complètement à leur dimension primitive. Mais ils sont, par contre, *faiblement* élastiques, ce qui veut dire que leur déformation, leur allongement, par exemple, est très facile à produire et la tendance à reprendre la position première peu énergique (1).

L'élasticité joue un rôle considérable dans la physiologie des conduits ou organes musculaires creux, comme l'œsophage, l'estomac et tous les autres. Après avoir été distendus par les aliments ou les liquides sécrétés, ils reprennent complètement leurs dimensions primitives.

Tonicité musculaire.

Tout muscle de la vie de relation est toujours, même en repos, dans un certain état de tension ; autrement dit, il ne réalise jamais complètement la forme qu'il offrirait si rien ne s'opposait à ce qu'il reprît celle qui lui est naturelle. C'est ce qu'il est facile de voir en coupant par le milieu un muscle des membres sur un animal vivant, une Grenouille, par exemple : les deux parties s'écartent aussitôt l'une de l'autre d'une notable longueur; ce qui prouve que ce muscle était dans un état d'extension permanente, autrement dit, qu'il tendait à rapprocher l'un de l'autre, d'une certaine quantité, ses deux points extrêmes. C'est à cette propriété, à cet état des muscles, que l'on a donné le nom de *tonicité*.

Celle-ci rend bien compte de la façon dont agissent les

(1) Des exemples vulgaires aideront à mieux saisir la valeur des qualifications qui viennent d'être employées pour caractériser la nature de l'élasticité musculaire.

Une balle de caoutchouc est *parfaitement élastique*, puisqu'elle revient complètement à sa forme sphérique après avoir été déformée par un choc; une bande de cuir épais est *imparfaitement élastique*, car après avoir été ployée elle ne revient pas complètement à sa forme première ; une lame d'acier est *fortement élastique*, c'est-à-dire qu'elle revient avec une grande énergie à sa forme normale aussitôt qu'on l'abandonne à elle-même après l'avoir fait fléchir; un tissu de laine est *faiblement élastique*, c'est-à-dire qu'il revient lentement à sa forme ordinaire après qu'on l'a étiré.

muscles qui ferment certains orifices naturels, anal, vésical, et qu'on appelle *sphincters*. Ils ne sont pas comme on pourrait le croire au premier abord en état de contraction permanente, mais de tonicité, dont ils se relâchent sous l'influence de la volonté.

Contractilité musculaire.

La propriété essentielle des muscles est la *contractilité ;* c'est-à-dire, qu'ils peuvent revenir sur eux-mêmes, se raccourcir, par conséquent : ce qui, on le comprend, détermine le déplacement des os auxquels ils s'insèrent. Pendant sa contraction, le muscle devient plus gros et plus dur, phénomène qu'il est facile de constater en regardant son bras nu ou en le serrant avec la main pendant la flexion de l'avant-bras sur le bras, déterminée par la contraction du muscle biceps (fig. 105, *e*).

Action du système nerveux sur la tonicité et la contractilité musculaires. — La tonicité musculaire est sous la dépendance du système nerveux, car si l'on coupe le nerf moteur qui se distribue au muscle, celui-ci devient mou et flasque, comme s'il était devenu tout à coup trop long.

La contractilité est également toujours placée sous l'influence du système nerveux, de telle sorte que, si l'on vient à couper un cordon nerveux, tous les muscles auxquels il se distribue deviennent inertes, paralysés, c'est-à-dire incapables de se contracter. Mais il s'en faut que tous les muscles soient sous la dépendance de la volonté.

Les uns, *muscles de la vie animale* ou de *relation*, obéissent à cette force supérieure : tels sont ceux de nos membres. Les autres, *muscles de la vie organique* ou *végétative*, ne sont pas soumis à la volonté, mais agissent sous l'influence de ce qu'on appelle les actions réflexes, qui sont, toutefois, sous la dépendance du système nerveux, et que l'on étudiera au Chap. XIII. Les muscles de cette catégorie sont tous ceux qui entrent dans la structure des viscères, intestin, cœur, etc.

La structure de ces deux sortes de muscles n'est pas la même ; elle a été indiquée au Chap. II, pages 45 et suivantes. Leur contraction offre également des caractères bien différents : chez les premiers, elle est rapide, instantanée; chez les seconds, au contraire, elle se produit avec lenteur, à l'exception toutefois du muscle cardiaque, qui bien que soustrait à l'action de la volonté offre la structure des premiers et se contracte comme eux.

Effets de la contraction musculaire : étude des phénomènes physiques et chimiques qui l'accompagnent. — 1° *Signification du bruit ou ton musculaire;*

2° *tout muscle qui travaille est le siège d'une active combustion s'opérant aux dépens des hydrocarbures fournis par les aliments ;*

3° *pendant sa contraction, le muscle, d'alcalin qu'il était, tend à devenir acide ;*

4° *explication de la rigidité cadavérique.*

Phénomènes physiques.

En auscultant avec soin un muscle pendant sa contraction on perçoit un certain bruit, dit *bruit* ou *ton musculaire*. Il est dû à des secousses ou vibrations qui se produisent dans le corps du muscle, et qui paraissent répondre à autant d'excitations successives opérées par la

---

*** Les Organes locomoteurs et la locomotion dans la série animale.**

Les Invertébrés sont dépourvus de squelette osseux. S'il est vrai que leur corps présente des parties résistantes, destinées à protéger les organes plus délicats et à servir de point d'attache aux muscles, c'est presque toujours le fait d'un squelette extérieur et non pas interne comme celui des Vertébrés.

Les Protozoaires ont fréquemment leur corps gélatineux soutenu par des pièces calcaires ou siliceuses, souvent fort régulières et de la plus rare élégance (Foraminifères, Radiolaires, fig. 20).

Les Cœlentérés présentent de même des parties siliceuses, calcaires ou fibreuses, dont les dispositions sont extrêmement variables. L'éponge usuelle si employée pour

volonté ou les agents matériels, tels que l'électricité, auxquels on a recours pour maintenir le muscle contracté.

Phénomènes chimiques. Des phénomènes chimiques importants se passent dans tout muscle qui se contracte. La nutrition s'y fait avec un redoublement d'énergie, le sang y arrivant avec plus d'abondance ; il est alors le siège d'une active *combustion*, comme le montre la couleur noirâtre du sang qui en sort. Les éléments de cette combustion lui sont fournis par le sang et consistent principalement en hydrocarbures et non pas en substances albuminoïdes. Les aliments féculents et gras sont donc de beaucoup les plus propres à entretenir la force et l'activité musculaire, et par là même la chaleur animale, dont la contraction musculaire est l'une des sources principales. Le résultat de cette combustion est représenté par quelques produits azotés, tels que créatine, créatinine, acide urique, mais surtout par une substance hydrocarbonée, qui est l'acide lactique ($C^6 H^6 O^6$) ; la conséquence finale est de l'acide carbonique, qui colore en noir le sang provenant des muscles en activité.

Ces substances s'accumulent dans le muscle, leur élimi-

---

la toilette ou à d'autres usages, n'est, en somme, que le squelette d'un Spongiaire, dépourvu des parties molles qu'il soutenait chez l'animal vivant. D'autres Zoophytes, les Méduses, les Siphonophores, ont le léger édifice de leur corps soutenu par quelques pièces comme cartilagineuses. Le Corail, les Madrépores offrent une sorte de squelette pierreux très solide, qui leur forme une loge ou un support.

Les Échinodermes ont, pour la plupart, le corps protégé par un test fort résistant, composé d'un très grand nombre de petites pièces calcaires encastrées les unes dans les autres (fig. 15).

Les Vers n'offrent, en général, aucune disposition qui mérite le nom de squelette; la surface de leur peau présente simplement une couche extérieure plus résistante, sorte de vernis ou d'épiderme qui recouvre tout leur corps.

nation n'étant pas aussi rapide que leur production. Le muscle qui était alcalin pendant le repos, offre maintenant une réaction *acide*, due précisément à la formation de l'acide lactique; il perd alors sa souplesse, devient dur et même douloureux. Quelques instants de repos remédient à cet état pénible, en permettant aux matériaux de désassimilation de partir, entraînés par le sang, et à l'état normal de se rétablir.

A la mort, les acides qui se forment dans les muscles n'étant plus emportés par le sang, déterminent la coagulation d'une substance albumineuse normalement tenue en dissolution dans le muscle, la *myosine;* alors tous les muscles deviennent durs et produisent ce qu'on appelle la *rigidité cadavérique*. Cet état se manifeste d'une à sept heures après la mort, et se prolonge plus ou moins

---

Les Arthropodes, au contraire, ont un squelette extérieur très développé; il est formé par la partie superficielle de la peau, dans laquelle s'est déposée une substance particulière rappelant la corne et appelée *chitine* (1); souvent à celle-ci se trouvent associées, par exemple, chez les Crustacés, des matières calcaires, lesquelles donnent à cette enveloppe une grande résistance. Cette structure permet à la peau ainsi modifiée de protéger efficacement les organes délicats qu'elle renferme, de fournir de solides points d'appui aux muscles et des surfaces articulaires résistantes aux membres qu'elle supporte. De cette sorte de carapace partent des prolongements, qui s'enfoncent dans l'intérieur du corps et y forment des cloisons et des loges qui protègent les organes et donnent attache aux muscles.

Ce squelette extérieur est divisé en un nombre variable de segments, anneaux ou zoonites, qui tantôt restent distincts et très reconnaissables, tantôt sont confondus entre eux de sorte que leurs limites ne se voient plus. Il en est ainsi pour la tête des Insectes, laquelle semble formée d'une seule pièce, constituant un bouclier solide, bien qu'en réalité elle

(1) Prononcez *kitine;* du grec χιτών, tunique.

longtemps, jusqu'à ce qu'un commencement de putréfaction vienne liquéfier ce coagulum.

Phénomènes organiques de la contraction musculaire. — 1° *La contraction répétée d'un muscle a pour conséquence son augmentation de volume ;*

2° *circonstances qui font varier la force de contraction musculaire ;*

3° *aucun muscle ne peut rester dans l'état de contraction d'une façon permanente ;*

4° *ce qu'on entend par sens musculaire.*

Une conséquence physiologique de l'augmentation de l'activité nutritive dans le muscle qui se contracte, c'est le *développement* progressif de cet organe. Tout le monde sait, en effet, que plus un muscle travaille, plus il

---

se compose de plusieurs segments, mais intimement unis les uns aux autres. Au contraire, ceux de l'abdomen restent parfaitement distincts et mobiles, réunis entre eux par des membranes, lesquelles leur permettent de jouer les uns sur les autres et même de s'emboîter plus ou moins complètement à la façon des tubes d'une longue-vue.

De semblables considérations s'appliquent aux Crustacés, chez lesquels on voit même la tête et le dessus du thorax ne former qu'une carapace continue, tandis que l'abdomen reste bien nettement segmenté (fig. 9).

Les Mollusques, enfin, ont presque tous une coquille calcaire, qui les enveloppe plus ou moins complètement ; quelques espèces des plus élevées, les Céphalopodes, ont un rudiment de squelette intérieur, représenté par une pièce cartilagineuse qui occupe la région céphalique.

Locomotion chez les Invertébrés.

Les modes de locomotion chez les Invertébrés sont extrêmement variés. Il est impossible d'entrer ici dans les détails nombreux que comporterait cette étude, en passant des Protozoaires, qui progressent en émettant de leur corps des prolongements filiformes (pseudopodes), lesquels, une fois fixés, leur servent à attirer le reste du corps, jusqu'aux Insectes pourvus d'ailes, lesquelles leur permettent la vie aérienne, en passant par les Puces et les Podures, qui pro-

devient gros, comme les bras des boulangers et des gymnasiarques en offrent des exemples frappants.

Quant à la *force* de la contraction musculaire, elle varie : 1° selon l'énergie de l'excitant, que celui-ci soit physique ou chimique, comme dans les expériences faites sur l'animal, ou qu'il soit remplacé par la volonté. On sait que dans certains moments la force de l'Homme est plus que doublée, par exemple en présence d'un danger pressant ; 2° selon l'état du muscle au moment de sa contraction : plus son alcalinité décroît, plus il perd de son aptitude au travail.

Une loi, à laquelle n'échappe aucun muscle, veut qu'un *temps de repos* succède promptement à la contraction musculaire. Le cœur lui-même, dont l'action paraît incessante, a un moment de repos entre deux mouvements de

---

gressent par bonds, les Vers qui ne savent que ramper, et les Crustacés si bien pourvus de rames pour la natation.

Les Vertébrés ont tous le squelette établi sur les mêmes bases que celui de l'Homme, mais présentent dans les détails une infinie variété.

Les *Poissons* n'en sont pas absolument tous pourvus : le plus dégradé d'entre eux, l'*Amphioxus*, n'en a pas. Le squelette commence à apparaître chez les Lamproies, sous la forme de quelques pièces cartilagineuses. Les Squales n'ont qu'un squelette cartilagineux, d'ailleurs bien développé. Mais chez le plus grand nombre des Poissons il est osseux. L'ensemble du squelette est allongé, et en quelque sorte comprimé, afin d'offrir une moindre résistance à l'eau. En outre, les os des membranes sont très nombreux et disposés de façon à former de larges palettes ; bien plus, outre les membres antérieurs et postérieurs, représentés par les nageoires pectorales et abdominales, on voit des membres impairs, connus sous les noms de nageoires dorsale anale, caudale, qui sont autant d'organes locomoteurs (fig. 4). La queue est de beaucoup l'organe le plus important dans la progression des Poissons, les nageoires des membres servant plutôt à soutenir le corps de l'animal ou à changer la direction du mouvement.

contraction; et l'on peut voir par le petit tableau de la p. 140 qu'il se repose autant qu'il travaille. Si l'on contracte pendant trop longtemps un muscle quelconque, il en résulte une fatigue telle que, malgré tout, on est obligé de le laisser reposer; c'est ainsi qu'il est impossible de tenir le bras tendu plus de quelques minutes. Pour la même raison, la station debout devient à la longue plus fatigante que la marche : car, dans celle-ci deux systèmes de muscles sont mis alternativement en mouvement, à savoir, les extenseurs, qui portent la jambe en avant, et les fléchisseurs, qui la plient sur la cuisse, de sorte que, pendant que les uns agissent, les autres se reposent; au contraire, dans la station debout, les premiers se contractent, et d'une façon à peu près permanente, pour maintenir le corps en équilibre dans la position verticale.

Les muscles ne sont pas sensibles ou ne le sont que fort

Parmi les *Reptiles*, signalons les Serpents, pourvus d'un nombre de vertèbres considérable, à chacune desquelles à peu près s'articule une paire de côtes : ce sont ces dernières qui sont les agents les plus actifs de la locomotion; elles remplacent les membres qui ici font défaut. Dans la *reptation*, une partie du corps étant fixée et en quelque accrochée au sol au moyen des écailles de la peau du ventre, l'autre partie glisse par un mouvement de projection des côtes; cette partie se fixe alors par les écailles correspondantes, et la première s'avance à son tour; ces mouvements se reproduisant rapidement avec un changement de direction à droite et à gauche, l'animal semble onduler sur le sol sans effort.

Les *Oiseaux* offrent d'importantes modifications dans la structure même de leurs os. Ceux-ci sont très légers et ne renferment pas de moelle; mais leur canal est rempli d'air, qui leur vient des réservoirs aériens dont ces animaux sont pourvus (voy. p. 173). En outre, les os des membres antérieurs sont fort allongés, pour servir de rames aériennes.

Les *Mammifères* se rapprochent beaucoup de l'Homme par la structure de leur squelette, bien qu'on trouve dans les différents ordres de cette classe de très nombreuses par-

peu ; cependant ils possèdent une sensibilité d'ordre spécial, qu'on a appelée le *sens musculaire*. C'est en vertu de celui-ci que nous pouvons apprécier l'intensité de l'effort que nous accomplissons en contractant nos muscles, et par là évaluer, par exemple, le poids d'un corps que nous soulevons.

Physiologie des mouvements. — Quand on a étudié les os, les articulations et les muscles, on possède les éléments essentiels de la connaissance des divers mouvements que le corps et les membres peuvent exécuter. Quelle que soit la variété de ces mouvements, leur mécanisme se réduit en somme à la *théorie du levier*. On trouve en effet, dans la machine animale, les trois sortes de leviers que l'on décrit en physique.

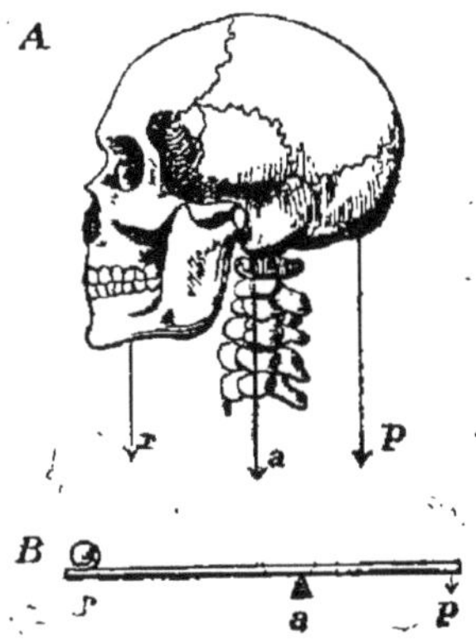

Fig. 106. — *A*, *B*, exemple d'un levier du 1er genre : *a*, point d'appui ; *r*, résistance, représentée par le poids de la tête, qui tend à tomber en avant ; *p*, puissance, représentée par les muscles de la partie postérieure de la tête.

Applications de la théorie du levier.

Le *levier du premier genre* ou *intermobile* (fig. 106), dans lequel le point d'appui se trouve entre la puissance et la résistance, trouve son application, par exemple, dans les mouvements de la tête, laquelle, appuyée par sa base sur la première vertèbre, est sollicitée par les muscles extenseurs à se porter en arrière, le poids même de la tête qui tend à tomber en avant, représentant la résistance.

---

ticularités secondaires, mais dont l'étude comparée sortirait du cadre d'un ouvrage élémentaire.

Adaptation des formes générales du corps et des membres au genre de vie des diverses espèces.

Les Vertébrés sont tous organisés d'après le *même plan*, c'est-à-dire que les différentes espèces de cet embranchement

Le *levier du second genre* ou *interrésistant* (fig. 107), dans lequel la résistance se trouve entre le point d'appui et la puissance, s'observe dans le mouvement de la marche : le pied pose par sa pointe sur le sol, c'est le point d'appui ; les muscles de la jambe qui s'insèrent près du talon, soulevant celui-ci et par là même le corps tout entier, sont la puissance ; le poids du corps, qui tombe sur le milieu du pied, constitue la résistance.

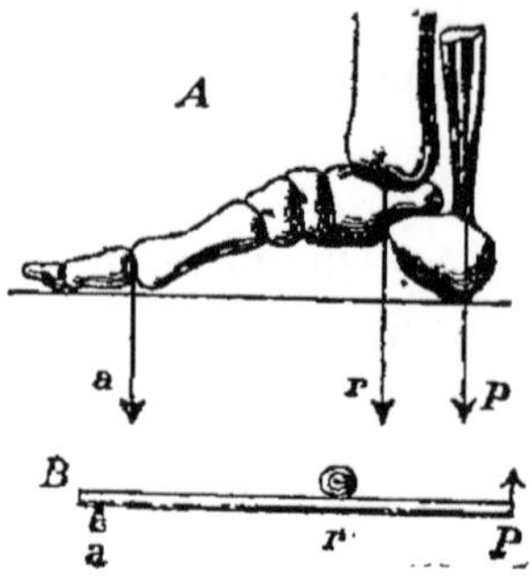

Fig. 107. — *A*, *B*, exemple d'un levier du 2e genre : *a*, point d'appui ; *r*, résistance (le poids du corps) ; *p*, puissance (muscles qui soulèvent le talon).

Le *levier du troisième genre* ou *interpuissant*, se rencontre très fréquemment. Ainsi, dans la flexion de l'avant-bras (fig. 105 et 108), le point d'appui est au coude ; la puissance est représentée par les muscles fléchisseurs

---

sont formées de parties correspondantes. Toutes ont un squelette composé des mêmes pièces fondamentales, un crâne, une colonne vertébrale, des côtes, etc. ; et à ce squelette sont rattachés des membres de structure comparable d'une espèce à l'autre.

Et cependant, leur forme prise dans son ensemble est très différente, si bien qu'un enfant sait reconnaître au premier coup d'œil un Mammifère, un Oiseau, un Reptile, un Poisson.

Ces modifications dans la forme générale sont en rapport avec le genre de vie des animaux.

Le Mammifère est fait pour la terre ferme, l'Oiseau pour l'empire des airs, le Reptile pour se glisser dans les endroits couverts, le Poisson pour flotter dans l'eau. Des milieux aussi différents demandent des modifications organiques correspondantes, on le comprend facilement. Et cela est tellement vrai, que si, par exception, un Mammifère, par exemple, habite un milieu liquide, il prend en même temps

qui s'attachent à l'avant-bras ; et la résistance, par le poids de la main.

Classification physiologique des muscles. — Eu égard à leur action physiologique, c'est-à-dire aux divers mouvements qu'ils font exécuter aux os, les muscles peuvent être répartis en cinq catégories :

Les *fléchisseurs*, qui amènent la flexion d'un os sur un autre, tels que ceux de la partie antérieure du bras.

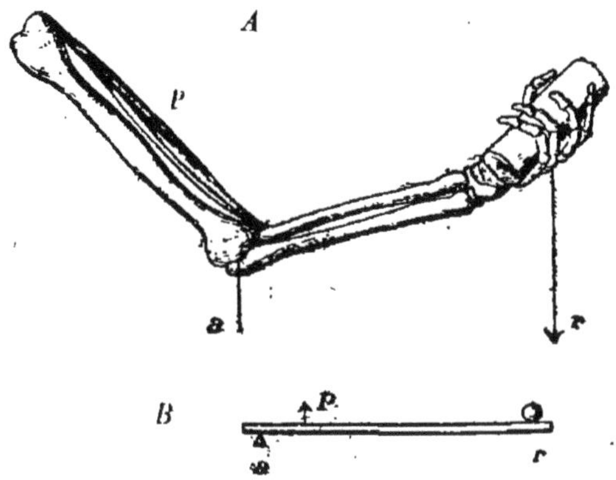

Fig. 108. — *A*, *B*, exemple de levier du 3e genre : *a*, point d'appui; *r*, résistance (poids de la main); *p*, puissance (muscles qui fléchissent l'avant-bras sur le bras).

Les *extenseurs*, qui agissent dans le sens contraire et ramènent les os à leur position première, comme ceux de la partie postérieure du bras.

Les *rotateurs*, qui déterminent les mouvements de rotation des os sur eux-mêmes, ceux, par exemple, que nous

---

la forme du Poisson. C'est ainsi que pour beaucoup de personnes ignorantes la Baleine est un Poisson : son corps allongé et comprimé sur les côtés, ses membres courts et puissants, en forme de nageoires, expliquent cette erreur.

De même la Chauve-souris, qui au lieu de marcher sur le sol, voltige dans l'air, a une organisation qui, à plus d'un point de vue, la rapproche de l'Oiseau.

Ainsi donc, bien qu'il soit établi que d'une façon générale l'organisation des différentes classes de Vertébrés soit la même si on la décompose pièce à pièce, on doit reconnaître en même temps, qu'elle se prête à des modifications de

exécutons soit en dehors, soit en dedans, avec la cuisse ou bras.

Les *abducteurs*, qui écartent les os de leur situation ordinaire en les portant en dehors ; tels sont les muscle situés à la partie externe de la cuisse.

Les *adducteurs*, qui les ramènent dans leur position première ou plus en dedans, comme le muscle pectoral, lequel attaché, d'une part, sur le thorax, va se fixer, d'autre part, à la région supérieure de l'humérus, et porte le bras au-devant de la poitrine.

On appelle *antagonistes*, les muscles dont l'action est réciproquement opposée : les fléchisseurs et les extenseurs

---

forme considérables, de façon à s'adapter aux conditions de vie si différentes dans lesquelles les diverses espèces doivent se trouver.

Pour atteindre ce but la Providence n'a pas eu à modifier profondément l'organisation animale, ni à créer le plus souvent des parties nouvelles : l'allongement ou le raccourcissement de tel ou tel organe, quelquefois la répétition d'une même partie, a suffi d'ordinaire pour déterminer ce résultat, les relations des parties entre elles étant rigoureusement conservées, de sorte que le plan organique ne s'en trouve nullement altéré.

La comparaison des *membres* dans les diverses classes des Vertébrés est particulièrement instructive pour éclairer le point de vue qui nous occupe.

Chez les Quadrupèdes, le Cheval, le Bœuf, par exemple, le squelette des membres est formé de plusieurs segments articulés les uns avec les autres, de manière à pouvoir exécuter seulement deux sortes de mouvements, ceux d'extension et de flexion, qui suffisent pour la marche.

Dans les Chauves-Souris, les membres antérieurs, bien que composés des mêmes pièces que ceux des espèces précédentes, ne servent que rarement à la marche, mais au vol. Pour cela les divers articles de ces membres ont acquis une longueur énorme, qui s'accentue à mesure qu'on se rapproche de l'extrémité libre, c'est-à-dire des doigts, lesquels se trouvent en outre réunis par une large membrane alaire.

d'un même os sont des antagonistes; de même les abducteurs et les adducteurs.

Divers modes de locomotion. — Les principaux modes de locomotion de l'Homme sont la marche, le saut, la natation, et l'art de grimper.

Dans la *marche*, le corps un peu penché en avant progresse en se balançant légèrement d'une jambe sur l'autre; chaque pied appuie successivement sur le sol, mais l'un ne se lève qu'après que l'autre s'est posé.

Dans la *course*, le corps est fortement penché en avant; l'un des pieds se lève au moment où l'autre va toucher le sol, de sorte que les deux pieds ne sont jamais posés par terre en même temps.

Chez les Oiseaux nous trouvons aux membres antérieurs et postérieurs les mêmes parties fondamentales que dans les Mammifères; mais, tandis que ceux-ci servent à la marche, ceux-là servent au vol. Aussi constate-t-on entre eux de notables changements dans leurs dispositions secondaires. Le membre antérieur ne s'est pas, comme celui de la Chauve-souris, considérablement allongé, surtout dans ses pièces terminales; ces dernières sont courtes, rudimentaires, et même ont diminué de nombre. Mais les longues plumes auxquelles elles donnent insertion remplacent avantageusement la membrane alaire des Chauves-souris.

Chez les Poissons les mêmes organes se retrouvent, mais courts et élargis, transformés en de véritables rames. Les os qui les constituent se sont beaucoup multipliés et forment de nombreuses séries de petites pièces correspondant à des doigts multiples. Des mouvements étendus ne peuvent se produire entre eux, mais leur faible dimension est rachetée par leur multiplicité, le moindre mouvement qui se passe entre ces os ayant pour résultat de déterminer un changement dans la direction suivie par l'animal.

Il ne serait pas difficile de multiplier les exemples de ce genre, et de montrer que les mêmes principes s'appliquent à la forme de l'extrémité des membres envisagés dans une même classe, la différence du genre de vie étant accompagnée de modifications organiques correspondantes.

Dans le *saut*, les deux pieds quittent simultanément le sol par un mouvement rapide, produit par la contraction subite des muscles extenseurs de tout le membre inférieur, et le corps s'élève à une certaine hauteur.

Dans la *natation*, le corps étant un peu plus lourd que l'eau s'enfoncerait, si l'on ne faisait quelques mouvements avec les membres, surtout au moment de l'expulsion de l'air de la poitrine. Pour nager, les talons sont rapprochés l'un de l'autre, les jambes fortement fléchies, les mains, appliquées l'une contre l'autre et rapprochées de la poitrine ; par un brusque mouvement de détente des membres antérieurs et postérieurs, le corps, de ramassé qu'il était, s'allonge en une ligne rigide, et fend l'eau facilement sous l'impulsion des pieds, auxquels elle sert de point d'appui, tandis que les mains se sont disposées de façon à couper la résistance qu'elle oppose au passage de la poitrine.

Dans l'action de *grimper*, les membres supérieurs

Ainsi pour celle des Mammifères, il suffira de rapprocher la patte du Chat et le pied du Cheval, la main du Singe et le pied du Bœuf.

Il en serait de même pour la classe des Oiseaux, si l'on vient à comparer la patte préhensile du Perroquet avec celle du Moineau, la serre de l'Aigle avec la patte de la Poule, la jambe de l'Échassier avec le pied palmé du Canard, les membres de chacun de ces animaux étant adaptés à des habitudes différentes. L'étude comparée du bec des Oiseaux donnerait lieu à des considérations de même ordre. On verrait ainsi que cet organe, recourbé en crochet dans les espèces carnassières, est court et conique chez celles qui se nourissent de graines; fin et allongé chez les Oiseaux qui vivent de baies ou de fruits pulpeux; long et dur chez ceux qui creusent les écorces des arbres pour y chercher des insectes; élargi en spatule et à bords dentelés pour ceux qui cherchent leur nourriture dans les eaux bourbeuses.

Et ainsi chaque organe pourrait être envisagé de cette façon et donnerait lieu aux mêmes considérations instructives et intéressantes. Aussi, comme conclusion de cette

prennent un point d'appui, après quoi le tronc et surtout les membres inférieurs se soulèvent; quand ces derniers ont trouvé à leur tour à s'appuyer, tout le corps remonte et les bras sont reportés plus haut, pour recommencer la même série de mouvements.

---

rapide revue comparative, devons-nous reconnaître que si la divine Providence a établi l'unité dans le principe, elle a singulièrement embelli son œuvre en la faisant varier à l'infini dans l'application.

CHAPITRE IX

LA VOIX

LES SENS : TOUCHER, GOUT, ODORAT

LA VOIX. Appareil de la phonation : larynx, cordes vocales, glotte. Formation des sons : voyelles et consonnes. — LES SENS. Considérations générales sur la sensibilité et les sens. La sensibilité générale et les sensibilités spéciales. Mécanisme des sensations.— LE TOUCHER. Structure de la peau et de ses dépendances : poils, ongles et glandes sébacées. Variété des sensations tactiles; rôle de l'habitude dans l'exercice du toucher. — LE GOUT. La langue, ses papilles et ses nerfs; conditions de la perception des saveurs; nature des sensations gustatives. — L'ODORAT. Les fosses nasales et la membrane pituitaire; conditions de la perception des odeurs.

LA VOIX

Appareil de la phonation. — La *voix*, qu'il ne faut pas confondre avec la *parole*, se rencontre chez un très grand nombre d'animaux. Elle rentre évidemment dans les fonctions de relation, puisque c'est surtout par son intermédiaire que l'animal manifeste ses passions, ses senti-

---

*** La Voix dans la série animale.**

La voix, quoique très répandue dans le règne animal, est loin d'être constante; en outre, nombre d'espèces font entendre des sons au moyen d'organes bien différents du larynx. Ainsi beaucoup d'Insectes, par le frottement de certaines parties de leur corps, déterminent des sons souvent très aigus : il suffit de rappeler le chant de la Cigale, du Grillon et d'un grand nombre de Sauterelles. Aussi, n'y a-t-il rien là qui mérite le nom de voix.

ments, qu'il fait gronder la menace ou communique sa joie à ses semblables. Chez l'Homme, la voix devenue la parole prend un bien autre caractère : elle traduit avec une délicatesse infinie de nuances ses moindres pensées ; elle le met de la façon la plus intime en rapport avec ses semblables.

On peut donc définir la *voix* : la production de sons modulés, servant de moyens d'expression et permettant aux animaux de communiquer entre eux. Définition de la voix.

On appelle *appareil de la phonation* (1) la réunion des Structure du larynx.

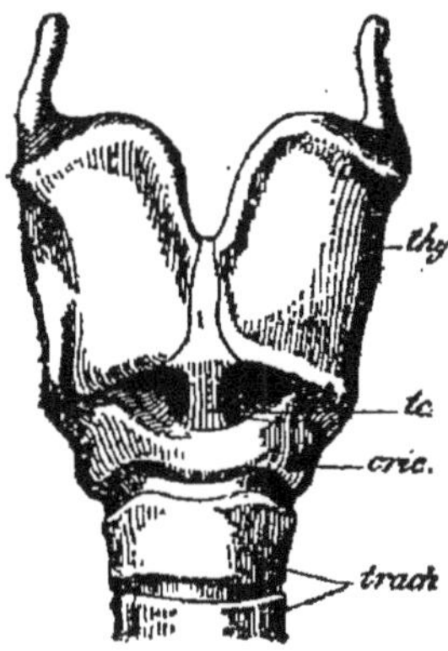

Fig. 109.

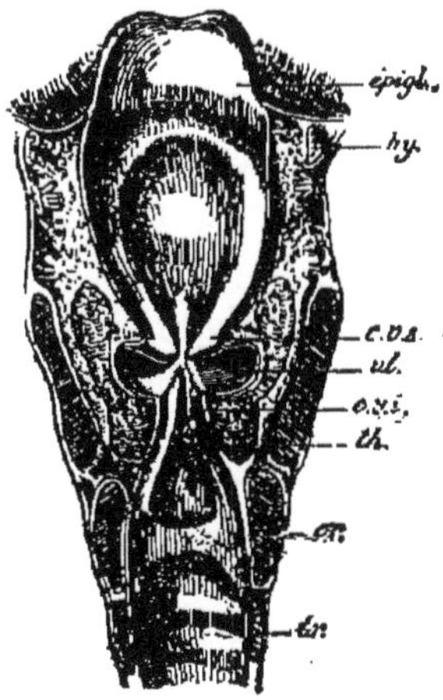

Fig. 110.

Fig. 109. — Le larynx vu par sa face antérieure ; *thyr.*, cartilage thyroïde; *cric.*, cartilage cricoïde ; *tc*, membrane qui relie ces deux cartilages; *trach.*, premiers anneaux de la trachée.

Fig. 110. — Le larynx vu intérieurement, sa moitié postérieure ayant été enlevée : *hy*, os hyoïde, sorte de demi-anneau qui passe au-devant du larynx et qui le soutient; *épigl.*, épiglotte; *v. l.*, ventricules du larynx; *th*, cartilage thyroïde; *cr*, cartilage cricoïde; *tr*, premiers anneaux de la trachée; *c. v. s*, cordes vocales supérieures ; *c. v. i*, cordes vocales inférieures.

organes qui concourent à l'émission de la voix. Considéré chez l'Homme, l'organe principal de la voix, le *larynx*, est

---

Les *Poissons* le plus souvent sont muets; certains d'entre eux cependant font entendre un bruit guttural plus ou

(1) Du grec φωνή, voix.

placé à la partie supérieure de l'appareil respiratoire et suspendu à l'os hyoïde, dont il suit les mouvements. C'est une sorte de tuyau cartilagineux, élastique, de forme à peu près pyramidale, et qui s'ouvrant dans le pharynx, se continue d'autre part avec la trachée. Il est formé de plusieurs pièces :

Le *cartilage thyroïde* (1), composé de deux parties qui se rencontrent à angle obtus en avant (fig. 109), et dont la saillie plus ou moins marquée forme ce que tout le monde connaît sous le nom de *pomme d'Adam ;* on le sent facilement sous la peau du cou s'élever et s'abaisser dans les mouvements de déglutition ;

Les deux *cartilages aryténoïdes* (2) (fig. 111, 112, *S*), situés en arrière du précédent, au-dessus du suivant; très mobiles, et susceptibles de basculer sur eux-mêmes, ils jouent un rôle considérable dans le fonctionnement du larynx ;

Le *cartilage cricoïde* (3), de forme annulaire (fig. 109), qui constitue la partie inférieure de l'organe.

---

moins fort, les Grondins, entre autres, qui doivent leur nom à cette particularité.

La plupart des autres Vertébrés ont un véritable appareil de phonation. Chez un grand nombre de *Batraciens* il est fort compliqué : tantôt il produit un son argentin, harmonieux, et tantôt un fort coassement désagréable à l'oreille.

Celui des *Oiseaux* est double, et se compose d'un *larynx supérieur*, dont le rôle est très faible dans la production des sons, tandis que le *larynx inférieur* situé à la bifurcation de la trachée, a une structure très complexe, et sert à moduler ces sons admirables qu'un grand nombre d'espèces font entendre. Les Perroquets ont la remarquable faculté d'imiter la voix humaine; quelques autres Oiseaux la partagent avec eux, mais à un moindre degré.

(1) Du grec θυρέος, bouclier ; εἶδος, forme.

(2) Du grec ἀρύταινα, entonnoir ; εἶδος, forme.

(3) Du grec κρίκος, anneau; εἶδος, forme.

Le larynx est surmonté d'une lame cartilagineuse, l'*épiglotte* (fig. 110), laquelle peut s'abaisser et recouvrir son orifice comme un opercule au moment du passage du bol alimentaire, est tapissée d'une membrane muqueuse qui offre, de chaque côté, deux replis superposés, dirigés d'avant en arrière ; ceux d'un même côté sont séparés par un enfoncement, le *ventricule du larynx* (*v. l.*). Les deux replis supérieurs, improprement appelés *cordes vocales supérieures* (*c. v. s.*), ne sont que des pincements de la Cordes vocales

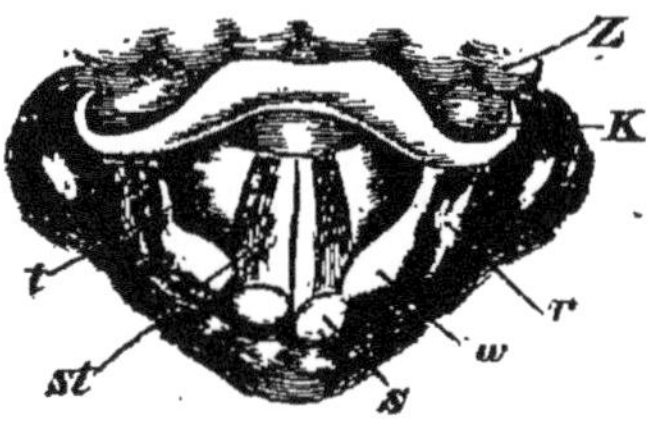

Fig. 111.

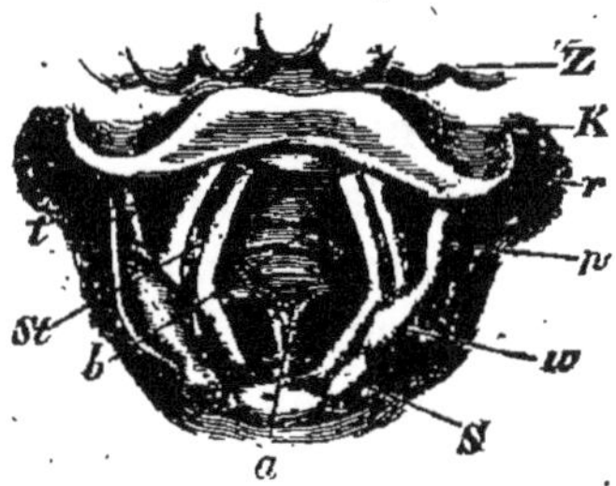

Fig. 112.

Fig. 111. — Le larynx vu d'en haut ; la glotte est fermée par le rapprochement des cordes vocales inférieures (*St*) ; *t*, cordes vocales supérieures ; *S*, cartilage aryténoïde, dont les mouvements amènent la tension des cordes vocales ; *w*, *r*, autres petits cartilages ; *K*, épiglotte ; *Z*, base de la langue.

Fig. 112. — La glotte largement ouverte, par suite de l'écartement des cordes vocales inférieures (*St*), et permettant d'apercevoir entre elles les anneaux de la trachée (*b*) et même la bifurcation des bronches (*a*) ; *p*, repli aryténo-épiglottique. — Les autres lettres ont la même signification que dans la figure précédente.

muqueuse, sans aucun rôle actif dans la phonation. Les deux inférieurs méritent seuls le nom de *cordes vocales*, (*c. v. i.*, et fig. 111, 112, *St*) ; car ce sont leurs vibrations qui produisent les sons. Elles constituent deux lames parallèles, à la fois fibreuses et musculaires, attachées en arrière

---

Chez les *Mammifères*, la voix est extrêmement variable, comme on peut s'en faire une idée en comparant celle de la Chauve-souris, si aiguë qu'on a quelque peine à la percevoir, à la voix si grave du Bœuf. Certains Singes ont une voix fort étendue : tels sont l'Orang-outang, le Gorille, et surtout le Singe hurleur. Chez les premiers, de larges

aux cartilages aryténoïdes, et limitent entre elles une étroite ouverture allongée d'avant en arrière, en forme de boutonnière, la *glotte*, qui, suivant le degré de tension des cordes vocales, s'élargit ou se rétrécit.

Formation des sons et de la parole ; voyelles et consonnes. — Sous l'action de l'air qui est chassé des poumons, les cordes vocales vibrent à la manière d'une anche et produisent des sons, lesquels varient suivant le degré de tension ou de laxité de ces replis, déterminé par les mouvements de bascule des cartilages aryténoïdes, sous l'influence de la contraction de plusieurs petits muscles, dont les uns sont *dilatateurs* et les autres *constricteurs* de la glotte.

En outre, suivant le sexe et l'âge, les cordes vocales sont plus ou moins longues : telle est la cause principale des différences qui existent entre la voix de l'homme, celle de la femme et celle de l'enfant.

Organes accessoires de la phonation.

Mais la voix ne sort pas toute formée du larynx; on peut dire qu'à ce moment elle est à l'état brut, informe : ce n'est qu'un son sans expression. Mais ce son va traverser le pharynx et la bouche, qui le modifieront considérablement. Sous l'influence des positions diverses prises par la langue, les joues, les lèvres, les arcades dentaires, le son émis par le larynx devient la voix proprement dite avec ses modulations infinies, la *parole*, en un mot.

La voix humaine ou la parole est formée d'une combinaison de sons articulés, dont chacun est représenté par une lettre. Les *lettres* se divisent, comme on sait, en *voyelles* et en *consonnes*.

Formation des voyelles.

Ce qui distingue les voyelles les unes des autres, c'est ce

---

cavités membraneuses communiquant avec le larynx s'étendent sur les côtes du cou et sur la poitrine; chez le dernier, l'os hyoïde forme une poche considérable, qui sert en quelque sorte de caisse sonore pour renforcer les sons.

Par contre, un certain nombre de Mammifères n'ont pas de cordes vocales, de sorte que le larynx ne peut servir à

qu'on appelle en physique le *timbre*, qui de l'une à l'autre est différent. C'est lui qui nous permet de distinguer les sons d'un violon, de ceux d'une harpe ou d'une flûte jouant ensemble les mêmes notes. Le timbre résulte de ce qu'un corps qui vibre, au lieu d'émettre un son simple, donne lieu presque toujours à un son complexe, formé de la réunion de plusieurs sons simples différant les uns des autres par la hauteur et l'intensité, c'est-à-dire, par le nombre et l'amplitude des vibrations. C'est à ces sons secondaires, formés d'un nombre de vibrations soumis à des règles mathématiques, que l'on a donné le nom d'*harmoniques*. C'est donc de la variété de ces dernières que dépend le timbre. Or, on a reconnu que les voyelles *a*, *e*, *i*, *o*, *u*, chantées sur une même note, ont des harmoniques différentes.

Quant aux *consonnes*, elles dépendent surtout des positions prises par les diverses parties de la bouche au passage de l'air expulsé des poumons et qui vient de traverser le larynx, en faisant vibrer les cordes vocales. On appelle *labiales* le *b* et le *p*, parce qu'elles sont articulées par les lèvres ; celles-ci s'écartent brusquement l'une de l'autre au moment où l'air est chassé par la bouche ; *dentales* le *d* et le *t*, parce que les dents se rapprochent au moment de leur prononciation ; *gutturales* le *g* et le *z*, qui semblent sortir de la gorge ; *nasales* l'*m* et l'*n*, parce que les fosses nasales participent à leur formation ; *palatale*, l'*i*, parce que la langue est obligée de s'appliquer par sa pointe contre le palais ; *sifflantes* ou *soufflantes* *c*, *f*, *j*, *r*, *s*, *v*, *x*, parce que ces consonnes sont produites par le frottement de l'air en quelque sorte soufflé contre les parois du larynx et de la bouche, de sorte que leur son peut par là même être prolongé à volonté. Formation des consonnes.

---

l'émission des sons ; les Cétacés : Baleines, Dauphins, etc., sont dans ce cas, et aussi certains Rongeurs (Porc-épic), beaucoup de Marsupiaux (Kanguroos). Cependant ces animaux peuvent émettre certains sons ou grognements, dus sans doute au seul frottement de l'air contre les parois de la gorge et de la bouche.

LES SENS

Considérations générales sur la sensibilité et les sens; mécanisme des sensations. — *Ce qu'on entend par sensibilité générale;*

les sensibilités spéciales et leur caractère particulier;

ce qu'on entend par excentricité ou extériorisation des sensations;

mécanisme des sensations.

Sensibilité générale.

Tout notre corps jouit d'une certaine sensibilité, répandue tant à sa surface extérieure que dans la profondeur de ses organes, et que pour cette raison on appelle la *sensibilité générale*. Mais les sensations fournies par les muqueuses pulmonaire, digestive, les muscles, etc., sont ordinairement très confuses, très vagues et ne prennent un caractère plus net que dans certaines lésions ou maladies, et peuvent alors se manifester avec une grande acuité. Aussi, peut-on dire que l'on est d'autant mieux portant que l'on sent moins ses organes intérieurs.

Les impressions résultant de l'exercice de la sensibilité portent le nom de *sensations*.

Sensibilités spéciales.

La sensibilité générale n'est pas la seule que nous possédions et qui nous permette d'entrer en rapport avec les objets qui nous entourent.

Notre corps est pourvu d'un certain nombre d'appareils, dans lesquels la sensibilité revêt des caractères spéciaux, et qui nous mettent en mesure d'apprécier bien plus complètement les qualités physiques des objets. Ces appareils s'appellent les *organes des sens*; ils sont au nombre de cinq : le *toucher*, le *goût*, l'*odorat*, l'*ouïe* et la *vue*.

Le premier ne diffère de la sensibilité générale que par une perfection, une délicatesse plus grande, localisée dans certaines régions déterminées, les mains, lesquelles, en outre, jouissent d'une grande mobilité, qui leur permet de se mouler sur les objets, pour en recevoir une impression plus complète.

Quant aux autres sens, malgré les caractères spéciaux qu'ils présentent, on peut les considérer comme des modifications du toucher; par eux, nous touchons les rayons lumineux, les ondes sonores ou les particules odorantes, comme la main touche la face extérieure des objets. Mais la sensibilité spéciale dont il sont les organes offre des caractères si particuliers, que les nerfs qui président à ces sensations ne jouissent plus de la sensibilité ordinaire commune aux autres nerfs : qu'on les coupe ou qu'on les déchire, il n'en résulte pas de la douleur, mais une sensation correspondant à la fonction à laquelle ils président. Ainsi dans la déchirure du nerf optique, auquel l'œil doit la faculté d'être impressionné par la lumière, il n'y a pas de douleur, mais seulement une sensation lumineuse; de même, toute action violente exercée sur le nerf acoustique donnera la sensation d'un bruit.

Excentricité des sensations.

Une autre particularité importante, c'est ce qu'on appelle l'*excentricité* ou *l'extériorisation des sensations*. On entend par là que la sensation produite par l'excitation d'un nerf en un point quelconque de son étendue, est reportée par notre conscience à la partie extérieure de notre corps, c'est-à-dire à la région où le nerf se termine. Ainsi, lorsqu'on se heurte vivement le coude de façon à comprimer brusquement le nerf cubital, c'est surtout vers l'extrémité du petit doigt que la douleur se fait sentir, car c'est en ce point qu'aboutit le nerf. Cela explique comment des individus amputés d'un bras ou d'une jambe se plaignent de douleurs dans ce bras ou cette jambe qu'ils n'ont plus : les impressions causées par les excitations s'exerçant sur le tronçon supérieur des nerfs de ces membres étant reportées vers la région où ils aboutissaient avant l'accident (1).

Mécanisme des sensations.

L'étude qui va suivre montrera que les organes des sens ne sont autre chose que des *appareils de réceptivité des*

(1) On distingue encore la sensibilité *inconsciente* de la sensibilité *consciente*. La première n'est pas perçue par notre moi, contrairement à la seconde. Dans celle-ci rentrent tous les modes de sensibilité dont il vient d'être question. La première, à laquelle il a déjà été fait allusion deux pages plus haut, et qui appartient en propre

impressions causées par les objets extérieurs ; que ce n'est pas en eux que réside la sensation, mais bien dans le cerveau, qui communique avec eux par l'intermédiaire des nerfs spéciaux.

Ainsi, dans toute sensation il y a trois choses bien distinctes : un *organe récepteur*, impressionné par les causes extérieures; un *nerf*, qui transporte l'impression ; le *cerveau*, qui la reçoit et qui est le seul organe où celle-ci soit perçue et devienne réellement *sensation*.

L'étude des nerfs et du cerveau viendra bientôt compléter ces premières données.

DU TOUCHER

Définition du toucher.

Structure de la peau. — Le *toucher* est un sens qui donne à l'Homme et aux animaux des notions sur la forme, le poids, le degré de consistance et de chaleur des objets.

Le siège du toucher étant dans la peau, il est indispensable, pour se faire une idée de son mécanisme, de connaître la structure de celle-ci.

La *peau* (fig. 113) se compose du derme et de l'épiderme).

Épiderme.

L'*épiderme*, formé de plusieurs couches de cellules, dont les plus superficielles sont très aplaties et semblables à de minces lamelles de corne (*a*), constitue une sorte de vernis destiné à protéger les parties profondes de la peau, lesquelles, en raison de leur vive sensibilité, ne pourraient se trouver en contact direct avec les corps étrangers sans qu'il en résultât de la douleur. Les cellules les plus profondes de l'épiderme sont, au contraire, molles et non plus cornées et aplaties ; elles forment le *corps muqueux* ou

aux organes de la vie végétative, ne diffère pas de celle que possèdent les plantes, comme Bichat l'avait fait observer. Ainsi, sans que nous en ayons conscience, notre estomac est sensible à la présence des aliments et sécrète le suc gastrique en proportion voulue; les glandes salivaires, au contact d'un corps sapide, sécrètent la salive, etc.

couche de Malpighi (*b*). Dans ces cellules se trouvent des granulations plus ou moins colorées, très noires chez le nègre, presque incolores chez le blanc, et qu'on appelle le *pigment*. Celui-ci existe donc dans toutes les races, et

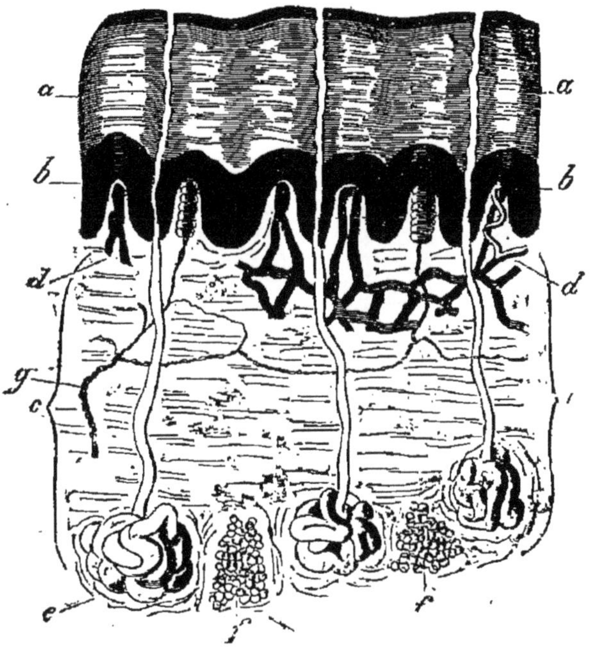

Fig. 113. — Structure de la peau ; *a*, cellules superficielles de l'épiderme; *b*, cellules profondes (couche de Malpighi); *c*, derme ; *d*, petits vaisseaux du derme formant des anses dans les papilles vasculaires ; *e*, glande sudoripare et son canal excréteur s'ouvrant à la surface de la peau ; *f*, pelotons graisseux du tissu cellulaire sous-dermique ; *g*, fibres nerveuses aboutissant à des corpuscules du tact.

n'est pas l'apanage exclusif du nègre. Lorsque la peau a été complètement détruite en un point du corps, ce pigment ne se reproduit pas, et les cicatrices deviennent blanches, même chez le nègre.

L'épaisseur de l'épiderme varie selon les régions du corps; c'est à la plante des pieds qu'il est le plus développé. Tout le monde sait que les gens qui se livrent aux travaux manuels l'ont bien plus épais à la paume des mains que ceux qui s'abstiennent de ce genre d'occupations.

L'épiderme est percé d'un grand nombre de *pores*, qui

peuvent presque se voir à l'œil nu dans les endroits où ils sont le plus nombreux, par exemple à la paume de la main où l'on en compte environ 300 par centimètre carré : c'est par eux que sort la sueur. D'autres orifices donnent passage aux poils.

Derme et corpuscules du tact.

Le *derme* (fig. 113, *c*), est formé d'un lacis de fibres de tissu conjonctif serrées, entremêlées de nombreux petits vaisseaux et de fibres nerveuses. Sa partie profonde offre

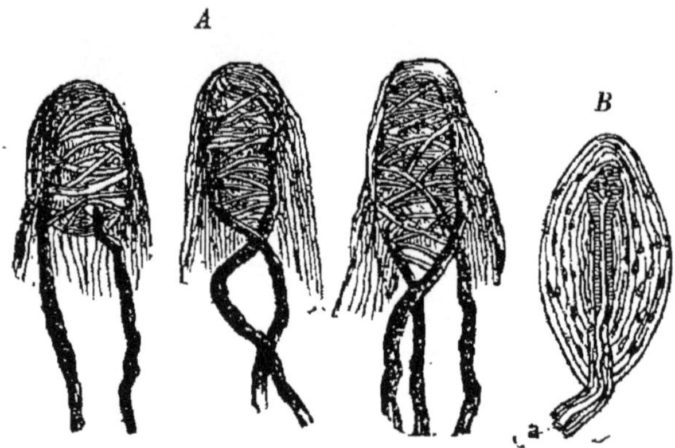

Fig. 114. — Papilles nerveuses du derme ; A, corpuscules du tact ou de Meissner. — *B*, corpuscule du tact, de structure différente (corpuscule de Pacini) ; *a*, fibre nerveuse qui y pénètre.

une structure plus lâche, aréolaire, dont les interstices, remplis de cellules graisseuses, forment une couche continue ou *pannicule graisseux*, qui acquiert chez certains animaux, surtout le Porc, une énorme épaisseur.

Si, après une brûlure qui a été assez intense pour boursoufler l'épiderme, on arrache celui-ci, la surface du derme se montre à nu, et paraît hérissée d'un très grand nombre de petits cônes ; ce sont les *papilles du derme*, dont les unes ne renferment que des vaisseaux capillaires (fig. 113, *d*), tandis que les autres contiennent l'extrémité de fibres nerveuses et sont les véritables organes de la sensibilité : on les appelle *corpuscules du tact* (fig. 113 et 114). On les trouve en plus grande abondance à la main et surtout à l'extrémité des doigts : on a compté plus de 100 corpuscules du tact sur un espace de deux millimètres carrés de la pulpe de l'index. Leur structure n'est pas partout la même : pour le plus grand nombre, elle consiste en une petite masse ovalaire de tissu conjonctif (*a*), autour de laquelle s'enroule une fibre nerveuse (1).

Annexes de la peau. — A l'étude de la peau se rattache la connaissance de certaines productions qui dérivent de l'enveloppe tégumentaire, comme les *poils*, les *glandes sébacées*, les *ongles*.

Poils

Les *poils* (fig. 115), qui forment un vêtement si épais à la plupart des Mammifères, sous les différents noms de crins, laine, duvet, etc., n'ont chez l'Homme qu'une importance bien moindre, et ne sont bien développés que dans un petit nombre de points. Il ne faut pas croire, toutefois, que la plus grande partie de la surface du corps en soit totalement dépourvue : partout, en effet, il en existe et de très nombreux ; mais ils sont si grêles, qu'on a quelque peine à les voir à l'œil nu : on leur donne alors le nom de *poils follets*.

Les poils sont sécrétés dans des enfoncements de la peau, sortes de sacs microscopiques, formés par le derme tapissé par l'épiderme, et qu'on appelle *follicules pileux* (fig. 115, *a*). Du fond du follicule s'élève une petite papille (*d*), à laquelle arrivent des vaisseaux capillaires chargés de la nutrition du poil. Quant au poil lui-même, il commence par une partie renflée, le *bulbe* (*b*), dans la partie inférieure duquel s'enfonce la papille précédente. Des fibres musculaires

(1) Chaque petite masse de tissu conjonctif est formée de cellules empilées comme des pièces de monnaies et appelées *cellules de soutien* ; entre elles pénètrent des renflements terminaux des cylindres-axes. (Voy. pour ces derniers p. 51.) Suivant qu'ils sont plus ou moins compliqués, on divise les corpuscules du tact en *corpuscules de Meissner* et *corpuscules de Krause*.

En outre, on trouve dans l'épaisseur du derme, dans le tissu sous-dermique, et même dans les muscles, le mésentère, etc., de gros corpuscules (*corpuscules de Pacini* ou *de Vater*, fig. 114, B), formés de plusieurs couches concentriques de tissu conjonctif, renfermant une cavité centrale où viennent aboutir des terminaisons nerveuses. Ils paraissent très sensibles à la pression ; leur rôle est peut-être prépondérant dans l'exercice du sens musculaire.

entourent la base du poil, se contractent sous l'influence de certaines impressions, notamment celle du froid, et font

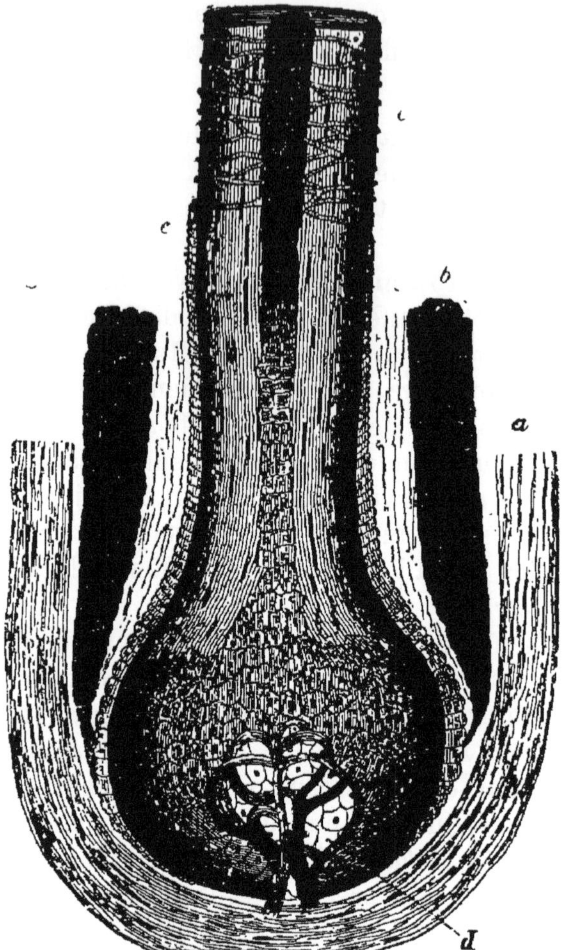

Fig. 115. — Structure d'un poil ou cheveu et de son follicule, grossis 800 fois ; *a*, *b*, derme et épiderme formant une dépression pour loger la base du poil ; *c*, couche corticale externe du bulbe ne dépassant pas l'orifice du follicule ; *d*, bulbe du poil, à la base duquel pénètrent les vaisseaux capillaires chargés de sa nutrition et y formant plusieurs anses ; *e*, couche corticale interne formée de cellules polygonales en bas, aplaties et très allongées plus haut, en manière d'écailles imbriquées, d'où résultent les saillies transversales qu'on y remarque. Enfin, au centre, se voit la moelle ou substance médullaire du cheveu, formée de cellules molles au niveau du bulbe, desséchées et pleines de petites bulles d'air dans la tige du cheveu; ce sont ces cellules qui donnent au cheveu sa couleur propre.

saillir à la surface de la peau les bulbes pileux, d'où résulte le phénomène bien connu sous le nom de *chair de poule.*

Au bulbe fait suite la tige du poil (c, e), laquelle est formée de petites cellules épidermiques comme imbriquées les unes sur les autres, limitant entre elles un espace occupé par d'autres cellules, qui forment la substance médullaire du poil et donnent à ce dernier la nuance qui lui est propre. Avec l'âge cette matière disparaît; elle est alors remplacée par de l'air, et les poils deviennent blancs.

Glandes sébacées.

Aux poils se rattachent les *glandes sébacées*, petites glandes en grappes situées dans le derme, presque toujours

---

Productions épidermiques chez les Vertébrés

Les **poils** des Mammifères ont la même structure fondamentale que ceux de l'Homme; mais ils présentent, d'une espèce à l'autre, des différences secondaires, qui permettent de ne pas les confondre entre eux. La toison du Mouton diffère de qualité suivant les races et les variétés; et le microscope peut les faire distinguer entre elles. Les poils de beaucoup d'espèces sont employés à diverses industries. Un certain nombre de Mammifères, surtout des régions les plus froides du globe, ont un poil d'une finesse remarquable en même temps que très serré, ce qui fait rechercher leur peau pour servir de fourrures.

Dans un grand nombre d'espèces, les poils de certaines régions du corps ont leur bulbe en rapport avec des terminaisons nerveuses, de sorte que le moindre ébranlement communiqué aux premiers se transmet à celles-ci. Il en résulte un appareil tactile d'une très grande sensibilité; les longs poils connus sous le nom de *vibrisses*, que les Chats et tous les félins offrent à la lèvre supérieure, présentent une semblable disposition.

Chez beaucoup de Mammifères, les quelques fibres musculaires qui ont été signalées dans le derme de l'Homme, à la base des bulbes pileux, deviennent une couche musculaire continue, qui occupe de grandes étendues et parfois enveloppe même à peu près tout le corps. Ces muscles *peauciers*, en se contractant, redressent les poils : c'est par ce moyen que le Porc-épic et le Hérisson relèvent leurs piquants, qui constituent leurs armes défensives.

autour de la gaine des poils, dans laquelle elles déversent une matière grasse, onctueuse, qui empêche ceux-ci d'être secs et cassants, et qui en s'étendant à la surface de la peau contribue à sa souplesse et à son imperméabilité.

Ces glandes existent partout, sauf à la paume des mains et à la plante des pieds ; elles sont surtout abondantes au nez, aux oreilles, à la poitrine et au dos.

Parfois, la matière épaisse des glandes sébacées ne s'écoule pas au dehors ; retenue dans les cæcums glandulaires, elle les distend et les transforme en une tumeur ou kyste, à la surface de laquelle se montre l'orifice du tube excréteur coloré en noir par les poussières atmosphériques ; on la désigne vulgairement sous le nom de *tanne*. La grosseur de ces kystes varie depuis le volume d'une tête d'épingle jusqu'à celui d'une tête d'homme.

Disons, en passant, que les *glandes mammaires*, chargées de la sécrétion du lait, ne sont autre chose, au point de vue de leur structure, que de volumineuses glandes sébacées.

Ongles. Les *ongles*, enfin, sont formés de cellules épidermiques disposées en manière de lamelles très serrées les unes contre

---

Il faut rapprocher des poils les *fanons* de la Baleine, sortes de grandes bandes cornées qui pendent de la mâchoire supérieure, et fournissent ces lames élastiques connues dans le commerce sous le nom de *baleines*.

Les **plumes** des Oiseaux naissent comme les poils des Mammifères, au fond d'un follicule. Elles commencent par un renflement, le *bulbe plumigène*, du pourtour duquel s'élève le *tuyau* de la plume, formé d'une matière transparente d'aspect corné. Sa cavité est occupée par ce qu'on appelle l'*âme* ou la *moelle* de la plume, substance légère, spongieuse, formée de cellules épithéliales. Au tuyau fait suite la *tige*, blanche et opaque, qui va en s'effilant jusqu'à son sommet. Dans les plumes de certains Oiseaux, et toujours dans celles qui constituent le *duvet*, il y a deux tiges portées par le même tuyau. La tige a sa face postérieure convexe, et sa face antérieure marquée d'un sillon dans

les autres, de façon à former une sorte de toit protecteur qui soutient la pulpe des doigts et permet de saisir facilement les plus menus objets.

Variété des sensations tactiles ; illusions du toucher. — Le toucher nous permet d'arriver à la connaissance d'un grand nombre de propriétés physiques des objets extérieurs, puisque, avec son aide nous apprécions leur forme, leurs dimensions, leur dureté et leur mollesse, leur degré de poli ou les aspérités de leur surface, et cela sou-

---

toute sa longueur. A l'endroit où celui-ci commence se trouve un *trou* en boutonnière, très étroit, par lequel l'air peut pénétrer dans le tuyau ou en sortir. Les côtés de la tige portent les *barbes*, formées de lamelles aplaties ayant la même structure qu'elle. Ces barbes présentent sur leurs bords de fins prolongements ou *barbules*, portant elles-mêmes à leur extrémité deux ou quatre petits crochets qui se prennent les uns dans les autres et qui en unissant les barbes entre elles leur donnent une bien plus grande résistance.

Chez certains Oiseaux, les Casoars, les tiges de certaines plumes manquent complètement de barbes, ce qui donne au plumage un aspect échevelé. Les plumes des Rapaces nocturnes et celles qui constituent le duvet de tous les Oiseaux manquent des petits crochets qui hérissent les barbules, de sorte que ces plumes sont beaucoup plus souples et soyeuses.

Les **écailles** des Tortues, celles des Reptiles, sont aussi des produits d'origine épidermique.

Les écailles des Poissons ne sont pas de même nature. On ne doit pas les considérer comme des produits épidermiques, mais comme des productions du derme. Elles diffèrent des poils par leur structure ainsi que par leur composition chimique.

Ajoutons que les griffes rétractiles ou non des Carnassiers, les sabots des Solipèdes et les onglons en nombre variable qui protègent les pieds des Ruminants, sont de même nature que les ongles de l'Homme.

Le **sabot** du Cheval se compose de quatre parties principales ; 1° la *muraille* ou *paroi*, constituant la plus grande

vent avec autant de certitude que si nous faisions usage de la vue. La main peut donc, dans bien des circonstances, suppléer l'œil.

On a voulu distinguer du *sens du tact*, qui nous fait reconnaître la forme et jusqu'à un certain point la nature des objets, un *sens de la température* et un *sens de la pression*, qui nous permettraient d'apprécier leur chaleur et leur poids. Il est plus simple de ne voir dans ces sensations que des manifestations différentes d'une même faculté. Il est certain que le chaud et le froid ne sont appréciables que par le sens du toucher, et que la pression

---

partie du sabot visible quand le pied est posé à terre ; elle a la forme d'un cercle dont la partie postérieure est rentrée en dedans ; 2° la *sole*, plaque cornée, épaisse, placée à la face inférieure du sabot en dedans du cercle de la paroi ; 3° la *fourchette*, masse cornée, logée vers la partie postérieure du sabot, entre les deux portions rentrantes de la paroi ; 4° le *périople* ou *bande coronaire*, disposé en cercle à la partie supérieure de la paroi.

Les **cornes** des Mammifères sont de deux sortes, les unes creuses et permanentes, les autres pleines et caduques. Ces dernières qui portent le nom de *bois* (Cerf, Chevreuil, etc.) ne sont pas des produits épidermiques, mais des prolongements des os frontaux, qui se détachent chaque année, pour repousser l'année suivante. Quant aux premières elles constituent des étuis qui engainent une apophyse osseuse du frontal, laquelle est l'analogue du bois caduc des Cerfs. Mais cette tige osseuse est recouverte d'un tissu dermoïde qui sécrète l'étui corné, lequel s'allonge à mesure que le premier s'accroît.

* Le sens du toucher dans la série animale.

Vertébrés. — Les organes au moyen desquels la sensibilité tactile s'exerce dans cet embranchement sont des plus variables.

Parmi les *Mammifères*, nous voyons que les Singes ont comme l'Homme l'extrémité des membres antérieurs disposée

qu'exercent sur notre peau les corps que nous soulevons, jointe à ce que nous avons appelé le sens musculaire (p. 237), nous aide à apprécier le poids de ces corps.

On a tenté aussi de considérer comme une propriété différente de la sensibilité ordinaire, la sensibilité à la douleur; mais cette distinction ne semble pas plus fondée.

Le toucher proprement dit ne s'exerce pas par simple contact; il faut, pour apprécier la configuration des objets, qu'ils soient saisis par plusieurs points à la fois : aussi la mobilité et la souplesse de la main, qui peut en quelque sorte se mouler sur eux, en font un admirable organe du toucher. Elle arrive, surtout par l'exercice, à une délicatesse incroyable, dont les aveugles donnent mille preuves surprenantes.

La finesse du tact appréciée à l'aide du compas.

Il s'en faut que toutes les parties du corps aient un égal degré de sensibilité. L'anatomie donne la raison de ces différences que l'on peut constater par une expérience bien simple. Si l'on applique simultanément sur l'avant-bras, par exemple, les deux pointes d'un compas dont les branches sont écartées de 4 centimètres, on sent deux

---

pour servir à la préhension et au toucher. Mais ces mains servant aussi à la marche, leur sensibilité doit en être moins parfaite. Chez un grand nombre de Singes la queue est prenante, c'est-à-dire susceptible de s'enrouler aux branches pour permettre à l'animal de s'y suspendre; son côté inférieur est nu et le siège d'une véritable sensibilité tactile. Le Cheval, le Bœuf, etc., se servent de leurs lèvres comme organes du toucher. L'Éléphant possède dans l'extrémité de sa trompe, qui n'est autre chose que son nez prodigieusement allongé, un organe de sensibilité très délicat. Il faut en rapprocher le museau de la Taupe, garni de nombreuses papilles nerveuses, et aussi le groin du Porc. La sensibilité tactile s'exerce chez les Carnassiers à l'aide des longs poils ou moustaches (vibrisses) qui hérissent leur lèvre supérieure; chacun de ces poils est en contact par sa base avec un corpuscule nerveux. Dans les Chauves-souris les membranes alaires possèdent des organes analogues.

Chez les *Oiseaux*, le siège principal de la sensibilité tac-

piqûres ; mais si l'on réduit l'écartement à 3 centimètres, les deux sensations se confondent en une seule. On concoit que, plus l'écartement étant faible, si les deux sensations causées par le contact des pointes du compas restent distinctes, plus la délicatesse de la sensibilité est grande dans la partie touchée. Or, à la pointe de la langue la sensation est encore double avec un écartement de 1 millimètre : c'est la partie du corps qui possède le tact le plus délicat ; à l'extrémité des doigts, il faut au moins un écartement de 2 millimètres. On constate par ce procédé que le dessus de la main est moins sensible que la paume, et que la peau du dos possède le tact le plus obtus, car la sensation y est encore unique avec un écartement de 4 à 6 centimètres.

Rôle de l'habitude dans l'exercice du toucher.

La perfection du toucher est surtout, on peut le dire, une affaire d'habitude ou, si l'on veut, d'éducation cérébrale. Nous rapportons sans hésiter à telle région particulière de la surface de notre corps la sensation dont elle a été le point de départ : mais nous n'arrivons à ce résultat qu'à force d'habitude. On peut admettre que le cerveau (1) apprend à connaître en quelque sorte toutes les parties de son domaine, tous les points sur lesquels il exerce son

---

tile, d'ailleurs très faiblement développée, se trouve dans la muqueuse qui recouvre le bec, la langue ou même les pattes (Perroquets).

Chez les *Reptiles*, la langue longue et déliée, souvent bifide, qu'ils dardent continuellement sur les objets voisins, doit évidemment être le siège principal de ce sens.

Les *Batraciens* ayant la peau nue, celle-ci semble devoir suffire à l'exercice de la sensibilité.

Les *Poissons* présentent de chaque côté de leur corps, à la limite du dos et des flancs, une ligne d'écailles dont chacune est creusée d'un petit canal qui aboutit à un appareil de sensibilité spéciale. On donne à cet organe le nom

(1) Évidemment quand nous disons « le cerveau » nous entendons le « composé » qui résulte de cet organe et de l'âme, sans laquelle il n'y a ni sensation, ni connaissance possible.

influence par le moyen des nerfs, de façon à s'en faire une image, une représentation intérieure.

On comprend par là même combien le rôle de l'habitude est considérable dans l'exercice du toucher. Une curieuse expérience le démontre clairement : si l'on fait rouler sous deux des doigts de la main, l'index et le médius, par exemple, rapprochés l'un de l'autre, une bille posée sur une table, il en résulte une sensation unique, bien que deux parties du corps soient en contact avec l'objet, de sorte que, même les yeux fermés, on reconnaît sûrement n'avoir qu'une seule bille sous les doigts. Mais si l'on vient à croiser le médius sur l'index et à recommencer l'expérience avec les deux doigts ainsi disposés, la sensation devient nettement double, de sorte que l'on croirait à la présence des deux billes, si la vue ne venait redresser le jugement formé dans le cerveau, qui se trouve mis en défaut par suite de ce mode de toucher tout à fait en dehors des habitudes journalières.

---

de *ligne latérale*. Nombre de Poissons possèdent encore d'autres organes tactiles, tels que des lèvres molles, des barbillons autour de la bouche, certains rayons des nageoires pectorales affectant une disposition spéciale.

Les **Mollusques** paraissent se servir surtout de leurs lèvres pour palper les objets ; les tentacules qui surmontent le front de certaines espèces semblent aussi doués d'une vive sensibilité tactile.

Dans les **Arthropodes** la sensibilité tactile a son siège principal dans les appendices qui entourent la bouche et qu'on appelle les palpes ; mais les antennes, notamment chez les Fourmis, partagent ce rôle.

Les **Vers** ont souvent leur corps hérissé de prolongements mous, en forme de tentacules, destinés sans doute à l'exercice de la sensibilité, à laquelle concourt d'ailleurs toute la surface de leur corps recouvert d'une peau molle.

Les **Cœlentérés** ont souvent l'orifice buccal entouré d'une couronne de nombreux tentacules, qui au moindre contact rentrent rapidement dans la cavité du corps, et paraissent être le siège de la sensibilité tactile.

DU GOUT

Définition et siège du goût.

Structure de la langue ; ses papilles gustatives et ses nerfs. — Le sens du *goût* nous donne la perception des *saveurs*.

Il a son siège dans la bouche, sur certaines parties de laquelle il est localisé. C'est ainsi que les joues, les lèvres ne le possèdent aucunement ; il paraît en être à peu près de même du palais, malgré l'opinion vulgaire qui attribue à cette région une grande délicatesse dans l'acte de la dégustation ; la langue, seule, semble destinée à cette fonction.

La *langue,* fixée par sa base à l'os hyoïde, est un organe charnu, doué d'une extrême mobilité, qu'elle doit à sa structure complexe, qui résulte de l'entrecroisement en tous sens de muscles nombreux. Sa surface est recouverte d'une membrane muqueuse, sur laquelle se voient une immense quantité de petites saillies ou *papilles*, que l'on a classées et désignées sous des noms particuliers, suivant leur taille et leur structure. Les trois principales sortes sont appelées *filiformes*, *fongiformes*, *caliciformes.*

Les papilles linguales.

Les *papilles filiformes* sont d'étroits prolongements cylindriques, souvent surmontés de pinceaux de cellules épithéliales ; très répandues sur tout le dos de la langue, elles sont encore plus nombreuses dans sa région médiane.

Les *papilles fongiformes* doivent leur nom à ce qu'elles rappellent l'aspect d'un champignon à tête renflée portée par un court support. Elles sont en réalité formées de plusieurs papilles recouvertes par une couche épithéliale commune. On les trouve disséminées sur les côtés de la langue.

Les *papilles caliciformes* ont la même structure que les précédentes, mais sont beaucoup plus grosses et aplaties ; en outre, elles sont enfoncées dans une dépression de la muqueuse, qui forme ainsi un bourrelet ou calice autour d'elles. Elles sont peu nombreuses, seize à vingt, disposées, à la base de la langue, en une sorte de V dont la pointe est dirigée en arrière.

Toutes ces papilles reçoivent des filets nerveux et servent à la sensibilité gustative. La langue est en effet très riche en nerfs.

Outre les *nerfs grand-hypoglosse* et *facial* (fig. 164), qui se rendent aux muscles de la langue pour présider à ses mouvements, cet organe reçoit des nerfs sensitifs, à savoir, le *nerf glosso-pharyngien* (19) et le *nerf lingual* (17), qui se distribuent, le premier à la base de la langue, le second à sa pointe, et pénètrent jusque dans les papilles linguales : c'est seulement à ces deux nerfs qu'est dévolu le rôle de recueillir les impressions gustatives.

Conditions de la perception des saveurs ; nature des sensations gustatives. — Toutes les parties de la langue ne jouissent pas au même degré de la sensibilité gustative : celle-ci est spécialement localisée à la pointe, aux bords et surtout à la base de l'organe, par conséquent au niveau des papilles caliciformes. En outre, ses différentes régions semblent destinées à apprécier des saveurs

---

* Le sens du goût dans la série animale.

Vertébrés. — Le sens du goût offre une perfection très variable suivant les classes. Chez les *Mammifères* il est généralement bien développé ; mais les espèces aquatiques paraissent faire exception : ainsi les Dauphins, Lamantins, Phoques, dont la langue est à peu près lisse, dépourvue de papilles.

Les *Oiseaux* ont une langue dure, revêtue d'une couche cornée et par conséquent peu sensible aux saveurs ; quelques-uns font exception, le Perroquet notamment, dont la langue est souple et molle. Les *Reptiles* et les *Batraciens*, malgré la mollesse de leur langue, souvent même bifide chez les premiers, ne semblent pas avoir le sens du goût bien développé. Dans les *Poissons* il paraît encore plus imparfait.

différentes : ainsi la région antérieure goûte surtout les corps sucrés, la base les corps amers. Il arrive même qu'une substance donnée présente un goût différent suivant qu'elle est en contact avec l'une ou l'autre de ces parties de la langue ; tel est l'alun, qui paraît astringent, acide, à la pointe, et qui, à la base, laisse un goût douceâtre.

Tous les corps ne sont pas nécessairement sapides; la condition indispensable, c'est qu'ils soient solubles. De là l'importance de la sécrétion salivaire, qui dissout les aliments, du moins en partie : une bouche sèche ne saurait apprécier les saveurs. D'ailleurs, la vue seule d'un aliment appétissant excite elle-même cette sécrétion, *fait venir l'eau à la bouche*, comme on dit avec une grande justesse.

Nature des sensations du goût.

La nature du sens du goût est en réalité bien peu connue. Est-ce simplement une sorte de toucher plus parfait, qui nous fait apprécier les saveurs ? C'est ce qui semble avoir lieu dans la dégustation de bien des substances (corps acides, farineux, etc.) n'agissant que par leur simple contact sur la muqueuse linguale, qui d'ailleurs, comme on l'a vu à l'article du toucher, possède une exquise sensibilité tactile. Cependant, il paraît y avoir dans l'appréciation des substances sucrées ou amères, quelque chose de plus qu'une simple modification du tact, en réalité un sens spécial, différent, par sa nature, du toucher ordinaire, et nous procurant des sensations dont celui-ci ne saurait nous donner aucune idée.

Rôle de l'odorat dans les sensations du goût.

Ajoutons que l'exercice du goût est à peu près inséparable de celui de l'odorat. Dans un rhume ou coryza, qui supprime le sens olfactif, les aliments nous paraissent insipides. Bien plus, il est de notion vulgaire qu'il suffit de

---

Invertébrés. — On connaît mal l'état de ce sens chez les Invertébrés. Les *Mollusques* paraissent le posséder à des degrés variables. Il est certain qu'il est assez parfait dans nombre d'*Insectes*, tels que les Hyménoptères (Abeilles), les Diptères (Mouches, Cousins) et bien d'autres. Les *Vers* (Sangsues) donnent des preuves non douteuses d'un sens gustatif bien prononcé.

se pincer le nez, c'est-à-dire de supprimer l'exercice de l'odorat, pour avaler sans répugnance les breuvages, les remèdes les plus désagréables.

DE L'ODORAT

Les fosses nasales et la membrane pituitaire. — Le sens de l'*odorat* a son siège dans le nez, et consiste dans la perception des odeurs exhalées soit par des gaz, soit par des corps solides ou liquides d'où se dégagent des particules extrêmement délicates, et qui, invisibles, flottent dans l'air. Définition de l'odorat.

Le *nez* se compose de deux cavités, les *fosses nasales* (fig. 43), creusées dans la face et débouchant dans le pharynx; elles servent d'entrée aux voies respiratoires. Sa charpente est formée par les deux *os nasaux* (fig. 97) qui s'articulent avec le frontal, et sont continués, en avant, par des cartilages doués d'une certaine mobilité, qui constituent la partie saillante de l'organe (*lobule* et *ailes* du nez); plus en arrière, la voûte nasale est formée par l'*ethmoïde*, tandis que le plancher repose sur les os de la mâchoire supérieure et du palais. La paroi externe présente des anfractuosités dues à des pièces osseuses recourbées, les Structure du nez.

---

* Le sens de l'odorat dans la série animale.

Vertébrés. — Chez les *Mammifères* ce sens est construit sur le même plan que chez l'Homme. Beaucoup d'entre eux semblent même l'avoir bien plus délicat. Tel est le Chien, notamment, capable de suivre à la piste, en flairant, les animaux qu'on lui fait chasser. Le nez de l'Éléphant, allongé en une grande trompe, ne sert à l'olfaction que dans la partie qui répond à la région olfactive des autres Mammifères.

Les *Oiseaux* paraissent médiocrement doués sous le rapport de l'odorat. L'entrée des narines consiste en une fente placée de chaque côté, vers la base des mandibules et recouverte ou non d'une écaille ou de quelques plumes.

cornets du nez, formant autant de gouttières dirigées d'avant en arrière et appelées les *méats du nez*, disposition qui a pour but d'augmenter l'étendue de la muqueuse qui recouvre toutes ces parties. Enfin, une cloison, cartilagineuse en avant, osseuse en arrière, celle-ci formée par la *lame verticale de l'ethmoïde* et le *vomer* (fig. 100, E. V), sépare les deux narines.

Les fosses nasales communiquent avec des cavités ou *sinus* creusées dans l'os frontal (fig. 100, *sf*), les maxillaires, le sphénoïde et l'ethmoïde ; enfin, tout à fait en arrière par l'intermédiaire d'un conduit appelé *trompe d'Eustache*, avec l'une des chambres de l'oreille (fig. 43 et 116, *R*).

Membrane pituitaire. Les fosses nasales sont tapissées par une muqueuse molle et très vasculaire, couverte d'un épithélium cylindrique à cils vibratiles, la *membrane pituitaire*. Une partie seulement de cette membrane sert à l'*olfaction ;* ce n'est même que dans une très faible portion que réside ce sens spécial, à savoir, celle qui occupe la résion la plus élevée de la cavité nasale ; et dans toute cette partie la muqueuse est dépourvue de cils vibratiles. Là, seulement, en effet, se distribue le nerf spécial de l'odorat, le *nerf olfactif*, qui venu du cerveau (première paire de nerfs craniens), traverse la voûte du crâne par les trous que présente l'os ehnoïde, et se ramifie dans cette partie de la muqueuse du nez.

Les *Reptiles* et *Batracieus* ne semblent pas avoir l'odorat bien développé ; leurs fosses nasales ont une très faible capacité.

Chez les *Poissons*, les orifices nasaux sont, comme chez les autres Vertébrés, placés, en général, à la partie antérieure de la tête, soit en dessus (la plupart), soit en dessous (Sélaciens). Le plus souvent (Poissons osseux), pour chaque narine il y a deux orifices placés l'un devant l'autre. Mais les fosses nasales terminées en manière de sac ne communiquent pas avec les voies respiratoires. Quelques Poissons cartilagineux (Cyclostomes) ont un seul orifice nasal.

Conditions de la perception des odeurs. La plus grande partie de la membrane pituitaire a seulement pour mission de sécréter une humeur, le *mucus nasal*, qui concourt à l'exercice de l'olfaction en entretenant les cavités nasales dans un état convenable d'humidité.

Lorsque cette sécrétion devient trop abondante, comme. par exemple, dans le coryza, improprement appelé rhume de cerveau, les odeurs ne sont plus perçues. Il en est de même quand une forte humidité est répandue dans l'air, ainsi pendant un brouillard épais ; par contre, une trop grande sécheresse nuit également à l'odorat.

Pour que les odeurs soient perçues, il faut qu'elles soient *respirées*. Cela est si vrai, qu'un corps odorant placé sous le nez et dont les particules remplissent l'air, ne produit aucune sensation si l'on ne fait pas de mouvement d'inspiration. De même, on peut projeter dans les cavités nasales un gaz odorant au moyen d'une seringue : il n'est nullement perçu si la respiration est suspendue pendant l'expérience. L'air même qui passe par le nez en revenant des poumons, ne laisse aucune impression olfactive.

Le sens de l'odorat est d'une extrême délicatesse, puisqu'on a calculé que deux millionièmes de milligramme de musc suffisent à l'exciter. Par contre, cette sensibilité peut s'émousser au point que des odeurs qui semblent d'abord trop fortes ou même désagréables, finissent par passer inaperçues. C'est pour la même raison que les personnes qui ont la mauvaise habitude d'user immodérément de parfums, sont entraînées à en augmenter continuellement

---

médian, lequel peut même s'ouvrir, d'autre part, dans la bouche (Myxines).

Invertébrés. — L'odorat paraît développé dans un grand nombre d'espèces ; mais le siège de l'organe est souvent fort difficile à établir.

Dans les *Mollusques Céphalopodes* il consiste en une paire de petites cavités situées sur les côtés de la tête, au devant des yeux. Dans les *Gastéropodes terrestres*, il occupe le sommet des tentacules rétractiles qui portent les

la dose, sous peine de ne plus les sentir. Mais il faut ajouter que, si le sens de l'olfaction perd promptement sa délicatesse, il la recouvre aussi vite : il suffit, en effet, de changer de milieu, de respirer pendant quelques instants un air différent, pour qu'elle lui soit complètement rendue.

---

yeux. Chez les *Gastéropodes aquatiques pulmonés* il consiste en deux fossettes situés à la base de ces mêmes tentacules.

L'odorat des *Articulés* est assurément bien développé; et les antennes paraissent en être le siège.

CHAPITRE X

L'OUIE

Constitution de l'Oreille. Oreille externe et membrane du tympan. Oreille moyenne : osselets de l'ouïe et trompe d'Eustache. Fonctions de ces parties. Oreille interne : vestibule, canaux semi-circulaires et limaçon. — Théorie de l'audition et fonctions des différentes parties de l'oreille interne. — Illusions du sens de l'ouïe. Importance de ce sens.

Structure de l'oreille. — L'*oreille* est l'organe au moyen duquel se fait la perception des sons et qui permet d'en apprécier les différentes qualités, telles que la hauteur, le timbre, l'intensité et la direction. Définition du sens de l'ouïe.

Le *son* paraît n'être autre chose qu'un mouvement de l'air produit sous certaines influences, mouvement qui se propageant à la façon des ondes circulaires déterminées par une pierre que l'on jette dans l'eau, vient frapper l'oreille ; d'où le nom d'*ondes sonores* donné à ces mouvements vibratoires de l'air.

L'oreille, destinée à recueillir les sons et à en être

*** Le sens de l'ouïe dans la série animale.**

Vertébrés. — La structure de l'organe de l'ouïe offre de grandes différences d'une classe à l'autre, mais surtout entre ceux qui vivent dans l'air (Mammifères, Oiseaux), et ceux qui vivent dans l'eau (Poissons), les conditions de la transmission des sons n'étant pas les mêmes dans ces deux cas.

impressionnée, comprend trois parties : l'*oreille externe*, l'*oreille moyenne*, l'*oreille interne*.

Oreille externe. **L'oreille externe** se compose de la *conque* ou *pavillon* et du *conduit auditif externe*.

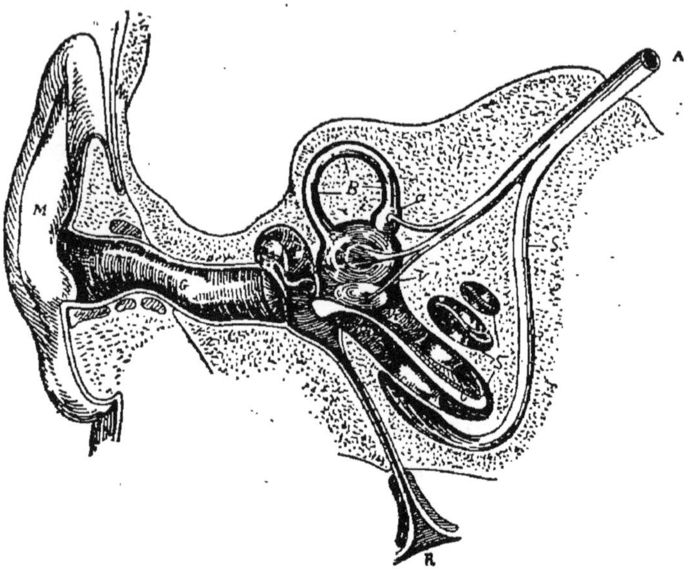

Fig. 116. — Structure de l'oreille ; *M*, conque ou pavillon ; *G*, conduit auditif externe, fermé en dedans par la membrane du tympan ; *P*, oreille moyenne avec la chaîne des osselets ; *R*, trompe d'Eustache ; *V*, vestibule ; *B*, l'un des trois canaux semi-circulaires (le seul visible dans le dessin) ; *S*, limaçon ; *C*, lame spirale, qui divise la cavité du limaçon en deux cavités secondaires ou rampes ; *Vt*, rampe vestibulaire ; *Rt*, rampe tympanique ; *A*, nerf acoustique, se divisant en deux branches principales, l'une, bientôt subdivisée en trois pour fournir trois rameaux aux canaux semi-circulaires, au saccule et à l'utricule, l'autre (*S*), destinée au limaçon.

Le *pavillon* (fig. 116, *M*) est essentiellement formé d'une lame cartilagineuse contournée d'une façon assez

---

Mammifères. — Les différentes parties de leur oreille sont établies sur le même plan que pour l'Homme. C'est chez eux seuls que l'oreille externe se trouve être bien développée. Le pavillon offre surtout de grandes dimensions

compliquée, présentant des replis et des enfoncements qui semblent destinés à amener les sons jusque dans le conduit auditif; cependant l'importance de cet organe n'est pas considérable, car son ablation totale chez l'Homme ne paraît pas nuire à la finesse de l'ouïe, mais plutôt à l'appréciation de la direction des sons.

Chez certains animaux, des muscles bien développés permettent au pavillon de se mouvoir en différents sens, pour aller en quelque sorte au-devant des sons. Ces muscles existent chez l'Homme, mais à un état très rudimentaire, et ce n'est que très exceptionnellement qu'ils sont assez développés pour pouvoir déterminer quelques mouvements de cet organe.

Le *conduit auditif* (*G*), qui fait suite au pavillon, est creusé dans l'os temporal et dirigé en dedans, en avant et un peu en haut. Il se trouve fermé à son extrémité interne par une membrane tendue obliquement, la *membrane du tympan* (1). Les parois de ce conduit contiennent des glandes sébacées sécrétant une matière grasse, épaisse, jaunâtre, le *cérumen* (2), qui empêche le dessèchement de la muqueuse, mais dont l'accumulation est nuisible à la délicatesse de l'ouïe. Son amertume extrême écarte les insectes qui tenteraient de s'introduire dans ce conduit; en outre, elle agglutine et retient les petits corps étrangers qui peu-

---

chez les espèces timides qui n'ayant pas d'armes défensives cherchent leur salut dans la fuite, comme les Chevaux, Gazelles, Lièvres, et qui par là-même ont besoin d'être avertis de loin de l'approche du danger. Chez les Chauves-souris il est fort compliqué et susceptible de fermer pendant le vol l'orifice du conduit auditif. Dans ces espèces et d'autres, qui ont leur pavillon en forme de cornet, des muscles le font mouvoir en différents sens pour lui permettre

(1) Nous ferons remarquer qu'un nerf qui se rend aux glandes salivaires est accolé à la face interne de la membrane du tympan; on l'appelle *corde du tympan*. (Voy. la fig. 164.)

(2) Du latin *cera*, cire. Prononcez cérumène.

vent y pénétrer et les empêche d'arriver jusqu'à la membrane du tympan.

Oreille moyenne.

L'oreille moyenne (P) est une espèce de chambre, que l'on a comparée, pour sa constitution et les fonctions qu'elle remplit, à un tambour. En effet, elle est séparée

Fig. 117.

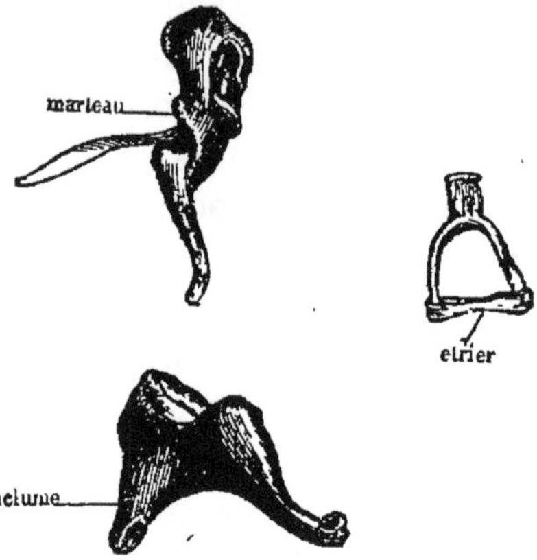

Fig. 118.

Fig. 117.— Chaîne des osselets de l'ouïe, très grossis : le *marteau*, avec sa longue apophyse osseuse, qui est appliquée contre la membrane du tympan ; l'*enclume;* l'*os lenticulaire ;* l'*étrier*, appliqué sur la fenêtre ovale.

Fig. 118. — Les osselets de l'ouïe isolés : *marteau, enclume, étrier*, surmonté du *petit os lenticulaire*.

de l'oreille interne par deux autres membranes, fermant chacune une étroite ouverture, la *fenêtre ovale* et la *fenêtre ronde*.

Cette caisse est traversée par un chaîne de petits os, auxquels leur forme a fait donner les noms de *marteau*, d'*enclume*, d'*os lenticulaire* et d'*étrier* (fig. 117 et 118). Le premier de ces osselets est appliqué sur la membrane

---

de mieux recueillir les sons. — Il manque chez les Mammifères fouisseurs (Taupe) ou aquatiques (Cétacés, Morses, etc.). Dans les Monotrèmes et la plupart des Marsupiaux, la chaîne des osselets de l'ouïe ou plutôt l'étrier offre une disposition qui rappelle celle des Oiseaux.

du tympan, le dernier sur la fenêtre ovale; les deux autres sont intermédiaires. De petits muscles insérés aux deux bouts de cette chaîne impriment des mouvements aux osselets qui la composent, et leur font exercer une traction suffisante sur les membranes avec lesquelles ils sont en contact, afin de mettre ces dernières dans l'état de tension voulu pour qu'elles puissent vibrer à l'unisson.

Ce petit appareil fait l'office de ces cordes de tambour que l'on serre au moyen de coulants, pour tendre les peaux de cet instrument. En outre, grâce à sa présence, les vibrations sont mieux transmises d'une membrane à l'autre, qu'elles ne le seraient par l'intermédiaire d'un milieu seulement gazeux.

Trompe d'Eustache.

Enfin, cette caisse est remplie d'air, lequel lui arrive et se renouvelle au moyen d'un conduit, la *trompe d'Eustache*, qui s'ouvre dans le pharynx, derrière les fosses nasales (fig. 43 et 116, *R*). C'est un canal étroit, dont les parois ordinairement rapprochées s'écartent par les mouvements de déglutition, de manière à permettre l'entrée ou la sortie d'une certaine quantité d'air, pour que la tension de ce gaz fasse équilibre à celui de l'extérieur. C'est souvent là, sans que nous nous en doutions, le but des mouvements de déglutition que nous faisons si fréquemment en dehors des repas.

L'oreille moyenne est enfin en relation avec des cavités celluleuses creusées dans l'os temporal (cellules mastoïdiennes, fig. 100, *co*), lesquelles également remplies d'air, paraissent être moins un organe de résonance, qu'un appareil permettant d'atténuer, en les répartissant sur un plus

---

Oiseaux. — Ils n'ont pas de pavillon acoustique, et leur membrane du tympan se trouve à fleur de tête. Leur oreille moyenne est bien développée; mais la chaîne des osselets se trouve fort réduite : l'enclume et le marteau n'existent pas et sont représentés par des parties cartilagineuses; quant à l'étrier il est remplacé par un petit stylet appelé la *columelle*, mais toujours en relation avec la fenêtre ovale.

grand espace, les effets d'un trop brusque changement de pression dans l'oreille moyenne.

Oreille interne. **L'oreille interne** est la portion la plus importante : car, tandis que les parties que l'on vient d'étudier servent seulement à recueillir, à conduire et renforcer les sons, c'est en elle seulement qu'ils viennent agir sur le nerf spécial chargé de transmettre au cerveau les impressions qui en résultent.

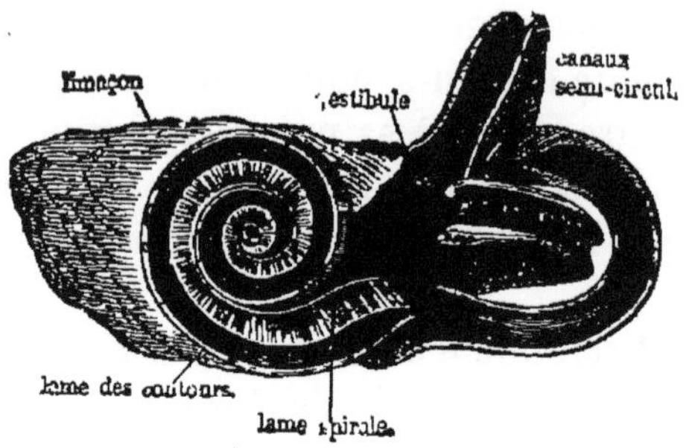

Fig. 119. — L'oreille interne ou labyrinthe osseux, dont les différentes parties ont été ouvertes et privées des parties molles qui les remplissaient : *vestibule*, *canaux semi-circulaires*, au nombre de trois ; *limaçon*, montrant sa paroi externe ou *lame des contours* et la *lame spirale* qui divise sa cavité en deux.

Elle se compose de trois parties principales, auxquelles leur complication a valu le nom de *labyrinthe*, lequel est, en somme, synonyme d'oreille interne : ce sont le *vestibule*, les *canaux semi-circulaires* et le *limaçon*.

Vestibule. Le *vestibule* (fig. 116, *V*, et 119), qui est séparé de l'oreille moyenne seulement par la fenêtre ovale, renferme

---

Dans l'oreille interne, le limaçon se trouve également simplifié.

Reptiles. — La structure de l'oreille de ces Vertébrés se rapproche beaucoup de celle des Oiseaux ; mais l'oreille moyenne est encore plus réduite, au point de manquer souvent complètement ou du moins de n'être plus représentée que par la columelle (Serpents).

Batraciens. — La simplification de l'organe de l'ouïe s'accentue chez ces animaux ; c'est ainsi que chez les espèces les plus inférieures de cette classe, l'oreille moyenne n'est représentée que par une plaque cartilagineuse ; en outre, deux petits sacs membraneux, le *saccule* et l'*utricule*, ayant chacun de 2 à 3 millimètres de diamètre, et communiquant l'un avec l'autre.

La cavité de chacun d'eux présente une tache blanche, formée d'une fine poussière calcaire, l'*otoconie* (1), au

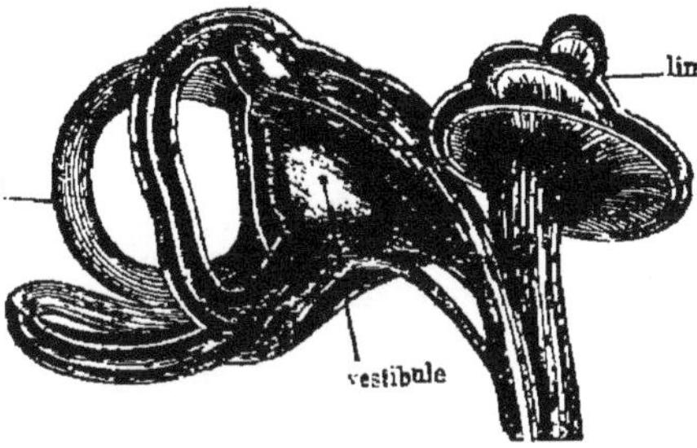

Fig. 120. — Oreille interne avec les parties molles qui remplissent ses cavités, ou labyrinthe osseux et membraneux : *vestibule*, *canaux semi-circulaires*, *limaçon*. (Cette figure est présentée sous un aspect différent de la précédente.)

niveau de laquelle s'épanouit le filet nerveux qui pénètre dans cette partie du vestibule. On y trouve, en outre, des cellules épithéliales surmontées chacune d'un long cil fragile et élastique, bien disposé pour transmettre aux terminaisons nerveuses sous-jacentes les vibrations que lui communiquent les liquides qui remplissent l'oreille interne.

Les *canaux semi-circulaires* (fig. 119, 120), au nombre de trois, sont de petits tubes recourbés en demi-cercles, réciproquement perpendiculaires l'un à l'autre : ils partent **Canaux semi-circulaires.**

---

il n'y a pas de fenêtre ronde. Les parties essentielles de l'oreille interne existent, mais le limaçon est rudimentaire.

Poissons. — Le son se propage beaucoup mieux dans l'eau que dans l'air, de sorte qu'avec un appareil acoustique très simplifié, les Poissons peuvent percevoir des bruits produits au loin et très légers. Ils n'ont ni oreille externe, ni oreille moyenne ; l'oreille interne seule existe, et encore le limaçon

(1) Du grec οὖς, ὠτός, oreille, et κονία, poussière.

tous du vestibule, et y reviennent à la fin de leur trajet, où ils offrent chacun une dilatation ou *ampoule*, pour déboucher dans l'utricule. Au niveau de chaque ampoule se voit une *crête auditive*, petite saillie plissée, pourvue de cellules épithéliales avec de longs cils rigides comme nous avons vu qu'il en existe dans le saccule et l'utricule.

Limaçon. Le *limaçon* (fig. 116 à 121), qui doit son nom à la ressemblance qu'il présente avec la coquille d'un animal vul-

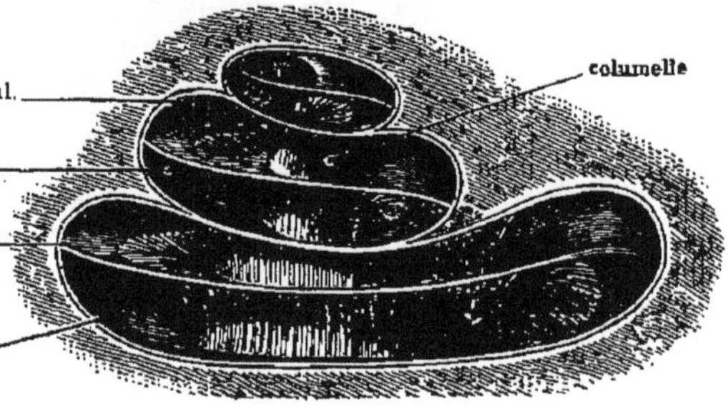

Fig. 121. — Le limaçon, dont on a enlevé une portion de la paroi externe ou *lame des contours*, pour montrer sa disposition intérieure : la *columelle* ou axe du limaçon, autour de laquelle tourne la *lame spirale*, qui subdivise sa cavité en deux autres, à savoir, la *rampe vestibulaire* et la *rampe tympanique*.

gaire, offre à son centre un *axe* ou *columelle*, qui est creux et occupé par un rameau important du nerf acoustique ; autour de la columelle s'enroule une spirale osseuse qui représente la paroi externe de la coquille, et décrit trois tours. La cavité de la spire est divisée elle-même par une cloison appelée *lame spirale*, osseuse en dedans, membraneuse en dehors, qui tourne également autour de la columelle et s'étend de celle-ci à la paroi du limaçon.

---

fait défaut. Chez un certain nombre la vessie natatoire concourt à l'audition, comme un organe de renforcement du son. Enfin, l'otoconie est remplacée par de volumineuses concrétions calcaires appelées *otolites* ou pierres de l'oreille.

MOLLUSQUES. Une paire de sacs membraneux ou *otocystes*, remplis d'un liquide aqueux, dans lequel est plongé un

La cavité du limaçon, l'espèce de tube contourné qu'il forme, se trouve donc subdivisée en deux tubes secon-

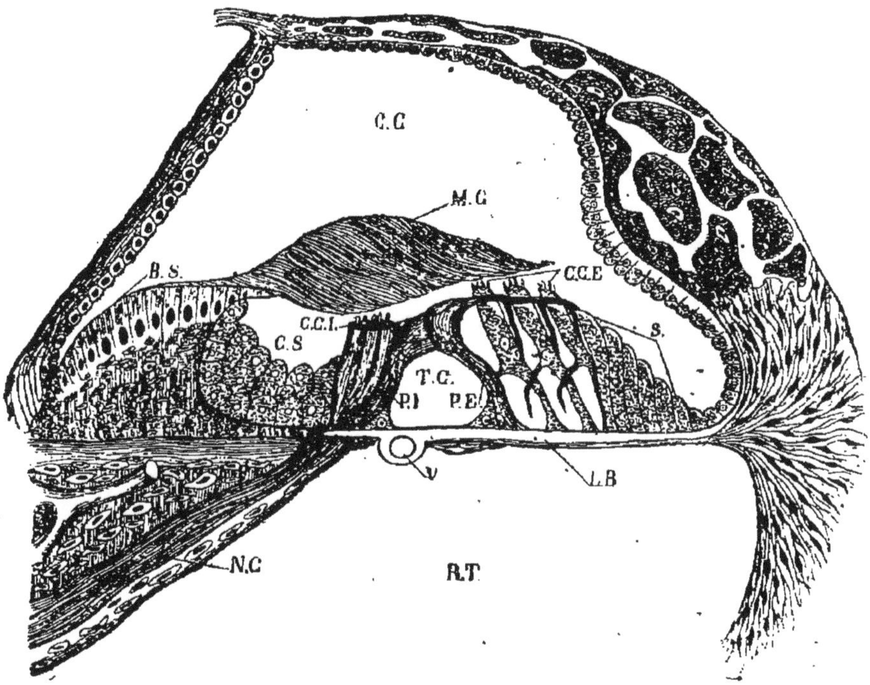

Fig. 122. — Le canal cochléaire coupé verticalement et les organes qu'il renferme (d'après Pouchet et Tourneux). *R V*, rampe vestibulaire ; *R T*, rampe tympanique ; *C C*, canal cochléaire, formé par un dédoublement de la portion externe de la lame spirale et limité par trois parois : une inférieure ou membrane basilaire (*L B*), une supérieure ou membrane de Reissner (*M R*), une externe, la paroi extérieure du limaçon ou lame des contours. Le canal cochléaire renferme la bandelette sillonnée (*B S*), qui se continue par la membrane de Corti (*M C*), le canal spiral (*C S*), le tunnel de Corti (*T C*), formé par les piliers internes (*P I*) et externes (*PE*), disposés en chevrons, de part et d'autre desquels sont de grandes cellules ou fibres radiales, surmontées de cils rigides (*C C I*, *C C E*), les externes soutenues par un appareil spécial (*S*) ; *N C*, nerf cochléen, branche terminale du nerf acoustique, gagnant la base des fibres radiales externes ou internes, à chacune desquelles il fournit une fibre nerveuse ; *V*, vaisseau compris dans l'épaisseur de la lame basilaire.

daires, suivant une direction parallèle, et appelés *rampes*. Les deux rampes communiquent entre elles sous la coupole

---

otolite auquel des cils vibratiles, qui tapissent la paroi de ces cavités, impriment un mouvement de tremblotement continu, constitue l'appareil de l'ouïe de ces animaux. C'est

du limaçon, tandis qu'à la base de celui-ci l'une se termine dans le vestibule (*rampe vestibulaire*, fig. 116, *Vt*) et l'autre s'ouvre un peu au-dessous dans l'oreille moyenne, par la fenêtre ronde (*rampe tympanique*, *Rt*).

La portion membraneuse ou externe de la lame spirale est formée de deux feuillets écartés l'un de l'autre, de façon à former un canal trièdre dont la paroi externe est formée par la paroi même du limaçon, et qui comme la membrane dont il est formé, décrit une spirale ; on l'appelle *canal cochléaire* (fig. 122, C. C.). Il loge des organes fort importants. En effet, sa base ou paroi inférieure, la *membrane basilaire*, offre dans une portion de sa surface un grand nombre de fibres rigides, les *fibres radiales* (CCI, CCE), dont la longueur va en augmentant de la fenêtre ronde au sommet du limaçon. Il en résulte que si l'on étendait cette membrane sur une surface plane, on aurait un triangle très allongé sur lequel seraient disposées des fibres de longueur progressivement croissante, c'est-à-dire, qui rappelleraient tout à fait la disposition des cordes d'une harpe.

Le canal cochléaire loge encore l'*organe de Corti* (T. C.), formé de 3.000 arcs environ, dont chacun est constitué par deux piliers, l'un interne (P. I.), l'autre externe, (P. E.), disposés en manière de chevrons, et auxquels on a attribué pendant longtemps les fonctions importantes qui paraissent plutôt dévolues aux fibres radiales de la membrane basilaire.

Les parties membraneuses de l'oreille interne (fig. 120) se moulent sur les parties osseuses qui les contiennent sans y adhérer intimement; elles en sont séparées par une

---

donc l'analogue d'une portion de l'oreille interne des Vertébrés.

ARTHROPODES. — Les *Crustacés* paraissent avoir ce sens très développé. Il est situé dans la base de la première paire d'antennes. Sa cavité renferme de petits graviers de nature étrangère jouant le rôle des otolites. Quelquefois cet organe

mince couche de liquide appelé *périlymphe* (1), tandis qu'elles mêmes sont remplies d'un autre liquide, l'*endolymphe* (2), dans lequel viennent flotter les nombreuses terminaisons du nerf acoustique.

Un nerf spécial, le *nerf acoustique* (fig. 116, *A*), venu du cerveau, pénètre dans l'oreille par un canal osseux, le *conduit auditif interne*, et se distribue à toutes les parties de l'oreille interne. C'est ainsi qu'il envoie des branches à l'utricule, au saccule et à chacun des canaux semi-circulaires; mais la portion principale est logée dans la columelle du limaçon, où elle se divise en une infinité de ramuscules, qui s'épanouissent sur la membrane basilaire. Nerf acoustique.

Théorie de l'audition et fonctions des différentes parties de l'oreille interne. — On ne doit pas confondre en acoustique, le *bruit* et le *son*. Le premier est le résultat de vibrations qui se mêlent sans régularité et forment un ensemble confus. Le *son musical* ou simplement le *son* résulte de vibrations régulières, dont notre oreille nous permet de percevoir les trois qualités fondamentales, à savoir: 1° l'*intensité* du son, qui dépend de l'*amplitude des vibrations*; 2° sa *hauteur*, qui varie avec leur *rapidité*, celle-ci pouvant être de 30 vibrations à la seconde, produisant le son le plus grave que l'oreille humaine puisse percevoir, et susceptible d'aller jusqu'à 75.000, en déterminant alors un son si aigu, qu'il est fort douloureux pour l'oreille; 3° enfin, le *timbre*, qui dépend, comme il a été dit au Chapitre de la voix, des sons secondaires ou *harmoniques*, qui accompagnent le *son simple* ou fondamental, en lui donnant ce qu'on peut appeler sa *couleur*. Bruit et Son

---

est logé dans la nageoire caudale (Mysis). Dans les *Insectes* son siège est incertain. On sait que chez les Orthoptères il se trouve soit à la partie postérieure du métathorax, soit

(1) Ou *liquide de Cotugno*.
(2) Ou *liquide de Scarpa*.

C'est par le timbre, en effet, que l'oreille distingue les moindres nuances de la voix et reconnaît telle où telle personne à la parole, sans que le vue intervienne.

Or, des parties différentes de l'oreille sont préposées, comme nous allons le voir, à la perception des sons et des bruits.

Rôle du limaçon.

La plupart des physiologistes et physiciens admettent que la perception des *sons musicaux* se fait par l'intermédiaire des organes contenus dans le *limaçon*. Les fibres radiales de la membrane basilaire, qui augmentent progressivement de longueur en allant de la base au sommet du limaçon, paraissent faire l'office des cordes d'une harpe et répondre au son harmonique, autrement dit vibrer, les plus petites à l'unisson des sons aigus, les plus grandes à l'unisson des sons graves. Le nombre de ces fibres est si considérable que chacune d'elles répond uniquement à un son. En effet, l'expérience et le calcul ayant montré que l'oreille la plus exercée ne peut percevoir une différence de son inférieure à un soixante-quatrième de demi-ton, et que les sons perceptibles sont compris dans sept octaves, on voit, par un calcul fort simple, que le nombre des sons musicaux qu'une oreille très parfaite peut saisir, s'élève à 5.376. Or,on a calculé que les arcs de Corti sont au nombre de 3.000 au moins, et l'observation montre qu'à chacun d'eux répondent deux fibres radiales ou deux cordes, à chacune desquelles aboutit un filet nerveux. Une oreille aussi bien organisée que possible serait donc, d'après cette disposition anatomique, susceptible d'être impressionnée par environ 6.000 sons musicaux différents.

Ainsi, l'oreille représenterait une sorte de harpe d'une perfection inouïe, dont les cordes seraient en nombre immense. Leurs vibrations seraient transmises par le tronc

---

dans la première paire de pattes. Mais dans le plus grand nombre des cas les antennes paraissent servir à la perception des sons.

Vers. — On a constaté chez beaucoup d'entre eux la présence d'otocystes ou vésicules auditives.

du nerf acoustique jusqu'au cerveau, où elles sont perçues et donnent lieu à une sensation.

La multiplicité des fibres résonnantes de l'oreille explique comment nous pouvons distinguer dans un concert, au même moment, un grand nombre de sons variés, puisque chacun fait vibrer dans l'oreille des fibres différentes, suivant qu'ils sont plus ou moins doux, graves ou aigus, et qu'ils présentent tel ou tel timbre. Peut-être faut-il par là même attribuer à quelque imperfection de la membrane basilaire, à quelque lacune dans l'arrangement de ses fibres, l'inaptitude de certaines personnes à goûter, à apprécier la musique, à reconnaître les dissonances et à chanter juste.

Rôle des arcs de Corti.

Les *arcs de Corti*, dont le rôle est encore incertain, paraissent destinés soit à alourdir les fibres radiales pour les faire vibrer à l'unisson de bruits musicaux plus graves que ne le ferait supposer leur brièveté, soit à participer aux vibrations de la membrane basilaire.

Rôle du saccule et de l'utricule

Quant au *saccule* et à l'*utricule*, ils ne paraissent jouer aucun rôle dans la perception des sons musicaux, mais seulement dans celle des *bruits*. On ne trouve en eux aucune disposition anatomique qui autorise à admettre une périodicité, une régularité dans les vibrations des petits cristaux de l'otoconie et des cils rigides qui font saillie dans ces cavités.

Rôle des canaux semi-circulaires

Enfin, les canaux *semi-circulaires* paraissent également destinés à la perception des bruits non musicaux. Leur remarquable orientation a fait supposer qu'ils servaient aussi à reconnaître la direction des sons. On ne sait rien de bien précis à cet égard. Il peut se faire que ces canaux servent à autre chose qu'à la perception des sons, à savoir à maintenir l'équilibre du corps ; en eux serait donc placé le *sens de l'espace*. C'est du moins ce qui résulte d'expériences

---

Cœlentérés. — Le bord de l'ombrelle ou disque des Méduses présente des vésicules transparentes que l'on regarde comme des organes de l'audition.

pratiquées sur des animaux, et d'observations pathologiques faites sur l'Homme (*maladie de Ménière*).

Illusions du sens de l'ouïe; importance de ce sens. — Si le nerf acoustique vient à être excité dans quelqu'une de ses parties par toute autre chose qu'un son, il se produit néanmoins une sensation auditive. Tout le monde a éprouvé des bourdonnements d'oreilles : il semble, que dans ces circonstances, on entend un véritable bruit, bien qu'en réalité il ne s'en soit pas produit. Le phénomène est donc tout *subjectif*, puisqu'il n'a pas d'objet extérieur et que toute sa cause est dans le sujet qui éprouve cette sensation. Ainsi le sens de l'ouïe, comme d'ailleurs tous les autres sens, est sujet à nous tromper.

Nous connaissons, en effet, les corps extérieurs par les manifestations qu'ils déterminent en nous; mais, si des sensations semblables se produisent indépendamment de toute cause externe et sous l'influence d'une action intérieure, nous sommes enclins à les rapporter quand même à la cause extérieure qui les détermine d'ordinaire, le cerveau, ou plutôt l'intelligence, étant le plus souvent incapable de rectifier l'erreur, à moins que les autres sens ne soient appelés à contrôler l'impression transmise par celui d'entre eux qui est en défaut.

Importance de l'ouïe dans le développement de l'intelligence.

Le rôle de l'ouïe dans le développement des facultés intellectuelles est considérable; aussi le sourd de naissance voit-il une barrière énorme se dresser entre lui et le monde de l'intelligence : il lui manque en effet la parole, cette clef de voûte du perfectionnement humain. Cependant, les organes de la phonation sont intacts chez lui, si bien que par une certaine éducation on arrive à lui faire prononcer quelques mots, mais d'une voie rauque et qui n'a presque rien d'humain, l'oreille n'était pas là pour régler l'émission des sons. La perte de la vue a sur la vie intellectuelle une influence moins désastreuse que la surdité; le caractère de l'aveugle est souvent gai, celui du sourd est presque toujours triste.

CHAPITRE XI

LA VUE

Définition. Organes accessoires de la vision. Structure de l'œil. — PHYSIOLOGIE DE LA VISION. Marche des rayons lumineux dans l'œil. Image rétinienne. De l'Accommodation; rôle du muscle ciliaire et du cristallin. Imperfections dans la structure de l'organe visuel; usage des lunettes. Sensibilité de la rétine; limite de la perception des objets. Visions des couleurs; daltonisme. Vision binoculaire : mouvements associés des deux yeux; sensation du relief, stéréoscope. Angle visuel et appréciation des distances. — ILLUSIONS D'OPTIQUE. Persistances des images rétiniennes. Fatigue de la rétine et images consécutives. Phénomènes d'irradiation. Défaut d'appréciation des distances. Brusque arrêt d'un mouvement auquel participe la rétine avec tout le corps. Phénomènes de contraste des couleurs. Sensations visuelles purement subjectives.

Définition. Organes accessoires de la vision. — La *vue* est le sens à l'aide duquel nous apprécions la forme, la couleur, les dimensions des objets et les distances qui les séparent. Elle est le résultat de l'action de la lumière sur un organe doué d'une sensibilité spéciale, l'*œil.* Celui-ci occupe chez l'Homme la partie supérieure du visage; et le Créateur l'a merveilleusement disposé pour remplir le but qu'il lui a assigné. Définition du sens de la vue.

Le globe de l'œil, organe essentiel de la vision, est accompagné de parties accessoires, qui vont d'abord nous occuper. Ce sont : la *cavité orbitaire,* les *sourcils,* les *muscles moteurs de l'œil,* les *paupières,* les *glandes* et *voies lacrymales.*

L'organe de la *vue* est logé dans un enfoncement formé par les os du crâne, la *cavité orbitaire*, dont les parois le Orbite et sourcils.

protègent contre les chocs extérieurs, et dont le bord supérieur, plus saillant, porte les *sourcils*, qui le défendent d'une lumière trop vive, et que chacun de nous sait froncer à propos quand le soleil gêne la vue.

Muscles de l'œil.

L'œil a dans son ensemble la forme d'une sphère, à laquelle des muscles spéciaux impriment des mouvements

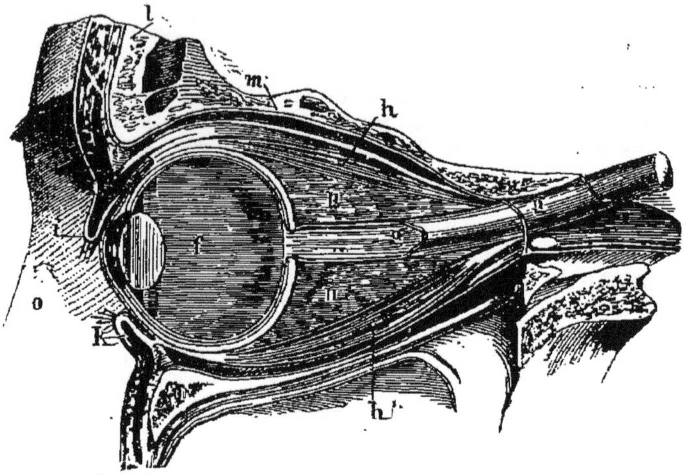

Fig. 123. — Vue d'ensemble de l'œil et des parties voisines : *f*, globe oculaire ; *g*, nerf optique ; *h*, *h*, muscles de l'œil ; *i*, *k*, paupières supérieure et inférieure ; *l*, os frontal ; *m*, partie supérieure de l'orbite ; *n*, *n*, fond de l'orbite rempli par un coussinet adipeux ; *o*, la racine du nez.

dans tous les sens. Les uns, les *muscles droits* (fig. 123, *h*, *h*), au nombre de quatre, partent du fond de l'orbite pour venir s'attacher sur lui au niveau de son plan équatorial. Selon leur position, on les distingue en *supérieur*, *inférieur*, *interne*, *externe ;* ils sont respectivement chargés de mouvoir l'œil en haut, en bas, en dedans, en dehors. Les autres, les *muscles obliques*, dont l'un est *supérieur*, l'autre *inférieur*, servent à faire tourner l'œil sur lui-même autour de son axe antéro-postérieur : le premier, en dedans ; le second, en dehors.

Paupières.

Les *paupières* (fig. 123, *i*, *k*), sont des sortes de voiles qui défendent l'œil contre les grains de poussière qui flottent dans l'air et contre l'excès de lumière, mais leur mission est surtout d'étendre les larmes à sa surface pour en empêcher le dessèchement. Des muscles spéciaux les relèvent ou les abaissent, et une fine membrane muqueuse, la *conjonctive*, tapisse leur face interne, pour de là se réfléchir sur la région antérieure de l'œil ; sa partie la plus superficielle devenue transparente passe au devant de la cornée. Le bord des paupières est garni de longs poils, les *cils ;* et dans leur épaisseur se trouvent de petits organes glandulaires, les *glandes de Meibomius*, dont la sécrétion recouvre les cils et le bord des paupières d'une matière grasse, laquelle empêche les larmes, à moins qu'elles ne soient trop abondantes, de couler sur les joues. Cette sécrétion, exagérée par l'inflammation, constitue la *chassie*, humeur épaisse qui agglutine les cils et rend difficile, au réveil, l'écartement des paupières.

La *glande lacrymale*, dont la sécrétion constitue les larmes, a le volume d'une noisette et se trouve située à la partie supérieure et externe de l'orbite. Le liquide sécrété se déverse par une dizaine de petits canaux qui débouchent sous la paupière supérieure. Cette sécrétion est continue mais peu abondante, sauf dans certaines circonstances, telles que des émotions vives, la douleur physique ou morale, une irritation localisée dans le voisinage de cet organe et particulièrement de l'œil ou des narines (1).

Le liquide lacrymal se compose surtout d'eau et de quelques sels, principalement du chlorure de sodium.

Voies et glandes lacrymales.

Les deux paupières présentent sur leur bord, près de la racine du nez, les orifices ou *points lacrymaux*, auxquels

(1) Les glandes lacrymales ne servent pas seulement à lubrifier le globe de l'œil. De l'organe visuel, passant dans les fosses nasales, elles ont alors pour rôle d'entretenir dans les voies respiratoires un certain degré d'humidité, d'empêcher leur dessèchement sous l'influence de l'inspiration répétée de l'air extérieur. Aussi rencontre-t-on les glandes lacrymales même chez des animaux dont la cornée n'est jamais en contact avec l'air extérieur, mais se trouve recouverte par la peau, devenue transparente à ce niveau, à savoir les Serpents. Au contraire, elle manque chez les Cétacés, qui, plongés dans un milieu liquide, respirent un air saturé d'humidité. Ces faits tendraient donc à établir que les glandes lacrymales sont encore plus une annexe de l'appareil respiratoire que de celui de la vision.

fait suite le *canal lacrymal*, presque aussitôt élargi pour former le *sac lacrymal*, lequel s'ouvre d'autre part dans le *canal* nasal. Par là l'excès des larmes sécrétées s'écoule jusque dans les narines; c'est l'action de la capillarité, et surtout de la raréfaction de l'air produite par les mouvements d'inspiration, qui fait pénétrer le liquide lacrymal dans ce système de canaux.

Parties constituantes du globe oculaire.

Structure de l'œil. — Le globe de l'œil (fig. 124) se compose d'un grand nombre de parties, que nous allons décrire successivement, en allant de la partie antérieure à la partie postérieure de l'œil.

Sclérotique.

Une membrane résistante, la *sclérotique* (*9*), appelée vulgairement le *blanc de l'œil*, enveloppe tout le globe oculaire, mais présente, en avant, un large orifice dans lequel se trouve enchassée comme un verre de montre la *cornée transparente* (*1*). Celle-ci a une courbure plus prononcée que la sclérotique; et sa transparence permet de voir, à l'aide de certains instruments, jusque dans le fond de l'œil (1).

Iris et pupille.

Derrière la cornée apparaît une espèce de rideau circulaire, de couleur différente suivant les individus et en général en harmonie avec la couleur des cheveux: c'est l'*iris* (*3*). Il est attaché à la ligne de jonction de la cornée et de la sclérotique et présente une ouverture centrale, la *pupille* ou *prunelle*.

Cette sorte de diaphragme qui n'est autre chose qu'un prolongement de la choroïde, laquelle sera bientôt étudiée, est formé de fibres musculaires lisses, par conséquent à mouvements lents, dont les unes vont en rayonnant (*muscle dilatateur de la pupille*), tandis que les autres sont circulaires (*sphincter de la pupille*). Des nerfs différents président à la contraction des unes des autres. Selon que, par le jeu de ces fibres, la pupille augmente ou

(1) La face antérieure de la cornée est protégée par plusieurs couches de cellules épithéliales, et sa face postérieure par une seule, qui se continue sur l'iris et porte le nom de *membrane de Demours* ou *de Descemet;* c'est elle qui sécrète l'humeur aqueuse.

diminue, la quantité de lumière qui pénètre dans l'œil est plus ou moins considérable : elle s'agrandit quand nous regardons au loin et se rétrécit quand nous fixons des objets rapprochés ; elle se dilate énormément dans l'obscurité,

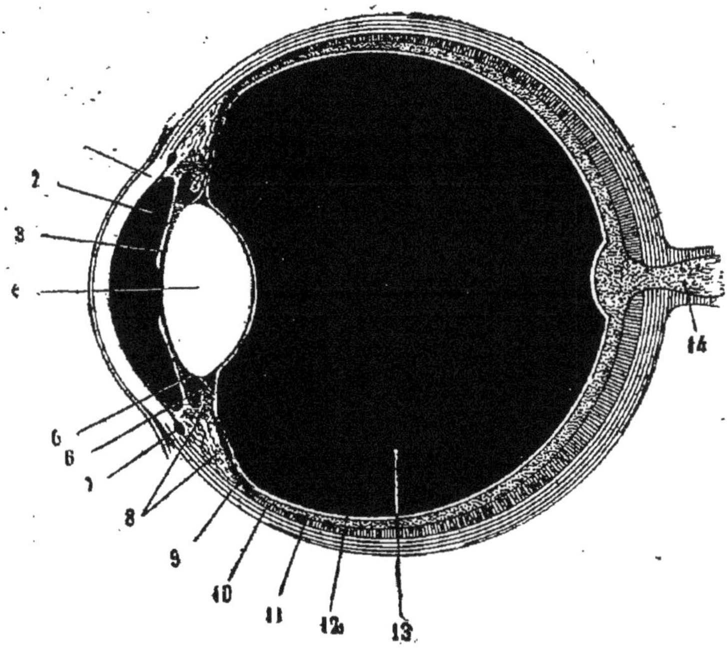

Fig. 124. — Coupe verticale antéro-postérieure du globe de l'œil ; *1*, cornée transparente, au-devant de laquelle passe la partie la plus superficielle de la conjonctive ; *2*, chambre antérieure de l'œil ; *3*, iris, appliqué sur le cristallin, et au centre duquel est ménagé un orifice circulaire, la pupille ; *4*, cristallin ; *5*, petit espace désigné parfois sous le nom de chambre postérieure de l'œil ; *6*, canal de Petit, résultant du dédoublement de la membrane hyaloïde, dont le feuillet antérieur forme la zone de Zinn ; *7*, canal de Schlemm ou de Fontana, au point d'union de la cornée et de la sclérotique ; *8*, muscle et procès ciliaires ; *9*, sclérotique ; *10*, choroïde ; *11*, rétine ; *12*, membrane hyaloïde ou enveloppe de l'humeur vitrée (*13*) ; *14*, nerf optique.

tandis que sous l'influence d'une très vive lumière elle diminue au point de devenir à peine visible.

Derrière l'iris est placé le *cristallin* (*4*), petit corps d'une transparence parfaite, et dont la forme est celle d'une lentille bi-convexe, plus bombée en arrière qu'en avant : il en joue d'ailleurs le rôle, comme on le verra Cristallin.

bientôt. Il est formé d'un grand nombre de petits prismes disposés en couches concentriques dont les externes sont bien plus molles que celles du centre. Il est revêtu d'une membrane spéciale, la *capsule du cristallin.*

Chambres de l'œil; humeur aqueuse. Ces trois parties, cornée transparente, iris, cristallin, ne sont pas immédiatement appliquées l'une contre l'autre, mais séparées par un certain espace, que remplit un liquide spécial, l'*humeur aqueuse*, au milieu de laquelle l'iris forme une cloison incomplète : ce qui a valu à ces espaces les noms de *chambre antérieure* et de *chambre postérieure* de l'œil. Le cristallin cependant est appliqué contre la face postérieure de l'iris, de sorte que la chambre postérieure n'existe pour ainsi dire qu'à l'état virtuel (*5*).

Humeur vitrée et membrane hyaloïde. En arrière du cristallin se trouve un liquide différent, comparable, pour l'aspect, au blanc d'œuf cru : c'est l'*humeur vitrée* (*13*), qui remplit le fond de l'œil et qu'entoure une enveloppe d'une minceur extrême, la *membrane hyaloïde* (*12*). Celle-ci, au voisinage du cristallin, se divise en deux feuillets : l'un passe derrière lui, et l'autre, appliqué contre les procès ciliaires de la choroïde qui vont être bientôt étudiés, constitue la *zone de Zinn*, laquelle contribue à maintenir en place le cristallin. L'espace existant entre ces deux feuillets et le bord du cristallin forme tout autour de la lentille de l'œil un petit canal triangulaire, le *canal de Petit* (*6*) ou *canal godronné* (1).

Rétine et nerf optique. Vient ensuite la *rétine* (*11*), qui est la partie essentielle à la vision, car elle n'est autre chose qu'une membrane nerveuse résultant de l'épanouissement du *nerf optique* (*14*), lequel venu du cerveau, pénètre dans le fond de l'orbite, traverse les autres membranes de l'œil et s'étale comme il vient d'être dit.

La structure de la rétine est des plus complexes, malgré sa minceur, qui n'atteint même pas, dans sa plus grande épaisseur, un demi-millimètre. D'après les plus récents travaux des histologistes, elle serait composée de dix cou-

(1) C'est-à-dire plissé, ainsi appelé du nom d'un ancien ornement.

ches superposées, dont chacune formée d'éléments différents. La plus remarquable occupe la surface extérieure de la rétine : c'est la *couche des cônes et des bâtonnets* (fig. 126, *a*, *b* et 127). Elle se compose d'un nombre prodigieux

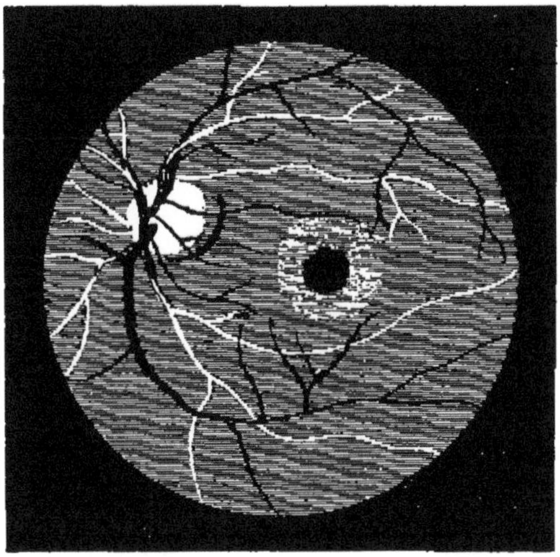

Fig. 125

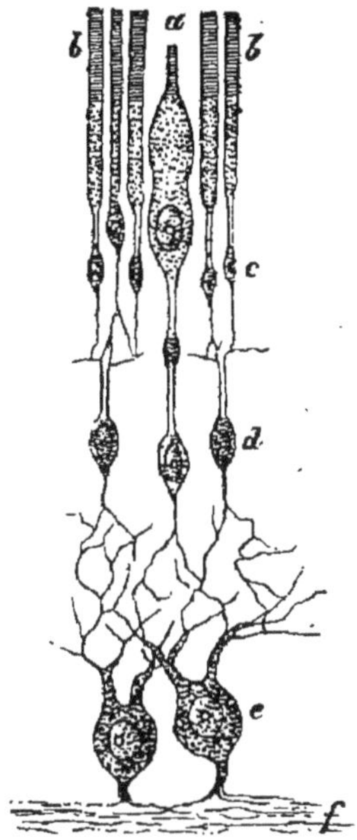

Fig. 126.

Fig. 125. — Le fond de l'œil, comme on le voit à l'aide de l'ophtalmoscope. La papille du nerf optique apparaît sous forme d'une tache ronde, blanche, en partie recouverte par de petits vaisseaux (artère et veine). A une petite distance de la papille on voit la tache jaune ou *macula*, partie la plus sensible de la rétine.

Fig. 126. — Principaux éléments de la rétine, en allant de sa surface externe ou convexe à sa surface interne ou concave : *a*, un cône ; *b*, bâtonnets ; *c*, couche granulaire postérieure, au-dessous de laquelle vient une couche intergranulaire ; *d*, couche granulaire antérieure, au-dessous de laquelle vient, sous forme d'un réseau, la couche grise ; *e*, cellules nerveuses, se continuant chacune par une fibre du nerf optique ; *f*, membrane limitante interne.

d'éléments nerveux ayant la forme qu'indique leur nom ; tous sont parallèles entre eux et serrés les uns contre les autres, perpendiculairement à la rétine. Chacun d'eux se continue avec une fibre spéciale du nerf optique, de sorte que l'excitation produite par chaque rayon lumineux qui tombe sur l'un de ces éléments est conduite isolément au cerveau. Mais, au point où le nerf optique pénètre dans l'œil et forme une tache blanche et ronde, qui a reçu le nom de *papille du nerf optique* (fig. 125, 127), les éléments précédents font défaut, de sorte que cette partie est complètement insensible à la lumière : d'où le nom de *punctum cæcum* ou *tache aveugle* qu'on lui donne. Une artère se ramifie à la surface de la rétine après avoir

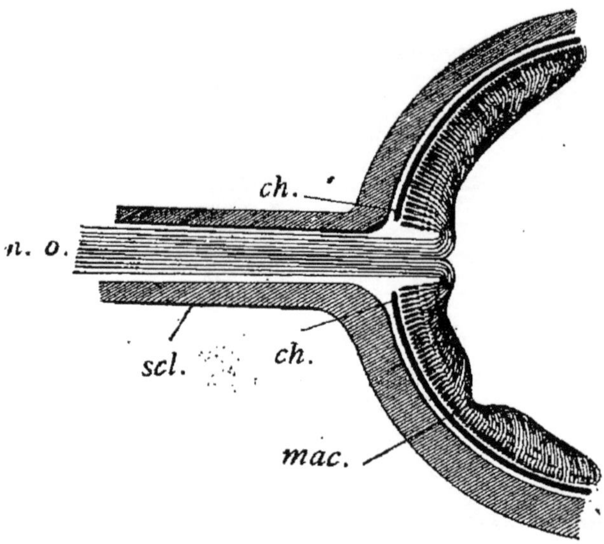

Fig. 127. — Coupe verticale schématique du fond de l'œil ; *scl.*, sclérotique ; *ch.*, choroïde ; *n. o.*, nerf optique, qui pénétrant dans l'œil, constitue la papille, à partir de laquelle les fibres nerveuses s'étalent dans le fond de l'œil pour former la rétine et se recourbent toutes en dehors, de façon que la couche des cônes et des bâtonnets est la plus extérieure *mac.*, la tache jaune ou macula.

émergé du centre même de la papille du nerf optique une petite veine en sort par la même voie.

Choroïde. Enfin, une dernière membrane, la *choroïde* (fig. 124, *10*), est interposée entre la rétine placée en dedans et la sclérotique en dehors. C'est une lame très vasculaire, dont la surface interne est recouverte d'un pigment noir qui a pour but d'absorber à travers la rétine, qui est transparente, les rayons lumineux qui ont pénétré dans l'œil en excès ; et peut-être aussi de réfléchir, comme un miroir, ceux qui doivent être utilisés, vers les éléments sensibles de la rétine, lesquels, il faut le remarquer, sont tournés non pas vers le centre de l'œil mais vers la choroïde (fig. 127). Chez les albinos, ce pigment noir fait défaut : aussi ces individus n'y voient-ils à peu près pas quand la lumière est vive.

La choroïde présente dans sa partie antérieure des fibres musculaires, les unes rayonnantes, les autres circulaires, qui constituent le *muscle ciliaire*. Ce muscle s'attache par les premières à la ligne de jonction de la sclérotique et de la cornée, ce qui lui permet de prendre un point d'appui pour attirer en avant la partie postérieure de la choroïde, en même temps que les parties situées au-devant d'elle. Quant aux secondes, elles forment une zone circulaire autour du cristallin, dont elles ne sont séparées que par une masse de petits vaisseaux tortueux qui constituent les *procès ciliaires* (*8*). **Muscle et procès ciliaires.**

Le rôle du muscle et des procès ciliaires est considérable dans l'adaptation de la vue à des distances variées, ainsi qu'on le verra à la page 295.

PHYSIOLOGIE DE LA VISION

Complexité de cette fonction. — La physiologie de la vision est des plus complexes, et soulève une foule de questions que nous devrons traiter successivement, à savoir :

la marche des rayons lumineux dans l'œil et l'effet qu'ils produisent sur la rétine ;

la façon dont l'œil se met toujours au point pour la vision à toutes distances ;

les défauts que l'on observe dans la structure de l'œil et les imperfections qui en résultent pour l'exercice de la vision ;

la sensibilité différente des divers points de la membrane rétinienne et la limite de perception des objets ;

les phénomènes qui résultent de l'attention visuelle et de fatigue de la rétine, tels que les images consécutives ;

outre la faculté de voir la lumière blanche, l'œil perçoit les couleurs : là encore la persistance des images rétiniennes donne lieu à de singuliers effets, connus sous le nom de contrastes ;

la vue s'opérant d'ordinaire avec les deux yeux, comment avons-nous alors la vue simple des objets?

comment enfin obtenons-nous la sensation du relief?

comment apprécions-nous l'étendue?

les sensations optiques subjectives qui peuvent être la source d'erreurs, etc.

Marche des rayons lumineux dans l'œil; image rétinienne; explication de la vue droite des objets. — Les rayons lumineux qui arrivent à l'œil ont à traverser

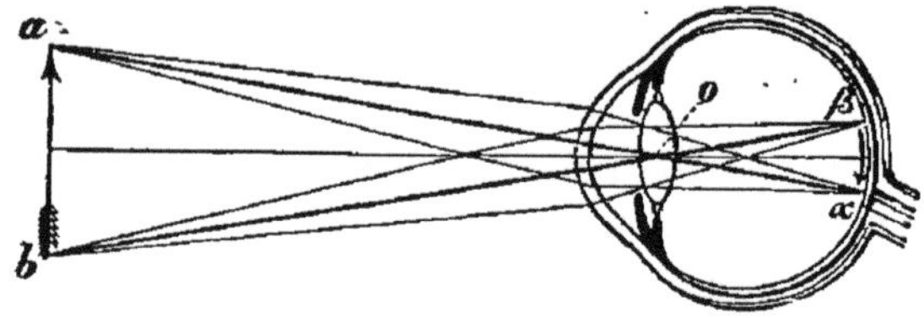

Fig. 128. — Marche des rayons lumineux dans l'œil ; les rayons partis des deux extrémités de la flèche *a b*, aboutissent au fond de l'œil, mais dans une situation réciproquement inverse, de telle sorte que la petite image projetée sur la rétine se trouve renversée.

plusieurs *milieux réfringents*, qui les dévient forcément de leur direction primitive. Ces milieux réfringents sont : la cornée, l'humeur aqueuse, le cristallin et l'humeur vitrée. Pour simplifier cette étude on peut considérer les effets de déviation produits par ces différents milieux comme s'ils étaient dus à la présence d'une lentille bi-convexe unique, occupant à peu près la place du cristallin.

Les rayons partis d'un point lumineux quelconque, de la pointe d'une flèche, par exemple (fig. 128, *a*), seront tous déviés de leur direction primitive, au niveau du cristallin, à l'exception de ceux, qui passant par son centre optique (*o*), se continuent en ligne droite jusqu'au fond de l'œil. La déviation subie par les premiers, quel que soit leur lieu d'incidence, les fera aboutir au même point que les seconds, comme le montre la figure. Il est donc toujours facile de déterminer l'endroit précis de la rétine où se fait l'image d'un *point*. Une construction semblable donnera un résultat analogue pour telle autre partie (*b*) de la flèche que l'œil regarde, et on arrivera de la sorte à tracer l'image complète de celle-ci sur la rétine.

L'image ainsi obtenue sur le fond de l'œil offre les caractères suivants : elle est *réelle*, *très petite* et *renversée*. Ces caractères sont faciles à constater sur l'œil d'un Mammifère fraîchement tué. La partie postérieure de la sclérotique étant enlevée, on voit par transparence apparaître sur la rétine l'image de l'objet placé devant l'œil, laquelle est donc bien réelle; elle offre en outre les caractères indiqués ci-dessus, à savoir, la petitesse et le renversement, lesquels dépendent, la première, du degré de courbure de la lentille cristallinienne; le second, de la marche des rayons à travers un milieu réfringent. **Image rétinienne ses caractères.**

En présence de ces résultats, on peut se demander comment il se fait que nous voyions les objets droits et non pas renversés, et pourquoi ils nous apparaissent bien plus grands que n'est l'image portée sur la rétine. On en a donné plusieurs explications, telles que celle-ci : ce n'est pas en réalité l'œil qui voit, il reçoit seulement une impression, laquelle est ensuite transmise au cerveau, qui seul perçoit en réalité, les effets lumineux. On a dit encore que l'habitude, le contrôle des sensations par divers sens, le toucher, par exemple, nous ont appris à nous faire une idée juste de la grandeur réelle et de la situation relative des objets, et que ceux-ci nous paraissant tous renversés, aucun ne nous paraît l'être en réalité, puisque les termes de comparaison nous manquent. Une autre explication, qui paraît être la plus légitime de toutes, c'est que nous voyons non pas l'image qui vient se former dans notre œil, mais bien les objets, suivant le prolongement en ligne droite des rayons qui ont frappé la rétine, de sorte que le point α est vu en a et le point β en b, ce qui donne la vision droite : autrement dit, la sensation est extériorisée. **Vue droite des objets.**

De l'accommodation; rôle du muscle ciliaire et du cristallin. — Dans un œil normal la vue s'exerce nettement pour les objets placés à des distances différentes. Mettez devant votre œil deux doigts l'un derrière l'autre, séparés par une longueur d'un ou deux décimètres; fixez le plus rapproché, vous verrez en même temps le second, mais ses contours vous paraîtront vagues. Regardez maintenant le plus éloigné, c'est le premier qui vous paraîtra alors mal dessiné. Dans une pareille expérience vous avez accommodé, adapté votre œil pour la vue à deux distances différentes.

Il en est pour la vision des objets placés en quelque sorte à l'infini, tels qu'une étoile, et dont les rayons lumineux nous arrivent tous parallèlement, comme pour ceux qui sont éloignés de quelques centimètres seulement : c'est-à-dire, que l'image des uns et des autres vient tomber exactement sur la rétine.

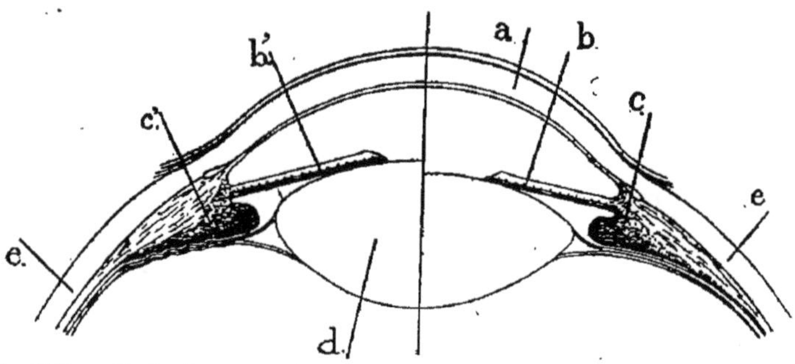

Fig. 129. — Ce dessin a pour but de montrer le mécanisme de l'accommodation : *a*, cornée ; *b*, iris ; *c*, muscle ciliaire ; *d*, cristallin, figuré à droite pour la vision des objets éloignés, à gauche pour celle des objets rapprochés.

Cependant, on démontre en physique que, plus un objet est éloigné d'une lentille biconvexe, et le cristallin en est une, plus l'image formée de l'autre côté de la lentille se rapproche de celle-ci ; tandis que, plus l'objet est rapproché, et plus l'image est reportée loin en arrière : autrement dit, dans le premier cas, le *foyer* de la lentille se raccourcit, et il s'allonge dans le second.

Par quel procédé l'image des objets est-elle donc, malgré ces lois constantes, reportée dans l'un et l'autre cas sur la rétine? C'est en vertu de l'*accommodation* ou *adaptation*. Le cristallin n'est pas une lentille inerte ; il est élastique et susceptible de subir de légères modifications de forme (fig. 129). Il est entouré, comme on l'a dit plus haut, du *muscle ciliaire*, lequel fixé à la ligne de réunion de la sclérotique et de la cornée, peut attirer tout le reste de la choroïde et par suite toutes les parties situées au-devant d'elle, c'est-à-dire le corps vitré et le cristallin; celui-ci se trouve alors solidement appuyé contre le corps vitré et ainsi immobilisé en arrière. D'autre part, les procès ciliaires, se trouvant pressés par les fibres circulaires du muscle ciliaire, se gonflent de sang, deviennent turgescents et compriment à leur tour la périphérie du cristallin. Celui-ci se rétrécit donc suivant son diamètre transversal et augmente la courbure de sa face antérieure (fig. 129, *d*), la postérieure se trouvant immobilisée. Il en résulte un raccourcissement du foyer, permettant dès lors la vue des objets rapprochés.

L'accommodation a cependant des limites. En approchant graduellement un livre des yeux, il arrive un moment où la vue des caractères d'impression cesse d'être nette; pour un œil normal, ce moment arrive quand l'intervalle n'est plus que de 12 à 15 centimètres. C'est là ce qu'on appelle la *distance de la vision distincte*, qu'il ne faut pas confondre avec celle à laquelle le livre doit être placé pour que la lecture se fasse sans fatigue, et qui pour un œil normalement constitué est de 35 centimètres environ.

Imperfections dans la structure de l'organe visuel. Usage des lunettes. — Si bien agencées que soient les différentes parties de l'œil, il s'en faut que cet organe, considéré comme appareil de physique, ait une structure sans défaut. Parmi ses imperfections, les unes se rencontrent dans tous les yeux, les autres ne s'observent que chez un certain nombre d'individus.

Aux premières appartiennent l'*aberration de sphéricité*, l'*aberration de réfrangibilité* et l'*astigmatisme*. Dans les secondes rentrent la *myopie*, l'*hypermétropie* et la *presbytie*.

Aberration de sphéricité; rôle de l'iris.

L'*aberration de sphéricité* tient à ce que la lentille oculaire, le cristallin, ne réunit pas rigoureusement au même point les rayons, qui partis d'une même source lumineuse, passent, les uns par son centre et les autres par sa région périphérique ; le foyer n'est plus alors un point, condition nécessaire pour la vue nette, mais une surface lumineuse. Pour corriger en partie ce défaut, on rencontre dans l'œil, comme dans nos instruments d'optique, un diaphragme, qui arrête les rayons trop excentriques, par conséquent ceux qui ont le plus de tendance à diverger ; c'est l'iris qui est chargé de ce rôle.

Aberration de réfrangibilité.

L'*aberration de réfrangibilité* ou l'*achromatisme* (1) *imparfait* de l'œil a pour résultat de décomposer d'une façon plus ou moins sensible la lumière blanche en ses diverses couleurs, à la manière d'un prisme. Ce défaut est généralement assez faible pour qu'il passe inaperçu. Mais il est facile, au moyen d'expériences bien simples, de le mettre en évidence (2).

Astigmatisme

Un troisième vice inhérent à l'œil, sinon absolument constant, du moins très général, est celui qui a pour résultat de produire l'*astigmatisme* (3). Il consiste en ce que la cornée, au lieu d'être régulièrement convexe, de façon à représenter un segment de sphéroïde, offre, suivant ses différents méridiens, des variations de courbure, c'est-à-dire des parties plus bombées, d'autres plus aplaties. Quand ce défaut de l'œil est très prononcé, la déformation des objets est considérable ; ils paraissent beaucoup plus allongés dans un certain sens qu'ils ne le sont en réalité, et la vue est trouble : ainsi s'explique probablement l'aspect que nous offrent les corps célestes les plus éloignés, les-

(1) Du grec ἀ privatif ; χρῶμα, couleur.

(2) Ce défaut se rencontre constamment à un degré plus ou moins prononcé dans les lunettes d'approche, les jumelles de théâtre ; aussi les objets vus surtout à travers la partie périphérique des lentilles de ces instruments paraissent-ils colorés ; ces instruments ne sont donc pas achromatiques.

(3) Du grec ἀ privatif; στίγμα, point; c'est-à-dire que les rayons lumineux partis d'un centre, ne se réunissent pas en un même point.

quels, au lieu de nous paraître arrondis, nous semblent étoilés. Ce vice de conformation est plus ou moins efficacement combattu au moyen de verres de lunettes, taillés de façon que leur surface soit un segment de cylindre. De semblables verres augmentant dans un seul sens la convergence des rayons, on les place de manière que celle-ci corresponde à la partie de la cornée qui a une plus faible courbure, par conséquent une moindre action convergente.

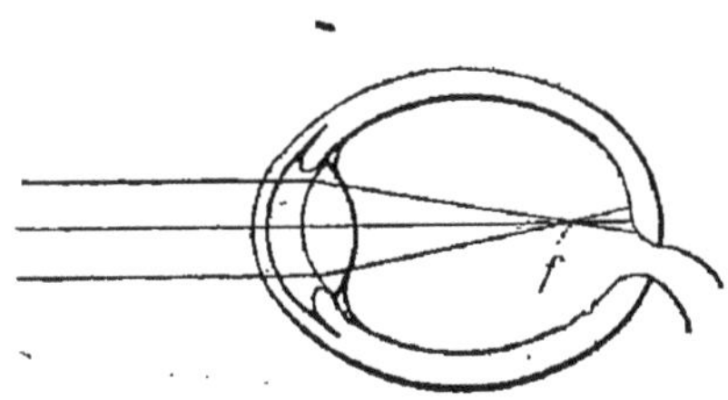

Fig. 130. — Marche des rayons lumineux dans un œil de myope. Le foyer des rayons venus d'objets éloignés se fait en *f*, c'est-à-dire en avant de la rétine.

Dans la *myopie* (1) la cornée présente une convexité trop considérable, de façon que le globe oculaire, au lieu d'être à peu près arrondi, offre une forme ellipsoïde (fig. 130). Il en résulte que le cristallin est plus éloigné de la rétine qu'il ne convient, et que son foyer ne se trouvant plus exactement sur celle-ci, mais un peu en avant (*f*), l'image d'un point lumineux se présentera sous forme d'un petit cercle répondant à la section du cône divergent qui se forme à partir du foyer et qu'on appelle *cercle de diffusion*. Dans ces conditions l'image manquera de netteté, et pour pallier à cet inconvénient, le myope est obligé de rapprocher beaucoup les objets : ce qui, comme il a été dit un peu plus haut, a pour effet d'allonger le foyer, par conséquent, de le re- Myopie.

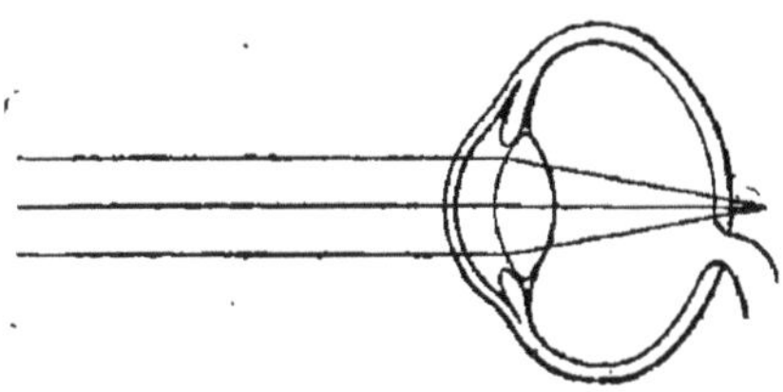

Fig. 131. — Marche des rayons lumineux dans un œil hypermétrope. Le foyer se trouve porté en arrière de la rétine.

(1) Μύειν, cligner ; ὤψ, œil; parce que les personnes affectées de myopie ont l'habitude de fermer à moitié les paupières pour regarder les objets éloignés.

porter un peu plus en arrière, de façon à le faire tomber autant que possible sur la rétine.

Hypermétropie. La conformation inverse de l'œil, c'est-à-dire son aplatissement d'avant en arrière (fig. 131), ayant pour résultat de trop rapprocher le cristallin de la rétine, le foyer d'un objet lumineux se fait en arrière de celle-ci, d'où résulte également un manque de netteté de la vision : c'est ce qui constitue l'*hypermétropie* (1). Malgré les efforts de l'accommodation, le cristallin ne pourra pas acquérir un degré de courbure suffisant pour que le foyer tombe sur la surface de la rétine. Il y aura donc là encore un *cercle de diffusion;* c'est pourquoi, tandis que l'œil verra nettement les objets très éloignés, il n'en sera pas de même pour ceux qui sont rapprochés ; d'où la tendance de l'hypermétrope à éloigner de ses yeux les objets de petite dimension qu'il veut voir clairement.

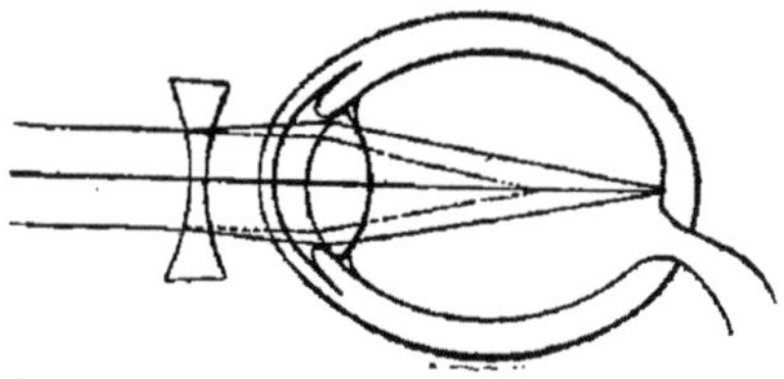

Fig. 132. — Effet d'un verre biconcave placé devant un œil de myope. Le foyer, qui sans lui serait au point indiqué par les lignes pointillées, est reporté sur la rétine.

Presbytie. Enfin, l'œil étant normalement conformé, il arrive, par suite de l'âge, que le cristallin perd de son élasticité et n'obéit plus aux efforts des muscles de l'accommodation ; il est à l'état d'une lentille à peu près inerte, de sorte que la vue restant bonne, en général, pour les objets éloignés, ne l'est plus pour ceux qui sont rapprochés. Cette infirmité, qu'il ne faut pas confondre, physiologiquement, avec la précédente, produit les mêmes résultats : aussi voit-on la plupart des personnes âgées tenir à une assez grande distance de leurs yeux le livre qu'elles lisent : cet état a reçu le nom de *presbytie* (2).

Lunettes. Des verres, différemment taillés suivant les cas, appor-

(1) Υπέρ, au delà; μέτρον, mesure.

(1) Du grec πρέσβυς, vieillard; on dit aussi *presbyopie*, de πρέσβυσ, et ὤψ, œil.

tent heureusement un remède à ces fâcheuses dispositions de l'œil. Dans la myopie, on prendra des lunettes à verres biconcaves, qui ont pour résultat de faire diverger les rayons lumineux; leur action, combinée avec celle du cristallin, reportera le foyer plus en arrière, de manière à le faire tomber sur la rétine (fig. 132). Dans l'hypermétropie et la presbytie, qui se corrigent par des moyens identiques, on prendra au contraire des verres biconvexes, qui raccourciront le foyer du cristallin.

Sensibilité de la rétine; limite de la perception des objets. — La rétine n'est pas également sensible en tous ses points. La région de beaucoup la plus impressionnable à la lumière est un petit espace de 1 millimètre carré, représentant la 1500e partie de la surface de la rétine, et connu sous le nom de *tache jaune* ou *macula* (fig. 125 et 127); elle est située un peu en dehors du nerf optique et occupe exactement le pôle postérieur de l'œil.

---

* Le sens de la vue dans la série animale.

Un assez grand nombre d'espèces animales sont dépourvues d'yeux, d'une façon temporaire ou permanente. Ainsi parmi les Vertébrés, des Poissons, des Reptiles et Batraciens qui vivent dans des souterrains où n'arrive aucune lumière, rentrent dans cette catégorie. Mais c'est parmi les Invertébrés surtout que l'on connaît des cas de ce genre; beaucoup de larves notamment sont totalement dépourvues d'yeux, et ceux-ci ne se montrent qu'après les métamorphoses. Enfin, au bas de l'échelle zoologique, une masse énorme d'espèces (Cœlentérés, Protozoaires) sont dépourvues de tout organe visuel. Il est cependant amplement démontré que tous ces animaux ne sont pas insensibles à la lumière; évidemment il ne saurait y avoir en eux production d'images, mais il y a sensation de lumière, car les uns la recherchent d'une manière manifeste, tandis que les autres, et c'est le plus grand nombre, la fuient avec autant de soin. De même, quand nous fermons les yeux, nous ne voyons plus les

C'est sur elle que nous faisons instinctivement converger les rayons lumineux toutes les fois que nous fixons un objet, les autres parties de la rétine ne nous donnant qu'une image plus ou moins vague des corps situés dans le voisinage du premier; c'est ainsi que, dans la région de l'équateur de l'œil, la sensibilité à la lumière devient 150 fois moindre qu'au niveau de la macula.

La tache jaune doit son impressionnabilité toute spéciale à plusieurs dispositions qui ne se rencontrent que là : d'abord, la rétine y est beaucoup plus mince, les filets du nerf optique se continuant directement avec les éléments désignés sous le nom de *cônes;* de plus, ceux-ci forment à eux seuls toute la rétine sans interposition de bâtonnets, lesquels deviennent au contraire de plus en plus nombreux à mesure que l'on s'éloigne de cette région.

Par contre, il est une région voisine de celle-ci, complètement dépourvue de cônes et de bâtonnets, qui se trouve n'être aucunement impressionnable à la lumière :

---

objets, tout en restant sensibles à la lumière, comme nous le constatons en passant d'un endroit bien éclairé à un autre qui ne l'est pas ou inversement.

VERTÉBRÉS. — Les **paupières** ne manquent que chez les Reptiles et les Poissons osseux.

Une troisième paupière, appelée *membrane clignotante* ou *nictitante* (1), existe chez un grand nombre d'espèces.

Ce sont les *Oiseaux* qui l'ont le mieux développée. Chez ces animaux la paupière supérieure est presque immobile, l'inférieure, beaucoup plus grande, recouvre presque à elle seule tout le globe de l'œil (sauf chez les Rapaces nocturnes). Quant à la troisième, elle est formée d'un repli de la conjonctive, qui partant de l'angle interne de l'œil peut recouvrir tout le globe, en glissant au-devant de lui de dedans en dehors; elle est transparente et agit comme un écran qui diminuerait l'intensité de la lumière.

Chez les *Mammifères*, cette troisième paupière est en géné-

(1) Du latin *nictare*, clignoter.

aussi lui donne-t-on le nom de *punctum cæcum* ou de *tache aveugle*. Elle répond exactement à la *papille* du nerf optique (fig. 125), c'est-à-dire, au point d'émergence de ce nerf dans l'œil. Une expérience bien simple montre

Fig. 133. — Elle est destinée à prouver l'existence du *punctum cæcum*.

son insensibilité. Si, avec l'œil gauche on regarde la petite croix de la fig. 133, l'autre œil étant fermé et le livre tenu à la distance convenable pour la lecture, soit environ 35 centimètres, on voit non seulement la croix, mais on aperçoit la tache noire, qui en est éloignée de quelques centimètres. Or, si l'on rapproche graduellement le livre, en ayant toujours l'œil fixé sur la croix, il arrive un moment où la tache noire ne se voit plus : on a calculé qu'à ce moment les rayons partis de cette figure tombent précisément sur le *punctum cæcum*.

Limites de la perception visuelle.

On sait que plus un objet s'éloigne de nous, plus il nous paraît petit, jusqu'à ce qu'enfin arrive un point où il nous échappe : la distance qui nous en sépare alors marque la limite de l'*acuité visuelle*. Quelle que soit la dimension

---

ral rudimentaire. L'Homme n'en possède qu'une trace, sous forme d'un petit repli de la conjonctive situé dans l'angle interne de l'œil; mais chez les Ongulés, les Édentés, le Chien, elle est bien plus développée. Ajoutons que beaucoup de ces animaux naissent aveugles, c'est-à-dire avec les paupières soudées par leurs bords; elles ne s'écartent qu'au bout de neuf jours chez le Chat et le Lapin, un peu plus tard encore chez le Chien, et après vingt-deux jours chez le Rat.

Les *Reptiles* possèdent, outre les deux paupières ordinaires, une membrane nictitante bien organisée. Il faut en excepter les Serpents, qui sont dépourvus de toute sorte

réelle d'un objet, il arrive donc toujours à ne plus nous paraître que comme un point; il en est de même d'ailleurs des objets les plus rapprochés, quand ils sont de très petite dimension. Cet effet tient à ce que les rayons lumineux émanés des deux extrémités du diamètre de ces objets arrivent à notre rétine sous un angle si aigu, qu'il est inappréciable, et paraissent tous venir d'un seul point, de sorte qu'ils affectent une portion extrêmement restreinte de la membrane rétinienne, probablement un seul corpuscule nerveux, lequel ne peut transmettre au cerveau qu'une impression unique. Pour avoir la sensation d'une longueur, il est nécessaire que les rayons lumineux affectent plusieurs éléments rétiniens.

Effets des instruments grossissants.

Les lunettes d'approche, les télescopes, les microscopes, qui nous font paraître les objets plus gros, doivent cette propriété à ce qu'ils agrandissent l'angle sous lequel ceux-ci nous apparaissent : d'où il nous semble que les corps éloignés se rapprochent de nous et que les objets microscopiques augmentent de volume.

---

de paupières. Chez eux la peau passe au-devant du globe de l'œil en s'amincissant et devenant transparente.

Chez les *Batraciens* Anoures (Grenouilles, Crapauds) on observe la disposition ordinaire pour les paupières extérieures; dans la section des Urodèles (Salamandres, Tritons), elles sont plus simples ou manquent totalement.

Les *Poissons* n'ont pas de paupières, à l'exception des Requins et quelques espèces voisines, qui en ont trois, mais chez eux la nictitante est opaque.

Les **glandes lacrymales** offrent chez les *Mammifères*, Oiseaux, Reptiles, la même disposition que chez l'Homme; seulement les Cétacés n'en ont que de rudimentaires. En outre, chez les Serpents, la muqueuse conjonctive, par suite de l'absence de paupières fendues, est transformée en un sac clos, ne présentant que les orifices des voies lacrymales.

Ajoutons que les Oiseaux, ainsi que beaucoup de Vertébrés terrestres, offrent, dans l'angle interne de l'œil, la *glande de Harder*, plus grosse que la glande lacrymale et qui

Vision des couleurs; daltonisme. — L'œil a la faculté de voir des lumières différentes, autrement dit de percevoir les couleurs.

Si l'on fait tomber sur un prisme de verre un faisceau de lumière blanche, celle du soleil, par exemple, on la voit se réfracter et se décomposer en sept lumières différentes, dites *couleurs du spectre solaire*, et qui, placées suivant leur ordre de réfrangibilité, sont appelées : *violet*, *indigo*, *bleu*, *vert*, *jaune*, *orangé*, *rouge*, en allant de celle qui est le plus déviée, le violet, à celle qui l'est le moins, le rouge.

Si, après avoir séparé par le prisme les éléments de la lumière solaire, on les réunit de nouveau au moyen d'un prisme placé en sens opposé, on reconstitue la lumière blanche, qui est bien, par conséquent, produite par la combinaison de ces couleurs *élémentaires*. On appelle *noir* l'absence de toute couleur, de toute lumière par conséquent.

Couleurs complémentaires et couleurs fondamentales.

Mais, pour que nous ayons la sensation de la lumière blanche, il n'est pas nécessaire que toutes les couleurs du prisme soient réunies. Plusieurs d'entre elles, combinées deux à deux, donnent le même résultat : ainsi le rouge et

---

sécrète un mucus plus ou moins épais; on ne la trouve que chez les espèces qui sont pourvues d'une nictitante.

Les **muscles moteurs de l'œil** de la plupart des Mammifères et des Reptiles sont plus compliqués que chez l'Homme. Outre les muscles droits et obliques, il existe un muscle en forme d'entonnoir, appelé muscle *coanoïde* (χοάνη, creuset) ou *suspenseur de l'œil*, qui attaché en arrière au fond de l'orbite, embrasse en avant le globe oculaire, qu'il peut par sa contraction retirer en arrière. Enfin, chez quelques espèces (Caméléons), les mouvements des deux yeux sont complètement indépendants : l'un peut même rester immobile, tandis que l'autre exécute des mouvements de rotation variés.

Le **volume de l'œil** est en général plus considérable chez les espèces nocturnes que chez celles qui vivent à la

le vert, le bleu et l'orangé, le jaune et l'indigo reproduisent la lumière blanche (1). On appelle *complémentaires* l'une de l'autre les couleurs qui, par leur combinaison, reproduisent la lumière blanche : ainsi le rouge est complémentaire du vert, etc.

Trois des couleurs primitives, à savoir : le *rouge*, le *vert* et le *violet*, sont appelées *fondamentales*, parce que, combinées entre elles en des proportions diverses, elles peuvent donner l'effet obtenu par deux couleurs complémentaires quelconques ; d'où il suit qu'elles fournissent toutes les teintes, toutes les nuances que l'on peut obtenir par le mélange des couleurs complémentaires en proportions variées.

Daltonisme. Il arrive, mais très rarement, que certaines personnes n'ont pas la sensation des couleurs ; il est fréquent, au

---

lumière du jour; mais pour les animaux qui se tiennent constamment dans des lieux très obscurs, comme les Taupes, il est au contraire de dimension plus réduite.

La **sclérotique** des *Mammifères* est construite comme celle de l'Homme; mais chez les Monotrèmes, elle renferme dans son épaisseur une lame cartilagineuse.

Chez les *Oiseaux*, elle est ossifiée dans une grande partie de son étendue, de manière à former deux cercles osseux, l'un, en avant, qui compte une vingtaine de pièces, l'autre en arrière, entourant le nerf optique, et qui est moins constant que le premier. — Les *Reptiles* ont également leur sclérotique ossifiée en avant. — Chez les *Batraciens*, elle est presque toujours cartilagineuse. — Chez les *Poissons*, elle est ordinairement cartilagineuse ou même ossifiée en partie.

(1) Ces expériences sont très nettes avec les couleurs de la lumière blanche décomposée par le prisme; mais il ne faut pas croire que l'on obtiendrait aussi complètement la reconstitution de la lumière blanche en mélangeant les couleurs dont les peintres ou les teinturiers font usage.

De même, le noir, a-t-on dit un peu plus haut, est l'absence de toute couleur; or il est d'usage d'appeler *noirs* des objets qui se rapprochent par leur couleur sombre de l'absence totale de lumière, mais qui sont encore, en réalité, quelque peu colorés, sans quoi ils ne seraient pas perçus par l'œil.

contraire, de rencontrer des individus incapables de distinguer certaines couleurs entre elles, le *rouge* du *vert* notamment. « Pour ces individus », comme le disait plaisamment Arago, qui connaissait une famille atteinte de cette infirmité, « les cerises ne sont jamais mûres ». Ils ne peuvent, en effet, distinguer la couleur rouge des cerises, du feuillage vert de l'arbre qui les porte. On donne le nom de *daltonisme* à cette singulière affection, du nom du physicien anglais Dalton, qui en était lui-même atteint, et l'a bien fait connaître le premier. Cette infirmité est assez fréquente (1 à 3 personnes sur 100), pour que les employés de chemins de fer soient soumis à un rigoureux examen avant d'être admis à faire un service sur les lignes ferrées : car on comprend les graves inconvénients qui résulteraient de la confusion des signaux, qui sont ordinairement verts ou rouges.

Ce phénomène anormal tient sans doute à un vice de structure de la rétine.

Vision binoculaire ; mouvements associés des deux yeux. — Puisque chacun de nos yeux présente

---

La **cornée** est moins convexe chez les espèces aquatiques que chez celles qui vivent en dehors de l'eau.

L'**iris** est diversement coloré suivant les espèces. Il est d'un beau rouge ou d'un jaune vif chez les *Oiseaux*, argenté chez les *Poissons*. Ajoutons que certaines espèces, parmi les Oiseaux (Perroquet), peuvent mouvoir à volonté ce diaphragme, formé alors de fibres musculaires striées.

La **pupille** est ordinairement ronde, quelquefois en fente verticale (Chats, Crocodiles, Requins), ou transversale (Cheval, Dromadaire, Bœuf et autre Ruminants).

La **choroïde**, sauf chez l'Homme et les Singes, est dépourvue de pigment sur une plus ou moins grande étendue et présente alors des teintes très vives, des reflets métalliques ; cette partie est désignée sous le nom de *tapis*.

A la paroi postérieure de l'œil, se voit chez les Vertébrés ovipares (Oiseaux, Reptiles, Batraciens, Poissons) un sin-

l'image de l'objet que nous regardons, comment se fait-il que nous ne voyions pas les objets doubles ?

On peut répondre à cela comme on l'a déjà fait au sujet du renversement des images, à savoir, que ce n'est pas en réalité dans l'œil que se fait la vision, mais dans le cerveau, centre auquel aboutissent toutes les impressions et où elles se transforment en sensations. Les deux images semblables, transmises par les deux nerfs optiques, se superposent en quelque sorte l'une à l'autre dans le cerveau et se fondent en une seule. Peut-être n'est-ce là d'ailleurs qu'un résultat acquis par l'habitude, car il suffit, comme on va le voir, d'un peu d'attention pour constater que souvent les objets sont en réalité vus doubles, bien que la plupart du temps nous n'en ayons pas conscience.

Points conjugués. Il faut savoir d'abord que l'impression unique obtenue dans la vision binoculaire, c'est-à-dire avec les deux yeux, ne peut se produire qu'à la condition que l'image se fasse dans des points symétriquement correspondants de l'un et l'autre œil, que, pour cette raison, on appelle les *points conjugués*. Aussi, la tache jaune, qui est la partie de la

---

gulier organe, comparable au corps ciliaire qui entoure le cristallin. Chez les *Oiseaux* il est très développé et porte le nom de **peigne** ; c'est une lame triangulaire, verticale, qui partie du fond de l'œil, près du nerf optique, traverse le corps vitré et s'avance jusqu'au cristallin ; cet organe, très vasculaire, est recouvert de pigment comme la choroïde et présente un grand nombre de plis parallèles. Son rôle est incertain ; mais il paraît être celui d'un écran destiné à arrêter certains rayons lumineux. — Les *Reptiles* ont un peigne analogue à celui des Oiseaux. — Les *Batraciens* également, mais plus rudimentaire. — Chez les *Poissons*, où il a reçu le nom de *ligament falciforme*, cet organe a l'aspect d'une cloche, dont les bords viennent s'appliquer contre la partie postérieure du cristallin.

Le **cristallin** est, d'une façon générale, d'autant plus bombé que la cornée l'est moins ; les espèces aquatiques et les espèces nocturnes sont celles qui l'ont le plus convexe. Chez les *Poissons* il est complètement sphérique.

rétine dont nous nous servons pour la vision distincte, occupe-t-elle dans les deux yeux exactement la même région, à savoir, le pôle postérieur. De même, la partie droite d'un œil répond, point pour point, à la partie droite de l'autre; il en est de même de la moitié gauche de chaque œil.

Mouvements associés des yeux.

Mais, pour que, dans la vision avec les deux yeux, les images se fassent sur des points identiques, il faut que les mouvements des deux globes oculaires soient associés de telle sorte que les faisceaux lumineux tombent nécessairement sur ces points : c'est pourquoi, quand l'œil droit se tourne en dehors sous la contraction du muscle droit externe, l'œil gauche se tourne en dedans par la contraction du muscle droit interne; autrement dit, l'un et l'autre se dirigent dans le même sens, sous l'influence de la contraction des muscles de nom opposé; dans le mouvement d'élévation qui fait porter la vue en haut, c'est le muscle droit supérieur de chaque œil qui se contracte; ainsi de suite pour les autres mouvements. En résumé, *les mouvements des yeux sont associés*, de façon à se trouver toujours l'un et l'autre dans la même direction, ou, plus exactement, que leurs axes optiques convergent afin de se rencontrer sur l'objet regardé (1).

Les **nerfs optiques**, avant leur sortie du crâne, se croisent en X et échangent une partie de leurs fibres; mais les *Poissons* font exception à cette règle; il y a seulement entrecroisement des deux nerfs optiques, sans passage de fibres nerveuses de l'un à l'autre.

MOLLUSQUES.— Les *Céphalopodes* ont des yeux volumineux placés de chaque côté de la tête, et leur structure se rapproche de celle des yeux des Vertébrés. — Les *Gastéropodes* ont les leurs situés à la base ou au sommet des tentacules rétractiles ; moins parfaits que les précédents ils en offrent cependant les parties correspondantes. — Les *Ptéropodes* et *Acéphales* en sont en général dépourvus ; cependant, les bords du manteau de quelques-uns (Pectens, Spondyles)

(1) On entend par *axe optique*, la ligne droite qui unit le centre de figure du cristallin au *point visuel*.

Si, par un artifice quelconque, on modifie la convergence normale des axes optiques, en comprimant par exemple un des yeux avec le doigt, les images ne peuvent plus se faire en des points correspondants, et les objets paraissent doubles.

Bien plus, qu'à travers les vitres d'une fenêtre on fixe un objet situé au delà : en y faisant quelque attention, on constatera que le montant et les barreaux de la fenêtre paraissent doubles. Dans ce cas, en effet, les yeux, placés convenablement pour recevoir en des points identiques l'image de l'objet placé de l'autre côté de la fenêtre, ne le sont pas pour ceux qui se trouvent en avant d'elle. L'observation attentive montre que, dans la vision ordinaire, il n'y a que l'objet fixé et ceux, qui placés dans son voisinage, se trouvent à la même distance des yeux que lui, à

---

offrent des points nombreux très brillants qui présentent les parties essentielles d'un organe visuel.

Tuniciers. — Ceux qui nagent librement ont un œil impair, médian, ou une simple tache pigmentaire sans doute sensible à l'action de la lumière. Les espèces sédentaires en sont dépourvues.

Arthropodes. — Deux sortes d'yeux : les uns sont recouverts par une cornée lisse, et appelés *yeux simples*, *stemmates* ou *ocelles ;* les autres ont une cornée divisée en un grand nombre de compartiments hexagonaux ou quadrilatères et sont appelés *yeux composés*.

Les *Arachnides* ont des yeux simples disposés symétriquement en plus ou moins grand nombre, jusqu'à douze chez certains Scorpions, sur la partie antérieure et supérieure du corps. Leur structure rappelle celles des yeux des Gastéropodes. Mais les Acariens en sont privés. — Ceux des *Myriapodes* sont à peu près constitués de même, mais ils sont très rudimentaires chez les espèces qui vivent constamment dans des lieux obscurs. — Les *Insectes* ont souvent à la fois des yeux simples et des yeux composés. Ces derniers présentent un nombre souvent considérable de petites cornées, jusqu'à 25,000 dans certaines espèces. Au-dessous de ces petites cornées il peut se trouver autant de cristallins distincts, qui dans d'autres cas sont remplacés par

nous paraître simples, tandis que tous ceux qui se trouvent en deçà et au delà paraissent doubles (fig. 134).

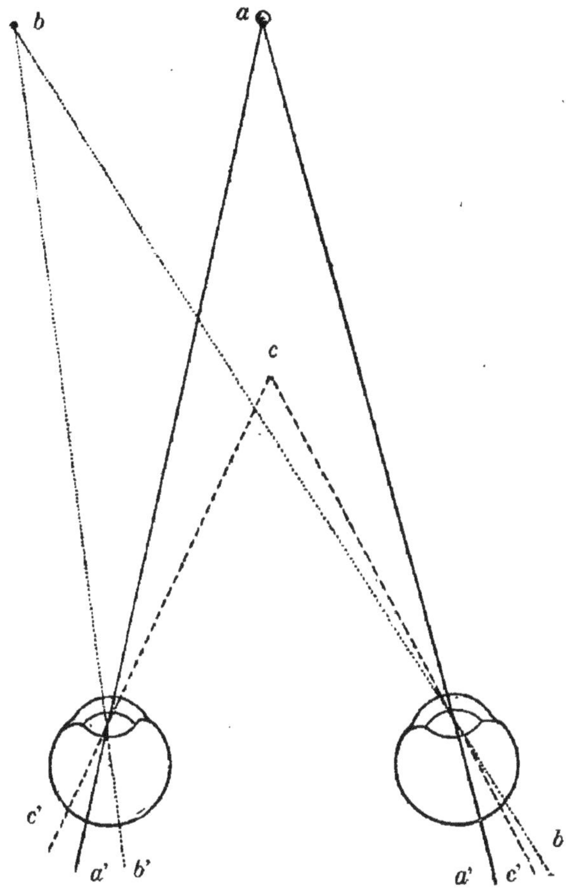

Fig. 134. — **Mécanisme de la vision binoculaire** ; *a*, point visé avec les deux yeux ; son image se peint dans chaque œil au point où la ligne *a a'* rencontre le fond de l'œil ; les objets voisins de celui qui est regardé, tels que *b*, sont également aperçus et se peignent dans chaque œil sur des points identiques (*b'*, *b'*). Au contraire, pour le point *c*, qui n'est pas à la même distance que le point envisagé (*a*), son image *c'*, *c'*, ne se faisant pas en des points conjugués ou identiques, comme il est facile de le remarquer, paraîtra double.

De même encore, si nous regardons un objet situé très près de notre visage, ou bien notre nez, nous le voyons

---

un seul, volumineux, ou enfin peuvent manquer ; à chaque cornée fait suite une choroïde distincte, aboutissant en

double. La raison en est, que pour voir un objet dans ces conditions, nous sommes obligés de faire subir aux axes optiques une convergence telle, que les images ne peuvent plus tomber sur des points identiques des deux rétines.

Strabisme. Toutefois, certaines personnes offrent, à l'état permanent, une direction anormale des axes optiques : elles *louchent*, selon l'expression vulgaire, ou sont atteintes, comme disent les médecins, de *strabisme*. Celui-ci est dit *convergent*

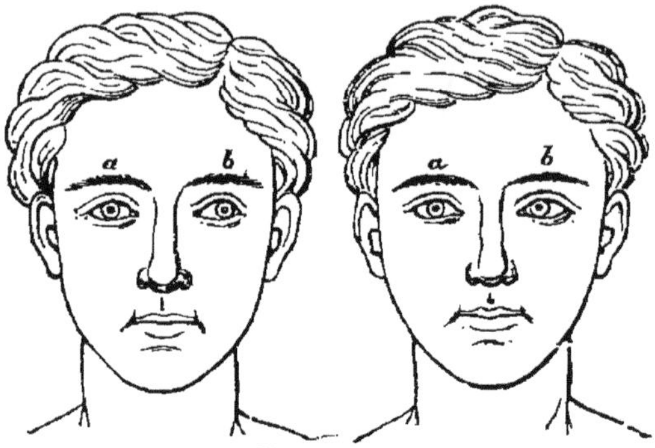

Fig. 135.

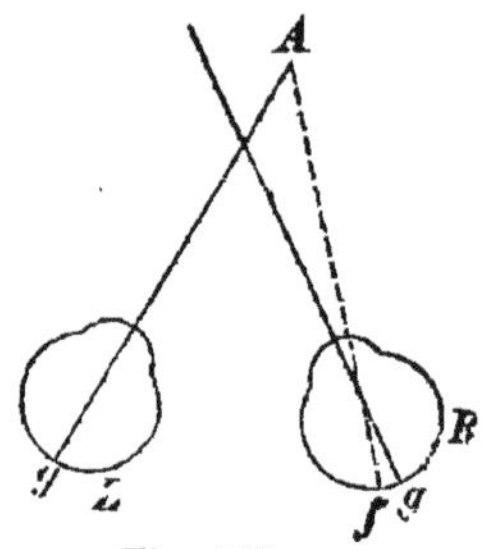

Fig. 136.

Fig. 135. — Strabismes divergent et convergent ; dans les deux figures, l'œil droit (*a*), regardant droit devant lui, l'autre œil (*b*) est divergent dans la figure de gauche, convergent dans celle de droite.

Fig. 136. — Mécanisme de la vision dans le strabisme convergent. Les axes optiques au lieu de se rencontrer au point où les deux lignes pleines (*g g*) se coupent de façon que l'image se fasse en des points conjugués, c'est-à-dire en des régions identiques des deux rétines, se rencontrent en *A*, et l'image se fait dans l'œil droit plus en dedans qu'il ne convient.

ou *divergent*, selon que les deux axes optiques ont une convergence exagérée ou au contraire vont en s'écartant. Dans l'un et l'autre cas, les rayons lumineux émanant d'un objet ne peuvent pas tomber sur des parties similaires des deux rétines ; et néanmoins ces personnes ne voient pas les objets doubles. Cela tient sans doute à l'habitude, qui, comme on le voit encore ici, joue un très grand rôle dans

---

arrière à un filet du nerf optique. Quant aux stemmates des Insectes, qui sont au nombre de deux ou trois ou même plus, elles rappellent par leur constitution les yeux des Arachnides : cornée indivise recouvrant un gros cristallin à peu

l'appréciation des impressions. C'est pourquoi, quand par une petite opération on a remis les yeux d'un strabique dans une position normale, les objets lui paraissent aussitôt doubles, bien qu'alors les images se fassent réellement en des points symétriques. Mais au bout de quelque temps, sous l'influence d'une habitude nouvelle bientôt acquise, le strabique arrive à corriger ce que ces sensations ont d'erroné, et revient à voir les objets tels qu'ils paraissent à ceux qui ont toujours eu les yeux normalement conformés.

Sensation du relief; explication du stéréoscope. — L'image d'un objet donné n'est pas absolument identique pour chacun des deux yeux qui le regardent simultanément. On se rend compte de la réalité du fait en fixant successivement de l'œil droit et de l'œil gauche, sans déplacer la tête, un objet à contours bien arrêtés, un cube, un dé à jouer, par exemple. On remarquera alors que l'œil droit voit sur le côté droit du dé une partie qui reste invisible pour l'œil gauche, et que, par contre, celui-ci aperçoit à la partie gauche du même objet une surface que le droit est incapable d'apercevoir.

C'est grâce à cette légère différence existant entre les images formées dans les deux yeux que nous avons la sensation du *relief* des corps. Cette sensation n'existe plus quand on regarde avec un seul œil : tous les objets alors semblent plats, comme s'il s'agissait de figures dessinées sur un tableau. Mais, le fait est surtout sensible pour les objets que nous ne connaissions pas et que nous voyons pour la première fois.

---

près sphérique, au-dessous duquel est une rétine avec un grand nombre de bâtonnets entourés chacun d'une couche pigmentaire.

Malgré la complication de structure des yeux composés des Insectes, les expériences de F. Plateau ont établi que ces organes ne leur permettent pas d'avoir une image nette des objets, de reconnaître leurs contours, mais seulement

Stéréoscope.

L'observation de la cause qui produit la sensation du relief a conduit à la construction du *stéréoscope* (1), appareil de physique amusante connu de tout le monde. Un objet, un paysage est photographié en même temps, par deux appareils placés côte à côte; les deux images obtenues sont respectivement identiques à celles qui se peindraient dans l'œil droit et dans l'œil gauche d'une personne regardant le même point de vue, et présentent par conséquent de l'une à l'autre de légères différences. Ces deux images étant placées l'une près de l'autre dans le stéréoscope, un prisme, interposé entre elles et chaque œil, dévie légèrement les rayons lumineux partis de chacune d'elles; ceux-ci arrivés aux yeux, ces organes, comme le montre la fig. 137, reportent naturellement l'impression qu'ils éprouvent sur le prolongement en ligne droite de ces rayons réfractés, lesquels, ainsi que l'indique la ligne ponctuée, viennent se rencontrer bien

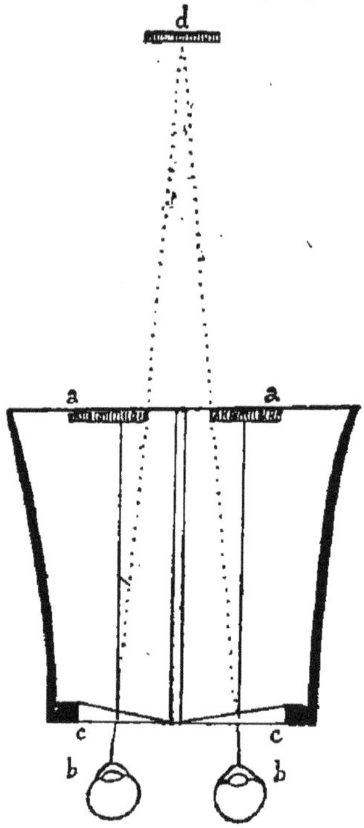

Fig. 137. — La théorie du stéréoscope; *a, a*, les dessins stéréoscopiques; *b, b*, les yeux, recevant les rayons émanés de ces dessins; *c, c*, prismes qui dévient ces rayons, de sorte que, prolongés suivant leur nouvelle direction, ceux-ci se rencontrent en *d*.

---

de s'apercevoir de leur présence. Quant aux stemmates des Insectes pourvus en même temps d'yeux composés, ils

(1) Du grec στερεός, corps solide, et σκοπεῖν, voir; cet appareil est ainsi appelé parce qu'il donne la sensation de la vue, non pas d'une image, mais de l'objet lui-même.

au delà des images réelles. On a alors la sensation de l'existence d'un seul dessin, ou plutôt de la présence du paysage lui-même, tellement les reliefs sont saisissants.

Angle visuel et appréciation des distances. — Nos yeux ne nous donnent pas seulement la sensation du relief; ils nous permettent d'apprécier les distances qui nous séparent des objets que nous voyons. Nous arrivons à cette notion par l'évaluation inconsciente de l'angle sous lequel nous voyons des objets connus, et qu'on appelle

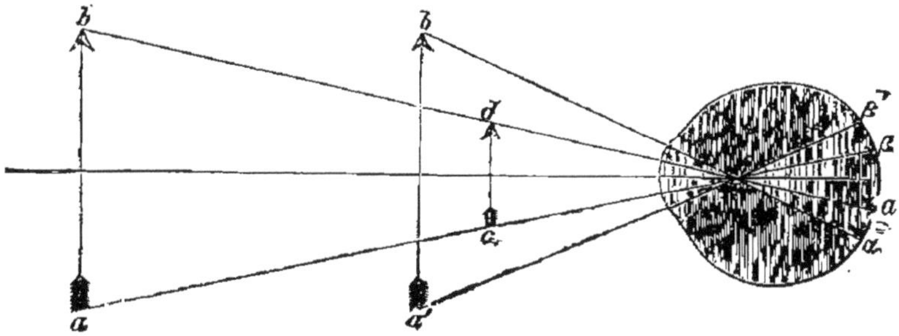

Fig. 138. — Démonstration du mécanisme de l'appréciation des distances. La flèche *a b* est à une distance double de la flèche *a' b*; l'image de la première (*a* β'), est moitié plus petite que celle de la seconde (*a* β). Par contre, un objet *c d*, plus petit que *a b*, étant plus rapproché de notre œil, sera vu sous le même angle et paraîtra aussi grand que le premier, comme le montre la figure.

l'*angle visuel*. Il est formé par les deux lignes qui, parties des points extrêmes de l'objet envisagé, viennent se réunir dans le centre optique de l'œil. Une construction bien simple (fig. 138) montre que l'image (*a* β') formée sur la rétine, est d'autant plus petite (*a* β), que l'objet (*a' b*) s'éloigne davantage (*a b*); pour une distance double, l'image diminue de moitié, et l'angle visuel devient par là même plus aigu. Il se fait alors dans notre esprit une évaluation entre la di-

---

paraissent ne leur permettre que de reconnaître la présence de la lumière. Mais chez les Arthropodes, qui n'ont pas d'autres organes visuels, leur rôle semble être plus important.

mension apparente des objets et leur dimension réelle, et par là nous estimons la distance à laquelle ils se trouvent.

ILLUSIONS D'OPTIQUE

Les objets nous paraissent souvent autrement qu'ils ne sont dans la réalité, soit que les points de comparaison nous manquent, soit que l'expérience ne nous ait pas éclairés à leur sujet, soit que la cause dépende de la constitution même de notre œil, etc. De là autant d'*illusions d'optique*.

Celles-ci sont très nombreuses et variées, aucun autre sens n'étant aussi sujet à nous induire en erreur que celui de la vue. Nous pouvons les classer en plusieurs groupes ; elles peuvent en effet tenir :

1° à la persistance des images rétiniennes ;

2° à la fatigue de la rétine et aux images consécutives qui en résultent ;

3° au phénomène connu sous le nom d'irradiation ;

4° au défaut d'appréciation des distances ;

5° à la sensation éprouvée pendant ou aussitôt après un mouvement rapide entraînant notre corps ou certains objets que nous regardons ;

6° aux phénomènes de contraste des couleurs ;

7° enfin, à des sensations visuelles purement subjectives.

Nous aurons là autant de sujets de paragraphes distincts.

Persistance de l'image rétinienne ; son explication. — Si l'on fait rapidement tourner devant une personne un objet incandescent tenu à la main, elle ne voit qu'un cercle de feu continu. Cette expérience montre que

---

Les *Crustacés* ont les yeux construits comme ceux des Insectes, mais ils sont souvent portés au sommet de pédoncules mobiles ; parfois ils se joignent sur la ligne médiane de façon à paraître n'en former qu'un seul.

l'impression faite sur la rétine persiste quelque temps, puisque celle qui a été produite au début du mouvement circulaire de cet objet brillant, existe encore quand le bras est revenu à son point de départ. Pour la même raison, les météores ou étoiles filantes nous paraissent laisser une longue traînée de feu à leur suite, l'impression qu'ils causent à la rétine, à un moment donné, ne s'effaçant que lorsqu'ils ont déjà parcouru un long espace. C'est la même cause encore qui fait que, lorsqu'on voit la pluie tomber

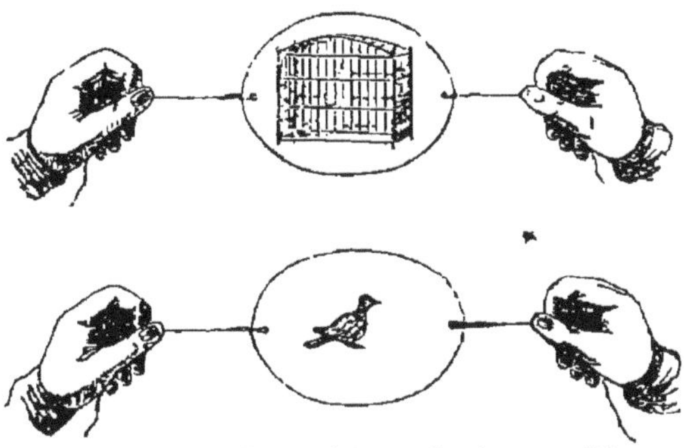

Fig. 139. — Démonstration de la persistance des images rétiniennes.

dans le lointain, le ciel paraît comme rayé de rubans noirâtres, étendus des nuages au sol ; que les rayons d'une roue de voiture, qui tourne avec rapidité, disparaissent à notre vue, et que la roue elle-même nous semble pleine ; qu'une toupie moitié blanche et moitié noire mise en mouvement paraît uniformément grise, chaque couleur laissant dans l'œil une impression qui persiste un certain temps, de sorte que les deux effets différents qu'elles produisent dans cet organe se superposent l'un à l'autre et se confondent, pour former une nuance intermédiaire.

L'observation de ces faits a servi de point de départ à la construction de plusieurs appareils d'optique amusante : tel est, entre autres, le *zootrope*.

La figure 139 offre une autre application de la persis-

VERS. — Ordinairement ils ont une paire d'yeux placés sur les côtés de la tête; mais chez un certain nombre, appelés

tance des images rétiniennes. Sur un morceau de carton on a représenté, d'un côté, un oiseau, et de l'autre une cage : en faisant tourner rapidement l'objet au moyen des deux cordons tenus entre les doigts, on n'a plus que la sensation d'un seul dessin représentant un oiseau dans sa cage.

Explication de la persistance des images.

Cette persistance des impressions lumineuses semble avoir son explication dans la structure même de la rétine. Cette membrane est en effet imprégnée d'une matière rouge, le *pourpre rétinien*, très impressionnable à la lumière, et qui disparaît momentanément dans les points où tombe un faisceau lumineux. Le pourpre rétinien ne se reformant qu'au bout de quelques instants, la persistance de l'image rétinienne, et par conséquent la sensation de la vue de l'objet disparu, aurait pour durée celle de la disparition de la substance en question.

Fatigue rétinienne et images consécutives. — La persistance des impressions lumineuses est d'autant plus marquée que l'on regarde des objets plus vivement éclairés. C'est ainsi qu'après avoir fixé un instant le soleil, on est, comme on dit, *ébloui*, c'est-à-dire, incapable, pendant un certain temps, de voir nettement aucun autre objet. De plus, il semble que l'on a encore devant les yeux l'image du soleil, mais en couleur sombre. De même, si l'on regarde pendant quelques instants les barreaux d'une fenêtre, puis que l'on tourne les yeux vers le plafond, on y verra nettement dessinée l'image de cette fenêtre, mais avec cette différence que les vitres paraîtront sombres et les barreaux plus clairs : c'est là le phénomène des images

---

en raison de ce fait *Polyophtalmes*, il en existe une autre paire sur chaque segment du corps. Les Sangsues en offrent plusieurs paires, de structure très simple, symétriquement disposées à l'extrémité antérieure.

ÉCHINODERMES. — Les Étoiles de mer ont un œil très net,

consécutives. Un effet analogue s'obtiendra avec la fig. 140 : si on la regarde fixement pendant quelques instants, puis qu'on lève les yeux au plafond, elle s'y détachera en blanc sur un fond plus sombre. Après quelques essais le phénomène se produira nettement. Au contraire, un dessin blanc donnerait, dans les mêmes conditions, une image noire.

Fig. 140. — Dessin destiné à la démonstration des images consécutives. En fixant pendant quelques instants cette silhouette, puis en reportant sa vue au plafond, on l'y voit se dessiner nettement, mais en blanc.

Ces effets sont dus à une fatigue de la rétine, qui se trouve inapte à recevoir de nouvelles impressions bien nettes, tant qu'elle est encore sous l'influence d'objets vus dans une vive lumière. C'est au même ordre de faits qu'il faut demander l'explication des difficultés que nous éprouvons à distinguer les objets quand, d'un endroit bien éclairé, nous passons brusquement dans un local obscur : il faut que l'œil s'habitue peu à peu au nouveau milieu dans lequel il se trouve, et que la vive impression causée par la lumière se soit effacée.

Phénomènes d'irradiation. — Une source fréquente d'illusions d'optique réside dans les phénomènes d'*irradiation.*

---

d'un beau rouge, à l'extrémité de chacun de leurs bras ou rayons.

Cœlentérés. — Il existe sur le bord de l'ombrelle des Méduses des taches ou points oculiformes en nombre variable.

Quand un dessin noir, à contours anguleux, est tracé sur un papier blanc, ces contours paraissent émoussés : il semble que la couleur blanche mange la noire, empiète sur elle; c'est là un effet d'irradiation, et c'est pourquoi, si l'on trace, comme dans la fig. 141, une ligne fine (*a b*),

Fig 141.

Fig. 142

Fig. 141. — Dessin destiné à montrer un effet d'irradiation. La ligne *a* paraît se continuer avec la ligne *c*, tandis que c'est la ligne *b* qui est dans le même axe.

Fig. 142. — Autres effets d'irradiation. Chaque carré blanc paraît, au premier coup d'œil, plus grand que le carré noir correspondant, tandis qu'ils est de même dimension que lui.

coupant sous un angle aigu un grosse barre noire, cet angle semble plus grand qu'il n'est en réalité, de sorte que l'on est tenté de considérer comme étant la prolongation de la ligne *a*, non pas la ligne *b*, mais la ligne *c*, ce qui est une erreur. De même, de deux carrés de semblable dimension, l'un noir dessiné sur fond blanc, l'autre blanc sur fond noir, celui-ci paraîtra toujours plus grand que le premier. Si l'on applique sur un papier noir un certain nombre de petit ronds blancs, réciproquement tangents, les espaces noirs qui les séparent diminueront à l'œil, disparaîtront même au point que les cercles sembleront

---

Protozoaires. — Quelques-uns offrent une tache pigmentaire, rouge, que l'on considère comme un rudiment d'organe visuel.

être autant d'hexagones. Pour la même raison, une toilette blanche rend la taille plus épaisse, tandis qu'une noire l'amincit.

Défaut d'appréciation des distances et des dimensions. — D'autres illusions d'optique tiennent à ce que nous apprécions mal les hauteurs et les distances : c'est ainsi que nous attribuons souvent aux objets placés

Fig. 143. — La portion divisé par des lignes verticales semble au moins aussi longue que l'autre, tandis qu'elle est en réalité notablement plus courte.

au-dessous de nous plus de hauteur qu'ils n'en ont ; c'est pour cela encore que, lorsque d'une tribune d'église on regarde en bas, la hauteur semble beaucoup plus considérable qu'elle ne paraît quand on regarde de bas en haut le même espace. Tous ceux qui sont montés sur les monuments de nos villes, ont pu apprécier la justesse de cette observation.

Toute étendue divisée par un certain nombre de lignes nous paraît plus grande que la même longueur non divisée (fig. 143).

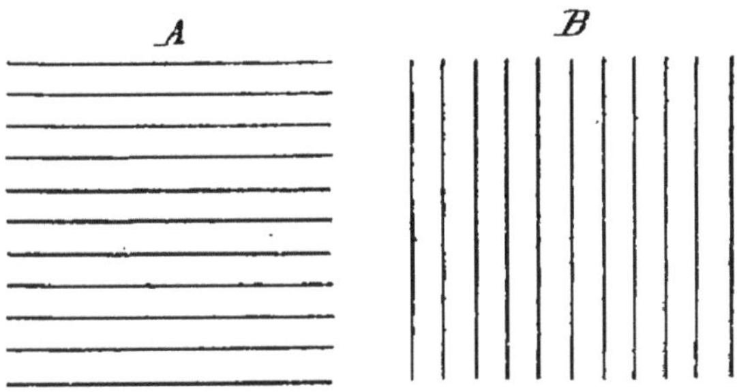

Fig. 144. — Le dessin *A* semble plus grand dans le sens vertical et le dessin *B* dans le sens horizontal, tandis qu'ils sont en réalité de même grandeur et rigoureusement carrés.

Toute surface sur laquelle sont tracées des lignes parallèles, régulièrement espacées entre elles, paraît plus grande, dans le sens de la hauteur ou dans celui de la largeur, suivant le cas. Si l'œil embrasse facilement l'ensemble des lignes, comme dans les deux dessins de la fig. **144**, *A*, *B*, la dimension paraît plus considérable dans le sens perpendiculaire à la direction des lignes. Si, au contraire, l'œil ne peut embrasser à la fois qu'une partie des lignes tracées, comme cela a lieu dans un appartement tapissé d'un papier à rayures, la pièce paraît plus haute d'étage si celles-ci sont verticales, plus large, au contraire, si elles sont horizontales.

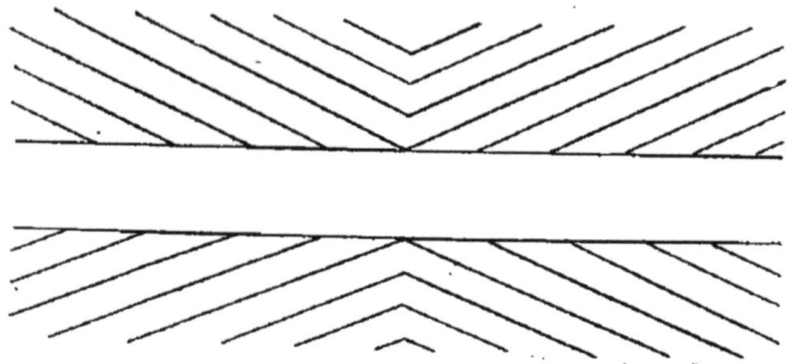

Fig. 145. — Les deux grandes lignes sont rigoureusement parallèles, comme on le voit en se plaçant dans leur axe ; mais, par suite de la disposition des petites on a l'illusion d'un plus grand écartement au milieu qu'aux extrémités.

Si, sur deux barres noires parallèles (fig. **145**), on trace des lignes obliques, parallèles entre elles et convergentes comme le montre le dessin, il semble que les grandes barres ont tendance à s'écarter vers le point de convergence des lignes obliques et à se rapprocher dans les régions qui en sont plus éloignées.

Sensations visuelles éprouvées pendant ou aussitôt après un mouvement rapide entraînant certains objets ou notre corps lui-même. — Lorsque après avoir regardé pendant quelques instants le cours rapide d'un fleuve, on porte brusquement les yeux sur la rive, celle-ci semble remonter en sens inverse. De même, si nous tournons rapidement sur nous-mêmes, les objets paraissent tourner dans le sens opposé.

Tout le monde connaît les illusions que le voyageur

eprouve en regardant la campagne à travers les portières d'un chemin de fer en mouvement : les objets les plus proches semblent courir dans la direction opposée à celle qu'il suit. S'il fixe un point de la campagne, un arbre, une maison, tous les objets situés au delà semblent marcher dans le même sens que le voyageur, et ceux situés en deçà, dans le sens opposé.

Ces dernières illusions sont dues à ce que nous nous figurons être immobiles alors que notre rétine, se déplaçant avec tout notre corps, reçoit l'impression successive des objets, exactement comme si c'étaient ces derniers qui se déplaceraient réellement, notre œil restant immobile.

Phénomènes de contraste des couleurs. — De même que les images laissent sur la rétine une impression persistante, on peut constater que les couleurs donnent lieu à des phénomènes correspondants, points de départ d'effets singuliers, auxquels on donne le nom de *contrastes*. Ils sont dus à ce que l'œil, encore impressionné par une couleur, est soumis à l'influence d'une couleur différente.

Si, par exemple, sur une feuille de papier vert on place un petit carré de papier blanc et qu'on recouvre le tout d'une feuille de papier transparent, le petit carré semblera rose : c'est donc la couleur complémentaire du vert qui apparaît. C'est là ce qu'on appelle le *contraste simultané*.

L'importance des faits de ce genre n'échappera pas, si l'on songe au parti que l'on en peut tirer dans l'art du costume et des tentures, dans les tableaux et la peinture décorative, etc. : car, toutes les fois qu'une surface blanche sera posée auprès d'une surface colorée, la couleur complémentaire de celle-ci se substituera à la première, ou du moins elle viendra la modifier dans une certaine mesure.

Si, maintenant, on met sur une feuille de papier blanc, ou mieux de papier gris, un petit carré rouge, et que, tandis qu'on fixe celui-ci, on le retire rapidement de dessous les yeux, on voit très nettement apparaître à sa place un carré vert de même dimension : c'est ce qu'on appelle le *contraste successif.*

Sensations visuelles subjectives; phosphènes. — En règle générale, les impressions visuelles sont dues à des rayons lumineux, qui émanés des objets extérieurs ou réfléchis par eux, viennent en dessiner la forme dans le fond de l'œil : en pareil cas, les sensations visuelles méritent bien le nom d'*objectives.*

Mais si l'on vient à comprimer légèrement avec l'ongle le globe oculaire, à travers les paupières fermées, on éprouve aussitôt la sensation d'un cercle lumineux dans la direction opposée au point comprimé. De même, lorsqu'un coup violent est porté sur l'œil, le phénomène le plus remarquable qui se produit alors est une vive sensation de lumière, bien connue de tout le monde, et que l'on traduit vulgairement en disant qu'*on voit trente-six chandelles.* Ces sensations lumineuses sont désignées par les physiologistes sous le nom de *phosphènes* (1). Elles sont dues à la compression des éléments de la rétine; et toutes les fois qu'une action quelconque, coup, piqûre, déchirure, section de la rétine ou du nerf optique, se produira, il y aura non pas douleur, mais sensation lumineuse. L'impression de lumière ressentie dans ces conditions, ne répondant à aucun objet lumineux extérieur, mais dépendant entièrement de l'état dans lequel le sujet se trouve accidentellement placé, mérite donc bien le nom de *sensation subjective.*

Ces sensations subjectives se produisent très souvent, même en dehors de toute violence extérieure. La fatigue de la rétine, une plus grande activité imprimée brusquement à la circulation dans les vaisseaux de l'œil, ou un obstacle apporté à cette fonction, peuvent les déterminer. Il suffit souvent, après s'être baissé, de se relever brusquement, pour voir jaillir comme de nombreuses étincelles.

(1) Du grec φῶς, lumière; φαίνειν, faire briller.

En outre, tous ceux qui se sont appliqués à l'étude d'objets dont les dimensions très exiguës nécessitent une grande attention visuelle et l'emploi d'instruments grossissants, savent que la vue est souvent gênée par ce qu'on appelle des *mouches volantes*, qui, bien que permanentes, passent inaperçues dans la vision ordinaire; on les observe très bien quand, après avoir fixé un objet vivement éclairé, on regarde à travers un trou percé dans une carte avec une épingle. Ce sont des lignes, des points différemment groupés, qui se déplacent suivant le mouvement des yeux, et qui paraissent causés par l'opacité de filaments ou de débris de cellules du corps vitré, dont l'ombre est projetée sur la rétine.

Nous sommes donc exposés, dans nombre de cas, à être trompés par la vue; et il est nécessaire que le jugement, aidé par le contrôle des autres sens, vienne rectifier les sensations erronées qu'elle nous donne parfois, et qui, si on leur attribue une réalité objective, peuvent produire de véritables *hallucinations*.

CHAPITRE XII

LE SYSTÈME NERVEUX

AXE CÉRÉBRO-SPINAL ; NERFS ; GRAND SYMPATHIQUE

Idée générale du système nerveux. Enveloppes des centres nerveux. — MOELLE ÉPINIÈRE (description, structure). Origine et distribution des nerfs rachidiens : racine antérieure, racine postérieure; nerfs mixtes; plexus nerveux; terminaison des nerfs. — ENCÉPHALE (description et structure) : Isthme de l'encéphale; Cervelet; le Cerveau proprement dit; ses circonvolutions. Origine et distribution des nerfs craniens. Relations des différentes parties du système nerveux entre elles : cerveau, moelle, nerfs. — SYSTÈME DU GRAND SYMPATHIQUE.

Importance du système nerveux. — Un vaste système organique, un réseau d'une extrême délicatesse et d'une complexité inouïe, pénètre tout le corps, relie tous les organes entre eux, de sorte qu'aucun ne se trouve isolé des autres. Sous sa dépendance se rangent toutes les fonctions, aussi bien celles qui s'accomplissent sans que nous en ayons conscience, comme sont les sécrétions glandulaires, les mouvements intestinaux, que celles qui sont soumises à notre volonté, comme les mouvements de nos membres. Il joue un rôle essentiel dans les phénomènes de sensibilité; enfin, il est l'agent indispensable des manifestations de l'intelligence. Cet appareil, auquel est dévolu un rôle si considérable dans l'organisme, c'est le *système nerveux.*

Des parties du système nerveux. — Le *système nerveux* de l'Homme se compose :

1° d'une sorte de cordon vertical renfermé dans le canal rachidien formé par les vertèbres : c'est la *moelle épinière;*

2° d'un gros renflement, qui surmonte l'extrémité supérieure de ce cordon, l'*encéphale* (1), lequel est logé dans la tête, comme son nom l'indique. Les deux parties précédentes, souvent désignées sous le nom de *centres nerveux*, constituent l'*axe cérébro-spinal;*

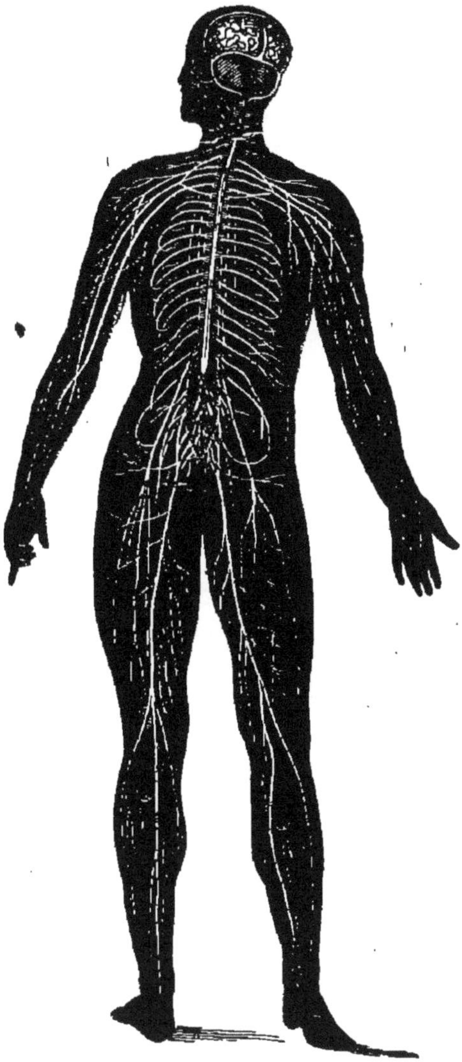

Fig. 146. — Ensemble du système nerveux cérébro-spinal.

3° de *nerfs*, qui partant de chaque côté de cet axe sous forme de cordons de couleur blanche, pour aller se distribuer dans les différentes parties du corps; on en compte 31 paires émanées de la moelle et 12 fournies par l'encéphale ;

4° enfin, d'un appareil nerveux, distinct de celui dont on

(1) Du grec ἐν, dans ; κεφαλή, tête.

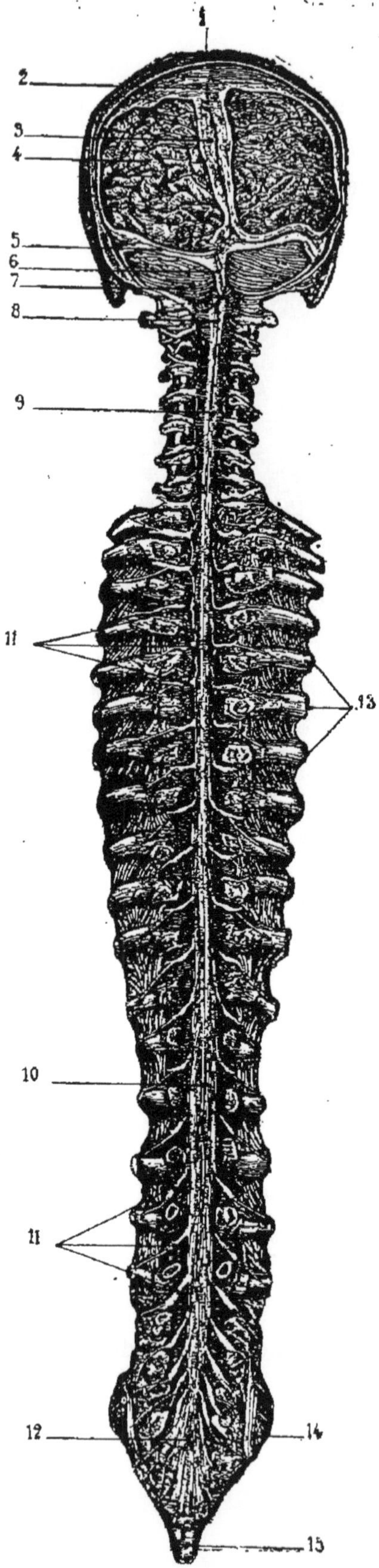

PLANCHE III

L'axe nerveux cérébro-spinal vu par derrière.

1. Crâne.
2. Dure-mère.
3. Faux du cerveau.
4. Cerveau.
5. Tente du cervelet.
6. Faux du cervelet.
7. Cervelet.
8. Bulbe rachidien.
9. Renflement cervical.
10. Renflement lombaire.
11. Racines des nerfs rachidiens.
12. Nerfs de la queue de cheval.
13. Côtes.
14. Sacrum.
15. Coccyx.

Page 328.

vient d'énumérer les parties, mais qui lui est rattaché par de nombreux connectifs, et qui est exclusivement destiné aux organes de la vie végétative, à savoir le *grand sympathique*.

Dans ce chapitre nous étudierons successivement :

1° *les enveloppes des centres nerveux;*

2° *la moelle épinière et le bulbe rachidien;*

3° *les nerfs qui partent de la moelle et leurs ganglions;*

4° *l'encéphale;*

5° *les nerfs craniens;*

6° *les relations qui existent entre les différentes parties du système nerveux;*

7° *le grand sympathique.*

Enveloppes des centres nerveux; liquide céphalo-rachidien. — L'axe cérébro-spinal est protégé par plusieurs enveloppes. Il ne sera pas question ici de l'enveloppe osseuse, crâne et vertèbres, dont l'étude a été faite au Chapitre VIII, mais seulement des membranes ou *méninges* (1), qui recouvrent immédiatement la substance nerveuse.

Les méninges sont au nombre de trois, à savoir, en allant de la plus extérieure à l'interne : la *dure-mere*, l'*arachnoïde* et la *pie-mère*.

La *dure-mère* (pl. III, *2*), est une enveloppe fibreuse qui adhère aux os du crâne, mais non au canal rachidien, dans lequel elle se prolonge jusqu'au coccyx. Dans le crâne, il s'en détache des prolongements en forme de lames, pour soutenir et séparer les divers segments de l'encéphale : l'un, vertical, dirigé d'avant en arrière, sépare les deux hémisphères cérébraux ; sa forme lui a fait donner le nom de *faux du cerveau* (*3*); un autre, horizontal, enfoncé entre le cerveau et le cervelet, est la *tente du cervelet* (*5*); enfin, les deux lobes du cervelet sont eux-mêmes séparés par un troisième repli, la *faux du cervelet* (*6*). **Dure-mère.**

(1) Du grec μῆνιγξ, membrane.

Arachnoïde. L'*arachnoïde* (1), que sa finesse a fait comparer à une toile d'araignée, est une membrane séreuse, une sorte de sac sans ouverture, qui, d'une part, tapisse la surface interne de la dure-mère, et, de l'autre, recouvre le cerveau et la moelle, sans pénétrer toutefois dans toutes les dépressions que présentent ces organes, mais en passant au-dessus d'elles à la manière d'un pont, disposition importante pour les mouvements d'oscillation du liquide céphalo-rachidien, dont il va être bientôt question.

Pie-mère. La *pie-mère*, enfin, qui n'est, en quelque sorte, qu'un lacis serré de vaisseaux extrêmement fins, pénètre dans toutes les dépressions ou anfractuosités du cerveau et de la moelle, de façon à se mouler exactement sur ces organes. Tandis que les deux premières membranes ne se prolongent pas sur les nerfs à leur sortie du crâne ou du canal rachidien, la dernière les suit dans] tout leur parcours et constitue leur *névrilème*. De plus, cette membrane envoie des prolongements dans les cavités ou ventricules du cerveau.

Rôle des méninges. Outre la protection que les méninges assurent au système nerveux, elles ont un rôle physiologique très important. Les vaisseaux, avant de se distribuer dans la substance nerveuse, se divisent pour ainsi dire à l'infini dans ces membranes, et n'en sortent qu'à l'état de fins capillaires, de façon que le choc produit par la poussée sanguine ne s'y faisant plus sentir, ne peut pas causer d'effets nuisibles dans les organes si délicats du cerveau et de la moelle.

Liquide céphalo-rachidien. Un dernier moyen de protection consiste dans la présence du *liquide céphalo-rachidien*, qui forme une mince couche interposée entre l'arachnoïde et la pie-mère, dans toute l'étendue de l'axe cérébro-spinal et pénètre même dans les cavités dont celui-ci est creusé. Sa quantité est évaluée de 60 à 140 grammes ; il est formé d'eau contenant en dissolution quelques substances inorganiques, principalement du sel. Il a pour but de répartir une égale pression sur toute la surface de l'axe cérébro-spinal : car

(1) Ἀράχνη, araignée ; εἶδος, forme.

à chaque contraction du cœur une poussée sanguine se produit vers le cerveau, et si celui-ci était renfermé dans une membrane inextensible, il en résulterait une compression des éléments nerveux. Grâce à ce liquide, qui est alors refoulé dans le canal rachidien, formé de parties osseuses et membraneuses, le cerveau évite tout froissement nuisible.

Description et structure de la moelle épinière. — L'étude de la moelle épinière comporte l'examen de deux parties à savoir :

la moelle proprement dite;

le bulbe rachidien ou *moelle allongée.*

Commençant par la première, nous considérerons successivement :

sa forme extérieure;

sa structure.

La *moelle* (pl. III et fig. 147) offre l'aspect d'un cordon blanc, d'environ un centimètre d'épaisseur, un peu aplati d'avant en arrière. A sa partie supérieure, elle se renfle pour constituer le *bulbe rachidien*, par où elle se continue avec l'encéphale. Sur son trajet, elle présente encore deux légers *renflements*, l'un *cervical* (pl. III, *9*), l'autre *lombaire* (*10*), situés aux niveaux d'où partent les nerfs des membres. A sa partie inférieure, elle se termine en forme de cône allongé, duquel part un faisceau de nerfs connu sous le nom de *queue de cheval* (*12*); au milieu d'eux se trouve un petit cordon fibreux, le *ligament coccygien* formé d'un prolongement de la pie-mère, lequel s'étend jusqu'au coccyx.

La moelle est partagée dans le sens de sa longueur en deux moitiés symétriques par des sillons profonds, dont l'un se voit sur sa face antérieure, *sillon médian antérieur*, et l'autre sur la face postérieure, *sillon médian postérieur* (fig. 148). Chaque moitié de la moelle ainsi délimitée offre deux saillies longitudinales, que l'on a appelées, selon leur position, *cordon postérieur* (*c. po.*) et *cordon antéro-latéral* (*c. a. l.*), celui-ci beaucoup plus gros que le premier.

Structure de la moelle.

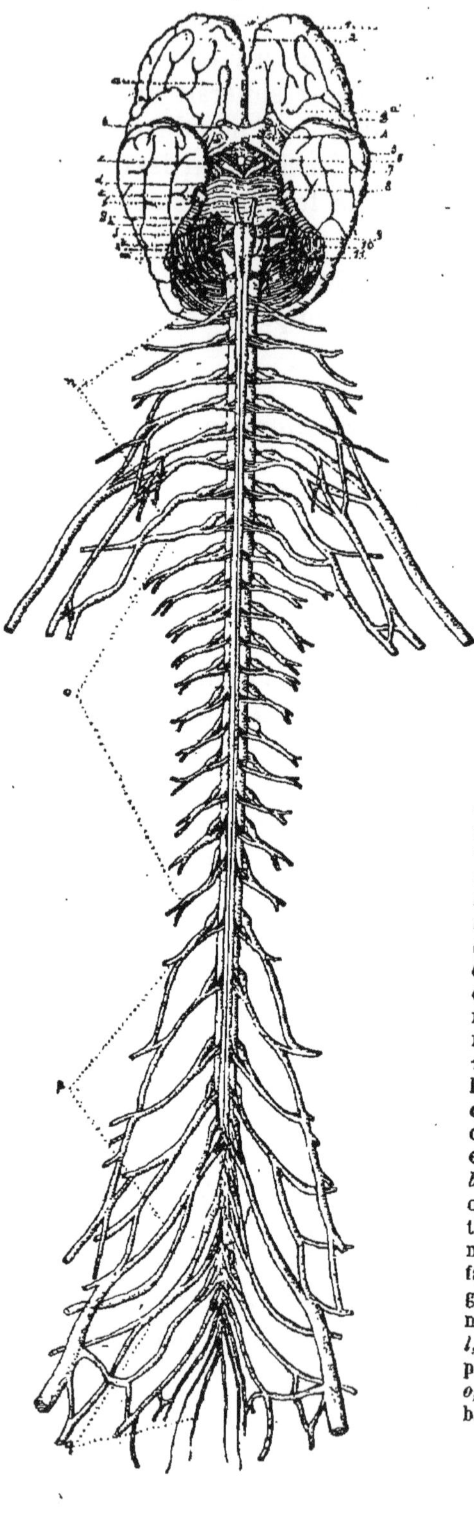

Si l'on fait une coupe transversale de la moelle (fig. 148), on remarque qu'elle est formée de deux parties distinctes : l'une *grise*, placée au centre, l'autre *blanche*, qui occupe la périphérie.

La première fait dans la substance blanche, à droite et à gauche, deux saillies, qui suivant leur situation, ont reçu les noms de *corne antérieure* et de *corne postérieure*.

Les deux moitiés de la moelle sont réunies

Fig. 147. — L'axe cérébro-spinal vu par la face antérieure, et l'origine des nerfs : *1*, lobe frontal ; *2*, grande scissure du cerveau, qui le divise en deux hémisphères ; *3*, scissure de Sylvius ; *4*, chiasma des nerfs optiques : *5*, lobe sphénoïdal ; *6*, tubercules mamillaires ; *7*, pédoncules cérébraux ; *8*, protubérance annulaire ou pont de Varole ; *9*, olive ; *10*, cervelet ; *11*, pyramide antérieure, dont les fibres s'entrecroisent avec celles du côté opposé ; *a*, nerf olfactif ; celui du côté gauche (*a'*), est coupé dès sa naissance ; *b*, nerf optique ; *c*, nerf moteur oculaire commun ; *d*, nerf pathétique ; *e*, nerf trijumeau ; *f*, nerf moteur oculaire externe ; *g*, nerf facial ; *h*, nerf acoustique ; *j*, nerf glosso-pharyngien ; *k*, nerf pneumogastrique ou nerf vague ; *l*, nerf spinal ; *m*, nerf grand hypoglosse ; *n*, nerfs cervicaux ; *o*, nerfs dorsaux ; *p*, nerfs lombaires ; *q*, nerfs sacrés.

par un pont très étroit de substance nerveuse, blanche en avant, *commissure blanche* (*c.a*), grise en arrière, *commissure grise* (*c. p.*) l'une et l'autre formées d'un mélange de cellules et de fibres nerveuses; enfin, entre ces deux commissures, au centre de la moelle, se voit un étroit canal qui en suit toute la longueur, et qui est tapissé d'un épithélium vibratile.

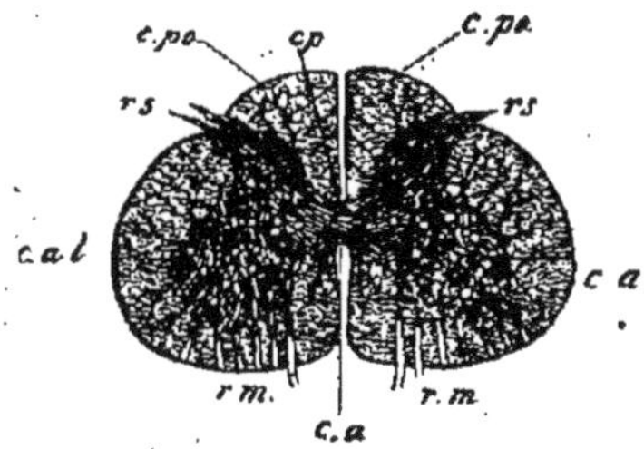

Fig. 148. — Coupe transversale de la moelle épinière ; *c.a.l*, cordons antéro-latéraux; *c.po*, cordons postérieurs; *c.a*, commissure blanche ou antérieure; *c.p*, commissure grise ou postérieure; *r.m*, racine antérieure ou motrice; *r. s*, racine postérieure ou sensitive.

La substance blanche et la substance grise ont une structure bien différente.

La substance blanche et la substance grise de la moelle n'ont pas la même structure. La première se compose seulement de *fibres nerveuses*, dont la plupart sont longitudinales, mais dont un certain nombre ont une direction transversale et passent d'un côté à l'autre par les commissures antérieure et postérieure, ou relient entre eux les éléments de la substance grise.

Cette dernière est essentiellement formée de cellules de formes différentes (fig. 40), les unes en fuseau et présentant seulement deux ou trois prolongements, *cellules bipolaires;* les autres, pourvues d'un grand nombre de ces prolongements, *cellules multipolaires*, qui se ramifient bientôt pour aller rejoindre ceux d'autres cellules nerveuses plus ou moins éloignées. Il en est d'une extrême petitesse, tandis que certaines ont des dimensions relativement considérables (1). Les cellules multipolaires, au milieu de leurs prolongements ramifiés, en présentent toujours un qui est simple, et qui paraît être l'origine d'une fibre nerveuse (fig. 39). Ces divers ordres de cellules semblent avoir chacun un rôle physiologique différent.

(1) Voy. p. 49 et suivantes, la structure du tissu nerveux.

Bulbe rachidien. — Le *bulbe rachidien* (pl. III, *8*) ou extrémité supérieure de la moelle, qu'on appelle encore *moelle allongée*, offre sur sa face antérieure, de chaque côté de la ligne médiane, un renflement formé par le cordon antérieur de la moelle, les *pyramides antérieures* (fig. 147, *11*). Une disposition, très importante pour la physiologie, consiste en ce que la plus grande partie des fibres des deux pyramides s'entrecroisent, de sorte que celles de droite passent à gauche, et réciproquement : de là résultent des effets croisés, c'est-à-dire qu'une lésion du côté gauche de l'encéphale retentit sur le côté droit du corps et inversement.

En dehors de la pyramide antérieure se trouve un autre renflement ovalaire, l'*olive* (*9*), puis la *pyramide latérale* ou *corps restiforme*.

Sur la face postérieure du bulbe se voient les *pyramides postérieures* (pl. III, *8*), continuation des cordons postérieurs; elles sont situées de part et d'autre de la ligne médiane et s'écartent de plus en plus en remontant vers le cerveau; elles limitent un espace triangulaire que recouvre le cervelet, et qui est le *quatrième ventricule* du cerveau (fig. 162, *12*); le canal central de la moelle y débouche. Le fond de cet espace ou plancher du quatrième ventricule a reçu, en raison de son aspect, qui l'a fait comparer à une plume à écrire, le nom de *calamus scriptorius ;* le bec du *calamus* correspond exactement au *nœud vital*, découvert par Flourens, et qui sera étudié dans la partie physiologique.

Les nerfs rachidiens et leurs ganglions; leur origine et leur distribution. — Les nerfs rachidiens nous offrent à étudier :

leur origine ;

leurs renflements ou ganglions nerveux ;

leurs entrelacements ou plexus ;

leur terminaison.

Origine des nerfs. Au niveau de chaque vertèbre, la moelle envoie par les trous de conjugaison une paire de nerfs, l'un à droite, l'autre à gauche.

Si on les considère avant leur sortie du canal vertébral, on voit que chacun de ces nerfs prend son origine dans la moelle par *deux racines* situées sur un même plan horizontal, et distinguées en *antérieure* et *postérieure* (fig. 147 et 148). La première (*r. m.*) prend naissance dans le cordon antéro-latéral, au niveau de la corne antérieure de la moelle; la seconde (*r. s.*) dans le cordon postérieur, au niveau de la corne postérieure.

Ganglions nerveux.

Ces deux racines se réunissent presque immédiatement l'une à l'autre, pour former un cordon nerveux unique; mais avant leur jonction, la postérieure offre un renflement ou *ganglion nerveux*, du volume d'un grain de blé (fig. 147 et 149).

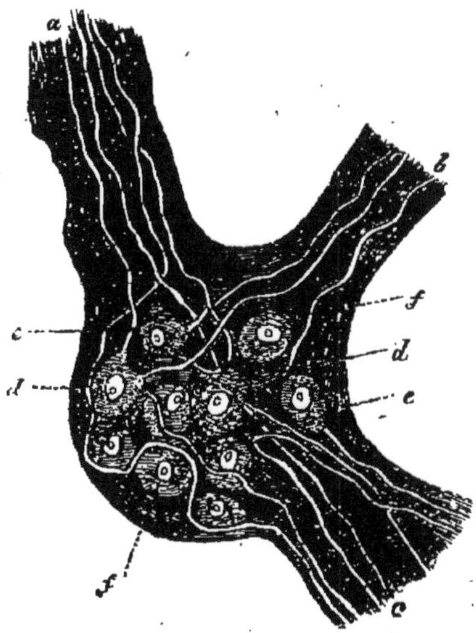

Fig. 149. — Structure d'un ganglion nerveux; *a, b, c*, ramifications de ce ganglion, formées de fibres de tissu conjonctif, au milieu desquelles se voient des fibres nerveuses; *d, d*, cellules multipolaires; *e, e*, cellules unipolaires; *f, f*, cellules apolaires.

On verra, dans l'étude physiologique du système nerveux, le rôle bien différent dévolu aux deux sortes de racines, et qui a valu à la postérieure le nom de *racine sensitive*, à l'antérieure celui de *racine motrice*, et enfin au nerf qui résulte de leur réunion, celui de *nerf mixte*, c'est-à-dire à la fois sensitif et moteur.

Selon leur lieu d'origine, on diviseles nerfs en *cervicaux dorsaux, lombaires, sacrés*. Ceux qui se rendent aux membres sont particulièrement nombreux et volumineux; les cordons nerveux suivent le trajet rectiligne le plus court pour ariver à leur destination (fig. 146).

En certaines régions du corps, il se mêlent les uns aux Plexus nerveux autres, de façon à former des réseaux presque inextricables, auxquels on a donné le nom de *plexus*. Il n'y a pas en pareil cas anastomose proprement dite, soudure des fibres nerveuses entre elles, mais simple accolement. Les principaux sont : le *plexus brachial* (fig. 147), formé de l'entrelacement des cinq nerfs qui se rendent à chacun des membres supérieurs; le *plexus lombaire*, formé également de cinq nerfs destinés à chacun des membres inférieurs. Il existe beaucoup d'autres plexus, d'importance variable, notamment dans la poitrine et l'abdomen, autour des gros vaisseaux artériels : mais ils appartiennent pour la plupart au grand sympathique.

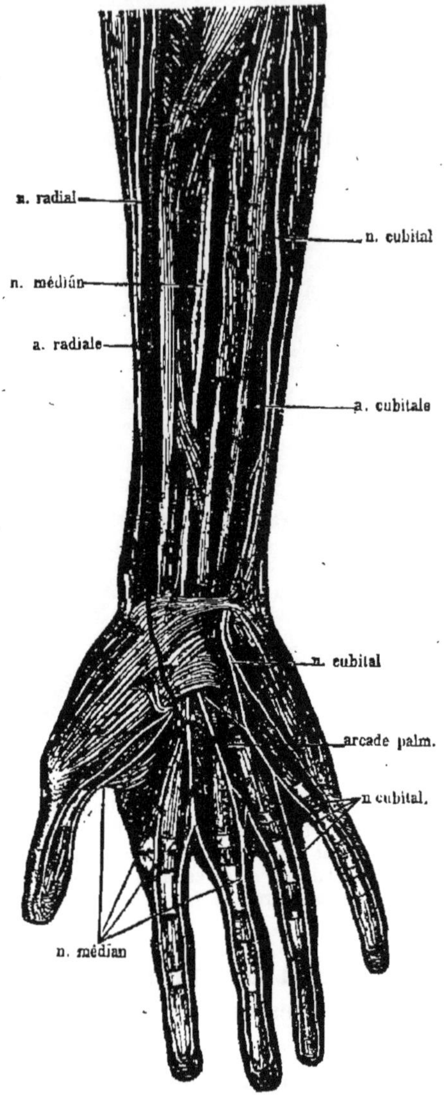

Fig. 150. — Les nerfs de l'avant-bras et de la main, et leur terminaison en arcade à l'extrémité des doigts; artères et muscles de la région.

Terminaison des nerfs.

Les nerfs rachidiens, en arrivant à leur destination, se divisent en filets de plus en plus fins, pour se rendre, les uns à la peau, les autres aux muscles.

La terminaison des fibres nerveuses se fait, soit par une extrémité libre, soit en arcade (fig. 150), par suite de l'anastomose de deux fibres l'une avec l'autre, mais le plus souvent par un petit bouton ou renflement nerveux. Cette dernière forme est très répandue dans les parties les plus sensibles du corps : aussi donne-t-on à ces renflements le nom de *corpuscules du tact* (fig 114). Ils ont été déjà étudiés à propos de la structure de la peau. Quant aux filets qui se distribuent aux muscles, ils se terminent à la surface des fibres musculaires par un bouton aplati, qu'on appelle *plaque motrice* (fig. 151).

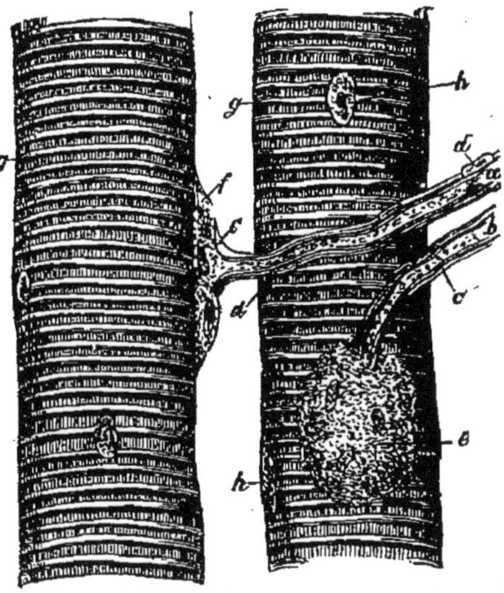

Fig. 151. — Deux fibres musculaires striées (*g*, *g*), avec des terminaisons nerveuses; *a*, *b*, fibres nerveuses se terminant par des plaques (*e*, *f*,) étalées à la surface des fibres musculaires; *c*, névrilème; *d*, *d*, noyaux dans l'épaisseur du névrilème ; *h*, *h*, noyaux musculaires.

Description de l'encéphale. — La masse nerveuse qui surmonte la moelle épinière et qui porte le nom d'*encéphale*, se compose de trois parties distinctes à savoir :

l'*isthme de l'encéphale;*

le *cervelet;*

le *cerveau* proprement dit ou les *hémisphères cérébraux.*

L'isthme de l'encéphale forme entre le cerveau, la moelle épinière et le cervelet une partie rétrécie, par l'intermédiaire de laquelle ces trois centres nerveux communiquent l'un avec l'autre.

. Cette région est formée, en dessous, par la *protubérance annulaire* et les *pédoncules cérébraux;*
en dessus, par les *tubercules quadrijumeaux;*
en arrière, par les *pédoncules cérébelleux.*

---

*Le Système nerveux dans la série animale.

Si l'on passe en revue les différents groupes du règne animal, en partant de l'Homme pour descendre aux êtres les plus inférieurs, ceux qui ont l'organisation la plus rudimentaire, on voit le système nerveux éprouver une dégradation manifeste, pour disparaître enfin complètement aux derniers degrés de l'échelle zoologique.

VERTÉBRÉS. — Tous ont le système nerveux construit sur

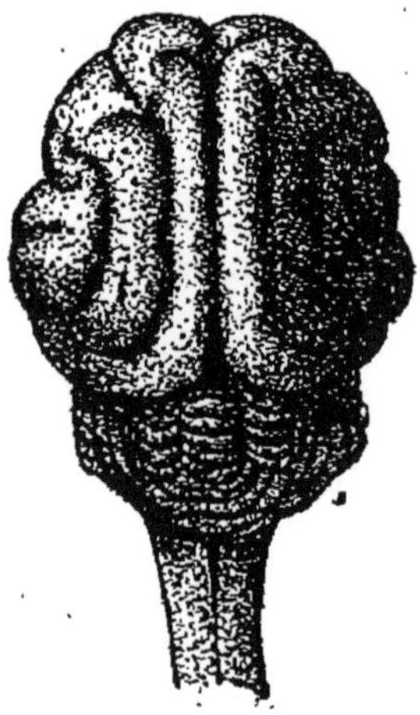

Fig. 152.

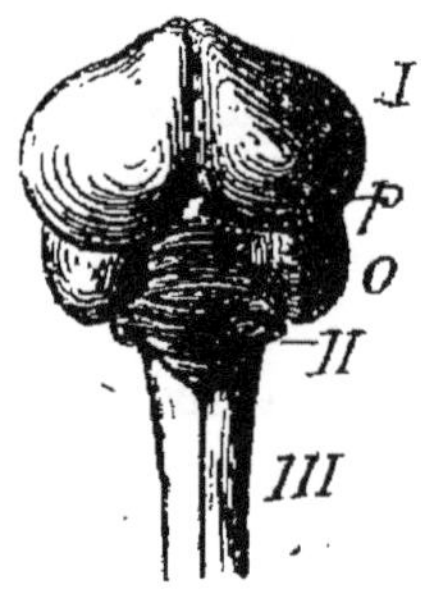

Fig. 153.

Fig. 152. - Encéphale d'un Mammifère (Chat); cerveau avec circonvolutions cervelet, commencement de la moelle épinière.

Fig. 153. — Encéphale d'un Oiseau (Dindon); *I*, cerveau dépourvu de circonvolutions; *II*, cervelet; *III*, origine de la moelle; *o*, tubercules bijumeaux ou lobes optiques; entre ces deux lobes, la glande pinéale *p*.

le même type, mais avec des variations notables d'une classe à l'autre.

Mammifères. Les différences anatomiques entre le cerveau de l'Homme et celui des Singes les plus parfaits, ceux

La *protubérance annulaire* (fig. 147,8 et 162), appelée aussi *pont de Varole*, placée en avant du bulbe, est formée de fibres transversales, dont le plus grand nombre pénètrent dans le cervelet; d'autres vont vers le cerveau.

Les *pédoncules cérébraux* (fig. 147, 7) forment deux épais faisceaux, qui d'abord masqués par la protubérance annulaire s'en dégagent en s'écartant l'un de l'autre; ils

---

que l'on appelle anthropoïdes (Chimpanzé, Gorille, etc.), sont réellement peu considérables ; il est bon de remarquer toutefois que, chez ces derniers, le volume du cerveau proprement dit est moindre, relativement aux autres parties de l'encéphale, que chez l'Homme. Quoi qu'il en soit, c'est bien plus dans la supériorité des facultés intellectuelles de l'Homme, que dans son organisation physique, qu'il faut chercher la barrière infranchissable qui le sépare des espèces animales, de même que, malgré l'énorme distance qui existe entre un homme de génie et un individu médiocrement intelligent, leurs deux cerveaux n'offrent pas, la plupart du temps, de différence appréciable.

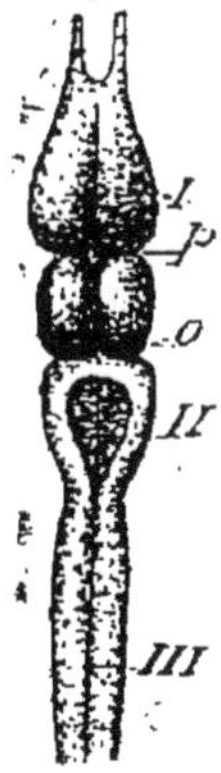

Fig. 154.

Fig. 155.

Fig. 154. — Encéphale d'un Batracien (Grenouille). *I*, cerveau ; *II*, cervelet; *III*, moelle épinière; *p*, glande pinéale; *o*, lobes optiques.

Fig. 155. — Encéphale d'un Poisson (Carpe). *I*, cerveau, en avant duquel les lobes olfactifs ; *II*, cervelet ; *III*, moelle; *p*, glande pinéale; *o*, lobes optiques ou bijumeaux.

Les circonvolutions, très bien développées chez les Singes les plus élevés, manquent à peu près au lobe occipital des Singes inférieurs. Les Carnassiers, les Pachydermes, les Ruminants ont des circonvolutions bien nettes, quoique moins nombreuses et moins compliquées (fig. 152). Parmi les Rongeurs, le Lièvre, le Castor en ont de manifestes, tandis qu'elles font défaut chez le Rat, l'Écureuil, le Loir, etc. Elles manquent complètement chez certains Édentés, Marsupiaux, et l'Ornithorynque.

sont formés d'une grande quantité de fibres venues de la moelle et du bulbe rachidien.

Les *tubercules quadrijumeaux* ou *lobes optiques* (fig. 162), lieu d'origine réelle des nerfs de ce nom, placés dans l'angle rentrant formé par le cerveau et le cervelet, constituent quatre petites masses arrondies, symétriquement disposées par paires.

Les *pédoncules cérébelleux* comprennent trois paires de faisceaux nerveux, à savoir : les *pédoncules cérébelleux supérieurs*, placés au-dessus de la racine du cervelet et qui le réunissent au cerveau ; les *moyens*, qui se voient au-dessous du même organe, et sont fournis par la protubérance annulaire qui s'enfonce dans le cervelet pour en constituer

---

Les Monotrèmes et les Marsupiaux n'ont pas de corps calleux.

Enfin, excepté l'Homme, les Singes, les Phoques et les Dauphins, tous les Mammifères ont sous chaque hémisphère un *lobe olfactif*, comme toutes les autres classes de Vertébrés.

Oiseaux. La moelle épinière offre la particularité suivante : au niveau du renflement crural, les cordons postérieurs s'écartent et laissent voir la substance grise de l'axe central de la moelle : c'est ce qu'on appelle le *sinus rhomboïdal*. La protubérance annulaire manque ; le cervelet est réduit au lobe médian ; les tubercules bijumeaux ou lobes optiques, analogues aux tubercules quadrijumeaux des Mammifères, sont au nombre de deux seulement ; les couches optiques sont petites ; la glande pinéale existe ; les hémisphères n'ont pas de circonvolutions véritables, et sont dépourvus de corps calleux (fig. 153).

Reptiles et *Batraciens*. L'encéphale (fig. 154) se compose de la moelle allongée ou bulbe rachidien, du cervelet, simple lamelle chez les Batraciens, un peu plus volumineux chez les Reptiles, des lobes optiques ou tubercules bijumeaux, de la glande pinéale, des hémisphères, toujours sans circonvolutions, et enfin des lobes olfactifs.

Poissons. La moelle est très volumineuse relativement à l'encéphale. Ce dernier (fig. 155) offre le bulbe rachidien,

la majeure partie ; les *inférieurs*, situés sur les côtés, destinés à unir le cervelet au bulbe rachidien et par lui à la moelle.

Le **cervelet** (fig. 147 et 162), situé à la partie postérieure de l'encéphale, recouvre le bulbe et est lui-même recouvert par le cerveau proprement dit. Il se compose de trois lobes, dont un médian impair et deux latéraux.

La coupe du cervelet (fig. 162) offre un aspect remar-

---

présentant de chaque côté un petit lobe, noyau d'origine de plusieurs nerfs craniens, le cervelet, réduit à un petit mamelon; les lobes optiques ou bijumeaux, la glande pinéale, les lobes cérébraux et les lobes olfactifs, ces derniers d'ordinaire très volumineux. — L'Amphioxus, le plus inférieur de tous les Poissons, manque de cerveau ; sa moelle épinière offre en avant un léger renflement terminal, qui fournit cinq paires de nerfs.

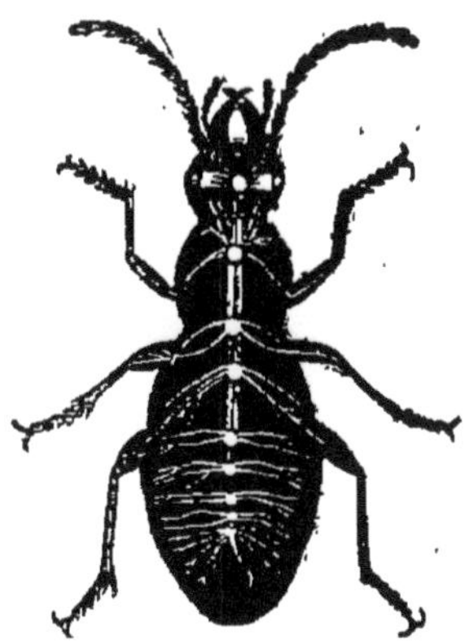

Fig. 156. — Système nerveux d'un Insecte coléoptère.

Arthropodes ; Vers. — Double chaîne de petits ganglions dans toute la longueur du corps (fig. 156), reliés les uns aux autres par des filets nerveux, aussi bien dans le sens transversal que dans le sens longitudinal. Deux ganglions sont situés au-dessus de l'œsophage, de sorte que celui-ci est entouré d'un collier nerveux, *collier œsophagien ;* ces ganglions sus-œsophagiens représentent le cerveau, et portent le nom de *ganglions cérébroïdes.* Il résulte de cette disposition que la plus grande partie du système nerveux est située au-dessous des viscères, les ganglions cérébroïdes seuls étant au-dessus. Telle est la forme typique du système nerveux des animaux de ces deux classes; mais il y a un très grand nombre de modifications dans les détails : l'une des plus fréquentes consiste dans le rapprochement, la fusion des ganglions de la double chaîne abdominale, lesquels ne

quable, des espèces d'arborisations, qui tiennent à ce que cet organe étant formé de substance blanche au centre et de substance grise à sa surface, celle-ci pénètre profondément dans la première, en formant des replis variés, d'où

---

forment plus qu'un petit nombre de masses ganglionnaires, et parfois même se réduisent à une masse nerveuse unique (certains Crustacés, Arachnides).

Il existe en outre, comme chez les Vertébrés, un système du grand sympathique, qui fournit des nerfs aux viscères.

Mollusques. — Ils offrent (fig. 157, 158) un collier œsophagien; mais le système nerveux, au lieu d'être, comme dans le type précédent, échelonné par petits noyaux gan-

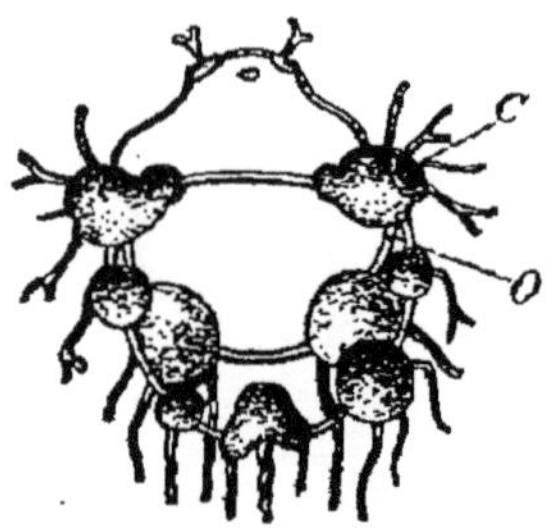

Fig. 157.

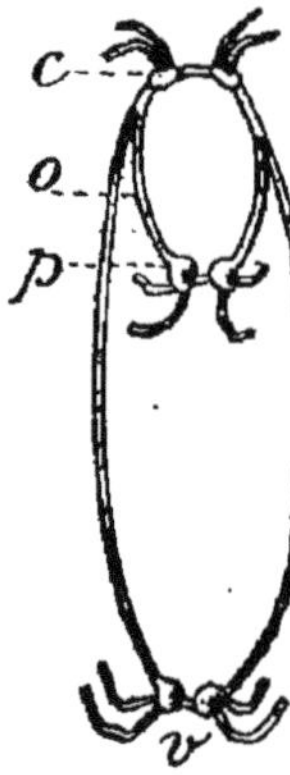

Fig. 158.

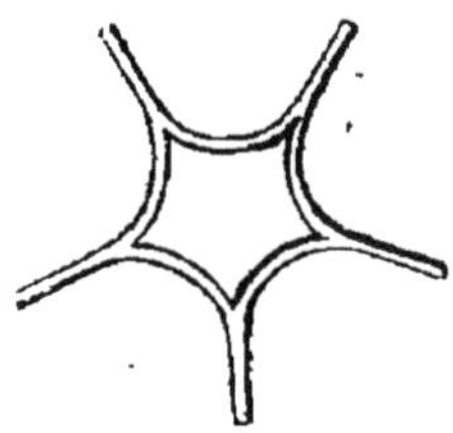

Fig. 159.

Fig. 157. — Système nerveux d'un Mollusque gastéropode (Limnée); *c*, ganglions cérébroïdes; *o*, collier œsophagien.

Fig. 158. — Système nerveux d'un Mollusque lamellibranche (Moule); *c*, ganglions cérébroïdes; *o*, collier œsophagien; *p*, ganglions pédieux; *v*, ganglions viscéraux.

Fig. 159. — Système nerveux d'un Échinoderme (Étoile de mer).

glionnaires, est à peu près entièrement groupé dans le collier œsophagien ou dans son voisinage, avec quelques ganglions disséminés dans diverses régions du corps. Cependant les Mollusques lamellibranches rappellent encore les Articulés et les Vers par la disposition de leur système nerveux. Enfin, l'on trouve aussi chez eux un système sympathique.

Échinodermes. — Le système nerveux (fig. 159) offre ici

le nom d'*arbre de vie* donné à cette disposition anatomique.

En avant des tubercules quadrijumeaux se voit un organe d'une très minime importance, la *glande pinéale* (fig. 162), auquel les philosophes du dix-septième siècle, Descartes surtout, accordaient un rôle insigne, celui d'être le siège de de l'âme, parce que ce petit corps est placé au centre du cerveau et qu'il en part de petits cordons blancs qui auraient été autant de freins, de rênes, au moyen desquels l'âme dirigerait la machine cérébrale (1).

Le **cerveau proprement dit** est à lui seul beaucoup plus volumineux que toutes les autres parties réunies de l'encéphale.

---

une forme radiée ; il consiste essentiellement en un anneau qui entoure la région buccale, et duquel partent autant de bras ou de segments tous semblables (Astérie, Oursin).

Cœlentérés. — Un rudiment de système nerveux, offrant la forme rayonnante qui vient d'être signalée, existe chez un certain nombre d'entre eux (Méduses); plusieurs en paraissent complètement dépourvus (Corail, Actinies), et l'on peut leur appliquer ce qui va être dit du groupe suivant.

Protozoaires. — Ici, enfin, l'on ne trouve plus aucune trace d'un système nerveux. Et cependant les animaux de ce type se déplacent suivant leur caprice, sont doués d'une sensibilité incontestable ; un bon nombre même, les Infusoires, par exemple, paraissent posséder un instinct assez développé. La structure de beaucoup d'entre eux est en effet à peu près uniforme, homogène, et ne présente encore, le plus souvent, nulle différenciation d'organes : ils se meuvent, sentent, se nourrissent, respirent, sans système musculaire, nerveux, digestif, respiratoire. Ils se composent d'une substance unique, le *protoplasma*, qui possède à la fois toutes ces propriétés et suffit à toutes ces fonctions.

(1) Des recherches récentes tendraient à démontrer que ce petit corps problématique ne serait autre chose qu'un organe rudimentaire, comme il en existe en si grand nombre dans chaque animal, et représenterait un *œil impair*, dont certains Reptiles et Batraciens, surtout fossiles, offriraient des traces non douteuses.

Il nous offre à étudier :

sa configuration extérieure ;

les ventricules ou cavités dont il est creusé ;

la structure des circonvolutions cérébrales.

Le cerveau étant placé sur sa base, de manière à offrir sa face supérieure, représente une masse ovoïde à grosse extrémité tournée en arrière. Toute sa surface montre des plis tourmentés que nous étudierons au paragraphe suivant.

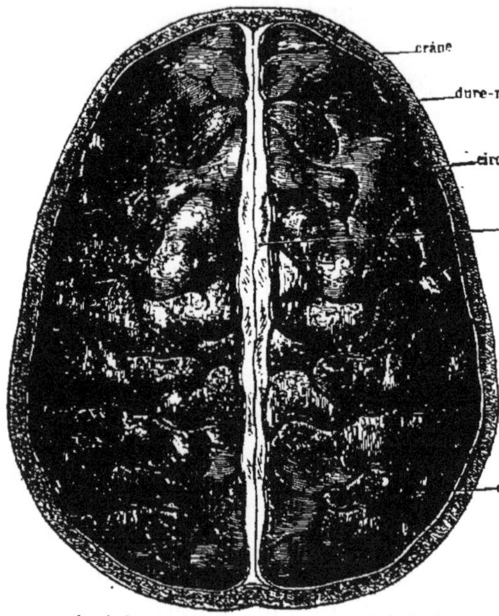

Fig. 160. — Vue du cerveau, la voûte du crâne étant enlevée. On distingue l'*hémisphère droit* et l'*hémisphère gauche*, les *circonvolutions cérébrales*, la *faux du cerveau*, prolongement de la *dure-mère*, les os du *crâne*.

Une fente longitudinale profonde, la *grande scissure du cerveau*, sépare la masse cérébrale en deux portions symétriques, l'une droite, l'autre gauche, qu'on appelle les *hémisphères cérébraux*. Si l'on écarte ceux-ci on aperçoit dans le fond de la fente une large bande de substance nerveuse blanche, par laquelle ils sont rattachés l'un à l'autre, et qu'on appelle le *corps calleux* (fig. 162 et 163, *2*).

La face inférieure du cerveau ou sa *base* (fig. 161 et 162) offre d'arrière en avant, dans l'espace limité par les pédoncules cérébraux, quelques organes qu'il suffira de nommer :

les *tubercules mamillaires*, petites saillies arrondies, au nombre de deux ;

le *corps pituitaire*, reste d'un organe qui, pendant les premiers temps de la vie, était en communication avec la bouche ;

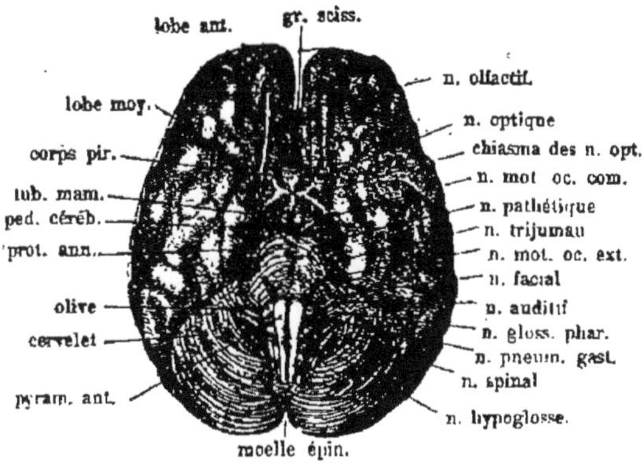

Fig. 161. — Face inférieure ou base du cerveau. Sur le côté gauche de la figure on a indiqué les différentes parties qui constituent le cerveau : ses *lobes antérieur* et *moyen*, le *corps pituitaire*, les *tubercules mamillaires*, les *pédoncules cérébraux*, la *protubérance annulaire*, l'*olive*, la *pyramide antérieure*, le *cervelet*, la *moelle épinière*; sur le côté droit on a indiqué les douze paires de nerfs cérébraux.

plus en avant, le *chiasma des nerfs optiques* ou entrecroisement formé par les deux nerfs de ce nom droit et gauche ;

enfin, l'origine des *nerfs olfactifs*, qui sont couchés sur chaque hémisphère correspondant, où ils forment un léger renflement appelé *bulbe olfactif*.

Couches optiques.

Si l'on suit la direction de l'un des pédoncules cérébraux, on voit qu'il s'enfonce dans le cerveau et arrive à une masse qui constitue en quelque sorte le noyau de chaque hémisphère : c'est la *couche optique* (fig. 162 et 163, *5*). Celle-ci est formée de substance grise, et son importance est considérable. Elle est entourée dans sa partie externe par une autre masse de même nature, le *corps strié*. De ce centre partent un grand nombre de fibres, qui vont en rayonnant se porter à la périphérie des hémisphères; une partie de ces fibres est la continuation directe des pédoncules cérébraux.

Ventricules du cerveau.

Entre le corps calleux et les pédoncules cérébraux placés au-dessous, se trouve un espace fermé sur les côtés par les

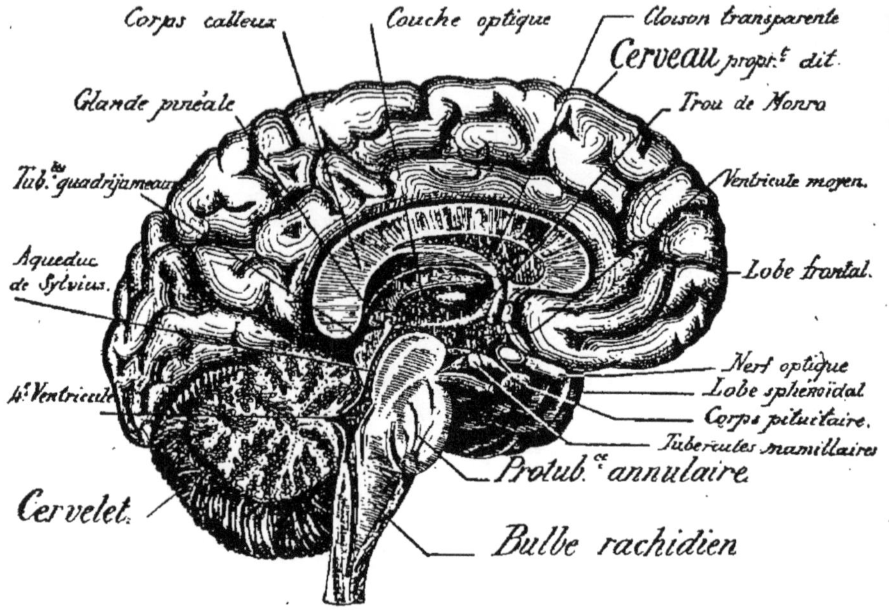

Fig. 162. — Moitié gauche du cerveau, séparée de la moitié droite, et vue par sa partie interne.

couches optiques; on lui donne le nom de *ventricule moyen* ou *troisième ventricule* (fig. 163, 7). En arrière, cette cavité communique par un petit canal, l'*aqueduc de Sylvius* (fig. 162), qui passe au-dessous des tubercules quadrijumeaux, avec le *quatrième ventricule*, que nous connaissons déjà, et par celui-ci avec le canal central de la moelle.

En avant, le même ventricule moyen offre deux orifices, l'un à droite, l'autre à gauche, nommés *trous de Monro* (fig. 162), qui le font communiquer avec deux autres cavités situées dans l'épaisseur des hémisphères, les *ventricules latéraux*, séparés l'un de l'autre sur la ligne médiane, par une mince couche nerveuse la *cloison transparente* ou *septum lucidum*, qui descend en quelque sorte du corps calleux et qui se continue en dessous avec la *voûte à trois piliers*, que l'on voit sur la fig. 162, sous forme d'un cordon arrondi, immédiatement en avant du trou de Monro, et qui forme précisément la voûte de ces ventricules. La disposition de ces derniers est compliquée : ils présentent trois prolongements ou diverticulums, s'enfonçant dans les régions frontale, pariétale et occipitale du cerveau.

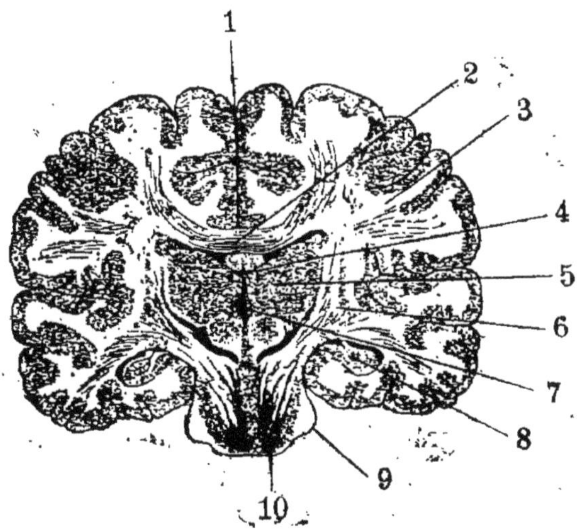

Fig. 163. — Coupe verticale et transversale du cerveau dans son tiers postérieur : *1*, scissure du cerveau; *2*, corps calleux; *3*, substance blanche recouverte par la substance grise; *4*, cinquième ventricule; *5*, couche optique; *6*, pédoncules cérébelleux supérieurs; *7*, ventricule moyen; *8*, corne d'Ammon, dans la partie postérieure du ventricule latéral; *9*, olive; *10*, bulbe rachidien.

Enfin, une dernière cavité très étroite, le *cinquième ventricule*, est creusée dans l'épaisseur même de la cloison transparente.

Les ventricules du cerveau sont tapissés par des prolongements très vasculaires de la pie-mère (*toile choroïdienne*, *plexus choroïdes*), et le liquide céphalo-rachidien pénètre dans leur cavité.

Disposition et structure des circonvolutions cérébrales. — La surface des hémisphères offre une disposition fort remarquable : ce sont des replis arrondis, bizarrement contournés, rappelant par leur forme les circonvolutions de l'intestin, d'où le nom de *circonvolutions cérébrales* qu'on leur a donné. Celles-ci semblent, au premier abord, former un dédale inextricable ; cependant, leur apparente irrégularité se trouve soumise à certaines règles. Ainsi on distingue des circonvolutions *frontales*, *pariétales*, *occipitales;* et dans chacune de ces régions le nombre des circonvolutions est constant, de même que leur disposition générale.

Vers la région moyenne de chaque hémisphère se voit, surtout à la face inférieure, une coupure profonde : c'est la *scissure de Sylvius* (fig. 147, *3*). La partie située en avant de cette fente constitue le *lobe antérieur* ou *frontal;* la partie placée en arrière est le *lobe moyen* ou *sphénoïdal*, lequel se continue avec le *lobe postérieur* ou *occipital.*

Structure des circonvolutions.

La présence des circonvolutions a pour effet d'augmenter l'étendue de la surface du cerveau; or, comme c'est dans la partie superficielle de cet organe que se trouvent les éléments les plus importants de tout le système nerveux, ceux-ci peuvent, grâce à cette disposition, trouver place en beaucoup plus grand nombre dans l'espace restreint de la cavité cranienne. La coupe de ces circonvolutions (fig. 163) fait voir, en effet, que chacune d'elles présente une *couche corticale* formée de *substance grise*, de 3 à 4 millimètres d'épaisseur, qui en occupe la partie superficielle en suivant tous les sillons et les anfractuosités du cerveau ; elle recouvre la *substance blanche*, qui forme la plus grande partie de la masse cérébrale. La disposition est donc inverse de celle présentée par la moelle, dans laquelle, on se le rappelle, la substance blanche occupe au contraire la surface, et la substance grise le centre.

La *substance grise* est formée, comme celle de la moelle, de *cellules* de dimensions différentes, qui les font classer en *petites, moyennes* et *grosses*. Les premières sont les plus superficielles, les dernières les plus profondes ; elles paraissent devoir remplir des rôles différents. Les plus grosses, en raison de leur forme et de leur dimension, sont appelées *cellules pyramidales* ou *géantes ;* elles ont l'aspect d'un cône très allongé, à sommet tourné vers la surface du cerveau, et atteignent un dixième de millimètre. De plus, les unes sont *unipolaires* ou *bipolaires*, les autres *multipolaires*, c'est-à-dire qu'il en part un, deux ou plusieurs prolongements, dont tous servent à unir les cellules entre elles, à l'exception d'un seul, de nature spéciale, appelé fibre de Deiters (fig. 39), qui sert de point de départ à une fibre nerveuse.

Cette structure est également celle des autres parties grises du cerveau placées plus profondément, à savoir les couches optiques et les corps striés.

Quant à la *substance blanche*, elle est entièrement formée de fibres nerveuses, lesquelles, comme il vient d'être dit, tirent leur origine des cellules de la substance grise.

Enfin, de très fins vaisseaux capillaires parcourent tant la substance blanche que la substance grise.

Origine et distribution des nerfs craniens. — Douze paires de nerfs naissent de l'encéphale, symétriquement, à droite et à gauche, et tous de sa face inférieure; mais l'anatomie démontre que leur origine réelle doit être placée dans la moelle, car ils partent toujours de masses nerveuses qui sont des prolongements de sa substance grise.

En voici l'énumération dans l'ordre de leur situation, en allant de la partie antérieure à la postérieure (suivez sur la fig. 161), et celle des organes auxquels ils se distribuent :

les *nerfs olfactifs* se rendent dans la muqueuse nasale, à laquelle ils donnent sa sensibilité spéciale pour les odeurs;

les *nerfs optiques* aboutissent au globe de l'œil et s'y épanouissent en formant la rétine;

les *nerfs moteurs oculaires communs* (fig. **164**, ***13***) animent le muscle releveur de la paupière et tous les muscles du globe oculaire, sauf deux ;

les *nerfs pathétiques* animent le muscle grand oblique de l'œil; celui-ci sous son action opère un mouvement de rotation autour de son axe antéro-postérieur:

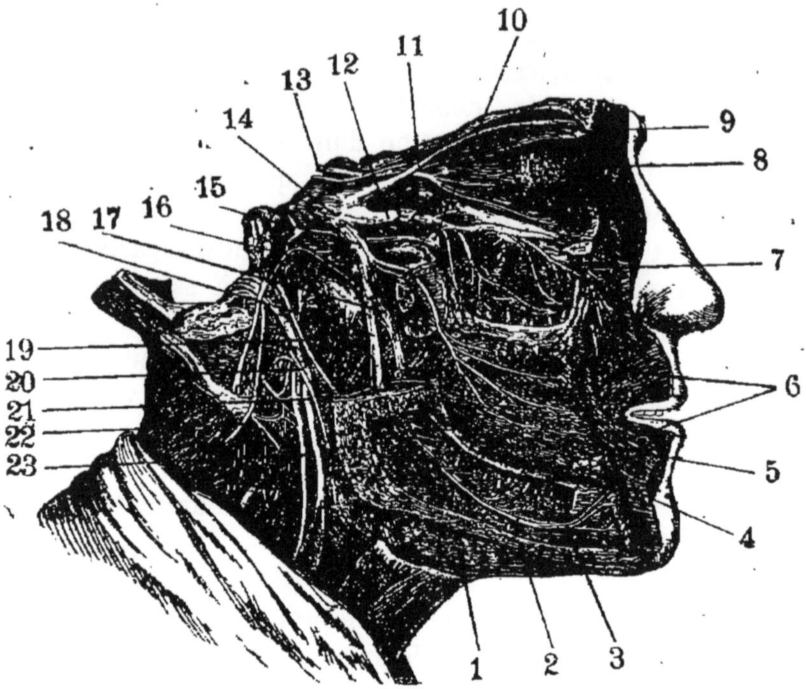

Fig. 164. — Distribution des principaux nerfs de la face; *1*, glande sous-maxillaire; *2*, maxillaire inférieur entamé pour montrer la disposition des nerfs qui se rendent aux dents et à la peau du menton (*3*); *4*, glande sublinguale; *5*, muscles de la joue; *6*, muscles des lèvres; *7*, trou sous-orbitaire, par où sort un nerf cutané; *8*, globe oculaire; *9*, trou sus-orbitaire, par où sort un nerf cutané; *10*, ganglion de Meckel; *11*, n. ophtalmique; *12*, n. maxillaire supérieur; *13*, n. des muscles de l'œil; *14*, tronc du nerf trijumeau ou trifacial; *15*, n. maxillaire inférieur; *16*, corde du tympan; *17*, n. lingual; *18*, n. dentaire; *19*, n. glosso-pharyngien; *20*, n. hypoglosse; *21*, ganglion cervical supérieur; *22*, n. spinal; *23*, n. pneumogastrique.

les *nerfs trijumeaux* (*14*) à la fois moteurs et sensitifs, président à la sensibilité de la peau de la face et au mouvement des muscles des mâchoires; leur nom vient de ce qu'ils se divisent en trois branches : nerf ophtalmique (*11*), nerf maxillaire supérieur (*12*), nerf maxillaire inférieur (*15*);

les *nerfs moteurs oculaires externes*, pour le muscle droit externe de l'œil;

les *nerfs faciaux*, pour tous les muscles de la face et du cou, sauf les masticateurs;

les *nerfs acoustiques*, qui président au sens de l'ouïe;

les *nerfs glosso-pharyngiens* (*19*), qui se rendent à la langue et au pharynx;

les *nerfs pneumogastriques* ou *nerfs vagues* (*23*), qui se distribuent, comme le grand sympathique, aux principaux viscères contenus dans la poitrine et l'abdomen;

les *nerfs spinaux* (*22*) qui innervent les muscles du larynx et du pharynx;

enfin, les *nerfs grands hypoglosses* (*20*), destinés surtout à la langue.

Souvent on se contente de désigner les nerfs craniens par les dénominations de 1re, 2e, 3e paire, etc., en suivant l'ordre dans lequel on vient de les énumérer.

Relations des diverses parties du système nerveux entre elles : cerveau, moelle et nerfs. — Il sera bon maintenant de jeter un coup d'œil d'ensemble sur les connexions qu'ont entre elles les différentes parties du système nerveux.

De la couche corticale des hémisphères, formée de cellules, partent des fibres nerveuses dont les unes vont d'un hémisphère à l'autre, pour en réunir les parties homologues : aussi peut-on les appeler *fibres commissurantes;* ce sont elles qui constituent le corps calleux; les autres rayonnent de toute la périphérie du cerveau vers le noyau gris formé dans chaque hémisphère par la couche optique et le corps strié : on peut donc les appeler *fibres convergentes*.

De ce noyau gris partent, d'un autre côté, de nombreuses fibres qui constituent les pédoncules cérébraux, puis descendent, pour la plupart, vers la moelle et y constituent les cordons antéro-latéraux, après avoir subi dans les pyramides antérieures un entrecroisement en vertu duquel les fibres de l'hémisphère droit se rendent dans le côté gauche de la moelle, et celles de l'hémisphère gauche dans le côté droit. Elle aboutissent aux cellules des cornes antérieures de la moelle, d'où partent des fibres nerveuses (racines antérieures) qui se répandent par tout le corps.

D'autre part, les cordons postérieurs de la moelle, partis des cellules des cornes postérieures auxquelles aboutissent les fibres nerveuses (racines postérieures), qui arrivent de toutes les régions du corps, après s'être entre-croisées au niveau de la commissure postérieure et aussi de la commissure antérieure de la moelle, remontent de celle-ci vers le cerveau jusqu'à la masse grise formée par la couche optique et le corps strié.

Quant au cervelet, il est relié, d'une part, au cerveau, d'autre part, à la moelle, par ses pédoncules cérébelleux.

Nous possédons désormais tous les éléments nécessaires pour suivre la marche du courant nerveux.

Marche du courant nerveux. Une irritation causée par un coup porté sur un point quelconque du corps, la main, par exemple, se dirige vers la moelle en suivant les nerfs qui s'y rendent; de là, elle remonte vers le cerveau par l'intermédiaire de l'un des cordons postérieurs, et arrive ainsi à la couche optique de l'hémisphère du côté opposé à la région irritée; de la couche optique elle est irradiée par certaines fibres convergentes jusqu'à la zone corticale. C'est là, sans doute, qu'après avoir été préalablement modifiée par la couche optique, elle devient impression perçue, *sensation*. Alors intervient la volonté, sous l'influence de laquelle l'impression est réfléchie avec un caractère tout spécial, passe dans de nouvelles fibres convergentes qui la ramènent vers le corps strié, puis sort du cerveau par les pédoncules cérébraux; elle descend dans le cordon antéro-latéral, pour se lancer dans les nerfs qui se distribuent aux muscles de la région irritée, lesquels se contractent pour déplacer la main et éviter une nouvelle douleur ou bien pour repousser par la force l'objet qui l'a déterminée.

Système du grand sympathique. — Destiné aux viscères et aux vaisseaux, ce qui le fait souvent appeler *système nerveux de la vie organique*, le grand sympathique est essentiellement formé d'une double chaîne de ganglions, au nombre de 22 ou 23, situés de part et d'autre de la région antérieure de la colonne vertébrale (fig. 165), ce qui lui vaut encore le nom de *système nerveux ganglionnaire*. Tous ces ganglions sont réunis les uns aux autres par des connectifs, et d'autre part, à la moelle et au cerveau par d'autres filets qui s'accolent aux nerfs rachidiens et aux nerfs cérébraux. Les nerfs du sympathique sont, comme ceux du système cérébro-spinal, centripètes ou centrifuges : les premiers gagnent la moelle épinière par les racines postérieures; les autres ont leur point de départ dans les racines antérieures. Sur leur trajet ils forment des plexus très importants, dont les principaux sont le *plexus cardiaque* (fig. 165, *c*), auquel contribuent des filets émanés des pneumogastriques; le *plexus solaire* (*g*), placé au-dessous du diaphragme et formé en partie par les nerfs précédents; le *plexus hypogastrique* (*h*), situé dans le bassin, au-devant du rectum. De ces plexus

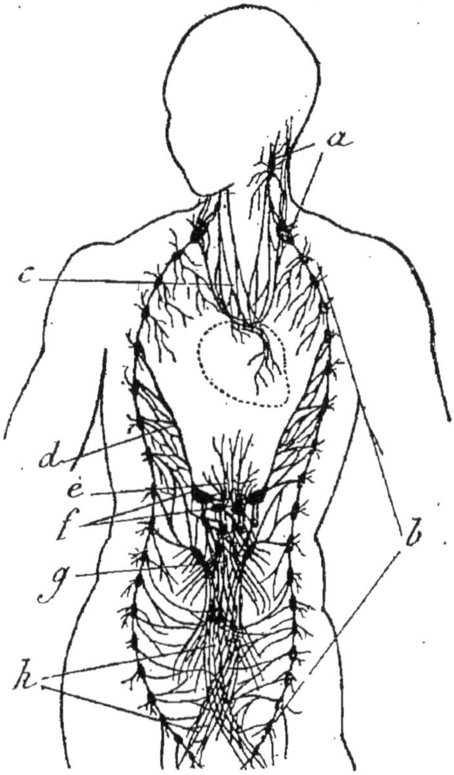

Fig. 165. — Système nerveux du grand sympathique; *a*, ganglions cervicaux; *b*, ganglions rachidiens; *c*, plexus cardiaque; *d*, nerf grand splanchnique; *e*, plexus diaphragmatique; *f*, ganglions semi-lunaires; *g*, plexus solaire; *h*, plexus hypogastrique.

partent un grand nombre de branches nerveuses qui se distribuent aux viscères voisins, et accompagnent les vaisseaux dans tout leur trajet, pour jouer, sous le nom de *nerfs vaso-moteurs,* un rôle d'une extrême importance, qui sera étudié au Chapitre suivant.

CHAPITRE XIII

PHYSIOLOGIE DU SYSTÈME NERVEUX

1° Fonctions des nerfs. — Propriétés générales des nerfs : le mouvement et la sensibilité sont sous leur dépendance; racine motrice, racine sensitive, nerf mixte; sensibilité récurrente; les nerfs ne sont que des conducteurs centripètes ou centrifuges. Excitants directs du système nerveux. Nature de la force nerveuse. Résumé.
2° Fonctions de la moelle épinière. — Pouvoir conducteur de la substance blanche; pouvoir conducteur et pouvoir réflexe de la substance grise. Actions réflexes adaptées. Résumé.
3° Fonctions du grand sympathique et des nerfs pneumogastriques. — Action du grand sympathique sur les organes végétatifs. Rôle des ganglions; nerfs vaso-moteurs. Rôle des nerfs pneumogastriques; nœud vital. Résumé.
4° Fonctions de l'encéphale. — Bulbe rachidien. Pyramides antérieures et effets croisés; protubérance annulaire, tubercules quadrijumeaux, cervelet, etc. Hémisphères cérébraux; leur rôle dans les phénomènes sensitifs et moteurs; localisations cérébrales; les phénomènes de l'intelligence; Résumé.
Conclusions générales.

1° FONCTIONS DES NERFS

Propriétés générales des nerfs. — Nous aurons dans ce paragraphe cinq points à étudier :

1° *le rôle des nerfs dans les phénomènes de mouvement et de sensibilité;*

2° *la fonction différente des deux racines nerveuses;*

3° *la sensibilité récurrente;*

4° *l'action conductrice des nerfs dans un sens ou dans l'autre;*

5° *la similitude d'action des nerfs craniens et rachidiens.*

Le mouvement et la sensibilité sont sous la dépendance des nerfs.

Des observations souvent répétées ont montré que, lorsqu'un nerf vient à être coupé sur un animal vivant, les muscles auxquels il aboutit deviennent inertes, et que la partie de la peau à laquelle il se distribue perd toute sensibilité, au point qu'on peut la déchirer, la brûler, sans que l'animal éprouve la moindre douleur, la moindre sensation. Par contre, si par des moyens appropriés on excite un nerf, on constate que certains muscles se contractent aussitôt, ou que l'animal manifeste une vive sensibilité. Ces faits autorisent à conclure que les nerfs sont indispensables à la production des mouvements et à l'exercice de la sensibilité.

La racine antérieure est motrice; la racine postérieure, sensitive.

Les nerfs rachidiens, comme on le sait, naissent par deux racines, qui, d'abord isolées, se réunissent bientôt en un tronc unique; or, si la racine antérieure vient à être seule coupée, le mouvement seul est supprimé dans les parties où le nerf se distribue, et la sensibilité n'est pas affectée; si au contraire la racine postérieure est seule atteinte, la sensibilité est supprimée et le mouvement persiste.

On en conclut légitimement que la racine antérieure des nerfs sert au mouvement, ce qui lui a valu le nom de *racine motrice;* que la postérieure sert à la sensibilité, et mérite par là même le nom de *racine sensitive;* et qu'enfin, les deux racines se réunissant en un seul cordon nerveux, celui-ci sert à la fois à la sensibilité et au mouvement, ce qui l'a fait appeler *nerf mixte*.

Sensibilité récurrente.

On vient de dire que dans un nerf mixte, les fibres formées par la racine antérieure servent seulement au mouvement, d'où son nom de racine motrice. Cependant, il arrive qu'après la section de cette racine, si l'on pince le bout périphérique, c'est-à-dire celui qui n'a plus de communication avec la moelle, l'animal témoigne d'une certaine douleur, résultat surprenant, puisque la communication avec les centres nerveux est interrompue. Toutefois, ce fait n'infirme en rien les conclusions précédentes, mais s'explique par cette circonstance que quelques fibres sensitives, fournies par la racine postérieure restée intacte, se sont réfléchies à un certain point de leur trajet, sont revenues sur elles-mêmes, et ont remonté jusqu'à la racine antérieure : d'où ce phénomène de *sensibilité récurrente,* comme on l'appelle. En effet, si l'on vient à couper une racine sensitive, la racine motrice correspondante perd aussitôt toute trace de sensibilité.

C'est à l'illustre physiologiste français Magendie (1822) que l'on doit la découverte de ce fait intéressant.

Les nerfs ne sont que des conducteurs

L'importance des nerfs dans les phénomènes de sensibilité étant établie, on peut se demander si ces organes sont les véritables producteurs de la sensibilité et du mouvement, ou s'ils ne sont que des conducteurs chargés de leur transmission. Les expériences suivantes vont servir de réponse.

Lorsqu'une racine postérieure ou sensitive est coupée, si l'on vient à irriter, pincer son *bout périphérique,* c'est-à-dire la portion qui va vers les organes, l'animal ne manifeste aucune douleur, aucune sensibilité, mais reste inerte ; vient-on au contraire à toucher, si peu que ce soit, le *bout central,* c'est-à-dire celui qui est resté fixé à la moelle, l'animal prouve par ses cris qu'il ressent une vive souffrance.

Si l'on procède de la même façon pour la racine antérieure ou motrice d'un nerf, on observe un résultat différent : on a beau exciter le bout central, c'est-à-dire celui qui est du côté de la moelle épinière, il ne se produit rien; mais dès qu'on irrite le bout périphérique, de vives contractions musculaires ont lieu dans la région où aboutit le nerf sur lequel on expérimente.

Nerfs centripètes, nerfs centrifuges.

De ces expériences on est autorisé à conclure que les nerfs ne sont pas, en réalité, le point de départ de la sensibilité ou du mouvement, mais que les propriétés qu'ils manifestent dépendent, pour les uns, de la partie des centres nerveux d'où ils émanent, pour les autres, des organes auxquels ils se distribuent. Ce sont de simples conducteurs, comparables aux fils télégraphiques que suit le courant électrique : les fibres sensitives conduisent de la périphérie vers les centres nerveux les excitations produites à la peau ou aux organes des sens, ce qui a valu à ces fibres le nom de *nerfs centripètes;* les autres conduisent les incitations motrices des centres nerveux vers la périphérie, notamment aux muscles, d'où leur nom de *nerfs centrifuges.*

Ces termes, qui sont pris la plupart du temps comme équivalents de *sensitifs* et de *moteurs*, ont toutefois un sens plus étendu : ainsi les nerfs qui se distribuent aux glandes et président à leur sécrétion ne sauraient être appelés moteurs, bien qu'ils soient centrifuges, c'est-à-dire, qu'ils conduisent l'incitation nerveuse des centres nerveux vers les organes.

Les propriétés des nerfs centripètes et des nerfs centrifuges sont identiques, comme le montre bien une curieuse expérience. Un nerf centripète peut, en effet, au moyen d'un artifice ingénieux, conduire l'excitation dans le sens opposé à celui qui lui était habituel. On met à vif l'extrémité de la queue d'un Rat vivant, et en la recourbant on l'insinue dans une légère incision pratiquée à la peau du dos de l'animal. Au bout de quelques jours, les deux parties en contact sont soudées et la queue forme une anse. Cette queue est alors coupée à sa base, de sorte que désormais elle ne tient plus à l'animal que par ce qui était d'abord sa pointe. Or, en pinçant maintenant l'extrémité libre de la queue, on voit que l'animal sent l'irritation et témoigne de la douleur, preuve que les nerfs sensitifs de la queue, artificiellement soudés avec les nerfs sensitifs de la peau du dos, après avoir normalement conduit les impressions sensitives de la pointe de la queue vers sa base, sont susceptibles de les conduire dans une direction inverse, l'organe ayant été mis préalablement dans certaines conditions spéciales.

Les propriétés des nerfs craniens sont identiques à celles des nerfs rachidiens.

Les propriétés générales des nerfs fournis par la moelle appartiennent également à ceux qui émanent du cerveau. Cependant, ces nerfs encéphaliques ne naissent pas par deux racines distinctes. Les uns sont exclusivement destinés à une sensibilité spéciale (nerfs olfactifs, optiques, auditifs) ; d'autres au mouvement (nerfs moteurs oculaires communs, pathétiques, moteurs oculaires externes, faciaux, spinaux, hypoglosses); d'autres, enfin, sont mixtes, renferment des fibres sensitives et des fibres motrices, et leur tronc présente en outre, à la sortie du crâne, un ganglion nerveux (nerfs trijumeaux, glosso-pharyngiens, pneumogastriques). Si l'on a coupé, par exemple, soit le nerf optique, soit le nerf acoustique, lesquels viennent du cerveau, l'irritation du bout périphérique ne donnera lieu à aucun phénomène, tandis que celle du bout central produira un effet sensitif. Mais cet effet ne sera pas de la douleur : dans le premier cas, ce sera une sensation de lumière ; dans le second, une sensation auditive. Ces expériences prouvent, en tout cas, que ces nerfs, comme ceux de la moelle, ne sont que de simples conducteurs.

Excitants du système nerveux; nature de la force nerveuse. — Les agents propres à exciter le système nerveux, à le mettre en activité, peuvent être de cause interne ou de cause externe. Les premiers comprennent surtout, pour la partie de ce système qui préside à la vie de relation, la volonté ; et pour celle qui commande à la vie végétative, les diverses causes organiques, telles que la présence des aliments dans le tube digestif, le besoin de la respiration, etc.

Les seconds sont ceux auxquels on a surtout recours dans les expériences physiologiques. Les substances chimiques énergiques, telles que les acides et les bases, le chaud, le froid, les pincements, les piqûres, sont autant de moyens convenables pour provoquer les manifestations du système nerveux; mais le premier de tous est sans contredit l'*électricité*. Il faut noter, toutefois, quand on emploie cet agent, que la sensibilité n'est éveillée et la contraction musculaire provoquée qu'au moment de la fermeture ou de l'interruption du courant; plus les interruptions du courant électrique sont fréquentes, plus les phénomènes nerveux sont accentués.

Il est à remarquer que certains agents ne sont susceptibles d'agir que sur certaines parties déterminées du système nerveux. Ainsi le curare, substance fabriquée par les

Indiens avec des poisons végétaux et animaux, injecté sous la peau, n'agit que sur les nerfs moteurs et y suspend totalement l'influx nerveux; la strychnine, le bromure de potassium ont de même une action circonscrite à certains départements du système nerveux central (l'une augmente, l'autre diminue les actions réflexes, qui seront bientôt étudiées).

Ajoutons que seuls les nerfs, ainsi que les parties blanches de la moelle et du cerveau, lesquelles sont de la même nature qu'eux, sont excitables expérimentalement par le contact direct des agens qui ont été énumérés un peu plus haut; au contraire, la substance grise ne paraît pas susceptible d'être excitée par eux, mais seulement par les actions physiologiques.

Nature de la force nerveuse. Il ne faudrait pas croire, en présence des phénomènes provoqués par l'électricité, que la force nerveuse soit de la même nature que cette force physique, comme on le pensait il y a un certain temps. On a en effet reconnu d'une façon certaine, qu'à l'état normal un nerf intact ne donne passage à aucun courant électrique.

On admet que tout nerf en activité est le siège d'une *vibration moléculaire,* laquelle se propage avec une vitesse de 30 mètres environ par seconde, vitesse bien moindre que celle de l'électricité. On a en outre constaté que la force de ces vibrations va en augmentant à mesure qu'elles progressent, de sorte qu'elles font *boule de neige*, pour employer l'expression consacrée. On le démontre en portant successivement, sur deux points différents d'un même nerf moteur, une excitation identique : la contraction musculaire qui en est la conséquence, est d'autant plus forte que l'excitation a eu lieu à une plus grande distance du muscle.

En réalité, la nature propre de l'influx nerveux est absolument inconnue.

RÉSUMÉ DES FONCTIONS DES NERFS

1° Le mouvement et la sensibilité sont sous la dépendance des nerfs.

2° Les nerfs rachidiens naissent par deux racines, dont l'antérieure est motrice ou centrifuge, et la postérieure sensitive ou centripète.

3° Les nerfs ne possèdent pas en propre l'action nerveuse; ils n'en sont que les conducteurs.

4° Les nerfs centripètes et les nerfs centrifuges ne diffèrent en rien comme structure, et leurs propriétés sont en réalité identiques.

5° Si la racine antérieure, c'est-à-dire motrice, d'un nerf rachidien paraît posséder une certaine sensibilité, elle le doit à quelques fibres émanées de la racine postérieure correspondante (sensibilité récurrente).

6° Les nerfs émanés du cerveau sont les uns moteurs, les autres sensitifs, ou mixtes, et jouissent des mêmes propriétés que ceux de la moelle.

7° Les excitants des nerfs sont nombreux, mais le premier de tous, en dehors des forces organiques, est l'électricité.

8° La force nerveuse n'est cependant pas assimilable à l'électricité ; sa nature est inconnue.

2° FONCTIONS DE LA MOELLE ÉPINIÈRE

Rôles de la substance blanche et de la substance grise; leur pouvoir conducteur. — Nous aurons à étudier dans ce paragraphe :

1° *le rôle conducteur de la substance blanche de la moelle, tant par ses cordons antéro-latéraux que par ses cordons postérieurs;*

2° *le rôle conducteur de la substance grise de la moelle.*

La moelle épinière se compose, nous le savons, de substance blanche et de substance grise.

La première est disposée sous forme de quatre cordons longitudinaux, appelés, selon leur position, *cordons antéro-latéraux* et *cordons postérieurs;* une mince lame de substance blanche relie entre eux, sur la ligne médiane, les cordons antérieurs : c'est la *commissure blanche*, formée de fibres nerveuses passant d'un côté à l'autre.

La substance grise, complètement enveloppée par la première, occupe le centre de la moelle.

Ces parties ont des fonctions communes et des fonctions différentes.

Substance blanche : son pouvoir conducteur.

Les cordons antéro-latéraux, auxquels aboutissent, par l'intermédiaire des cellules des cornes antérieures de la moelle, les racines antérieures des nerfs, partagent les propriétés de ces derniers ; c'est-à-dire que leur excitation provoque des mouvements, et que leur section amène la paralysie des muscles auxquels ils se distribuent. Ceux-ci sont pour la plupart du même côté que le cordon blessé, mais quelques-uns situés du côté opposé sont également atteints, par suite de l'entrecroisement des fibres nerveuses au niveau de la commissure blanche antérieure.

Pour les cordons postérieurs, leur excitation provoque des phénomènes de sensibilité, comme celle des racines postérieures qui y aboutissent et qui leur sont unies par l'intermédiaire des cellules des cornes postérieures de la moelle; mais, contrairement à ce qu'on pourrait croire au premier abord, leur section laisse intacte la sensibilité, phénomène dont on aura l'explication quelques lignes plus loin.

Les cordons blancs de la moelle sont donc des conducteurs et ne jouent pas d'autre rôle.

Substance grise ; son pouvoir conducteur.

La *substance grise* de la moelle a une double fonction : elle agit à la façon de la substance blanche, comme conductrice des incitations motrice et sensitive; de plus, elle constitue un centre nerveux doué d'un pouvoir réflexe remarquable, propriété à laquelle sera consacré le paragraphe suivant.

Son pouvoir conducteur est démontré par l'expérience suivante. Si l'on coupe transversalement la substance grise à un niveau quelconque, mais de façon à en ménager une portion, si minime qu'elle soit, la sensibilité n'est pas interrompue pour cela, car il y a encore communication entre les organes sensibles et le cerveau, lequel est, comme on le verra bientôt, le siège unique des sensations. Ceci explique pourquoi la sensibilité est conservée, comme nous l'avons vu quelques lignes plus haut, après la section du cordon postérieur de la moelle. Voilà pour le rôle conducteur.

Pouvoir réflexe de la substance grise. — La substance grise de la moelle a comme nous l'avons annoncé une autre fonction. Elle joue le rôle de *centre réflexe*, ou autrement dit, elle préside à ce qu'on appelle les *actions réflexes*.

Voici en quoi celles-ci consistent. Un filet nerveux, parti d'une région du corps, aboutit à un certain point de la moelle, où il se met en rapport avec les cellules de la substance grise; de là, part un autre filet nerveux, lequel est centrifuge et se rend à un muscle ou à une glande. Dans ces conditions, une excitation produite sur le trajet du premier nerf se *réfléchit* par l'intermédiaire de la moelle sur le second, et aussitôt le muscle se contracte ou la glande se met à sécréter. C'est ainsi que si l'on vient à chatouiller une personne à la plante des pieds, même pendant son sommeil, les muscles du voisinage se contractent aussitôt et la jambe est retirée. Si l'on dépose quelques grains de sel sur la langue, la glande sous-maxillaire se met à sécréter la salive, bien qu'elle soit placée à une certaine distance du point de la muqueuse buccale excité par la substance sapide, et cachée assez profondément. Voici dans ce dernier cas, par exemple, la marche suivie par le réflexe : les nerfs sensitifs ou mieux centripètes, fournis par le *lingual*, vont de la muqueuse buccale à cette partie de la moelle qui a reçu le nom de bulbe rachidien; de celui-ci partent les nerfs centrifuges, notamment le facial, dont un des filets, appelé la *corde du tympan* (fig. 164), parce qu'il est appliqué contre la membrane de ce nom, se rend à la glande sous-maxillaire, dans laquelle la circulation est aussitôt activée et par là-même la sécrétion excitée.

Les phénomènes réflexes sont indépendants de notre volonté.

Les phénomènes réflexes qui, comme nous allons le voir un peu plus loin, se produisent pour ainsi dire à chaque instant, n'éveillent pas le plus souvent notre attention, mais se font à notre insu, puisqu'ils se produisent, avons-nous dit, même pendant notre sommeil.

L'expérience suivante va d'ailleurs montrer combien ils sont indépendants de notre volonté et soustraits à notre attention.

On tranche entièrement, vers la moitié de sa longueur, la moelle épinière d'une Grenouille : on constate alors que le moindre pincement pratiqué sur le membre antérieur est ressenti comme à l'ordinaire, car l'animal cherche à s'y soustraire par la fuite, ce qui n'a pas lieu de surprendre, puisque la communication de ces membres avec la plus grande partie des centres nerveux n'est pas interrompue. D'autre part, les irritations portées sur les membres postérieurs y provoquent aussi certains mouvements : en effet, la patte se retire quand on la pince, ce qui paraît surprenant, car toute communication avec le cerveau est supprimée. Cependant, il faut bien remarquer que la Grenouille ne cherche nullement à fuir, et que la partie antérieure de son corps, restée seule en rapport avec le cerveau, centre de la sensibilité et de l'activité volontaire, ne manifeste par aucun mouvement que l'animal s'aperçoit des coups, déchirures ou brûlures dont le membre postérieur est le siège. De cette expérience on est en droit de conclure qu'il n'y a pas souffrance, et que la sensibilité véritable n'est pas mise en éveil ; mais, qu'en vertu du pouvoir réflexe, lorsque l'irritation portée sur les nerfs sensitifs de la patte postérieure arrive à ce centre nerveux, celui-ci la réfléchit sur les nerfs du mouvement, lesquels déterminent alors le retrait de ce membre.

Ces mouvements, quelque compliqués qu'ils soient, et ils le sont souvent au point de faire complètement illusion sur leur signification réelle, sont toujours indépendants de la volonté et purement automatiques. Aussi ne se produisent-ils jamais sur l'animal placé dans les conditions précédentes, si aucune irritation extérieure n'intervient, la communication entre les membres postérieurs, point de départ de l'excitation, et le cerveau, organe par l'intermédiaire duquel se manifeste toute volonté et toute spontanéité, étant interrompue.

Actions réflexes adaptées. — Les actions ou phénomènes réflexes ne se produisent pas seulement dans les expériences pratiquées dans le laboratoire du physiologiste; elles jouent un rôle d'une importance considérable à chaque instant de notre existence: elles se produisent continuellement et sont adaptées à mille buts divers. Elles peuvent être mises en jeu par la voie des nerfs sensitifs cérébro-spinaux, ou bien par ceux du grand sympathique, de même qu'elles peuvent s'accomplir par les nerfs moteurs ou centrifuges de l'un et de l'autre système : d'où résulte, on le comprend, toute une série de combinaisons variées.

C'est aux phénomènes réflexes qu'il faut attribuer le mouvement instinctif qui nous fait vivement abaisser les paupières quand un corps étranger s'approche brusquement de nos yeux, ou lever le bras en avant pour parer un coup qui nous est soudainement porté; le mouvement de déglutition, en vertu duquel le bol alimentaire est saisi par le pharynx et entraîné vers l'œsophage; l'éternuement, dans lequel tout l'appareil de la respiration éprouve une violente secousse à la suite d'une démangeaison de la muqueuse nasale; la sécrétion de la salive sous l'influence d'une substance sapide placée sur la langue; les mouvements péristaltiques du tube digestif, qui font cheminer les aliments, etc., etc. Les actions réflexes ne sont certainement pas toutes adaptées à un but utile, à la conservation, à la défense de l'individu : ainsi les convulsions déterminées par la présence d'helminthes dans le tube digestif, le rhume causé par le froid aux pieds, la syncope amenée par un bruit violent, inattendu, par une émotion vive, le rire pénible produit par le chatouillement de la peau, etc., sont autant d'effets fâcheux dus au pouvoir réflexe.

Les actions réflexes sont pour la plupart innées; mais il en est un grand nombre cependant qui sont acquises et souvent le résultat de longs et laborieux efforts : tels sont les mouvements que nécessite la marche, ceux qu'exécute notre main en écrivant, et qui, si compliqués qu'ils soient, se font sans que nous y prêtions attention, quand cet exercice nous est devenu familier ; de même encore le jeu des doigts du pianiste, si rapide qu'on peut à peine le suivre de l'œil ; et ainsi d'une foule d'autres, laborieusement acquis et devenus une habitude, au point de paraître faire partie de notre nature.

RÉSUMÉ DES FONCTIONS DE LA MOELLE ÉPINIÈRE

1° Les cordons de la moelle, formés de substance blanche, sont exclusivement conducteurs de l'incitation nerveuse.

2° L'axe central de la moelle, formé de substance grise, a un double rôle ; il a un pouvoir conducteur, et de plus c'est un centre réflexe.

3° On entend par phénomène réflexe le fait d'une contraction musculaire ou d'une sécrétion glandulaire succédant à une excitation produite sur un nerf sensitif, à son point de départ ou sur son trajet, contraction ou sécrétion à laquelle le cerveau n'a aucune part.

4° Les phénomènes réflexes, dont le centre est dans la moelle, ont une importance considérable dans nos actes de chaque jour.

3° FONCTIONS DU GRAND SYMPATHIQUE ET DES NERFS PNEUMOGASTRIQUES

Rôle du grand sympathique. — Nous verrons dans cette étude :

1° *que les nerfs du grand sympathique ont les mêmes propriétés que ceux du système cérébro-spinal, mais que leur action est plus lente ;*

2° *que les phénomènes physiologiques accomplis sous*

l'influence du grand sympathique échappent, en général, à notre conscience;

3° *le rôle de ses ganglions;*

4° *son action sur la circulation dans les petits vaisseaux;*

5° *les conséquences des relations existant entre le grand sympathique et le système cérébro-spinal.*

Les nerfs centripètes et centrifuges du grand sympathique.

Le *grand sympathique*, encore appelé système nerveux de la vie organique, parce qu'il se distribue aux organes viscéraux, est essentiellement formé d'un très grand nombre de ganglions reliés entre eux, d'une part, et d'autre part à la moelle et au cerveau, par des cordons nerveux composés de deux ordres de fibres, les unes sensitives, les autres motrices, ou, pour parler plus exactement, les unes centripètes et les autres centrifuges. La sensibilité des premières est obscure, au point que nous n'éprouvons presque aucune sensation par suite des mouvements de nos intestins, par exemple, ou du contact des aliments avec la muqueuse digestive, des battements de notre cœur, etc., à moins que ce ne soit dans le cas de maladies, d'inflammations : tout le monde sait, en effet, les vives douleurs que cause la colique. Quant aux secondes, elles déterminent des contractions musculaires qui sont toujours lentes.

C'est cet appareil qui préside à nos fonctions vitales les plus compliquées, telles que sécrétion de la salive, des sucs gastrique et intestinal; mouvements de l'estomac, des intestins; absorption, battements du cœur. Or, tout cela se fait sans que nous en ayons conscience; tous ces phénomènes délicats nous sont pour ainsi dire étrangers, s'accomplissent en quelque sorte en dehors de notre connaissance, en vertu d'un admirable mécanisme, dont nous n'arrivons que bien difficilement à saisir les rouages, et dont le moteur échappe à nos procédés physiques. Autrefois, on regardait ce système comme un centre nerveux à part, comme un *cerveau abdominal*. Aujourd'hui, on est amené à le considérer comme une simple dépendance de la moelle épinière.

Rôle de ses ganglions.

Les *ganglions* nombreux et souvent volumineux qu'il présente sur le trajet de ses nerfs passaient, jusqu'à ces derniers temps, pour constituer des centres nerveux secondaires, indépendants du cerveau et de la moelle, et suffisant par eux-mêmes à l'entretien de l'activité vitale des parties auxquelles se distribuent les nerfs qui en partent. Mais des recherches récentes tendent à enlever au sympathique une importance aussi grande, les ganglions en question ne servant tout au plus qu'à renforcer l'action nerveuse venue de la moelle plus ou moins directement par l'intermédiaire des nerfs qui les relient à celle-ci.

Il en résulte que les phénomènes réflexes, dont ces ganglions étaient regardés comme autant de centres, doivent avec bien plus de raison être attribués à la moelle épinière.

Toutefois, la propriété qui paraît devoir être refusée aux ganglions disposés sur le trajet des nerfs du sympathique, doit être maintenue tout entière pour les petits ganglions situés sur les filets terminaux de ces nerfs, dans l'épaisseur même des organes viscéraux. C'est à eux, notamment, que le cœur arraché de la poitrine d'un animal vivant doit de continuer à battre encore pendant un certain temps.

Rôle du grand sympathique dans la circulation.

Le grand sympathique joue un rôle important dans la circulation, par l'intermédiaire des filets qu'il envoie sur les plus petites veines et artères, et dont l'action leur a valu le nom de *vaso-moteurs*. L'expérience montre que l'excitation de certains de ces rameaux par un courant électrique détermine le resserrement des vaisseaux, par suite de la contraction des fibres musculaires de ceux-ci : c'est pourquoi ces nerfs méritent le nom de *vaso-constricteurs*.

Nerfs vaso-moteurs : 1° vaso-constricteurs ;

On a reconnu, d'autre part, que l'excitation de certains autres nerfs du sympathique détermine un effet absolument opposé, c'est-à-dire, produit une sorte de paralysie des fibres musculaires des petits vaisseaux, qui se dilatent aussitôt : d'où le nom de *nerfs vaso-dilatateurs* ou de *nerfs d'arrêt*, puisque la contraction musculaire est alors suspendue.

2° vaso-dilatateurs ou nerfs d'arrêt.

Or, il résulte de la dilatation des vaisseaux, que le sang y passe en plus grande abondance, que les organes dans lesquels cet effet est produit, recevant des matériaux nutritifs plus abondants, entrent en activité, sécrètent davantage ou se contractent avec plus d'énergie; il en résulte encore que les combustions intra-organiques se font avec une plus grande vivacité et que la chaleur augmente.

Conséquence de cette action sur les petits vaisseaux.

Le grand sympathique a donc une influence énorme sur la circulation, puisqu'il est son régulateur en quelque sorte, et par là-même le dispensateur de la chaleur animale; mais, comme nous l'avons dit, il paraît tenir cette influence de la moelle.

Influence réciproque du système cérébro-spinal et du grand sympathique.

Les relations anatomiques qui existent entre le grand sympathique et le système cérébro-spinal expliquent comment une émotion morale vive, la peur, la colère déterminent instantanément la jaunisse; comment l'inquiétude, la frayeur provoquent la diarrhée; pourquoi, d'autre part, une irritation intestinale, celle que causent, par exemple, les Vers intestinaux, amène parfois des convulsions, surtout chez les enfants. Par là s'expliquent en partie les nombreuses et frappantes influences du physique sur le moral, et réciproquement.

Rôle des nerfs pneumogastriques. — A l'étude du grand sympathique se rattache celle des *nerfs pneumogastriques* ou *nerfs vagues*, qui, comme lui, fournissent des rameaux aux organes de la respiration, de la circulation et de la digestion. Ces nerfs, qui sont la dixième paire de ceux qui sortent du crâne, se composent de fibres centripètes et de fibres centrifuges; mais, comme dans le système précédent, leur action est indépendante de la volonté et s'accomplit sans que nous en ayons conscience. Cette action est des plus remarquables. Tandis que l'excitation de tout nerf moteur émané de la moelle détermine constamment des contractions musculaires; ici c'est le contraire qui se produit. Vient-on, en effet, à électriser, après l'avoir coupé, le bout périphérique de l'un des pneumogastriques d'un Chien : les fibres musculaires du cœur se relâchent et celui-ci s'arrête. Il est donc, on le voit, antagoniste des ganglions du sympathique, auxquels sont dues les contractions persistantes de cet organe lorsqu'il a été arraché de la poitrine. Les pneumogastriques sont, par conséquent, des *nerfs modérateurs*, des *nerfs d'arrêt*, et on peut les regarder comme analogues des vaso-dilatateurs du grand sympathique.

Si, au contraire, l'un de ces nerfs étant coupé, l'excitation électrique est portée sur le bout central de l'un des pneumogastriques, ce sont les mouvements respiratoires qui s'arrêtent, cette excitation se trouvant transmise par le cerveau à l'autre pneumogastrique resté intact, lequel agit alors sur la respiration par ses fibres centrifuges (1).

Nœud vital. La section des deux pneumogastriques détermine aussitôt l'arrêt des mouvements du tube digestif, en même temps qu'un trouble profond dans les mouvements respiratoires et cardiaques ; la mort en est la suite nécessaire, mais elle peut se faire attendre plusieurs jours ou plusieurs semaines. Vient-on, au contraire, à piquer l'endroit précis du bulbe rachidien d'où partent les deux pneumogastriques, sur le plancher du quatrième ventricule, vers la pointe du *calamus scriptorius*, la mort est foudroyante. Aussi, Flourens, à qui l'on doit d'avoir fait, le premier, cette curieuse expérience, a-t-il donné à ce point le nom de *nœud vital.*

(1) Les remarquables phénomènes d'arrêt provoqués par l'électrisation du pneumogastrique ne constituent peut-être pas une exception à la règle générale autant qu'on pourrait le croire. En effet, au lieu de dire que l'électricité, en excitant les nerfs, détermine par leur intermédiaire des contractions musculaires, il paraît plus juste de reconnaître, que sous l'influence de l'électricité, les nerfs, et par là même les muscles auxquels ils se rendent, changent d'état physiologique, c'est-à-dire que s'ils étaient en repos ils passent à l'état actif, et par contre, *s'ils étaient en activité ils entrent en repos.* Or, sous l'action permanente des petits ganglions spéciaux que renferment les parois du cœur, cet organe est en activité à peu près constante; ce serait cette activité que viendrait tout à coup suspendre l'électrisation du pneumogastrique.

RÉSUMÉ DES FONCTIONS DU GRAND SYMPATHIQUE ET DES NERFS PNEUMOGASTRIQUES

1° Le grand sympathique préside aux fonctions végétatives.

2° Il ne paraît pas avoir en propre, comme centre nerveux spécial, les facultés dont il jouit; il les tient plutôt de la moelle.

3° Il n'en a pas moins une grande importance dans les phénomènes qui se rattachent à la circulation du sang, soit qu'il agisse comme vaso-dilatateur, soit comme vaso-constricteur.

4° Les ganglions placés sur le trajet des nerfs du grand sympathique ne paraissent pas devoir être regardés comme des centres nerveux secondaires, mais plutôt comme des organes de renforcement ou de condensation de l'activité nerveuse dont l'origine se trouve dans la moelle.

5° Au contraire, les petits ganglions situés sur les filets nerveux terminaux enfouis dans l'épaisseur de certains des organes, sont autant de petits centres nerveux ayant une activité propre.

6° Les relations étroites qui existent entre le grand sympathique et le système cérébro-spinal expliquent en grande partie les nombreuses influences réciproques que l'on observe entre le physique et le moral.

7° Les nerfs pneumogastriques ont des propriétés et des fonctions qui se rapprochent beaucoup de celles du grand sympathique.

8° Ils jouent un rôle notamment dans les fonctions du cœur et de la respiration; leur excitation en arrête aussitôt les mouvements; c'est en effet à leur origine que se trouve le *nœud vital* de Flourens.

4° FONCTIONS DE L'ENCÉPHALE

Difficulté de cette étude; procédés employés. — Les physiologistes qui ont cherché à analyser les fonctions du cerveau, se sont heurtés à d'incroyables difficultés; aussi peut-on dire que, tout admirables que soient les découvertes accomplies jusqu'ici, il reste encore davantage à faire. La structure si complexe de cet organe, l'enchevêtrement à peu près inextricable de ses parties; la difficulté, dans les expériences pratiquées sur les animaux, de n'agir que sur une portion bien délimitée, de façon à respecter les régions voisines, multiplient singulièrement les obstacles opposés à cette étude.

Cependant, en tenant compte des observations faites par les médecins sur des malades, et des données expérimentales obtenues par les physiologistes, on est arrivé à des conclusions dont les unes sont, il est vrai, contestables, mais dont les autres paraissent définitivement acquises. Nous nous bornerons à passer en revue les résultats les plus généralement admis.

Rôle des parties de l'encéphale autres que les hémisphères. — Dans ce paragraphe nous étudierons le rôle présumé de chacune des parties de l'encéphale autres que les hémisphères, par conséquent celles du *bulbe rachidien*, de l'*isthme cérébral* et du *cervelet*.

Bulbe rachidien.

1° Le *bulbe rachidien*, qui est en réalité la partie supérieure de la moelle, nous rend témoins de phénomènes physiologiques d'une haute importance. C'est là (bec du *calamus scriptorius*, à la partie inférieure du plancher du quatrième ventricule) que se trouve le *nœud vital*, dont il a été question à propos des fonctions des nerfs pneumogastriques, et dont la lésion détermine instantanément la mort, par suppression des mouvements respiratoires (1). L'excitation du bulbe par un courant électrique produit l'arrêt des mouvements du cœur en état de diastole; c'est

(1) Dans cette curieuse expérience pratiquée sur un animal, si l'on entretient la respiration par des procédés artificiels, la mort ne survient pas, ce qui montre bien qu'il n'y a pas là à proprement parler un siège localisé du principe mystérieux de la vie, comme le donnerait à penser le nom de *nœud vital*, mais seulement un lien de coordination, d'enchaînement, des mouvements respiratoires.

sans doute parce qu'on agit alors sur le noyau d'origine des pneumogastriques. En outre, comme l'a montré Claude Bernard, une piqûre pratiquée un peu plus haut, sur le même plancher du quatrième ventricule, produit le diabète ; plus haut encore, elle détermine l'albuminurie (1); enfin, pratiquée à la partie la plus élevée, la plus large de ce plancher, elle produit une exagération de la sécrétion salivaire.

En somme, par leur ensemble, les noyaux de substance grise du bulbe rachidien sont des centres coordonnateurs destinés à assurer le jeu régulier des plus grandes fonctions de l'économie, celles de respiration, circulation, déglutition, etc.

Isthme de l'encéphale.

2° L'*isthme de l'encéphale*, ainsi que le *bulbe rachidien*, qui doivent être regardés comme la prolongation de la moelle dans l'intérieur du crâne, renferment un certain nombre de petites masses ou noyaux de substance grise, qui sont autant de centres réflexes présidant au fonctionnement des nerfs craniens qui en partent. La destruction de ces points détermine la paralysie du mouvement ou de la sensibilité des parties auxquelles ces nerfs aboutissent, de même que l'excitation de ces noyaux produit des actions plus ou moins vives dans les régions où ils se distribuent.

Les pyramides antérieures et les actions croisées.

3° En raison de l'*entre-croisement* des fibres nerveuses tant motrices que sensitives, au niveau du bulbe, dans les pyramides antérieures et jusqu'à la partie antérieure de la protubérance annulaire, les lésions de l'un des côtés de l'encéphale, telles que hémorragie, ramollissement, déchirure, déterminent, dans le côté opposé du corps, une paralysie, soit du mouvement, soit de la sensibilité, soit de l'un et de l'autre à la fois (2).

(1) Ce sont là deux graves maladies, dont l'une est caractérisée par la présence du sucre dans les urines, et l'autre par le passage de l'albumine du sang dans ce même liquide excrémentitiel.

(2) Suivant le niveau auquel siègera la lésion cérébrale, il pourra y avoir *paralysie alterne*, c'est-à-dire, qu'en même temps, elle se manifestera pour le corps, du côté opposé à la lésion, et pour le

Protubérance annulaire.

4° Les excitations pratiquées sur la *protubérance annulaire* ou *pont de Varole* donnent lieu à deux sortes de phénomènes : elles provoquent chez l'animal des cris plaintifs, ce qui porte à croire que cette région est un centre de perception de la douleur physique (1).

En outre, si l'on coupe les fibres superficielles d'un seul côté, l'animal tourne sur lui-même dans le sens opposé à la lésion, c'est-à-dire que, si on la pratique à gauche, il se met à tourner à droite, et réciproquement; résultat dû sans doute à la paralysie d'une partie des muscles d'un côté du corps, lesquels ne font plus équilibre à ceux du côté opposé.

La section de quelques autres parties du cerveau, celle de l'un des pédoncules cérébelleux, par exemple, ou l'ablation de l'un des tubercules quadrijumeaux, produit d'ailleurs le même résultat.

Tubercules quadrijumeaux.

5° Les *tubercules quadrijumeaux* jouent un rôle important dans la vision, notamment au point de vue de la coordination des mouvements des muscles de l'œil; c'est-à-dire que de leur action dépend l'obligation où se trouvent les deux yeux de se diriger simultanément soit à droite, soit à gauche, en haut ou en bas. Ils règlent aussi les mouvements de l'iris; leur ablation rend les animaux aveugles. Mais leur développement souvent considérable chez des espèces complètement privées d'yeux, montre qu'ils ont un autre rôle, peut-être celui de concourir à la coordination des mouvements généraux du corps.

Couches optiques.

6° Les *couches optiques*, gros noyaux de substance grise, paraissent renfermer quatre centres distincts de sensibilité, à savoir, ceux de l'olfaction, de la vue, de l'ouïe et de la sensibilité générale ; mais on est encore loin de

visage, du même côté qu'elle, la plupart des muscles craniens qui se rendent à la face (facial, trijumeau, etc.), ayant un trajet direct, sans entre-croisement d'un côté à l'autre.

(1) En effet, cette partie de l'encéphale étant détruite, les cris ne sont plus expressifs; l'animal ne paraît plus percevoir les pincements exercés sur un point quelconque de son corps, cette excitation se traduisant alors par une sorte de cri réflexe, toujours le même pour une même excitation et dépourvu de toute expression.

toute certitude sur le rôle de cette partie. Quelques auteurs en font un centre réflexe des mouvements inconscients.

7° Les *corps striés*, auxquels aboutissent les cordons antéro-latéraux de la moelle, transmettraient à celle-ci les incitations motrices émanées des hémisphères, et présideraient par conséquent aux mouvements des membres et du tronc. Corps striés.

8° Le *corps calleux*, qui relie entre eux les deux hémisphères, paraît établir une communication entre les circonvolutions symétriques des deux côtés du cerveau. Son rôle se rattache probablement à l'existence des *suppléances cérébrales*, en vertu desquelles il arrive parfois qu'une lésion située d'un côté ne donne lieu à aucun symptôme, la partie correspondante du côté opposé suppléant à celle qui est altérée. Corps calleux.

9° Le *cervelet* paraît avoir pour principal rôle de présider à la coordination des mouvements; aussi sa blessure ou excitation unilatérale détermine-t-elle la rotation de l'animal sur lui-même, soit en manière de mouvement de manège, soit sous forme de culbute, phénomène qui se rencontre d'ailleurs, comme on vient de le voir, à la suite de la lésion de quelques autres régions et notamment pour celle des pédoncules cérébelleux. Cervelet.

Rôle des hémisphères cérébraux ou du cerveau proprement dit. — Dans ce paragraphe nous examinerons successivement :

1° *l'action du cerveau sur les manifestations sensitives et motrices en général;*

2° *les localisations cérébrales ;*

3° *les relations qui existent entre le cerveau et les phénomènes de l'intelligence.*

I° *Action du cerveau sur les manifestations sensitives et motrices en général.* — 1° Les hémisphères, ou le cerveau proprement dit, sont-ils sensibles? Ils ne le sont en aucune façon, ni au simple toucher, ni aux piqûres ou déchirures. Le cerveau est-il sensible?

Le cerveau préside-t-il à la sensibilité ?

2° La sensibilité générale, répandue tant à la surface du corps que dans la profondeur des organes, et la sensibilité particulière, circonscrite dans certains organes spéciaux ou organes des sens, sont-elles sous la dépendance directe du cerveau? En aucune façon, comme le prouvent des expériences souvent répétées sur les Oiseaux, par exemple : après qu'on a enlevé complètement les hémisphères, si on leur pince la patte, ils la retirent aussitôt; si on approche brusquement une lumière de leurs yeux, ils les ferment vivement; si on les appelle, ils tressaillent.

De la nature des mouvements exécutés sans l'intervention du cerveau.

3° L'animal privé de ses hémisphères exécute donc encore certains mouvements, comme il vient d'être dit; il en accomplit même de fort compliqués, ainsi qu'on va le voir. Mais ici une question se pose : ces mouvements sont-ils voulus? Non, assurément. Comme le dit Flourens, « l'ablation des lobes cérébraux abolit sans retour tous les mouvements spontanés ». En effet, l'Oiseau mutilé de la sorte exécute toute une série de mouvements, souvent même de très complexes, mais à condition qu'on les provoque par un moyen quelconque : si on le pousse, il se met à marcher; si on le jette en l'air il ne se laisse pas retomber lourdement, mais vole jusqu'à ce qu'il touche terre. De même, le Poisson se met à nager, et il semblerait, au premier abord, que rien n'est changé dans sa manière d'agir; mais on ne tarde pas à s'apercevoir qu'il va toujours droit devant lui; ce n'est que lorsqu'il s'est heurté contre un obstacle, qu'il change de direction. De même encore, une Grenouille jetée dans un bassin se mettra à nager en ligne droite jusqu'à ce qu'elle en ait gagné le bord, où elle se tiendra dès lors immobile, incapable qu'elle est de se décider par elle-même à exécuter des mouvements, que l'excitation causée par le milieu dans lequel on l'avait plongée la déterminait tout à l'heure à produire, et cela avec autant d'aisance que si elle avait été dans son état normal.

On aurait tort toutefois de faire d'une façon absolue l'application de ces résultats aux Vertébrés les plus parfaits, et surtout à l'Homme. La vie, chez eux, ne serait pas compatible, pendant un temps prolongé du moins, avec des lésions aussi considérables que celles qu'on peut faire subir au cerveau des Batraciens et des Poissons.

De la Phrénologie.

II° *Les localisations cérébrales.* — A la fin du XVIIIe siècle, un médecin du duché de Bade, Gall, acquit une énorme célébrité en soutenant que les circonvolutions du cerveau sont le siège des facultés mentales et ont un

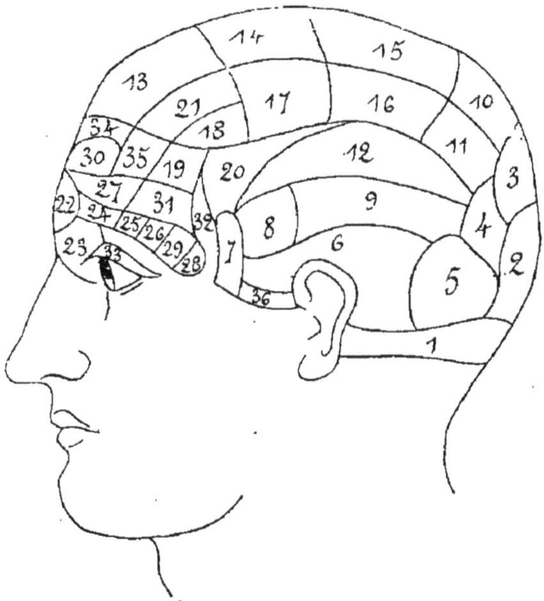

Fig. 166. — Crâne divisé en compartiments, suivant le système de Gall chacun d'eux répondrait à telle faculté, à tel instinct.

développement proportionnel à celles-ci; que ces circonvolutions s'impriment en creux sur la boîte cranienne (fig. 166), se trahissent à l'extérieur par autant de saillies ou *bosses,* et qu'il était par conséquent possible de reconnaître, d'après la configuration du crâne, l'état des diverses facultés, les tendances, les passions, les appétits de chacun. Ce premier essai de localisations cérébrales a fait grand bruit sous le nom de *Phrénologie*.

Recherches récentes.

Les études ultérieures ont montré combien est illusoire la *craniologie*, autrement dit, l'appréciation des facultés intellectuelles et des instincts par la palpation de la surface extérieure du crâne, comme Gall la pratiquait.

Quant à l'idée même de la localisation au moins de certaines facultés, elle a fait son chemin; dans ces derniers temps surtout, elle a provoqué un grand nombre d'expériences, qui ont donné des résultats fort remarquables.

Centres moteurs.

Les hémisphères paraissent posséder des centres distincts présidant à des fonctions déterminées. Ainsi dans la partie la plus profonde du cerveau, dans le voisinage des couches optiques, là où les pédoncules cérébraux s'épanouissent dans les hémisphères, on a reconnu qu'une partie de leurs fibres, les postérieures, constituaient un centre sensitif, et les antérieures un centre moteur, c'est-à-dire que la destruction des premières détermine l'anesthésie ou privation de sensibilité dans le côté opposé du corps, tandis que celle des secondes y détermine la paralysie du mouvement. C'est que ces fibres conduisent les unes les incitations sensitives et les autres les incitations motrices.

L'électrisation de la substance grise de la région corticale du cerveau, pratiquée sur des Singes, a permis d'y reconnaître l'existence de plusieurs centres moteurs, presque exclusivement situés vers la région antérieure des hémisphères (moitié postérieure du lobe frontal et lobe pariétal). L'excitation de ces points donne constamment le même résultat : l'un est le centre des mouvements du membre antérieur, un autre du membre postérieur; celui-ci préside aux mouvements de la tête et du cou, celui-là au mouvement des lèvres.

Ces résultats qui contredisent l'observation bien établie jusqu'ici de la non-excitabilité de la substance grise par les courants électriques s'expliquent, sans doute, par ce fait que l'on n'est pas bien sûr de limiter l'action de l'électricité au point où on l'applique et que celle-ci va sans doute influencer les parties sous-jacentes, c'est-à-dire la substance blanche, laquelle ici, comme ailleurs, joue le rôle de conducteur. Ces expériences prouvent, dans tous les cas, que les hémisphères se partagent en un certain nombre de départements distincts, qui constitueraient sinon autant de centres proprement dits ou points de départ nécessaires des mouvements, ce que contrediraient les expériences de Flourens citées à la page 376; du moins, que chacun d'eux paraît présider aux mouvements d'un groupe particulier des muscles volontaires de l'économie.

La partie postérieure des hémisphères n'a pas jusqu'ici montré de centres moteurs; il y a quelque raison de croire qu'elle préside à la sensibilité.

Quant à la région tout à fait antérieure du lobe frontal, elle ne paraît posséder ni centre moteur, ni centre sensitif. Par contre, c'est là qu'on trouve localisée, avec le plus de certitude, le centre qui tient sous sa dépendance l'expression des idées, le *langage*. Le siège précis de cette faculté paraît être la moitié postérieure de la troisième circonvolution frontale de l'hémisphère gauche, laquelle est souvent appelée *circonvolution de Broca,* en l'honneur du savant français qui a le plus contribué à cette découverte. Les individus atteints d'une lésion dans cette partie du cerveau perdent la faculté d'exprimer leurs pensées, non seulement à l'aide du langage articulé, mais souvent encore au moyen des signes de l'écriture ou des gestes; parfois, l'un ou l'autre de ces modes d'expression est seul supprimé; les idées restent d'ailleurs le plus souvent intactes, les malades comprenant ce qu'ils lisent et ce qu'on leur lit. C'est à cette singulière affection que l'on donne le nom d'*aphasie* (1).

Centre du langage Aphasie.

Chose remarquable, chez les gens qui sont gauchers on a constaté que le centre de la faculté du langage n'est plus à gauche, mais bien à droite, contrairement à la règle générale. De sorte que le côté de notre cerveau qui dirige le côté le plus fort et le plus adroit de notre corps, c'est-à-dire celui que nous avons dressé à l'accomplissement des mouvements les plus difficiles et les plus délicats, préside aussi à notre langage, lequel est aussi, pour beaucoup, il faut le reconnaître, une affaire d'éducation et le résultat de longs efforts.

Mais si la destruction, l'altération de cette partie du lobe frontal vient à produire l'aphasie, il peut arriver, en quelque

(1) Du grec ἀ privatif, et φάσις parole.

sorte, qu'en s'y appliquant et en commençant une nouvelle éducation, le malade recouvre peu à peu l'usage de la parole, en vertu d'une *suppléance cérébrale*, le côté intact du cerveau remplaçant la partie correspondante altérée et présidant désormais à l'exercice du langage.

Enfin, on admet assez généralement que dans les lobes frontaux se trouvent les centres matériels indispensables à l'exercice des facultés d'ordre intellectuel, les plus inférieures comme l'imagination et la mémoire, aussi bien que la plus élevée, l'intelligence, d'où dépend la comparaison, le jugement, la généralisation, la volonté.

III° *Des relations qui existent entre le cerveau et les phénomènes de l'intelligence.* — On a remarqué depuis longtemps qu'il y a une certaine relation entre les hémisphères cérébraux et les facultés intellectuelles, et que les lésions de cette portion de l'encéphale, telles que hémorragies, ramollissements, blessures, s'accompagnent de troubles intellectuels plus ou moins profonds. L'expérience montre qu'un Mammifère ou un Oiseau auquel on enlève ses lobes cérébraux, en même temps qu'il tombe dans un profond assoupissement, perd de suite toutes ses facultés de l'ordre le plus élevé. « Il est alors », dit Flourens, « comme plongé dans un sommeil presque permanent, dans lequel les rêves eux-mêmes font défaut. »

Rapport entre le volume du cerveau et le développement des facultés.

Cette relation entre le cerveau et la manifestation des *facultés psychiques* étant incontestable, on a pensé qu'il existait une proportion rigoureuse entre le développement du cerveau et celui de l'instinct ou de l'intelligence. Mais on a rencontré, en somme, de ce côté, des déceptions nombreuses. Si, d'une façon générale, on voit que le cerveau va en se développant, augmentant progressivement de volume, des Zoophytes aux Vertébrés (1), et que les facultés

(1) Voici, d'après Leuret, la proportion moyenne du poids de l'encéphale par rapport à celui du corps chez les Vertébrés :

Dans les Poissons,	comme	1	est à	5668.
Dans les Reptiles ...	—	1	—	1321.
Dans les Oiseaux ...	—	1	—	212.
Dans les Mammifères	—	1	—	186.

suivent un développement parallèle, l'Homme, enfin, couronnant tout cet édifice organique, tant par les dimensions de son cerveau, que par la perfection de son intelligence, laquelle laisse bien loin derrière elle l'instinct si merveilleux qu'il soit de tous les autres animaux, on ne peut s'empêcher de reconnaître en même temps que cette loi comporte de très nombreuses exceptions.

Le cerveau chez l'Homme et les Animaux.

Ainsi, le cerveau de l'*Homme* n'est pas le plus lourd de tous ; l'Éléphant et la Baleine l'emportent sur lui à ce point de vue. Il est vrai que si l'on tient compte du poids du cerveau relativement à celui du corps, dans les exemples cités l'avantage reste à l'Homme ; mais, par contre, à ce même point de vue son cerveau est inférieur à ceux du Ouistiti, du Moineau, du Serin, et de beaucoup d'autres Oiseaux. Mêmes observations à faire dans la comparaison des animaux entre eux : le Castor a des instincts bien autrement remarquable que le Lapin; et cependant le cerveau de ce dernier est bien plus volumineux que celui du premier.

Le cerveau dans les races humaines.

Passons maintenant aux *races humaines*. D'une façon générale on admet que les hommes de la race blanche ont un cerveau plus gros que celui des hommes de couleur jaune ou noire; et c'est vrai dans beaucoup de cas. Voici, par exemple, les résultats obtenus par Morton :

Capacité moyenne du crâne.

de 38 têtes germaniques : 1,534 cent. cub.

de 64 têtes de nègres d'Afrique : 1,371 cent. cub.

de 8 têtes d'Australiens : 1,228 cent. cub.

Et, cependant, d'autres mensurations faites avec soin, il résulte que ce volume a été trouvé de 1,546 cent. cub. pour les Esquimaux ; de 1,486 pour les Japonais ; de 1,467 seulement pour les Italiens, les deux premiers groupes appartenant à la race jaune, le dernier représentant la race blanche.

D'autres mensurations ont montré que si les nègres d'Afrique et surtout d'Australie sont inférieurs à ce point de vue à la race blanche, ceux des États-Unis ne présentent pas avec celle-ci de différences sensibles.

Le cerveau de la femme.

Le cerveau de la *femme* est généralement un peu plus léger que celui de l'homme; la différence serait représentée par environ 70 gr. Mais on ne doit pas attacher à cette moyenne une grande importance, car les différences individuelles offrent plus d'écart que celles qui existent d'un sexe à l'autre.

Le cerveau, la stature et l'âge.

Le poids du cerveau, d'après les quelques résultats que l'on connaît, varie avec la *stature*, aussi bien chez l'homme que chez la femme.

Il acquiert tout son développement en poids et en volume, selon les uns, à l'*âge* de 14 à 20 ans (Boyd), suivant d'autres, seulement à 40 ans (Broca et Wagner). A partir de 40 ans, d'après ces derniers auteurs, il irait en diminuant à mesure que la vieillesse s'accuse davantage.

Le cerveau des hommes célèbres.

On connaît le poids du cerveau de quelques *hommes célèbres*, et l'on a été porté à attacher à ces pesées une trop grande importance, car des poids au moins aussi forts ont été trouvés pour des individus qui ne s'étaient signalés, durant leur vie, d'aucune façon remarquable. La moyenne ordinaire chez l'homme blanc étant, le cervelet compris, de 1,300 gr., celui de Dupuytren a atteint 1,436 gr., celui de Schiller 1,750 gr., celui de Cuvier 1,830 gr. Il est singulier, par contre, que celui d'un des hommes dont la République de 1870 se fait le plus d'honneur, Gambetta, ne pesait que 1,160 gr., c'est-à-dire, 140 gr. de moins que la moyenne.

Ce dernier fait et d'autres semblables prouvent tout au moins que les matérialistes ont grand tort d'attacher aux dimensions et au poids du cerveau une importance trop considérable.

Le cerveau de l'idiot.

Toutefois, dans l'espèce humaine, il est ordinaire qu'un cerveau qui n'atteint pas 1,000 grammes est celui d'un *idiot;* mais, au-dessus de cette limite, le cerveau, quel que soit son poids, peut être celui d'un homme très intelligent ou d'un faible d'esprit.

Le rôle du cerveau dans les phénomènes intellectuels.

En résumé, il y a une telle différence de *nature* entre la substance matérielle du cerveau et la pensée, que les relations qui peuvent exister entre eux nous sont totalement inconnues. Entre un organe et le liquide qu'il sécrète, le foie, par exemple, et la bile qu'il produit, il y a un rapport anatomique et physiologique qu'il n'est pas très difficile de saisir. Rien de semblable dans la question qui nous occupe, car si la pensée a des rapports incontestables avec le cerveau, on ne saurait dire, à moins de vouloir tomber dans la matérialisme le plus grossier, que celle-là est la *fonction* de celui-ci. Reconnaissons, en effet, que nous n'avons pas la moindre idée comment il se peut faire qu'un acte matériel s'accomplissant dans quelques cellules cérébrales détermine une pensée, un acte de conscience. Quelle est la nature de l'intermédiaire qui unit ces deux ordres de faits si différents, nous n'en savons absolument rien, et nous ne pouvons que constater qu'un abîme sépare ces deux classes de phénomènes.

Cependant, si en soi l'intelligence est absolument indépendante du cerveau, dans l'état actuel de l'organisation humaine, elle a besoin de lui pour exercer ses facultés, comme d'un instrument nécessaire. En effet, c'est par lui que nous éprouvons et conservons les sensations et les images intérieures que celles-ci provoquent; et comme c'est sur ces images que l'intelligence s'exerce (1), on comprend qu'il peut y avoir un certain rapport entre les qualités, le volume, etc., du cerveau et la puissance intellectuelle.

RÉSUMÉ DES FONCTIONS DE L'ENCÉPHALE

1° Les effets physiologiques résultant de l'excitation ou de l'altération de l'une des parties de l'encéphale sont croisés.

2° Le bulbe rachidien est un centre coordonnateur, notamment des mouvements respiratoires et circulatoires; il sert, en outre, ainsi que l'isthme de l'encéphale, de centre réflexe pour les nerfs craniens qui y prennent leur origine.

(1) « L'intelligence dépend du sensible », a dit saint Thomas.

3° La protubérance annulaire paraît être un centre de perception de la douleur physique.

4° Les tubercules quadrijumeaux servent à la vision.

5° Les couches optiques, suivant les uns, jouent un rôle important dans l'exercice des différents sens, moins celui du goût; suivant d'autres, qui les regardent comme de simples prolongements de la moelle dans le cerveau, ils ne seraient qu'un centre réflexe de mouvements inconscients.

6° Les corps striés paraissent présider aux mouvements du tronc et des membres.

7° Le cervelet tient sous sa dépendance la coordination des mouvements de la locomotion.

8° Le corps calleux établit un lien entre les parties similaires des deux hémisphères et sert à l'établissement des suppléances cérébrales.

9° Les hémisphères, ou le cerveau proprement dit, ne sont pas sensibles aux piqûres et déchirures.

10° Le cerveau proprement dit n'est pas indispensable aux manifestations de la sensibilité et à la production des mouvements du corps et des membres.

11° Certaines régions bien délimitées, voisines de sa surface, paraissent servir au mouvement de groupes musculaires déterminés.

12° La faculté du langage est nettement localisée dans les lobes frontaux.

13° Le développement du cerveau paraît être, dans une certaine mesure, en rapport avec celui des facultés intellectuelles ou instinctives, la race à laquelle appartient l'individu, la stature et le sexe.

14° Le cerveau constitue le centre indispensable aux opérations de l'intelligence, mais nous ignorons absolument comment sont établies les relations qui existent entre celles-ci et celui-là.

CONCLUSIONS GÉNÉRALES

Arrivés à la fin de cette étude si complexe de l'Homme, envisagé au point de vue de sa structure ; après avoir noté et admiré les magnifiques découvertes de la physiologie moderne, pénétré, dans une certaine mesure, le mécanisme cérébral, mais tout en reconnaissant l'obscurité qui enveloppe encore la plupart des points de physiologie qui viennent d'être l'objet de notre attention, nous devons essayer de faire connaître, comme conclusion de tout cet exposé, l'idée définitive que nous nous faisons de l'organisme vivant.

Ce qu'il importe de ne pas perdre de vue, au milieu des mille détails de la structure organique, c'est que l'âme (1) et le corps, dans l'être vivant, ne font qu'un en réalité. Bien loin que l'âme ait son siège exclusif dans telle ou telle région délimitée du corps, elle est, en quelque sorte, répandue dans tout l'organisme, en anime les moindres parties et préside à toutes les fonctions. On aurait donc tort de croire que, logée dans le cerveau comme sur un trône immuable, elle reste là, communiquant avec le monde du dehors par le moyen des nerfs, qui joueraient exactement le rôle d'autant de fils télégraphiques. C'est cette fausse conception de l'âme et de ses rapports avec le corps qui a donné naissance à la théorie des *esprits animaux*, lesquels, suivant Descartes, parcourraient le système nerveux dans un sens ou dans l'autre, pour communiquer à la première les impressions venues du monde extérieur et lui permettre de réagir, à la suite de ces sollicitations ; c'est elle encore qui a provoqué la théorie du *fluide nerveux*, que l'on a comparé au fluide électrique, auquel même on a voulu l'assimiler.

Il n'en est rien. L'*âme*, au contraire, remplit l'organisme ; elle est l'*universelle cause humaine*, le *principe de toutes nos activités*. Mais, suivant la nature, la struc-

(1) Nous n'avons pas ici à prouver l'existence de l'âme, cette démonstration étant du ressort du professeur de philosophie. Nous nous contenterons de faire connaître l'argument suivant, qui offre quelques points de contact avec nos études d'histoire naturelle. Puisque nous constatons, d'une part, qu'il y a en nous connaissance, conscience, intelligence et volonté, que, d'autre part, ces phénomènes n'appartiennent pas au monde physique et n'ont aucune analogie avec lui, nous dirons avec certitude que l'*âme* existe.

ture des organes et des appareils, ici elle préside à la sécrétion de telle humeur, de tel liquide; là, aux contractions de tel muscle; sur un autre point, aux sensations et aux idées. D'autre part, dans l'état actuel de l'organisation humaine, la matière est aussi indispensable que la force immatérielle à l'accomplissement de toutes les fonctions, de quelque ordre qu'elles soient.

Cette conception de l'âme et de l'organisation est la plus simple de toutes, et la plus féconde en applications tant physiologiques que psychologiques. Grâce à elle, les rapports du physique et du moral s'expliquent de la façon la plus rationnelle.

C'est donc seulement pour faciliter l'analyse des phénomènes biologiques, que, dans l'étude de l'Homme, on est autorisé par la saine philosophie à considérer le corps, à l'état vivant, comme indépendant et absolument distinct de l'âme, et à le regarder comme constituant avec ses propriétés organiques une entité séparable de celle-ci (1), avec laquelle il serait simplement mis en relation par le moyen du système nerveux.

Reconnaissons donc, au contraire, que les deux principes sont intimement unis, ne font qu'un en réalité, pour constituer ainsi la *personne humaine*.

(1) La façon dont nous envisageons l'union de l'âme et du corps était celle qu'enseignait le savant professeur Chauffard, qui a écrit que le corps, dont l'âme s'est séparée, n'est plus le corps en réalité, tel qu'il est quand nous le voyons à l'état vivant : il a perdu dès lors la propriété d'être organisé. (Chauffard, *LA VIE. Études et Problèmes de Biologie générale.*) Et, en effet, c'est non pas à la structure même des parties, à leur complexité, à la réunion d'organes différents que le corps doit d'être *organisé,* mais bien aux fonctions qu'il est susceptible de remplir. Ainsi, les êtres vivants les plus inférieurs sont dépourvus d'organes, et cependant ils accomplissent toutes les fonctions essentielles des êtres les plus parfaits ; c'est pourquoi ils sont à bon droit désignés comme eux sous le nom d'êtres organisés ; autrement dit, c'est la fonction plus que l'organe qui fait que l'être est organisé

FIN.

TABLEAUX

DE LA

CLASSIFICATION DU RÈGNE ANIMAL (1)

I. VERTÉBRÉS. — Un squelette intérieur osseux ou cartilagineux, dont l'axe est formé par une colonne composée d'un grand nombre de pièces articulées entre elles, les *vertèbres*.

II. TUNICIERS. — Animaux non articulés et en form de sac.

III. MOLLUSQUES. — Corps inarticulé, sans squelette, mais ordinairement protégé par une coquille.

IV. ARTHROPODES. — Corps articulé, pourvu d'appendices également articulés.

V. VERS. — Corps articulé, mais sans membres articulés.

VI. ÉCHINODERMES. — Corps rayonné ; tube digestif libre dans la cavité du corps.

VII. COELENTÉRÉS. — Corps rayonné ; tube digestif confondu avec la cavité générale du corps.

VIII. PROTOZOAIRES. — Animaux de petite taille, sans organes distincts composés de cellules.

(1) Ces tableaux placés à la fin du Cours d'Anatomie et de Physiologie, dont la connaissance est indispensable aux jeunes gens qui se préparent au baccalauréat ès sciences restreint, sont en outre destinés à fournir aux élèves de Philosophie et de l'Enseignement secondaire spécial des renseignements sur la place qu'occupent dans la Classification les espèces ou les groupes d'animaux désignés dans les notes d'Anatomie comparée de cet ouvrage. En s'y reportant, l'élève prendra une connaissance plus exacte et plus complète de leur nature ; et ainsi leurs noms ne seront plus pour lui des mots vides de sens. En outre, le professeur jugera des divisions et subdivisions dont il sera bon de faire apprendre par cœur les caractères, soit ceux des classes, soit ceux des ordres, etc.

Nous nous sommes beaucoup servi, pour dresser les tableaux de la classification du règne animal, du *Traité de Zoologie* de Claus, et des deux ouvrages suivants, que nous recommandons vivement aux débutants dans les sciences naturelles : la *Zoologie élémentaire*, par F. Plateau, et le *Précis de Zoologie médicale*, par G. Carlet.

I. Embranchement ou Type des VERTÉBRÉS

Animaux à symétrie bilatérale ; un squelette intérieur, osseux ou cartilagineux, circonscrivant deux cavités superposées : l'une dorsale, pour le système nerveux, l'autre ventrale, pour les organes de la vie végétative. Jamais plus de deux paires de membres pairs. Un cœur distinct, et le sang rouge ; respiration par des poumons ou par des branchies. Dans le premier cas, il y a une allantoïde, organe temporaire, mais de grande importance pour la nutrition de l'animal en voie de formation (*Allantoïdiens*), et qui manque dans le second cas (*Anallantoïdiens*).

DIVISION DES VERTÉBRÉS EN CLASSES

Respiration pulmonaire	**Allantoïdiens**	allaitent leurs petits	MAMMIFÈRES.
		n'allaitent pas leurs petits { des plumes	OISEAUX.
		n'allaitent pas leurs petits { pas de plumes	REPTILES.
Respiration branchiale, au moins temporaire	**Anallantoïdiens**	pas de nageoires soutenues par des rayons solides	BATRACIENS.
		des nageoires à rayons solides	POISSONS.

I. CLASSE DES MAMMIFÈRES

Mammifères (*mamma*, mamelle; *fero*, porter). Vertébrés pourvus de mamelles; peau garnie de poils; deux condyles occipitaux, pour l'articulation de la tête avec la première vertèbre; mâchoire inférieure articulée directement avec le crâne; trois sortes de dents; un diaphragme musculaire formant une séparation complète entre les cavités thoracique et abdominale; cœur à 4 cavités; circulation double et complète; globules sanguins petits et sans noyau; température constante et élevée; 2,300 espèces vivantes environ.

1re SOUS-CLASSE : PLACENTAIRES

Pendant sa formation le jeune est intimement uni à sa mère (placenta); et au moment de la naissance son développement est très avancé.

ORDRES	Sous-Ordres	Tribus	Familles et Genres principaux	
I Primates (*primates*, les premiers citoyens). Dentition complète; incisives $\left(\frac{4}{4}\right)$ taillées en biseau; molaires à tubercules mousses, orbites complètes. Des mains et des pieds; face glabre; deux mamelles pectorales.	**Bimanes**. Des mains pour saisir; Des pieds pour marcher.		Animal raisonnable (Aristote). Vit croît, sent et pense (Geoffroy-Saint-Hilaire). Moral et religieux (De Quatrefages). *Homo sapiens* (Linné).	**Homme.**
	Il doit être bien entendu que si dans cette classification nous ne plaçons pas l'Homme en dehors du règne animal, c'est pour sacrifier à l'usage, lequel est en réalité justifié, parce qu'au point de vue anatomique et physiologique l'Homme appartient au règne animal; mais ses facultés intellectuelles le séparent des animaux sans raison et expliquent la création d'un *règne humain* proposé par quelques naturalistes. En somme, la vielle définition d'Aristote « l'homme est un animal raisonnable » paraît devoir donner satisfaction à chacun.			
	Quadrumanes. Les mains et les pieds servent à la fois à saisir et à marcher.	**Catarrhiniens** (κατά, en bas; ῥίς, nez). Singes de l'ancien monde; cloison nasale étroite et narines dirigées en bas; 32 dents.	*Anthropomorphes*, Gorille, Orang-outang, Chimpanzé. *Hylobatidés*, Gibbon. *Semnopithécidés*, Semnopithèque.	*Cercopithécidés*, Macaque. *Cynocéphalidés*, Cynocéphale ou Papion.
		Platyrrhiniens (πλατύς, large; ῥίς, nez); Singes du nouveau monde; cloison nasale large et narines dirigées en dehors; 36 ou 32 dents.	*Cébidés*, Sajous. *Pithécidés*, Sakis.	*Hapalidés*, Ouistiti.

CLASSE DES MAMMIFÈRES (*Suite*)

ORDRES — SOUS-ORDRES	FAMILLES ET GENRES PRINCIPAUX	
II		
PROSIMIENS (*pro*, devant, qui précède; *Simius*, Singe). Mammifères grimpeurs; dents d'Insectivores; molaires à tubercules aigus; mains et pieds préhensiles, armés de griffes; des mamelles pectorales et ventrales.	*Lémuridés*, Makis, Indri, Galago. *Tarsidés*, Tarsier.	*Chiromysidés*, Chiromys ou Aye-Aye. *Galéopithécidés*, Galéopithèque.
III		
CHIROPTÈRES (χείρ, main; πτερόν, aile). Dentition complète; doigts très allongés, réunis par une membrane servant au vol.	*Phyllostomidés*, Vampire. *Mégadermidés*, Mégaderme. *Rhinolophidés*, Rhinolophe. *Molossidés*, Molosse.	*Vespertilionidés*, Chauve-souris oreillard, Murin, Barbastelle. *Ptéropidés*, Roussette.
IV		
CARNIVORES. Doigts armés de griffes puissantes; 6 incisives à chaque mâchoire; canines saillantes; carnassière (première molaire vraie) tranchante; clavicule rudimentaire ou nulle.	*Félidés*, Tigre, Chat. *Hyénidés*, Hyène. *Canidés*, Chien, Loup.	*Viverridés*, Civette. *Mustélidés*, Marte, Loutre. *Ursidés*, Ours, Coati.
V		
INSECTIVORES. Système dentaire complet; nombreuses molaires hérissées de pointes; clavicules fortes.	*Talpidés*, Taupe. *Soricidés*, Musaraigne.	*Érinacéidés*, Hérisson, Desman. *Centétidés*, Tanrec.
VI		
RONGEURS. Système dentaire incomplet : pas de canines; incisives très fortes, taillées en biseau; doigts armés d'ongles; une clavicule ordinairement.	*Sciuridés*, Écureuil. *Myoxidés*, Loir, Muscardin. *Castoridés*, Castor. *Arvicolidés*, Campagnols. *Muridés*, Rat, Mulot.	*Lagostomidés*, Chinchilla. *Hystricidés*, Porc-épic. *Subongulés*, Cochon d'Inde. *Léporidés*, Lièvre, Lapin.

VII

PROBOSCIDIENS (προβοσχίς, trompe). Doigts peu ou pas mobiles, garnis d'ongles ; grande taille ; nez en forme de longue trompe préhensile ; incisives supérieures sans émail et transformées en défenses ; ni incisives inférieures, ni canines ; cerveau plus volumineux que dans tous les autres animaux.
- *Éléphantidés*, **Éléphant d'Afrique**, **Éléphant de l'Inde** (*fossiles* : **Mammouth**, **Mastodonte**, **Dinothérium**).

VIII

ONGULÉS. La dernière phalange des doigts est renfermée dans un ongle de grande dimension ; pas de clavicule.

- **Périssodactyles** (περισσός, impair ; δάκτυλος, doigt) ou **Jumentés**. Doigts en nombre impair ; estomac simple ; canines non constantes.
  - *Équidés*, Cheval, Ane, Hémione, Zèbre. (*fossiles* : Anchithérium, Palæothérium, Hipparion).
  - *Rhinocéridés*, Rhinocéros.
  - *Tapiridés*, Tapir.
  - *Hyracidés*, Daman.
- **Artiodactyles** (ἄρτιος pair ; δάκτυλος, doigt) ou **Bisulques** (*bis*, deux fois ; *sulcus*, sillon ; c'est-à-dire pied fourchu) ; doigts en nombre pairs ; dentition incomplète ; estomac multiple.
  - 1° Non ruminants (Porcins).
    - *Obèses*, Hippopotame.
    - *Suidés*, Sanglier.
  - 2° Ruminants.
    - *Cavicornes*, Bœuf, Chèvre, Mouton, Antilope.
    - *Cervidés*, Cerf, Renne.
    - *Moschidés*, Chevrotain.
    - *Camélopardiens*, Girafe.
    - *Camélidés*, Chameau, Lama

IX

PINNIPÈDES (*pinna*, nageoire ; *pes*, pied). Mammifères marins carnassiers, couverts de poils ; pieds à 5 doigts onguiculés, transformés en nageoires, les postérieures dirigées en arrière ; dentition complète, se rapprochant de celle des Carnivores ; pas de nageoire caudale.
- *Trichécidés*, **Morse**.
- *Phocidés*, Phoque, Otarie,

X

CÉTACÉS (χῆτος, baleine). Mammifères marins pisciformes ; peu ou pas de poils ; membres antérieurs transformés en nageoires ; pas de membres postérieurs ; une nageoire caudale horizontale.

- **Carnivores** ....
  - *Delphinidés*, Dauphin, Marsouin.
  - *Monodontidés*, Narval.
  - *Catodontidés*, Cachalot.
  - *Balænidés*, Baleine, Rorqual.
- **Herbivores** ....
  - *Sirénés*, Dugong, Lamantin
  - (*fossiles* : Halithérium).

CLASSE DES MAMMIFÈRES (*Suite*)

ORDRES	FAMILLES ET GENRES PRINCIPAUX	
XI		
ÉDENTÉS. Animaux lents, des moins bien doués au point de vue des facultés cérébrales. Dentition incomplète ou nulle : ni incisives, ni canines ordinairement; de grands ongles recourbés.	*Bradypodes*, Paresseux. *fossiles* : Mégathérium, Mylodon, Mégalonyx).	*Dasypodes*, Tatou. *Vermilingues*, Fourmilier, Pangolin.

2e SOUS-CLASSE : IMPLACENTAIRES VIVIPARES

Absence de placenta ; développement des jeunes très incomplet au moment de la naissance; presque tous d'Australie.

ORDRES	FAMILLES ET GENRES PRINCIPAUX	
XII		
MARSUPIAUX (μαρσύπιον, bourse). Deux os spéciaux, fixés sur le bassin, supportent une poche abdominale qui sert de refuge aux petits après la naissance ; des clavicules.	*Didelphydés*, Sarigue. *Dasyuridés*, Myrmécobie. *Phalangistidés*, Phalanger.	*Halmaturidés*, Kanguroo. *Phascolomidés*, Wombat.

3e SOUS-CLASSE : IMPLACENTAIRES OVIPARES

Absence de placenta ; leur organisation se rapproche de celle des Oiseaux ; pondent des œufs, aussitôt reçus dans une poche abdominale soutenue par deux os marsupiaux ; il existe un cloaque, comme chez les Oiseaux (Australie).

ORDRES	FAMILLES ET GENRES PRINCIPAUX	
XIII		
MONOTRÈMES (μόνος, un seul ; τρῆμα, orifice, c'est-à-dire un cloaque). Mâchoires allongées en forme de bec ; pas de dents véritables ; cinq fortes griffes à chaque patte.	*Ornithorynque* (pond deux œufs).	*Echidné* (pond un seul œuf).

II. CLASSE DES OISEAUX

Corps couvert de plumes ; membres antérieurs transformés en ailes ; un seul condyle occipital ; pas de dents, du moins chez les espèces actuelles, mais les deux mandibules sont recouvertes d'un étui corné ; cœur à quatre cavités ; circulation double et complète ; température constante et élevée ; 8,000 espèces vivantes environ.

1re SOUS-CLASSE : CARINATES

Sternum bien développé, avec une carène médiane ; clavicules fortes ordinairement ; ailes bien développées ; barbules des plumes adhérentes entre elles ; voient bien pour la plupart.

ORDRES	SOUS-ORDRES	FAMILLES ET GENRES PRINCIPAUX	
I. RAPACES. Bec et ongles crochus et puissants ; un doigt postérieur, trois antérieurs.	**Diurnes.** Yeux petits, latéraux............	*Accipitridés*, Aigle. *Vulturidés*, Vautour.	*Gypogéranidés*, Serpentaire.
	Nocturnes. Yeux gros, dirigés en avant...	*Ululidés*, Chouette.	*Otidés*, Hibou.
II. GRIMPEURS. Bec robuste, à chaque pied deux doigts antérieurs et deux postérieurs.		*Psittacidés*, Perroquet. *Picidés*, Pic-vert. *Cuculidés*, Coucou.	*Bucconidés*, Bucco. *Ramphastidés*, Toucan.
III. PASSEREAUX. Bec dépourvu de cire ; pied composé de quatre doigts, dont trois dirigés en avant, et un en arrière. — La plupart sont des oiseaux chanteurs.	1° **Conirostres** (*conus*, cône ; *rostrum*, bec). Bec épais, conique, trois doigts antérieurs, les deux externes réunis à la base ; granivores.	*Tanagridés*, Tangara. *Fringillidés*, Pinson.	*Alaudidés*, Alouette.
	2° **Dentirostres** (*dens*, dent). Bec ordinairement un peu recourbé, avec une légère échancrure à la mandibule supérieure ; douze rectrices à la queue ; insectivores ou frugivores.	*Turdidés*, Merle, Grive. *Sylviadés*, Fauvette. *Motacillidés*, Hochequeue. *Paridés*, Mésange. *Muscicapidés*, Gobe-mouches, Jaseur.	*Laniadés*, Pie-grièche. *Cotingidés*, Cotinga. *Sturnidés*, Étourneau. *Paradiséidés*, Oiseau de paradis. *Corvidés*, Corbeau.

CLASSE DES OISEAUX (*Suite*)

ORDRES	SOUS-ORDRES	FAMILLES ET GENRES PRINCIPAUX	
III PASSEREAUX (*Suite*)......	3° **Fissirostres** (*fissus*, fendu). Tête aplatie, bec largement fendu; souvent les quatre doigts en avant; happent les insectes au vol.	*Caprimulgidés*, Engoulevent. *Cypsélidés*, Martinet.	*Hirondinidés*, Hirondelle.
	4° **Ténuirostres** (*tenuis*, grêle). Bec long et grêle; à chaque pied quatre doigts, dont le postérieur très long; insectivores.	*Certiadés*, Grimpereau. *Melliphagidés*, Melliphage.	*Trochilidés*, Colibris. *Upupidés*, Huppe.
	5° **Lévirostres** (*levis*, léger) ou **Syndactyles** (σὺν, ensemble; δάκτυλος, doigt). Bec de grande dimension, mais léger; pattes faibles, doigts externe et médian à peu près égaux et unis par une membrane; insectivores ou frugivores.	*Coracidés*, Rollier. *Méropidés*, Guêpier.	*Halcionidés*, Martin-pêcheur. *Bucérotidés*, Calao.
IV COLOMBINS. Bec faible, membraneux, renflé autour des narines; quatre doigts libres, trois en avant, un en arrière; vol puissant; les petits naissent nus; granivores.		*Colombidés*, Pigeon, Tourterelle. *Gouridés*, Goura.	
V GALLINACÉS. Corps ramassé, ailes courtes et arrondies; bec fort, convexe; doigts antérieurs unis par une courte membrane.		*Tétraonidés*, Tétras, Perdrix, Caille. *Phasianidés*, Faisan, Pintade, Paon.	*Pénélopidés*, Dindon. *Mégapodidés*, Talégalle.

Alectoridés.......... Outarde ;
Rallidés, Râle d'eau, Gallinule.
Ardéidés, Ibis. Spatule. Balæniceps. Héron. Cigogne. Grue.
Scolopacidés, Chevalier. Combattant. Bécasse. Courlis.
Charadriidés, Tourne-pierre. Vanneau. Pluvier. Courvite.

VI

Échassiers. Cou long et grêle; bec et pattes allongés; celles-ci emplumées au plus jusqu'à la moitié du tarse; carnivores pour la plupart; tous migrateurs.

VII

Palmipèdes. Oiseaux aquatiques; pattes palmées et placées ordinairement très en arrière.

Procellaridés, Albatros.
Laridés, Goëland.
Stéganopodes, Pélican.
Lamellirostres, Canard.
Colymbidés, Plongeon.
Alcidés, Pingouin.
Impennes, Manchot.

2e SOUS-CLASSE : RATITES

Sternum aplati, sans carène ou bréchet; ailes rudimentaires; pas de clavicules; membres postérieurs robustes; plumes souples, lâches et décomposées.

VIII

Coureurs (les caractères de la sous-classe)..........................

Casuaridés, Casoar.
Rhéidés, Autruches à trois doigts (Nandou, Emou).
Struthionidés, Autruche à deux doigts.
Aptérygidés, Aptéryx.
(*fossiles* : Dinornis, Æpyornis).

3e SOUS-CLASSE : SAURURÉS (Oiseaux fossiles)

IX

Archéoptérygiens (ἀρχή, commencement; πτέρυξ, aile, pour oiseau). Queue très allongée, comprenant un grand nombre de vertèbres; mâchoires armées de fortes dents. — *Archéoptéryx*.

III. CLASSE DES REPTILES

Corps couvert d'écailles; membres au nombre de quatre, de deux ou nuls, servant à la marche ou à la nage, quelquefois au vol (certaines espèces fossiles); cœur à trois cavités ordinairement, quelquefois à quatre; un seul condyle occipital; circulation double et incomplète; température variable. Environ 1,900 espèces vivantes.

1re SOUS-CLASSE : CHÉLONIENS (χελώνη, tortue).

Corps ramassé, protégé par une boite osseuse; mâchoires dépourvues de dents, mais revêtues d'une gaine cornée; deux paires de membres.

ORDRES	SOUS-ORDRES	FAMILLES ET GENRES PRINCIPAUX
I CHÉLONIENS	1° **Tortues terrestres ou Chersites** (χέρσινος, terrestre). Carapace osseuse, bombée en dessus, plate en dessous, recouverte d'écailles cornées; pattes en forme de moignons, entièrement rétractiles sous la carapace; phytophages.	*Chersides*, Tortue grecque, Tortue mauritanique, Tortues géométrique, charbonnière, éléphantine; Cinixys de Home.
	2° **Tortues de marais ou Élodites** (ἕλος, marais). Carapace aplatie; cou allongé; doigts libres, réunis par une membrane natatoire; ichtyophages.	*Émydes*, Cistude d'Europe; Émide caspienne. *Chélydes*, Chélyde serpentine, Matamata.
	3° **Tortues de fleuves ou Potamites** (πόταμος, fleuve). Carapace très aplatie; doigts mobiles; pattes disposées en nageoires. Animaux carnassiers, habitant les grands fleuves des pays chauds.	*Trionychides*, Trionyx féroce, Cryptope du Sénégal.
	4° **Tortues marines ou Thalassites** (θάλασσα, mer). Carapace plate et plastron souvent cartilagineux; la tête et les membres ne peuvent pas s'y retirer; pattes en forme de nageoires; leur taille est parfois énorme; herbivores et carnivores.	*Chéloniides*, Tortue franche, Caret, Caouane, Tortue luth.

2e SOUS-CLASSE : HYDROSAURIENS (ὕδωρ, eau; σαῦρα, lézard).

Corps à tégument coriace, ou encroûté de plaques osseuses; dents enfoncées dans des alvéoles; quatre membres employés surtout à la natation; cœur à quatre cavités.

ORDRES		FAMILLES ET GENRES PRINCIPAUX
II CROCODILIENS.	Plaques dermiques osseuses; une longue queue carénée.	*Alligatoridés*, Caïman; *Gavialidés*, Gavial; *Crocodilidés*, Crocodile.

III

ÉNALIOSAURIENS (ἐνάλιος, marin; σαύρα, lézard). Peau nue, coriace, vertèbres biconcaves; membres en forme de nageoires; taille gigantesque; tous *fossiles* de l'époque secondaire.
- *Nothosauriens* (νόθος, faux; σαύρα, lézard).
- *Plésiosauriens* (πλεῦσις, navigation; σαύρα, lézard).
- *Ichtyosauriens* (ἰχθύς, poisson; σαύρα, lézard).

Ici paraissent devoir se ranger plusieurs ordres de Reptiles *fossiles*, parmi lesquels se trouvent les animaux terrestres les plus gigantesques qui aient jamais existé : les DINOSAURIENS (δεινός, terrible; σαύρα, lézard) ou ORNITHOSCÉLIENS (ὄρνις, oiseau; σκέλος, jambe), qui tiennent à la fois des **Mammifères**, des Oiseaux et des Reptiles : Mégalosaure, Iguanodon, Atlantosaure; ce dernier atteignait 30 mètres de long; les PTÉROSAURIENS (πτερόν, aile; σαύρα, lézard), dont les membres antérieurs offraient un cinquième doigt d'une énorme dimension, destiné à soutenir une vaste membrane alaire analogue à celle des Chauves-souris : Ptérodactyle, Ramphorynque.

3ᵉ SOUS-CLASSE : PLAGIOTRÈMES (πλάγιος, transversal; τρῆμα, orifice).

Corps recouvert d'écailles; membres plus ou moins développés, souvent nuls; orifice anal sous forme d'une fente transversale.

IV

SAURIENS (σαύρα, lézard). Peau recouverte d'écailles; deux paires de membres en général; mâchoires non extensibles; des paupières mobiles.

1° **Fissilingues** (*fissus*, fendu; *lingua*, langue). Langue fort longue, protractile, fourchue.	*Monitoridés*, Sauvegarde. *Améividés*, Améiva. *Lacertidés*, Lézard.
2° **Brévilingues** (*brevis* courte). Développement des membres très varié; langue courte et épaisse, peu extensible; souvent aspect de Serpent.	*Ptychopleures*, Chalcide, Zonure. *Scincoïdés*, Orvet, Seps, Gongyle.
3° **Crassilingues** (*crassus*, épais). Langue courte et charnue, non protractile.	*Iguanidés*, Iguane, Basilic, Dragon. *Ascalabotes* (Geckos), Platydactyle.
4° **Vermilingues** (*vermis*, ver). Langue vermiforme, très protactile, atteignant la longueur du corps; peau chagrinée, susceptible de changer rapidement de couleur.	*Caméléonidés*, Caméléon.
5° **Annelés**. Corps allongé, rappelant celui des Serpents, peau dure, quadrillée; membres nuls ou très imparfaits.	*Amphisbénidés*, Amphisbène, Blane.

CLASSE DES REPTILES (*Suite*)

ORDRES	SOUS-ORDRES	FAMILLES ET GENRES PRINCIPAUX
V OPHIDIENS, ou SERPENTS (ὄφις, serpent). Pas de membres; corps à peu près cylindrique, recouvert d'écailles : mâchoires extensibles; pas de paupières.	1° **Solénoglyphes** (σωλήν, tuyau; γλυφή, sillon). Tête triangulaire, deux dents venimeuses, canaliculées et mobiles, à la partie antérieure de la mâchoire supérieure.	*Crotalidés*, Serpent à sonnettes, Trigonocéphale, Bothrops fer de lance. *Vipéridés*, Vipère, Céraste (Vipère cornue).
	2° **Protéroglyphes** (πρότερον, en avant). Dents venimeuses à la partie antérieure de la mâchoire supérieure, immobiles. Un certain nombre habitent la mer.	*Élapidés*, Naja, ou Serpent à lunettes, Serpent corail, Bungare. *Hydrophidés*, Hydrophis (Serpents de mer).
	3° **Opisthoglyphes** (ὄπισθε, en arrière). Dents à venin en arrière de la mâchoire supérieure; peu dangereux ordinairement.	*Lycodontidés*, Boodon, Lycodon. *Scytalidés*, Scytale. *Dipsadidés*, Dipsade. *Psammophidés*, Psammophis, Cœlopeltis.
	4° **Aglyphodontes** (ἀ privatif; γλυφή, sillon; ὀδούς, ὀδόντος, dents). Pas de dents à venin.	*Colubridés*, Couleuvre, Coronelle. *Pythonidés*, Python, Boa, Eunecte.
	5° **Opotérodontes** (ὁπότερος, l'un ou l'autre). Des dents seulement à l'une ou à l'autre mâchoire; pas de crochets à venin; vivent dans le sol ou sous les pierres.	*Épanodontiens*, Typhlops. *Catodontiens*, Sténostome.

IV. CLASSE DES AMPHIBIENS (ἀμφί, deux ; βίος, vie).

OU BATRACIENS (βάτραχος, grenouille)

Peau ordinairement nue ; respiration pulmonaire, et branchiale au moins d'une façon transitoire ; cœur à trois cavités ; circulation double, incomplète ; température variable ; deux condyles occipitaux ; des métamorphoses ; pas d'allantoïde chez l'embryon. Environ 400 espèces vivantes.

ORDRES	SOUS-ORDRES	FAMILLES ET GENRES PRINCIPAUX	
I ANOURES (ἀ privatif ; οὐρά, queue). Peau nue, corps ramassé ; quatre membres bien développés ; pas de queue persistante.	1° **Discodactyles** (δίσχος, disque ; δάχτυλος, doigt). Une langue ; orteils élargis en pelottes adhésives.	*Hylidés*, Rainette.	
	2° **Oxydactyles** (ὀξύς, pointu). Une langue ; doigts effilés.	*Ranidés*, Grenouille. *Pélobatidés*, Alyte.	*Bufonidés*, Crapaud commun.
	3° **Aglosses** (ἀ privatif ; γλῶσσα, langue). Pas de langue.	*Pipidés*, Pipa.	*Dactyléthridés*, Dactylèthre.
II URODÈLES (οὐρά, queue ; δηλος, apparent). Peau nue ; forme allongée ; quatre membres ; une queue persistante.	1° **Salamandrines**. Pas de branchies permanentes ni d'orifice branchial.	*Salamandridés*, Salamandre, Triton.	*Amblystomidés*, Axolotl.
	2° **Dérotrèmes** (δέρη, cou ; τρῆμα, trou). Pas de branchies externes permanentes mais orifice branchial persistant sur les côtés du cou ; vertèbres biconcaves.	*Ménopomidés*, Cryptobranche du Japon.	
	3° **Perennibranches** (*perennis*, permanent). Branchies externes persistantes ; vertèbres biconcaves.	*Sirénidés*, Sirène lacertine. *Protéidés*, Protée.	*Ménobranchidés*, Ménobranche.
III GYMNOPHIONES (γυμνός, nu ; ὄφις, serpent) ou APODES (ἀ privatif ; ποῦς, ποδός, pied). Corps couvert d'écailles ; pas de membres ; très voisins des Reptiles, dont ils diffèrent par la respiration branchiale dans la jeunesse. Vertèbres biconcaves. Vivent sous terre.		*Cæcilidés*, Cécilie, Siphonops.	

A la suite des Batraciens, on doit placer les LABYRINTHODONTES (λαβυρίνθος, labyrinthe ; ὀδους, οδόντος, dent), animaux de taille énorme, qui vivaient à l'époque secondaire et qui tenaient à la fois des Batraciens et des Poissons Ganoïdes ; de larges plaques osseuses ou boucliers protégeaient leur thorax ; d'autres, plus petits, la région ventrale.

V. CLASSE DES POISSONS

Animaux aquatiques ; respiration branchiale ; cœur biloculaire, veineux ; circulation simple ordinairement ; des membres impairs, sous forme de nageoires soutenues par des rayons osseux ; peau ordinairement recouverte d'écailles ; température variable ; pas d'allantoïde chez l'embryon. Environ 10.000 espèces connues.

1re SOUS-CLASSE : DIPNOÏQUES (δίς, deux ; πνοή, respiration).

Transition entre les Batraciens et les Poissons ; ils ont un cœur triloculaire, un appareil respiratoire à la fois branchial et pulmonaire ; vivent dans des marais qui se dessèchent une partie de l'année.

ORDRES	SOUS-ORDRES	FAMILLES ET GENRES PRINCIPAUX	
I DIPNÉS (les caractères de la sous-classe)...........................		*Monopneumones*, Cératode (cours d'eau de l'Australie). *Dipneumones*, Protoptère (Afrique tropicale), Lépidosirène (fleuves du Brésil).	

2e SOUS-CLASSE, TÉLÉOSTÉENS (τέλειος, parfait ; ὀστέον, os).

(Acanthoptérygiens et Malacoptérygiens de Cuvier.) Squelette osseux ; vertèbres biconcaves ; branchies libres, recouvertes d'un opercule ; pas de valvule spirale dans l'intestin.

ORDRES	SOUS-ORDRES	FAMILLES ET GENRES PRINCIPAUX	
II CHORIGNATHES (χόρις, séparément ; γνάθος, mâchoire). Branchies pectinées, maxillaire et intermaxillaire non soudés.	1o **Acanthoptères** (ἄκανθα, épine ; πτέρυξ, nageoire). Vessie natatoire complètement close ; rayons des nageoires en forme d'épines ; peau recouverte d'écailles ordinairement cténoïdes.	*Pédiculés*, Baudroie. *Fistularidés*, Bécasse de mer, Fistulaire. *Labyrinthiformes*, Macropode, Gourami. *Tænioïdes*, Cépole. *Gobioïdes*, Blennie. *Mugiloïdes*, Mullet.	*Scombéroïdes*, Maquereau. *Squamipennes*, Chætodon. *Sparoïdes*, Sargue. *Mullidés*, Rouget. *Triglidés*, Grondin. *Gastérostéïdes*, Epinoche. *Perçoïdes*, Perche. *Labroïdes*, Labre.
	2o **Anacanthiniens** (ἀ privatif ; ἄκανθα, épine). Mêmes caractères que les Acanthoptères, mais les rayons des nageoires sont formés de segments articulés, au lieu d'être épineux.	*Scombrésoces*, Exocet ou Poisson volant, Bélone. *Pleuronectes*, Turbot, Sole, Plie, Limande.	*Gadoïdes*, Morue, Égrefin. *Ophididés*, Lançon, Fiérasfer, Brotule.
	3o **Physostomes abdominaux** (φῦσα, vessie ; στόμα, bouche). Un canal aérien à la vessie natatoire ; nageoires abdominales toujours en arrière des pectorales.	*Siluroïdes*, Silure. *Cyprinoïdes*, Carpe, Tanche, Barbeau, Brème. *Salmonidés*, Saumon.	*Ésocidés*, Brochet, Ombre. *Clupéidés*, Hareng, Anchois, Sardine, Alose.
	4o **Physostomes apodes.** Pas de nageoires abdominales.	*Gymnotidés*, Gymnote (poisson électrique)	*Murénidés*, Murène, An-guille, Congre

Ordre	Sous-ordre	Familles	
III **Plectognathes** (πλεκτός, soudé.) Corps globuleux ou comprimé ; derme ossifié ou hérissé d'épines ; branchies pectinées ; maxillaire et intermaxillaire soudés.	1° **Gymnodontes** (γυμνός, nu ; ὀδούς, ὀδόντος, dent). Mâchoires en forme de bec, garnies d'une plaque dentaire tranchante non divisée en dents ; pas de piquants dorsaux médians.	*Tétrodontidés*, Diodon, Triodon, Tétrodon.	*Molidés*, Môle (Poisson-lune).
	2° **Sclérodermes** (σκληρός dur : δέρμα, peau) ; mâchoires portant des dents séparées.	*Triacanthidés*. Triacanthe. *Ostracionidés*, Coffre.	*Balistidés*, Baliste, Monacanthe, Anacanthe.
IV **Lophobranches** (λόφος, houppe). Corps cuirassé. Branchies en houppes ; museau allongé en tube, sans dents, orifice branchial étroit.		*Syngnathidés*, Syngnathe, Hippocampe.	*Pégasidés*, Pégase. *Solénostomidés*, Solénostome.

3e SOUS-CLASSE : GANOÏDES (γάνος, éclat ; à cause de leurs écailles brillantes).

Squelette cartilagineux ou osseux ; corps revêtu d'écailles émaillées ou de plaques osseuses ; à l'origine de l'aorte un cône artériel musculeux renfermant plusieurs rangées de valvules ; branchies libres, recouvertes d'un opercule ; une valvule spirale dans l'intestin. Ce groupe est bien plus abondamment représenté à l'état fossile que dans les temps actuels.

Ordre	Familles
V **Ostéoganoïdes** (ὀστέον, os). Squelette osseux........................	*Rhombifères*, Lépidostée, Polyptère. *Cyclifères*, Amia.
VI **Chondroganoïdes** (χόνδρος, cartilage). Squelette cartilagineux	*Acipenséridés*, Esturgeon. *Spatularidés*, Spatulaire.

4e SOUS-CLASSE : CHONDROPTÉRYGIENS (χόνδρος, cartilage ; πτέρυξ, nageoire).

Syn. **Sélaciens**, **Plagiostomes**, **Élasmobranches**.

Poissons à squelette cartilagineux, à peau sans écailles, mais rugueuse, chagrinée, souvent hérissée d'écussons épineux ; queue à lobes inégaux (hétérocerque).

Ordre	Familles
VII **Holocéphales** (ὅλος, entier ; κεφαλή, tête). Une fente branchiale unique de chaque côté ; branchies libres ; pas d'évents.	*Chiméridés*, Chimère ou Chat de mer.

CLASSE DES POISSONS (*Suite*).

ORDRES	SOUS-ORDRES	FAMILLES ET GENRES PRINCIPAUX	
VIII PLAGIOSTOMES (πλάγιος, transversal ; στόμα, bouche) ou SÉLACIENS (σέλαχος, cartilagineux). Bouche transversale ; branchies adhérentes ; ordinairement cinq fentes branchiales et quelquefois six ou sept. Des évents d'ordinaire.	1° **Hypotrèmes** (ὑπό, sous ; τρῆμα, trou). Fentes branchiales placées en dessous.	*Torpédidés*, Torpille. *Rajidés*, Raie. *Myliobatidés*, Aigle de mer.	*Trigonidés*, Pastenague. *Squatinorajidés*, Scie.
	2° **Pleurotrèmes** (πλευρά, côté ; τρῆμα, trou). Fentes branchiales sur les côtés.	*Squatinidés*, Ange. *Carchariidés*, Requin. *Galéidés*, Milandre. *Scyllidés*, Chien de mer.	*Lamnidés*, Lamie. *Cestracionidés*, Cestracion. *Spinacidés*, Aiguillat. *Notidanidés*, Griset.

5e SOUS-CLASSE : CYCLOSTOMES (κύκλος, cercle ; στόμα, bouche).

Poissons à squelette cartilagineux ; pas de mâchoires ; bouche circulaire et disposée pour sucer. Pas de nageoires pectorales ni ventrales.

ORDRES	FAMILLES ET GENRES PRINCIPAUX
IX MYXINOÏDES (μύξα, mucosité). Corps cylindrique ; pas de nageoire dorsale ; Poissons parasites d'autres Poissons.	*Myxinidés*, Myxine, Bdellostome.
X PÉTROMYZONTIDES (πέτρος, pierre ; μυζαεῖν sucer). Nageoire dorsale double.	*Pétromyzontidés*. Lamproie.

6e SOUS-CLASSE : LEPTOCARDIENS (λεπτός, mince ; καρδία cœur).

Syn. ACRANIENS

Poissons de petite taille, à forme lancéolée ; pas de nageoires pectorales ni ventrales ; squelette réduit à une corde dorsale qui se prolonge jusqu'à l'extrémité antérieure du corps.

ORDRES	FAMILLES ET GENRES PRINCIPAUX
XI LEPTOCARDIENS (caractères de la sous-classe). Un seul genre........	*Amphioxus*. Commun sur nos côtes, dans le sable.

II. Embranchement ou Type des TUNICIERS

Animaux à symétrie bilatérale, dont le corps, en forme de sac ou de tonneau, est protégé par une tunique extérieure souvent fort épaisse ; un organe analogue à la corde dorsale des Vertébrés, permanent quelquefois, ordinairement temporaire, et toujours limité à la région caudale ; une chambre branchiale en communication avec le tube digestif ; tous animaux marins. On en compte 300 espèces environ.

I. CLASSE DES APPENDICULARIÉS (*appendicula*, petit appendice).

Animaux libres, nageurs, munis d'un appendice caudal persistant ; c'est dans ce prolongement que se rencontre l'organe assimilé à une corde dorsale et qui, chez les animaux de cette classe, persiste toute la vie. Au-dessus se voit, dans toute la longueur du corps, une sorte de moelle épinière. Organisation voisine de celle que présentent les Ascidiacés à l'état larvaire.

ORDRES	SOUS-ORDRES	FAMILLES ET GENRES PRINCIPAUX
APPENDICULARIENS (les caractères de la classe)........................		*Appendicularidés*, Appendiculaire, Fritillaire.

II. CLASSE DES ASCIDIACÉS (ἀσκιδιόν, petite outre).

Animaux fixés, parfois libres ; corps en forme de sac, avec les deux orifices digestifs ordinairement rapprochés ; vaste cavité branchiale.

ORDRES	SOUS-ORDRES	FAMILLES ET GENRES PRINCIPAUX
I ASCIDIADÉS. Toujours fixés ; corps non transparent.	**Ascidies simples.** Solitaires ou en colonies ramifiées, produites par bourgeonnement.	*Clavellinidés*, Clavelline. *Ascidiidés*, Ascidie.
	Ascidies composées ou **Synascidies.** Groupées souvent en plus ou moins grand nombre, en forme d'étoile.	*Botrillidés*, Botrille. *Polyclinidés*, Amarouque.
II PYROSOMIENS (πῦρ, πυρός, feu ; σῶμα, corps). Phosphorescents, en colonies flottantes.		*Pyrosomidés*, Pyrosomes.

III. CLASSE DES THALIACÉS OU SALPIENS

Animaux libres ; corps transparent comme du verre, en forme de tonneau ; orifice digestif à chaque extrémité.

ORDRES	SOUS-ORDRES	FAMILLES ET GENRES PRINCIPAUX
Salpiens (caractères de la classe)...................................		*Salpidés*, Salpe. *Doliolidés*, Barillet.

III. Embranchement ou Type des MOLLUSQUES (de *mollis*, mou).

Animaux à symétrie bilatérale; corps mou, non segmenté, dépourvu de squelette, mais ordinairement muni d'une coquille calcaire- sécrétée par l'enveloppe molle du corps ou manteau. Un certain nombre sont terrestres, mais la plupart vivent dans l'eau.

DIVISION DES MOLLUSQUES EN CLASSES

Une tête distincte	Organes locomoteurs sous forme de bras ou tentacules disposés en couronne autour de la tête	Céphalopodes.
	Organes locomoteurs ayant la forme de deux nageoires latérales	Ptéropodes.
	Organes locomoteurs ayant la forme d'un large pied ventral	Gastéropodes.
Pas de tête distincte	Coquille en forme de cornet	Scaphopodes.
	Coquille formée de deux valves	Lamellibranches.
	Coquille formée de plusieurs valves ou manquant complètement	Amphineures.

I. CLASSE DES CÉPHALOPODES (κεφαλή, tête ; ποῦς, pied).

Une tête distincte ; des bras tout autour de la tête, représentant le pied des Mollusques Gastéropodes ; 218 espèces vivantes ; environ 2,400 fossiles.

1re SOUS-CLASSE : DIBRANCHIAUX (δίς, deux fois ; βράγχια, branchies).

Deux branchies ; bras longs, pourvus de ventouses ; coquille peu développée, cachée sous le manteau.

Ordres	Familles et genres principaux	
I Décapodes (δέκα, dix ; ποῦς, pied). Dix bras, dont deux beaucoup plus longs ; ventouses pédonculées ; une coquille intérieure.	*Spirulidés*, Spirule. *Myopsidés*, Seiche, Sépiole, Calmar.	(*fossiles : Belemnitidés*, Bélemnite, Bélemnitelle).
II Octopodes (ὀκτώ, huit ; ποῦς, pied). Huit bras portant des ventouses sessiles ; pas de coquille, sauf chez la femelle de l'Argonaute.	*Octopodidés*, Poulpe, Élédone.	*Philonexidés*, Argonaute, Trémoctope.

2e SOUS-CLASSE : TÉTRABRANCHIAUX (τετρά, quatre; βράγχια, branchies).

Quatre branchies ; nombreux bras rétractiles, coquille extérieure, spirale, à plusieurs loges, dont la dernière seule, la plus grande, est occupée par l'animal.

III

TÉTRABRANCHIAUX (les caractères de la sous-classe)........ { *Nautilidés*, Nautile. (*fossiles* : Orthocère, etc.) (*fossiles* : *Ammonitidés*, Ammonite, Cératite, Goniatite).

II. CLASSE DES PTÉROPODES (πτερόν, aile ποῦς; pied).

Mollusques marins de petite taille, pourvus d'une paire de nageoires en forme d'ailes de papillon, et représentant le pied ou organe locomoteur des Gastéropodes.

I

THÉCOSOMES (θήκη, étui; σῶμα, corps). Corps protégé par une coquille extérieure; tête peu distincte. { *Hyaléidés*, Hyale, Cléodore. *Cymbulidés*, Cymbulie.

II

GYMNOSOMES (γυμνός, nu; σῶμα, corps). Corps nu; tête distincte.... { *Clionidés*, Clio, Cymodocée. *Pneumodermonidés*, Pneumoderme.

III. CLASSE DES GASTÉROPODES (γαστήρ, ventre; ποῦς, pied).

Mollusques aquatiques ou terrestres, à tête ordinairement distincte; pied ventral; manteau d'une seule pièce, recouvrant la cavité respiratoire et sécrétant une coquille univalve. Environ 15,600 espèces vivantes et plus de 6,500 fossiles.

1re SOUS-CLASSE : PLATYPODES (πλατύς, aplati; ποῦς, pied).

Gastéropodes à pied élargi, aplati, allongé ou elliptique, servant à la reptation. Coquille bien développée.

I

OPISTHOBRANCHES (ὄπισθε, derrière; βράγχια, branchies). Branchies situées en arrière du cœur.

- **Tectibranches ou Pleurobranches.** Branchie placée sous le bord du manteau, d'un seul côté ordinairement. { *Actéonidés*, Actéon. *Bullidés*, Bulle. *Philinidés*, Philine. *Aplysiidés*, Aplysie. *Pleurobranchidés*, Pleurobranche.
- **Nudibranches** (*nudus*, nu) ou **Dermatobranches** (δέρμα, peau). Mollusques nus, sans coquille à l'état adulte. Branchies non recouvertes par le manteau. { *Élysiidés*, Élysie. *Dorididés*, Doris. *Tritoniidés*, Tritonie. *Téthyidés*, Téthys. *Æolidiidés*, Æolis.

CLASSE DES GASTÉROPODES (*Suite*)

ORDRES	SOUS-ORDRES	FAMILLES ET GENRES PRINCIPAUX	
II PROSOBRANCHES (πρόσω, en avant). Branchies en avant du cœur : coquille turriculée, bien développée.	**Cténobranches siphoniens** (κτείς peigne). Branchies pectinées situées sous le manteau; un siphon.	*Strombidés*, Strombe. *Tritonidés*, Triton. *Muricidés*, Murex. *Buccinidés*, Buccin.	*Doliidés*, Casque. *Conidés*, Cône. *Olividés*, Olive. *Cypréidés*, Porcelaine.
	Cténobranches asiphoniens. Mêmes caractères, mais pas de siphon.	*Cérithidés*, Cérithe. *Turritellidés*, Turritelle. *Naticidés*, Natice.	*Littorinidés*, Littorine. *Scalaridés*, Scalaire. *Janthinidés*, Janthine.
	Aspidobranches (ἀσπίς, bouclier). Branchies réunies seulement à la base.	*Neritidés*, Nérite. *Trochidés*, Turbo.	*Haliotidés*, Haliotide. *Fissurellidés*, Fissurelle.
	Cyclobranches (κύκλος, cercle). Branchies feuilletées, disposées en cercle sous le bord du manteau; coquille en bouclier.	*Patellidés*, Patelle, Nacelle.	
III PULMONÉS. Organe respiratoire pulmonaire, placé en avant du cœur.	**Aquatiques** (eau douce)........................	*Cyclostomidés*, Cyclostome. *Lymnéidés*, Lymnée.	*Auriculidés*, Auricule, Cassidule.
	Terrestres........................	*Testacellidés*, Testacelle. *Limacidés*, Limace, Arion.	*Hélicidés*, Hélice, Bulime, Achatine, Clausilie.

2e SOUS-CLASSE : HÉTÉROPODES (ἕτερος, différent; πούς, pied), ou NUCLÉOBRANCHES (*nucleus*, noyau; *branchia*, branchies).

Gastéropodes marins; tête saillante, allongée en trompe; pied ventral disposé en nageoire; coquille très petite.

ORDRES	SOUS-ORDRES	FAMILLES ET GENRES PRINCIPAUX	
IV HÉTÉROPODES (les caractères de la sous-classe)........................		*Allantidés*, Atlante.	*Ptérotrachéidés*, Carinaire.

IV. CLASSE DES SCAPHOPODES (σκάφος, carène; πούς, pied).

Mollusques n'ayant pas une tête distincte, ni d'yeux; ils ont une langue et des mâchoires, un pied trilobé, une coquille conique allongée, ouverte aux deux extrémités.

SOLÉNOCONQUES (σωλήν, tube; κόγχη, coquille), (caractères de la classe). | *Dentalidés*, Dentale.

V. CLASSE DES LAMELLIBRANCHES OU ACEPHALES

(ἀ privatif; κεφαλή, tête).

Mollusques bivalves ; tête non distincte ; manteau divisé en deux parties ; branchies sous forme de lames. Plus de 4,200 espèces vivantes et de 7,800 fossiles.

I SIPHONIENS. Lobes du manteau soudés sur une étendue plus ou moins grande, mais se prolongeant en arrière, de façon à former deux tubes ou siphons respiratoires.	**Lithophages** (λίθος, pierre ; φαγεῖν, manger). Siphons très longs ; coquille bâillante ; habitent les rochers, les bois immergés.	*Pholadidés*, Pholade, Taret. *Gastrochænidés*, Arrosoir.	
	Coquilles sinupalléales. Le manteau, par suite de la disposition des siphons, laisse sur la coquille une impression sinueuse.	*Myidés*, Mye, Panopée. *Solénidés*, Couteau. *Tellinidés*, Telline.	*Mactridés*, Mactre, Lutraire *Vénéridés*, Vénus, Cythérée
	Coquilles intégropalléales. L'impression du manteau sur la coquille n'est pas sinueuse.	*Cyprinidés*, Isocarde. *Cycladidés*, Cyclas, Cyrène. *Cardiidés*, Cardium.	*Tridacnidés* (*bénitiers*), Tridacne. *Chamacées*, Chame.
II ASIPHONIENS. Pas de siphons; manteau libre sur toute sa longueur ou soudé sur une très faible partie; coquilles toujours intégropalléales.	**Dimyaires** (δίς, deux fois ; μῦς, muscle). Valves de la coquille fermées au moyen de deux muscles adducteurs.	*Unionidés*, Unio, Anodonte. *Arcadés*, Arche, Pectoncle. *Mytilidés*, Moule, Dreyssena	*Aviculidés*, Avicule, Pintadine (huître perlière), Marteau.
	Monomyaires (μόνος, un seul ; μῦς, muscle). Un seul muscle adducteur à la coquille.	*Pectinidés*, Peigne (Coquille de Saint-Jacques), Lime	*Ostréidés*, Huître, Anomie, Placune.

VI. CLASSE DES AMPHINEURES (ἀμφί, de chaque côté ; νεῦρον, nerf).

Mollusques sans tête distincte ; coquille formée de segments imbriqués, mobiles les uns sur les autres, ou nulle ; de chaque côté une paire de troncs nerveux longitudinaux. Tous marins.

I PLACOPHORES (πλάξ, plaque ; φορός, qui porte). Coquille segmentée.....	*Chitonidés*, Chiton ou Oscabrion.	
II APLACOPHORES (ἀ privatif ; πλάξ, plaque ; φορός, qui porte) ou SOLÉNOGASTRES (σωλήν, gouttière ; γαστήρ, ventre). Pas de coquille ; un sillon médian ventral remplace le pied.	*Chétodermidés*, Chétoderme.	*Néoménidés*, Néoménie.

IV. Embranchement ou Type des ARTHROPODES.

(ἄρθρον, articulation ; πούς, pied).

Animaux invertébrés, à symétrie bilatérale, formés de segments articulés portant eux-mêmes des membres articulés ; respiration branchiale ou trachéenne ; système nerveux formé d'une double chaîne ventrale.

DIVISION DES ARTHROPODES EN SOUS-EMBRANCHEMENTS ET EN CLASSES.

Respiration	Sous-embranchement	Caractères		Classe
Des trachées tubuleuses ramifiées.	1er Sous-Embranchement. **Trachéates.**	Une paire d'antennes	Six pattes...........	Insectes.
			Un grand nombre de pattes.............	Myriapodes.
		Pas d'antennes ; huit pattes.................		Arachnides.
Des trachées tubuleuses non ramifiées.	2e Sous-Embranchement. **Protrachéates.**	Une paire d'antennes ; chaque segment du corps porte une paire de membres obscurément articulés..............................		Onychophores.
Des branchies.	3e Sous-Embranchement. **Branchiates.**	Pas d'antennes..............................		Gigantostracés.
		Deux paires d'antennes........................		Crustacés.

Ier Sous-Embranchement : TRACHÉATES

Organes respiratoires ordinairement composés de trachées ramifiées ou d'espèces de poumons vésiculaires et feuilletés ; organes excréteurs (tubes de Malpighi) débouchant dans l'intestin ; tout le système musculaire est formé de fibres striées.

I. CLASSE DES INSECTES (*in sectus*, coupé par parties).

Corps divisé en trois régions distinctes : tête, thorax, abdomen. Une seule paire d'antennes. Jamais plus de trois paires de pattes. Le plus souvent des ailes, et les seuls Arthropodes qui en aient. On connaît de 150,000 à 200,000 espèces.

ORDRES	SOUS-ORDRES	FAMILLES ET GENRES PRINCIPAUX	
I HYMÉNOPTÈRES (ὑμήν, membrane; πτερόν, aile). Appareil buccal disposé pour couper et lécher; quatre ailes membraneuses; métamorphoses complètes; outre des mâles et des femelles il existe le plus souvent des ouvrières ou neutres. Plus de 16,000 espèces connues.	1° **Porte-Aiguillons.** Abdomen pédiculé, pourvu chez les femelles et les neutres d'un aiguillon venimeux; larves dépourvues de pattes.	*Formicidés* ou *Fourmis.* *Apidés* ou *Abeilles.* *Vespidés* ou *Guêpes.*	*Sphégidés* ou *Fouisseurs,* Sphex. *Chrysididés,* Chrysis.
	2° **Porte-Tarières.** Abdomen pédiculé, muni d'une tarière chez les femelles; larves sans pattes, parasites d'insectes ou de végétaux.	*Ichneumonidés* ou *Entomophages,* Ichneumon.	*Cynipsidés* ou *Gallicoles,* Cynips.
	3° **Porte-Scies.** Abdomen non pédiculé, pourvu chez les femelles d'une tarière à stylets dentés en scie. Larves munies de pattes (fausses chenilles).	*Urocéridés,* Sirex. *Tenthrédinidés,* Tenthrède.	
II COLÉOPTÈRES (χολεός, étui; πτερόν, aile). Appareil buccal disposé pour couper, déchirer ou broyer. Quatre ailes, les deux supérieures (élytres), résistantes, chitineuses; les deux postérieures, membraneuses; métamorphoses complètes. Plus de 80,000 espèces décrites, dont 10,000 européennes.	1° **Pentamères** (πέντε, cinq; μέρος, partie). Cinq articles à chaque tarse.	*Carabidés,* Carabe. *Hydrophilidés,* Hydrophile. *Staphylinidés,* Staphylin.	*Clavicornes,* Nécrophore. *Lamellicornes,* Hanneton. *Buprestidés,* Bupreste.
	2° **Hétéromères** (ἕτερος, différent; μέρος, partie). Cinq articles aux quatre tarses antérieurs, quatre aux tarses postérieurs.	*Méloïdés,* Cantharide. *Ténébrionidés,* Blaps. *Élatéridés,* Taupin.	*Mordellidés,* Mordelle. *Pyrochroïdés,* Pyrochroa.
	3° **Tétramères** (τετραμερής, composé de quatre parties) **ou Cryptopentamères** (χρυπτός, caché). Quatre articles bien visibles à chaque tarse; souvent un cinquième rudimentaire, entre les deux derniers.	*Bruchidés,* Bruche. *Curculionidés* ou *Charançons,* Calandre. *Bostrichidés,* Hylésine.	*Cérambycidés* ou *Longicornes,* Capricorne. *Chrysomélidés* ou *Phytophages,* Chrysomèle.
	4° **Trimères** (τριμερής, de trois parties) **ou Cryptotétramères.** A chaque tarse quatre articles, dont l'avant-dernier rudimentaire.	*Coccinellidés,* Coccinelle.	*Endomychidés,* Lycoperdine.

CLASSE DES INSECTES (*Suite*).

ORDRES	SOUS-ORDRES	FAMILLES ET GENRES PRINCIPAUX
III ORTHOPTÈRES (ὀρθός, droit; πτερόν, aile). Pièces buccales disposées pour couper; quatre ailes membraneuses, mais dont les deux supérieures sont plus résistantes, en manière de fausses élytres. Métamorphoses incomplètes ou nulles. Environ 5000 espèces connues.	1° **Orthoptères proprement dits.** Pas de pince caudale.	*Gryllidés*, Grillon, Taupe-grillon. *Blattidés*, Blatte. *Locustidés*, Sauterelle, Ephippigère. *Acrididés*, Criquet. *Phasmidés*, Bacille, Phasme. *Mantidés*, Mante.
	2° **Labidoures** (λαβίς, pince; οὐρά, queue). Abdomen terminé par une pince.	*Forficulidés*, Forficule ou Perce-oreilles.
	3° **Thysanoures** (θύσανος, frange; οὐρά, queue). Orthoptères sans ailes; abdomen terminé par des appendices en forme de soies. Pas de métamorphoses.	*Campodéidés*, Campode. *Poduridés*, Podure. *Lépismidés*, Lépisme.
IV ORTHONÉVROPTÈRES (ὀρθός, droit; νεῦρον, nervure; πτερόν, aile), ou PSEUDONÉVROPTÈRES, ou ORTHOPTÈRES-PSEUDONÉVROPTÈRES. Pièces buccales disposées pour broyer ou sucer; ailes membraneuses droites et réticulées. Métamorphoses incomplètes.	1° **Corrodants.** Ailes nues; larves terrestres.	*Termitidés*, Termite, Calotermе. *Psocidés*, Psoques.
	2° **Amphibiotiques** (ἀμφί, de part et d'autre; βίος, vie). Ailes nues et larves aquatiques.	*Libellulidés*, Libellule, Æschne, Agrion. *Éphéméridés*, Éphémère. *Perlidés*, Perle.
	3° **Thysanoptères** (θύσανος frange; πτερόν, aile). Ailes pourvues de cils fins sur leurs bords; larves terrestres.	*Thripsidés*, Thrips.
V NÉVROPTÈRES (νεῦρον, nervure; πτερόν, aile). Pièces buccales disposées pour couper les aliments, parfois rudimentaires. Quatre ailes membraneuses avec nombreuses nervures disposées en réseau. Métamorphoses complètes. Environ 1000 espèces connues.	1° **Planipennes** (*planus*, plan; *penna*, aile). Ailes non repliées, dépourvues de poils, sauf parfois sur les nervures. Mandibules fortes; larves ordinairement terrestres.	*Myrméléontidés*, Fourmilion, Ascalaphe. *Hémérobidés*, Hémerobe, Mantispe. *Panorpidés*, Panorpe. *Sialidés*, Sialis, Bittaque.
	2° **Plicipennes** (*plicitus*, plié; *penna*, aile). Ou **Trichoptères** (θρίξ, poil; πτερόν, aile). Les ailes sont couvertes d'écailles ou de poils; les postérieures se replient longitudinalement; mandibules atrophiées, les autres pièces buccales en forme de trompe; les larves vivent dans l'eau.	*Phryganidés*, Limnophile, Phrygane, Hydroptile.

Ordre	Sous-ordre	Familles et genres	
VI LÉPIDOPTÈRES (λεπίς, écaille; πτερόν, aile) ou PAPILLONS. Appareil buccal disposé en trompe enroulée dans le repos et conformée pour sucer; quatre ailes, grandes, membraneuses, recouvertes de fines écailles colorées. Métamorphoses complètes. Plus de 20,000 espèces décrites.	1° **Rhopalocères ou Diurnes** (ῥόπαλον, massue; κέρας, corne). Antennes terminées en bouton; ailes dépourvues de frein et relevées dans le repos. Volent en plein jour.	*Équitidés*, Papillon. *Piéridés*, Piéride. *Nymphalidés*, Vanesse.	*Satyridés*, Satyre. *Lycænidés*, Polyommate. *Hespéridés*, Hespérie.
	2° **Sphingines.** Antennes fusiformes ou prismatiques; ordinairement recourbées à la pointe en un petit crochet; ailes horizontales dans le repos et pourvues d'un frein.	*Sphingidés*, Sphinx, Macroglossse, Achérontie, Smérinthe.	*Sésiadés*, Sésie.
	3° **Bombycines** (βόμβυξ, ver à soie). Antennes sétiformes, pectinées chez le mâle; ailes inclinées en forme de toit pendant le repos, dépourvues de frein.	*Cossidés*, Cossus. *Zygénidés*, Zygène. *Psychidés*, Psyché. *Bombycidés*, Bombyx.	*Liparidés*, Liparis. *Euprépiadés*, Euprépiade. *Lithosiadés*, Lithosie.
	4° **Noctuélines** (*nox*, nuit). Antennes sétiformes, parfois pectinées chez le mâle; ailes inclinées en forme de toit pendant le repos et pourvues d'un frein.	*Acronyctidés*, Dilobe. *Orthosiadés*, Calymnie. *Agrotidés*, Agrotide.	*Plusiadés*, Plusia. *Deltoïdés*, Hypène. *Ophiusidés*, Catocale.
	5° **Géométrines** (γῆ, terre; μέτρον, mesure); ou **Phalènes** (φάλαινα, animal ailé). Antennes comme chez les Noctuélines; ailes disposées en toit pendant le repos et munies d'un frein. Mode de progression des chenilles tout particulier, qui leur a valu le nom d'arpenteuses.	*Dendrométridés*, Géomètre, Uranie, Fidonie, Boarmie.	*Phytometridés*, Laurentie. Anisoptéryx.
	6° **Microlépidoptères** (μικρός, petit). Papillons de très petite taille; antennes très longues et sétiformes; ailes munies d'un frein.	*Pyralidés*, Pyrale, Botys, Gallérie. *Tortricidés*, Tordeuse.	*Tinéidés*, Teigne, Adèle, Solénobie. *Ptérophoridés*, Ptérophore.

CLASSE DES INSECTES (*Suite*).

ORDRES	SOUS-ORDRES	FAMILLES ET GENRES PRINCIPAUX	
VII **Hémiptères** (ἥμισυς, demi; πτερόν, aile). Pièces buccales formant un bec disposé pour piquer et sucer, souvent composé de segments articulés. On compte plusieurs stylets renfermés dans une sorte de gaine; métamorphoses incomplètes ou nulles. Environ 12,000 espèces connues.	1° **Hétéroptères** (ἕτερος, différent, πτερόν, aile). Quatre ailes horizontales, dont les antérieures sont en parties coriaces, en partie membraneuses. Le bec ou rostre part du front.	Punaises terrestres. *Pentatomidés*, Pentatome, Scutellaire. *Coréidés*, Corée. *Lygéidés*, Géocore.	*Acanthiadés*, Arade. *Réduvidés*, Réduve. *Hydrométridés*, Hydromètre, Limnobate.
		Punaises d'eau. *Népidés*. Nèpe, Ranâtre, Bélostome, Naucore. *Notonectidés*, Notonecte, Corise.	
	2° **Homoptères** (ὁμός, semblable; πτερόν, aile). Quatre ailes coriaces ou membraneuses, disposées en toit pendant le repos; antennes courtes, sétacées; bec allongé, de trois articles, partant de la région inférieure de la tête.	*Cicadidés*, Cigale. *Fulgoridés*, Fulgore.	*Membracidés*, Membrace. *Cicadellidés*, Aphrophore. Tettigonie.
	3° **Phytophtires** (φυτόν, plante; φθείρ, pou). Quatre ailes membraneuses; parfois deux seulement chez les mâles; leurs nervures sont peu nombreuses. Le rostre semble partir du sternum, entre les pattes antérieures.	*Psyllidés*, Psylle. *Aphidés*, Pucerons, Phylloxéra.	*Coccidés*, Cochenille, Aspidiote, Aleurode.
	4° **Zoophtires** (ζῶον, animal; φθείρ, pou), **Parasites** ou **Aptères**. Pas d'ailes; un bec court, rétractile, destiné à piquer; thorax à articulations peu distinctes.	*Mallophages*, ou *Anoploures*, Trichodecte.	*Pédiculidés*, Poux.

Ordre	Sous-ordre	Familles	
VIII DIPTÈRES (δίς, deux; πτερόν, aile). Pièces buccales disposées pour piquer ou sucer. Les ailes antérieures seules bien développées; les postérieures rudimentaires, formées d'une courte tige, terminées par un petit bouton (balanciers). Métamorphoses complètes. Environ 21,000 espèces.	1° **Némocères** (νῆμα, fil; κέρας, corne, antenne). Antennes longues, effilées, souvent en panache chez les mâles; corps allongé; thorax non segmenté.	*Limnobidés*, Tipule. *Gallicoles*, Cécidomye. *Culicidés*, Cousin.	*Culiciformes*, Chironome. *Fungicoles*, Sciare. *Bibionidés*, Bibion.
	2° **Brachycères** (βραχὺς, court; κέρας, corne). Antennes courtes, formées de trois articles, le dernier souvent muni d'un style simple ou segmenté; corps ramassé; thorax non segmenté.	*Stratiomydés*, Stratiomys. *Tabanidés*, Taon. *Bombylidés*, Anthrax. *Asilidés*, Asile, Dasipogon. *Syrphidés*, Eristale, Volucelle, Syrphe. *Œstridés*, Œstre, Cutérébre, Hypoderme.	*Muscidés*, Mouche, Sarcophage. *Conopidés*, Conops. *Acalyptrés*, Anthomye. *Hippoboscidés*, Mélophage, Hippobosque. *Nyctéribidés*, Nyctéribie. *Braulidés*, Braule.
	3° **Aphaniptères** (αφανής, non apparent; πτερόν, aile). Antennes très courtes; corps comprimé et dépourvu d'ailes; thorax divisé en trois segments.	*Pulicidés*, Puce, Puce chique ou Puce pénétrante.	
IX RHIPIPTÈRES (ῥιπίς, éventail; πτερόν, aile), ou STREPSIPTÈRES (στρέψις, action de tourner; πτερόν, aile). Pièces buccales rudimentaires; ailes antérieures très peu développées et enroulées à leur pointe, les postérieures plissées en long; femelles sans ailes ni pattes, vivant, ainsi que les larves, en parasites sur les Hyménoptères.		*Stylopidés*, Xénos, Stylops.	

II. CLASSE DES MYRIAPODES (1) (μυριάς, myriade ; ποῦς, pied).

Arthropodes à respiration trachéenne; corps divisé en un grand nombre de segments semblables; pattes très nombreuses; une seule paire d'antennes; jamais d'ailes. Environ 800 espèces.

ORDRES	FAMILLES ET GENRES PRINCIPAUX	
I CHILOPODES (χεῖλος, lèvre ; ποῦς, pied). Corps aplati ; une seule paire de pattes par anneau ; longues antennes à plusieurs articles ; mâchoires de la seconde paire terminées par un crochet mobile et contenant une glande venimeuse.	*Scutigéridés*, Scutigère. *Lithobiidés*. Lithobie.	*Scolopendridés*, Scolopendre, Cryptops. *Géophilidés*, Géophile.
II CHILOGNATHES (χεῖλος, lèvre ; γνάθος, mâchoire). Corps arrondi ; deux paires de pattes à chaque anneau, excepté aux trois anneaux postcéphaliques qui n'en ont qu'une seule; pas de mâchoires venimeuses.	*Gloméridés*, Gloméris. *Polyxénidés*, Polyxène. *Polydesmidés*, Polydesme.	*Julidés*, Jule, Blaniule. *Polyzonidés*, Polyzonie.

(1) On dit souvent aussi MYRIOPODES (μυρίος, très nombreux).

III. CLASSE DES ARACHNIDES (ἀράχνη, araignée).

ARTHROPODES à respiration trachéenne ; antennes transformées en mandibules (chélicères); corps divisé en céphalothorax et abdomen, le premier seul pourvu de pattes, lesquelles sont au nombre de quatre paires; jamais d'ailes. Environ 4,600 espèces vivantes

ORDRES	SOUS-ORDRES	FAMILLES ET GENRES PRINCIPAUX	
I SOLIFUGES (*sol*, soleil; *fugere*, fuir). Arachnides ayant une tête et un thorax distincts, un abdomen allongé, formé de plusieurs segments articulés; chélicères terminées par des pinces.		*Solpugidés*, Galéode.	
II SCORPIONIDES. Chélicères terminées par de fortes pinces didactyles. Abdomen segmenté; la respiration se fait au moyen de trachées d'une forme toute particulière (sacs pulmonaires).	**Vrais scorpions.** Abdomen divisé en deux portions, l'une antérieure large, l'autre postérieure étroite et terminée par un aiguillon venimeux.	*Scorpionidés*, Scorpion. *Télégonidés*, Télégone, Bothriure.	***Androctonidés***, Androctone, Centrure, Buthe.
	Faux scorpions. Abdomen non terminé par une partie rétrécie, et dépourvu d'aiguillon.	*Chernétidés*, Chélifère, Obisie.	
III PÉDIPALPES (*pes*, pied; *palpus*, palpe). Pattes antérieures très allongées, antenniformes; deux chélicères terminées par des griffes monodactyles; abdomen articulé.		*Thélyphonidés*, Thélyphone.	***Phrynidés***, Phryne.
IV PHALANGIDES (φαλάγγιον, tarentule). Céphalothorax uni dans toute sa largeur à l'abdomen; chélicères en forme de pinces; huit pattes longues et grêles; pas de filières; trachées tubuleuses.		*Gonyleptidés*, Gonylepte.	***Phalangiidés***, Faucheur.

CLASSE DES ARACHNIDES (*Suite*).

Ordres	Sous-Ordres	Tribus	Familles et Genres principaux
V Aranéides ou Araignées. Un céphalotorax ; abdomen non segmenté ; chélicères en forme de griffes, contenant des glandes venimeuses ; palpes maxillaires en forme de pattes ; respiration au moyen de sacs pulmonaires et de trachées ; des filières pour la sortie de la soie.	**Dipneumones.** Deux poumons ; six filières ; crochets des chélicères recourbés en dedans.	**Orbitèles.** Toiles flottantes, formées de fils rayonnants et de fils concentriques.	*Epéiridés*, Epéire, Gastéracanthe. *Tétragnatidés*, Tétragnathe.
		Rétitèles. Toiles irrégulières, dont les fils se croisent en tous sens.	*Théridiidés*, Théridie, Linyphie. *Pholcidés*, Pholque.
		Tubitèles. Toiles en forme de tube ou de bouteille.	*Agalénidés*, Tégénaire. *Argyronétidés*, Argyronète. *Drassidés*, Drasse, Clubione. *Dysdéridés*, Ségestrie, Dysdère.
		Latérigrades. Marchent de côté ; réunissent des feuilles avec leurs fils pour s'y loger.	*Philodromidés*, Micrommate, Philodrome. *Thomisidés*, Thomise.
		Citigrades. Courent avec rapidité, tapissent de soie des anfractuosités sous les pierres.	*Lycosidés*, Dolomède, Lycose (Tarentule).
		Saltigrades. Sautent assez loin ; pas de toile.	*Attoïdés*, Saltique, Myrmécie. *Érésoïdés*, Érèse.
	Tétrapneumones. Quatre poumons et quatre filières ordinairement.		*Théraphosidés*, Mygale, Cténize, Atype.
VI Acariens. Corps non segmenté, toujours de petite taille ; appareil buccal disposé pour mordre ou sucer ; souvent des trachées.			*Oribatidés*, Oribate. *Hydrachnidés*, Hydrachne, Limnochare, Atax. *Trombididés*, Trombidion, Tétranyque. *Ixodidés*, Ixode (Ricins). *Gamasidés*, Gamase. *Tyroglyphidés*, Tyroglyphe (mites du fromage). *Sarcoptidés*, Dermatodecte, Sarcopte (gale). *Dermatophiles*, Démodex.

VII

TARDIGRADES (*tardus*, lent ; *gradus*, marche). Organes buccaux disposés pour piquer et sucer ; pattes rudimentaires ; pas de cœur ni d'organes de respiration.	*Arctisconidés*, Arctiscon, Macrobiote.

VIII

PANTOPODES (πᾶς, tout ; ποῦς, pied). Arachnides marines ; abdomen rudimentaire ; pattes longues ; un cœur ; pas d'organe respiratoire ; rostre conique avec une paire de chélicères didactyles.	*Pycnogonidés*, Pycnogonon, Nymphon.

IX

LINGUATULIDES (*linguatus*, en forme de langue). Arachnides parasites, vermiformes, à corps annelé ; pas de pattes ni de pièces buccales, mais de simples crochets de fixation autour de la bouche.	*Pentastomidés*, Linguatule ou Pentastome.

IIe Sous-Embranchement : PROTRACHÉATES

ARTHROPODES à respiration trachéenne, d'aspect vermiforme ; trachées non ramifiées, stigmates épars à la surface du corps ; une tête distincte, deux antennes ; à chaque segment du corps une paire de pattes courtes, formées d'un petit nombre d'articles, terminées chacune par de petites griffes ; pas de tubes de Malpighi ; organes segmentaires ou d'excrétion analogues à ceux des Annélides.

CLASSE DES ONYCHOPHORES (ὄνυξ, ongle ; φορός, qui porte).

Leur musculature est presque entièrement composée de fibres lisses ; viviparité ; pas de métamorphoses. Intermédiaires aux Annélides et aux Arthropodes. Vivent à la façon des Myriapodes. (Amérique du Sud, Nouvelle-Zélande, le Cap).

FAMILLE unique	*Péripatidés*, Péripate.

IIIe Sous-Embranchement : BRANCHIATES.

Arthropodes à respiration branchiale ; organes excréteurs constitués par des glandes spéciales s'ouvrant au dehors ; muscles de la locomotion, tous à fibres striées.

I. CLASSE DES GIGANTOSTRACÉS (γίγας, géant ; ὄστρακον, carapace).

Une paire d'antennes au plus ; les membres suivants servent à la locomotion et à la mastication (par leur article basilaire) ; céphalothorax jamais segmenté, large et portant deux grands yeux latéraux et deux petits yeux frontaux médians ; abdomen segmenté.

ORDRES	FAMILLES ET GENRES PRINCIPAUX
Pœcilopodes (ποικίλος, varié ; πούς, pied). Arthropodes marins faisant la transition entre les Crustacés et les Arachnides ; pas d'antennes ; abdomen terminé par un long style mobile.	*Xiphosures*, Limule.
II	
Mérostomes (μέρος, partie ; στομα, bouche). Céphalothorax court, portant cinq paires de membres ; abdomen allongé, sans membres, terminé par un telson plat ou un aiguillon. Grande analogie d'aspect avec les Scorpions ; tous fossiles.	*Bélinuridés*, Bélinure, Hémiaspis. *Euryptéridés*, Euryptère, Ptérygote.

A la suite des Pœcilopodes et des Mérostomes se placent les Trilobites, tous fossiles des terrains anciens, répartis en un grand nombre de familles, de genres et d'espèces.

II. CLASSE DES CRUSTACÉS (*crustatus*, couvert d'une croûte).

Arthropodes vivant dans l'eau et à respiration branchiale ; deux paires d'antennes ; nombreuses mâchoires et nombreuses pattes locomotrices. Environ 5,300 espèces vivantes.

1re SOUS-CLASSE : MALACOSTRACÉS (μαλακός, flexible; ὄστρακον, caparace).

Crustacés dont le corps est formé d'un nombre à peu près constant de segments et de paires d'appendices, soit vingt anneaux et autant de paires d'appendices.

Ordres	Sous-Ordres	Tribus	Familles et Genres principaux
I. Podophtalmaires (ποῦς, pied; ὀφθαλμός, œil). Malacostracés à yeux pédonculés.	1° **Décapodes** (δέκα, dix; ποῦς, pied). Cinq paires de pattes locomotrices et trois paires de pattes-mâchoires.	A. **Brachyures** (βραχύς, court, οὐρά, queue). Abdomen rudimentaire replié en dessous, pas de nageoire caudale (Crabes).	*Gécarcinidés*, Gécarcin. *Grapsidés*, Grapse. *Ocypodidés*, Gélasime. *Gonoplacidés*, Gonoplax. *Pinnothéridés*, Pinnothère. *Telphusidés*, Telphuse. *Corystidés*, Coryste. *Portunidés*, Carcin (Crabe commun). *Cancridés*, Tourteau. *Majidés*, Maia. *Calappidés*, Calappe. *Dromiadés*, Dromie. *Porcellanidés*, Porcellane.
		B. **Macroures** (μακρός, long; οὐρά, queue). Abdomen grand et allongé, terminé par une large nageoire caudale.	*Paguridés*, Pagure. *Thalassinidés*, Callianasse. *Galathéidés*, Galathée. *Palinuridés*, Scyllare, Langouste. *Astacidés*, Écrevisse, Homard. *Carididés*, Crangon, Crevette, Caridine.
	2° **Schizopodes** (σχιζόπους, à pieds fendus). Huit paires de pattes semblables et fendues en deux branches. Aspect des Décapodes Macroures.		*Euphausidés*, Euphausie. *Mysidés*, Mysis.
	3° **Stomatopodes** (στόμα, bouche; ποῦς, pied). Forme très allongée; carapace thoracique courte, ne recouvrant pas les trois ou quatre derniers anneaux thoraciques.		*Squillidés*, Squille, Gonodactyle.

CLASSE DES CRUSTACÉS (*Suite*).

ORDRES	SOUS-ORDRES	FAMILLES ET GENRES PRINCIPAUX
II		
CUMACÉS. Malacostracés dont les yeux non pédonculés sont presque toujours réunis en un seul; deux paires de pattes-mâchoires portant des branchies; six paires de pattes thoraciques.		*Diastylidés*, Cuma, Leucon.
III		
ISOPODES (ἴσος, pareil; ποῦς, pied). Malacostracés à yeux sessiles; corps large, anneaux courts, pourvus de sept paires de pattes thoraciques ne portant pas de branchies. Aux pattes abdominales, des branchies (**Euisopodes**) ou non (**Anisopodes**). Animaux marins, d'eau douce ou terrestres.		*Oniscidés*, Ligie, Cloporte, Armadille. *Bopyridés*, Bopyre. *Pranizidés*, Ancée. *Tanaïdés*, Tanaïs. *Asellidés*, Aselle. *Idotéidés*, Idotée. *Sphéromidés*, Sphérome.
IV		
AMPHIPODES (ἀμφί, de deux sortes; ποῦς, pied). Malacostracés à yeux sessiles; à corps comprimé latéralement; dont les pattes thoraciques portent des vésicules branchiales. Petits Crustacés marins ou d'eau douce.	**Hypérines**...	*Platyscélidés*, Oxycéphale. *Phronimidés* Phronime. *Hypéridés*, Hypérie.
	Crevettines..	*Gammaridés*, Lysianasse, Gammare, Leucothoé. *Orchestiidés*, Talitre, Orchestie. *Corophiidés*, Podocère, Corophie.
	Lémodipodes.	*Cyamidés*, Cyame. *Caprellidés*, Chevrolle.

2° SOUS-CLASSE : ENTOMOSTRACÉS (ἐντομή, fente ; ὄστραχον, carapace).

Crustacés ordinairement de petite taille, dont le corps est formé d'un nombre très variable de segments et pourvu le plus souvent d'une carapace qui peut le recouvrir entièrement.

ORDRES	SOUS-ORDRES	FAMILLES ET GENRES PRINCIPAUX
V		
LEPTOSTRACÉS (λεπτός, délicat; ὄστραχον, carapace). Intermédiaires aux Malacostracés et aux Entomostracés. Carapace mince et bivalve, protégeant les anneaux thoraciques bien nets et restés libres.		*Nébalidés*, Nébalie, Paranébalie.

VI

BRANCHIOPODES (βράγχια, branchies; πούς, pied). Entomostracés à pattes lamelleuses, corps nettement segmenté (**Phyllopodes**) ou non (**Cladocères**), protégé par une sorte de bouclier ou une carapace bivalve. La plupart vivent dans les eaux douces.	*Polyphémidés*, Bythrotrèphe. *Esthéridés*, Limnadie. *Apusidés*, Apus.	*Lyncéidés*, Lyncée. *Daphnidés*, Daphnie. *Branchipodidés*, Branchipe.

VII

OSTRACODES (ὄστρακον, coquille, carapace). Petits Entomostracés à carapace bivalve enfermant complètement le corps, et dépourvus de pattes lamelleuses; 7 paires d'appendices en tout seulement.	*Cypridés*, Cypris. *Cythéridés*, Cythère.	*Cypridinés*, Cypridine. Astérope.

VIII

COPÉPODES (κώπη, rame; πούς, pied). Petits Entomostracés à corps allongé, nettement segmenté et sans carapace bivalve. Abdomen terminé en fourche. Beaucoup sont parasites et leur forme est alors très modifiée.	*Argulidés*, Argule (pou des Poissons). *Calanidés*. Calane. *Lernéopodidés*, Trachéliaste, Achthère. *Lernéidés*, Lernée.	*Cyclopidés*, Cyclope. *Caligidés*, Calige. *Ergasilidés*, Ergasile.
CIRRIPÈDES (*cirrus*, frange; *pes*, pied). Crustacés fixés, du moins dans l'âge adulte, enveloppés d'un manteau incrusté de plaques calcaires; pattes articulées, terminées en pinceaux recourbés.	*Lépadidés*, Anatife. *Pollicipédidés*, Pouce-pied. *Balanidés*, Balane.	*Coronulidés*, Coronule. *Peltogastridés*, Peltogaster. Sacculine.

V. Embranchement ou Type des VERS

Animaux à symétrie bilatérale, dont le corps, formé de segments presque tous semblables, ne porte pas de membres articulés.

DIVISION DES VERS EN CLASSES

Vers proprement dits.	Un système nerveux.	Une chaîne nerveuse ventrale.	Corps nettement segmenté			Annélides.
			Corps sans segmentation apparente			Géphyriens.
		Pas de chaîne nerveuse.	Une coquille bivale			Brachiopodes.
			Pas de coquille bivalve.	Un organe rotatoire		Rotateurs.
				Pas d'organe rotatoire.	Des tentacules ciliés	Bryozoaires.
					Pas de tentacules ciliés. corps rond	Némathelminthes.
					Pas de tentacules ciliés. corps plat	Plathelminthes.
	Pas de système nerveux					Pseudhelminthes.
Vers faisant la transition aux Échinodermes						Entéropneustes.

I. CLASSE DES ANNÉLIDES (*annellus*, petit anneau).

Corps cylindrique ou aplati, segmenté en dehors et en dedans; une chaîne nerveuse ventrale et un système vasculaire clos.

1re SOUS-CLASSE : CHÉTOPODES (χαίτη, soie; ποῦς, pied).

Corps arrondi ou un peu aplati; ses parties latérales portent des soies implantées dans des enfoncements de la peau ou sur des pieds non articulés. Pas de ventouses. Vie libre, quelquefois parasitaire. Environ 1.500 espèces vivantes

ORDRES	SOUS-ORDRES	FAMILLES ET GENRES PRINCIPAUX	
I POLYCHÈTES (πολύς, nombreux ; χαίτη, soie). Vers marins, munis de pieds non articulés portant des soies nombreuses, de tentacules, de cirres et de branchies; ordinairement une tête distincte. Développement accompagné de métamorphoses.	1° **Errantes.** Les différentes régions du corps sont similaires, mais tête toujours bien distincte et portant des yeux et des tentacules.	*Phyllodocidés*, Phyllodoce. *Syllidés*, Syllis, Autolyte. *Glycéridés*, Glycère. *Néréidés*, Néréis.	*Eunicidés*, Eunice, Marphyse. *Aphroditidés*, Aphrodite, Polynoë.
	2° **Tubicoles ou Sédentaires.** Tête moins distincte; filaments branchiaux à la partie antérieure du corps; pieds moins développés, ne formant jamais de rames natatoires.	*Serpulidés*, Serpule, Sabelle. *Hermellidés*, Hermelle. *Térébellidés*, Térébelle, Amphitrite.	*Cirratulidés*, Cirratule. *Ophéliadés*, Ophélie. *Téléthusidés*, Arénicole.
II OLIGOCHÈTES (ὀλιγός, peu, χαίτη soie). Annélides dépourvues de pieds, de cirres et de branchies; soies peu nombreuses, implantées dans des refoulements de la peau. Reproduction sans métamorphoses. Habitent dans la terre (**terricoles**) ou l'eau douce (**limicoles**).		*Naïdés*, Naïs, Chœtogaster. *Acanthodrilidés*, Acanthodrile.	*Tubificidés*, Tubifex, Lombricule. *Lombricides*, Lombric (Ver de terre).

2e SOUS-CLASSE : HIRUDINÉES ou SANGSUES

Corps aplati; segments internes du corps bien moins nombreux que les externes; pas de pieds; rarement des soies. Une grande ventouse postérieure servant à la fixation; souvent une autre autour de la bouche. Vers à la fois mâles et femelles ordinairement. Vie parasitaire momentanée ou permanente.

ORDRES	SOUS-ORDRES	FAMILLES ET GENRES PRINCIPAUX
III HIRUDINÉES (les caractères de la sous-classe).	1° **Hirudinées** dioïques	*Histriobdellidés*, Histriobdelle.
	2° **Hirudinées** monoïques	*Gnathobdellidés*, Sangsue officinale, Aulastome. *Rynchobdellidés*, Rynchobdelle, Clepsine. *Branchiobdellidés*, Branchiobdelle.

II. CLASSE DES GÉPHYRIENS (γέφυρα, pont).

Vers marins intermédiaires aux Vers et aux Échinodermes ; non segmentés ; trompe protractile ; chaîne nerveuse ventrale.

ORDRES — SOUS-ORDRES	FAMILLES ET GENRES PRINCIPAUX
I. GÉPHYRIENS TUBICOLES. Ni crochets, ni soies. Bouche entourée de tentacules nombreux. Vivent dans des tubes chitineux.	*Phoronidés* Phoronis.
II. GÉPHYRIENS ARMÉS. Deux crochets sous la bouche et assez souvent deux couronnes de soies à la partie postérieure ; une trompe imperforée, à la base de laquelle se trouve la bouche.	*Échiuridés*, Échiure, Bonellie.
III. GÉPHYRIENS INERMES. Ni crochets, ni soies ; bouche à la partie antérieure de la trompe.	*Siponculidés*, Siponcle, Phascolosome.

III. CLASSE DES BRACHIOPODES (βραχίων, bras ; ποῦς, pied).

Animaux marins, toujours fixés, dépourvus de tête et de pieds ; corps renfermé dans une coquille bivalve calcaire, analogue à celle des mollusques, mais dont l'une des valves répond au dos et l'autre au ventre de l'animal, au lieu de répondre aux côtés du corps comme celle des premiers ; de plus il n'y a pas entre elles de ligament articulaire. Deux bras enroulés en spirale portent de nombreux tentacules. Environ 90 espèces vivantes et plus de 1800 fossiles.

ORDRES	FAMILLES ET GENRES PRINCIPAUX	
I. TESTICARDINES (*testis* ; témoin ; *cardo*, charnière). Valves de la coquille articulées au moyen d'une charnière. Pas d'orifice anal.	*Térébratulidés*, Térébratule, Waldheimie.	*Rynchonellidés*, Rynchonelle.
II. ÉCARDINES (*e*, sans ; *cardo*, charnière). Coquille non articulée, tube digestif pourvu d'un orifice anal.	*Cranidés*, Cranie. *Discinidés*, Discina.	*Lingulidés*, Lingule.

IV. CLASSE DES ROTATEURS OU ROTIFÈRES

Vers aquatiques, le plus souvent microscopiques, segmentés seulement en arrière et pourvus en avant d'un organe cilié ou organe rotatoire, sorte d'entonnoir servant à la natation et à diriger les aliments vers la bouche.

I SYNDÉTIENS (σύνδετος, attaché). Corps allongé et fixé par un long pied annelé.	*Floscularidés*, Flosculaire, Mélicerte.	
II NECTIENS (νήκτης, nageur). Rotateurs libres, rampants ou nageurs; parfois le corps est protégé par une cuirasse.	*Brachionidés*, Brachion. *Philodinidés*, Rotifère.	*Hydatinidés*, Hydatine, Atroque, Balatro.

Aux Rotateurs se rattachent deux petits groupes aberrants, les ÉCHINODÈRES et les GASTROTRICHES.

V. CLASSE DES BRYOZOAIRES (βρύον, mousse ; ζῶον, animal)

Petits Vers aquatiques, ordinairement réunis en colonies de forme ramifiée ou lamelleuse, ayant parfois l'aspect des mousses ou d'autres petits végétaux. Chaque individu est contenu dans une petite loge. Extrémité antérieure pourvue d'un lophophore, ou appareil portant de nombreux tentacules, disposé en forme de couronne ou de fer à cheval. Reproduction par œufs et aussi par bourgeonnement. Environ 600 espèces vivantes et 1800 fossiles.

I ECTOPROCTES (ἐκτός, en dehors; πρωκτός, anus). Orifice anal en dehors de la couronne de tentacules.	1° **Phylactolémates** (φυλακτός, gardé ; λαιμός, gosier). Syn. LOPHOPODES, HIPPOCRÉPIENS. Bryozoaires d'eau douce ; lophophore en fer à cheval. Bouche surmontée d'un épistome ou languette mobile.	*Cristatellidés*, Cristatelle.	*Plumatellidés*, Plumatelle, Alcyonelle.
	2° **Gymnolémates** (γυμνός, nu ; λαιμός, gosier). Syn. STELMATOPODES ; INFUNDIBULÉS, Bryozoaires tous marins à une exception près. Lophophore annulaire ; bouche sans épistome.	*Rétéporidés*, Rétépore. *Celléporidés*, Cellépore. *Escharidés*, Eschare. *Vésicularidés*, Vésiculaire. *Tubuliporidés*, Tubulipore.	*Membraniporidés*, Membranipore. *Flustridés*, Flustre. *Crisiadés*, Crisie.

CLASSE DES BRYOZOAIRES (*Suite*).

ORDRES	SOUS-ORDRES	FAMILLES ET GENRES PRINCIPAUX
II		
ENTOPROCTES (εντός, en dedans ; πρωκτός, anus). Orifice anal s'ouvrant dans l'intérieur de la couronne tentaculaire.		*Loxosomidés*, Loxosome. *Pédicellidés*, Pédicelline.

VI. CLASSE DES NÉMATHELMINTHES (νῆμα, fil ; ἕλμινς, ver).

Vers cylindriques, souvent filiformes, pourvus ordinairement d'une bouche et d'un canal digestif ; tous dioïques ; la plupart vivent en parasites dans le corps d'autres espèces animales.

I	
NÉMATODES. Un tube digestif ; pas de trompe ; développement accompagné de métamorphoses et de migrations.	*Anguillulidés*, Anguillule. *Gordiidés*, Gordien. *Mermithidés*, Mermis. *Filariadés*, Filaire. *Trichocéphalidés*, Trichocéphale, Trichine. *Strongylidés*, Strongle. *Ascaridés*, Oxyure, Ascaris.

Aux Nématodes se rattachent les trois petits groupes des DESMOSCOLÉCIDÉS, CHÆTOSOMIDÉS, CHÆTOGNATHES.

II	
ACANTHOCÉPHALES (ἄκανθα, épine ; κεφαλή, tête). Pas de tube digestif ; une trompe munie de crochets. Développement accompagné de migrations.	*Acanthocéphalidés*, Échinorynque.

VII. CLASSE DES PLATHELMINTHES (πλατύς, large, plat ; ἕλμινς, ver).

Vers d'organisation très inférieure, à corps aplati, souvent munis d'organes de fixation, tels que crochets et ventouses ; ordinairement parasites. Développement souvent accompagné de métamorphoses, de migrations et de formes alternantes.

Ordre	Sous-ordre	Familles	
I			
NÉMERTIENS. Corps souvent très allongé, recouvert de cils vibratiles ; tube digestif droit, pourvu d'une trompe protractile ; de chaque côté de l'extrémité antérieure se voit une fossette ciliée.	1° **Énoplidés** (ἐνόπλιος, armé). Trompe hérissée de piquants.	*Amphiporidés*, Némerte, Amphipore.	
	2 **Anoplidés** (ἄνοπλος, sans armes). Trompe inerme.	*Malacobdellidés*, Malacobdelle. *Céphalotricidés*, Céphalothrix.	*Linéidés*, Linée.
II			
TURBELLARIÉS (*turbellæ*, agitation, allusion au mouvement des cils vibratiles), ou PLANARIENS (*planus*, plan). Vers plats ; corps couvert de cils vibratiles, sans crochets ni ventouses ; tube digestif sans anus.	1° **Dendrocèles** (δένδρον, arbre ; κοίλη, cavité). Tube digestif ramifié.	*Stylochidés*, Styloque. *Leptoplanidés*, Leptoplane.	*Planariadés*, Planaire, Dendrocèle.
	2° **Rhabdocèles** (ῥάβδος, bâton ; κοίλη, cavité). Tube digestif droit.	*Prostomidés*, Prostome. *Microstomidés*, Microstome.	*Dérostomidés*, Dérostome.
	3° **Acèles** (ἀ privatif, κοίλη, cavité). Pas de tube digestif.	*Macrostomidés*, Convolute.	
III			
TRÉMATODES (τρηματώδης, troué). Vers plats, en forme de feuille, non ciliés ; une bouche ; un tube digestif bifurqué, sans anus ; souvent une ou plusieurs ventouses ventrales. Parasites.	1° **Polystomiens** (πολύς, nombreux ; στόμα, bouche). Trématodes portant plus de deux ventouses.	*Gyrodactylidés*, Gyrodactyle. *Polystomidés*, Polystome, Diplozoon, Aspidogastre.	*Tristomidés*, Tristome, Udonelle.
	2° **Distomiens** (δίς, deux ; στόμα, bouche). Trématodes portant au plus deux ventouses, et parfois une seule.	*Gastérostomidés*, Gastérostome. *Distomidés*, Distome.	*Holostomidés*, Diplostome, Holostome. *Monostomidés*, Monostome.

CLASSE DES PLATHELMINTHES (*Suite*).

IV

ESTODES (κεστός, ruban; εἶδος, forme). Vers plats allongés, ordinairement formés de segments successifs; pas de bouche, ni d'appareil digestif; à l'extrémité antérieure, des organes de fixation.	*Caryophyllæidés*, Caryophyllée. *Tétrarynchidés*, Tétrarynque.	*Ligulidés*, Ligule. *Bothriocéphalidés*, Bothriocéphale. *Tæniadés*, Ténia.

VIII. CLASSE DES PSEUDHELMINTHES (ψευδής, faux; ἕλμινς, ver).

Animaux d'organisation très simple, dégradée en quelque sorte par le parasitisme; revêtus d'une couche de cils vibratiles et dépourvus de tube digestif, d'appareils circulatoire, respiratoire, nerveux, d'organes des sens. (Quelques auteurs en font un sous-règne qui serait placé, sous le nom de MÉSOZOAIRES, entre celui des PROTOZOAIRES et celui des MÉTAZOAIRES.)

I

ORTHONECTIDES (ὀρθός, droit; νήκτης, nageur). Le corps est segmenté. Nagent sans contraction du corps, mais au moyen des cils vibratiles qui le recouvrent. Parasites de Vers et d'Échinodermes.	*Orthonectidés*, Ropalura.

II

DICYÉMIDES (δίς, deux; κύημα, embryon). Le corps n'est pas segmenté. Vivent en parasites dans les organes rénaux des Céphalopodes.	*Dicyémidés*, Dicyéma.

IX. CLASSE DES ENTEROPNEUSTES (ἔντερον, intestin; πνεῦσις, respiration).

A la suite de l'embranchement des Vers, se place ce petit groupe, intermédiaire, par ses caractères, aux Vers et aux Échinodermes. Les Entéropneustes se rapprochent davantage des premiers à l'âge adulte, des seconds à l'état larvaire. Vivent dans le sable de la mer. Un seul genre : *Balanoglosse*.

EMBRANCHEMENT OU TYPE DES ÉCHINODERMES

(ἐχῖνος, hérisson; δέρμα, peau).

Animaux marins, dont le corps offre une disposition rayonnée, mais dont la symétrie est rigoureusement bilatérale ; peau incrustée de parties calcaires disposées souvent sous forme de piquants ; tube digestif distinct; système circulatoire à parois propres ; un système nerveux ; un appareil aquifère.

DIVISION DES ÉCHINODERMES EN CLASSES

Corps cylindrique.......... HOLOTHURIDES.
Corps globuleux ou discoïde.......... ÉCHINIDES.
Corps en forme d'étoile ou pentagonal.......... ASTÉROÏDES.
Corps caliciforme.......... CRINOÏDES.

I. CLASSE DES HOLOTHURIDES (ὅλος, entier; θυρίδιον, petit trou ; leur corps étant criblé de petits trous).

Échinodermes dont le corps cylindrique rappelle celui des Vers ; une couronne de tentacules rétractiles entoure la bouche. Environ 200 espèces vivantes.

ORDRES	SOUS-ORDRES	FAMILLES ET GENRES PRINCIPAUX
I		
EUPODES ou MEMBRÉS (εὖ, bien ; ποῦς, pied). Des organes locomoteurs ou pieds ambulacraires		*Aspidochirotes*, Holothurie. *Dendrochirotes*, Thyone, Cucumaire.
APODES (ἀ privatif ; ποῦς, pied). Pas de pieds ou tubes ambulacraires.		*Molpadidés*, Molpadie. *Synaptidés*, Synapte.

II. CLASSE DES ÉCHINIDES (ἐχῖνος, hérisson).

Échinodermes à corps globuleux, clypéiforme ou discoïde ; une enveloppe calcaire ; plaques polygonales hérissées de piquants ; des prolongements mous et creux ou tubes ambulacraires pour la locomotion. Ordinairement bouche au centre de la face inférieure et anus au pôle supérieur. Plus de 200 espèces vivantes, et environ 1500 fossiles.

CLASSE DES ÉCHINIDES (*Suite*).

ORDRES	SOUS-ORDRES	FAMILLES ET GENRES PRINCIPAUX.
I SPATANGOÏDES (σπάταγγος, hérisson de mer). Forme irrégulière, cordiforme ; bouche en dehors de l'axe du corps, sans appareil masticateur.		*Spatangidés*, Spatangue, Hémiaster. *Ananchytidés*, Ananchyte, Holaster. *Cassidulidés*, Échinolampe.
II CLYPÉASTROÏDES (*clypeus*, bouclier; *aster*, étoile). Forme irrégulière, aplatie ; bouche centrale avec un appareil dentaire ; anus en dehors de l'axe du corps.		*Scutellides*, Dendraster. *Clypéastridés*, Clypéastre.
III OURSINS RÉGULIERS. Forme régulière; bouche centrale avec appareil masticateur; anus au pôle opposé à la bouche.	1° **Euéchinides** (εὖ, bien). Plaques du test immobiles ; aires ambulacraires larges.	*Échinidés*. Oursin. *Arbaciadés*, Arbacie. *Diadématidés*, Diadème.
	2° **Cidarides** (κίδαρις, diadème). Test immobile à aires ambulacraires étroites.	*Cidaridés*, Cidaris. *Saléniadés*, Salénia.
	3° **Échinothurides** (ἐχῖνος, hérisson; θυρίδιον, petit trou). Test à plaques mobiles, écailleuses, imbriquées.	*Échinothuridés*, Calvérie.

III. CLASSE DES ASTÉROÏDES (ἀστήρ, étoile; εἶδος, forme).

Échinodermes à corps aplati, pentagonal ou en étoile ; squelette dermique formé de pièces calcaires articulées, mobiles. Organes locomoteurs ou pieds ambulacraires seulement à la face ventrale ; bouche inférieure et centrale.

ORDRES	FAMILLES ET GENRES PRINCIPAUX.
I STELLÉRIDES ou ASTÉRIDES. Les bras ne sont pas distincts du disque central, ils renferment chacun un prolongement du tube digestif. Sous chacun d'eux un sillon longitudinal offrant les pieds ambulacraires.	*Brisingidés* Brisinga. *Astérinidés*. Astérine. *Astropectinidés*, Astropecten, Archaster. *Solastéridés*. Solaster. *Astériadés* Astérie.

II		
OPHIURIDES (ὄφις, serpent, οὐρά, queue ; εἶδος, aspect). Bras bien distincts du disque central, ne renfermant pas de prolongements du tube digestif ; pieds ambulacraires sur les côtés des bras ; pas d'anus.	1° **Ophiures.** Bras simples, non susceptibles de s'enrouler ; sillons ambulacraires recouverts de plaques calcaires.	*Ophiotrichidés*, Ophiothrix. *Ophiacanthidés*, Ophiacanthe. *Ophiocomidés*, Ophiocome. *Amphiuridés*, Ophiactis. *Ophiodermatidés*, Ophiure
	2° **Euryales.** Bras souvent ramifiés, pouvant s'enrouler vers la bouche ; sillons ambulacraires fermés par une peau molle.	*Astronychidés*, Astronyx. *Astrophytidés*, Astrophyton.

IV. CLASSE DES CRINOÏDES (κρίνον, lis ; εἶδος, apparence).

Échinodermes en forme de calice ou de disque, pourvus de bras articulés, hérissés de pinnules ou branches secondaires ; portés par une tige ou pédoncule (au moins pendant le jeune âge), formée elle-même de pièces articulées. Une douzaine d'espèces vivantes seulement ; nombreuses espèces fossiles, surtout dans les terrains primaires.

I	
BRACHIÉS. Des bras bien développés..................................	*Comatulidés*, Comatule. *Pentacrinidés*, Pentacrine. *Apiocrinidés*, Bathycrine. (fossiles : *Encrinidés*, Encrine).

Les deux ordres suivants : CYSTIDES et BLASTOÏDES ne renferment guère que des espèces fossiles.

VII. Embranchement ou Type des CŒLENTÉRÉS

(κοῖλον, cavité ; ἔντερον, intestin).

Animaux à symétrie rayonnée; cavité digestive formée par les parois mêmes du corps, à laquelle font suite des canaux sanguins sans parois propres, mais creusés comme elle dans la substance du corps (cavité gastro-vasculaire); un orifice digestif unique. Ce sont principalement les animaux de ce groupe qu'on désignait jadis sous le nom de Zoophytes.

DIVISION DES CŒLENTÉRÉS EN SOUS-EMBRANCHEMENTS ET EN CLASSES

Sous-embranchements	Caractères		Classes
1er Sous-embranchement : Cnidaires ou Cœlentérés proprement dits. Éléments anatomiques groupés en tissus; une bouche et une cavité digestive.	Des palettes natatoires		Cténophores.
	Pas de palettes natatoires	Cavité stomacale simple	Hydroméduses.
		Cavité stomacale divisée par des cloisons rayonnantes	Coraliaires.
2e Sous-embranchement : Spongiaires. Éléments anatomiques rapprochés sans former de véritables tissus; corps spongieux; pas de cavité digestive mais système de canaux parcourant le corps et communiquant au dehors par des orifices multiples.			Spongiaires.

Ier Sous-Embranchement : CNIDAIRES (κνίδη, ortie).
ou CŒLENTÉRÉS proprement dits.

Animaux à symétrie nettement rayonnée; à tissus cellulaires consistants; munis d'une bouche et d'une cavité digestive; le tégument externe garni de cnidoblastes ou boutons urticants servant à la défense et à la préhension des proies.

I. CLASSE DES CTÉNOPHORES (κτείς, peigne ; φορός, qui porte).

Cœlentérés de forme ordinairement sphérique ou cylindrique, quelquefois rubanée ; pourvus d'organes de natation sous forme de rangées longitudinales de palettes barbelées, ordinairement au nombre de huit.

ORDRES	SOUS-ORDRES	FAMILLES ET GENRES PRINCIPAUX	
I. EURYSTOMES (εὐρύς, large ; στόμα, bouche). Corps en forme de petit tonneau. Bouche et cavité stomacale très larges ; pas de tentacules.		*Béroïdés*, Beroé.	
II. STÉNOSTOMES (στενὸς, étroit). Bouche et cavité stomacale étroites ; deux tentacules.	1° **Globuleux.** Corps sphérique, ovoïde ou cylindrique (Melons de mer).	*Cydippidés*, Cydippe, Pleurobrachia.	*Callianiridés*, Callianire.
	2° **Rubanés.** Corps en forme de ruban.	*Cestidés*, Ceste.	
	3° **Lobés.** Corps comprimé avec deux paires d'appendices en manière d'ailerons.	*Calymnidés*, Calymne.	*Mnémiidés*, Boline, Eucharis.

II. CLASSE DES HYDROMÉDUSES

Syn. : POLYPOMÉDUSES, HYDROZOAIRES

Cœlentérés fixés ou libres, en même temps que de forme bien différente suivant l'âge. Cavité gastro-vasculaire simple formes alternantes remarquables.

ORDRES	SOUS-ORDRES	FAMILLES ET GENRES PRINCIPAUX	
I. ACALÈPHES (ἀκαλήφη, ortie) ou MÉDUSES. Animaux nageurs de grande taille ; non groupés en colonies ; le plus souvent génération alternante.	1° **Discophores** (δίσκος, disque, φορός, qui porte) ou **Discoméduaires.** Méduses discoïdes, ordinairement à 8 rayons.	*Céphéidés*, Céphée. *Rhizostomidés*, Rhizostome.	*Aurélidés*, Aurélie. *Cyanéidés*, Cyanée.
	2° **Lobophores** (λοβός, lobe). **Méduses** ayant la forme d'une cloche à **4** pans.	*Charybdéidés*, Charybdée.	
	3° **Calycozoaires** (κάλυξ, calice ; ζῶον, animal). **Méduses** en forme de coupe, fixées par un petit support.	*Eleuthérocarpidés*, Lucernaire.	*Cleistocarpidés*, Mananie.

CLASSE DES HYDROMÉDUSES (*Suite*)

ORDRES	SOUS-ORDRES	FAMILLES ET GENRES PRINCIPAUX	
II SIPHONOPHORES (σίφων, tube ; φορός, qui porte). Cœlentérés formant des colonies flottantes d'individus de formes variées, attachés à une tige médiane souvent surmontée d'un flotteur ou vésicule pleine d'air.	1° **Physophorides** (φῦσα, vessie; φορός, qui porte). Un flotteur de forme variable surmontant la tige.	*Apolémiadés*, Apolémie. *Agalmidés*, Agalme, Forskalie.	*Physophoridés*, Physophore. *Physalidés*, Physalie. *Vélellidés*, Vélelle.
	2° **Calycophorides** (καλυξ, calice). Une longue tige sans flotteur et pourvue de cloches natatoires.	*Diphyidés*, Diphye, Praya, Abyla.	*Hippopodiidés*, Glèbe.
III HYDROÏDES (ὕδρα, hydre ; εἶδος, aspect). Cœlentérés isolés ou groupés en colonies ramifiées et fixées, comprenant des individus nourriciers et des individus reproducteurs ou médusoïdes.	1° **Trachymédusaires** (τραχύς, rigide). Méduses dont le corps est soutenu par des cordons cartilagineux.	*Géryonidés*, Géryonie.	*Æginidés*, Ægine.
	2° **Synhydraires** (σύν, ensemble). Hydroïdes vivant en société ; chaque individu est protégé par une enveloppe chitineuse.	*Campanularidés*, Campanulaire, Obélie. *Sertularidés*, Sertulaire.	*Plumularidés*, Plumulaire. *Tubularidés*, Tubulaire. *Corynidés*, Coryne.
	3° **Hydraires**. Hydroïdes solitaires et nus; jamais de forme médusaire.	*Hydridés*, Hydre.	
	4° **Hydrocoralliaires** (ὕδρα, hydre ; κοράλλιον, corail). Hydroïdes possédant un polypier calcaire.	*Milléporidés*, Millépore.	

III. CLASSE DES CORALLIAIRES (κοράλλιον, corail).
ou ANTHOZOAIRES (ἄνθος, fleur ; ζῶον, animal).

Cœlentérés fixés, pourvus d'un tube stomacal suspendu dans la cavité du corps, laquelle est divisée par des cloisons rayonnantes (replis mésentéroïdes) en loges, dont chacune se continue avec la cavité d'un des tentacules disposés autour de la bouche. Fréquemment réunis en colonies, ils forment des dépôts calcaires connus sous le nom de coraux et de madrépores.

Ordre	Sous-ordre	Familles	
I HEXACORALLIAIRES (ἕξ, six) ou HEXACTINIAIRES ou ZOANTHAIRES (ζῷον, animal ; ἄνθος, fleur). Coralliaires offrant des tentacules non bipennés au nombre de six ou d'un multiple de six.	1° **Madréporaires** (ital. *madre*, mer ; *poro*, trou). Polypes produisant par bourgeonnement et scissiparité des colonies à squelette calcaire.	*Turbinolidés*, Caryophyllie. *Oculinidés*, Oculine. *Astréidés*, Astrée. *Fongidés*, Fongie.	*Eupsammidés*, Dendrophyllie. *Madréporidés*, Madrépore. *Poritidés*, Alvéopore.
	2° **Malacodermés** (μάλαχος, mou ; δέρμα, peau) ; ou **Actiniaires** (ακτίς, rayon). Pas de squelette solide.	*Cérianthidés*, Cérianthe.	*Actinidés*, Actinie.
	3° **Antipathaires** (ἀντί, contre ; παθος, douleur). Squelette corné.	*Antipathidés*, Antipathe,	*Gérardidés*, Gérardie.
II OCTOCORALLIAIRES (ὀκτώ, huit) ou OCTACTINIAIRES ou ALCYONAIRES (ἅλς, mer : χύων, qui produit des petits). Coralliaires à huit tentacules bipennés, barbelés sur les deux côtés.		*Tubiporidés*, Tubipore. *Gorgonidés*, Corail, Gorgone, Isis. *Pennatulidés*, Vérétille.	*Alcyonidés*, Alcyon. Cornulaire.

IIe Sous-Embranchement : SPONGIAIRES.

Animaux aquatiques, marins pour la plupart ; corps spongieux, parfois massif, formé d'une charpente solide, de nature fibreuse, calcaire ou siliceuse, et parcouru par des canaux s'ouvrant à l'extérieur par des trous étroits (pores inhalants) et des trous plus larges (pores exhalants ou oscules).

Ordre	Familles	
I CALCISPONGES (*calx* chaux ; *spongia*, éponge) ou *Eponges calcaires*. Éponges marines, à squelette entièrement formé de spicules calcaires.	*Syconidés*, Sycon. *Leuconidés*, Leucon.	*Asconidés*, Ascandra, Olythus.
II FIBROSPONGES (*fibra*, fibre) ou *Éponges fibreuses*. Éponges à squelette corné ou siliceux, jamais calcaire ; quelques-unes habitent les eaux douces.	*Hexactinellidés*, Euplectelle. *Tétractinellidés*, Ancorine.	*Monactinellidés*, Axinelle, Spongille. *Cératospongidés*, Éponge.
III MYXOSPONGES (μύξα, mucosité) ou *Éponges muqueuses* ou *gélatineuses*. Éponges marines dépourvues de tout squelette.	*Halisarcidés*, Halisarca.	

VIII. Embranchement ou Type des PROTOZOAIRES

(πρῶτος, premier; ζῶον, animal).

Organismes protoplasmiques de dimension souvent microscopique, formés d'une seule cellule nue ou entourée d'une membrane d'enveloppe; souvent pourvus de pseudopodes ou organes de locomotion et de préhension de forme changeante.

DIVISION DES PROTOZOAIRES EN CLASSES

Corps pourvu d'une membrane d'enveloppe; pas de pseudopodes.	Cils vibratiles ou suçoirs ou flagellum.....		Infusoires.
	Ni cils, ni suçoirs, etc.		Grégariniens.
Corps dépourvu de membrane d'enveloppe; des pseudopodes	Un squelette calcaire, siliceux ou chitineux..................		Rhizopodes.
	Pas de squelette.........	Un noyau protoplasmique.......	Amœbiens.
		Pas de noyau	Monériens.

I. CLASSE DES INFUSOIRES

Protozoaires pourvus d'une membrane extérieure portant des cils, soies, griffes; pas de pseudopodes; un ou plusieurs noyaux, une ou plusieurs vacuoles pulsatiles; des orifices buccal et anal ou des suçoirs rétractiles.

ORDRES	Sous-Ordres	Familles et Genres principaux
I Ciliés. Des cils vibratiles au moins autour de la bouche.	1° **Hypotriches** (ὑπο, sous; θρίξ, poil). Une région dorsale convexe, une région ventrale aplatie, portant la bouche et des cils vibratiles ou des piquants.	*Oxytrichinidés*, Stylonychie. *Aspidiscidés*, Aspidisque.
	2° **Holotriches** (ὅλος, tout entier). Des cils fins et semblables sur tout le corps.	*Paramœcidés*, Paramécie. *Opalinidés*, Opaline. *Trachélidés*, Amphilepte.
	3° **Hétérotriches** (ἕτερος, différent). Des cils très fins partout; de longs et raides disposés sur une ligne droite ou spirale.	*Stentoridés*, Stentor. *Bursaridés*, Balantidie, Bursaire.
	4° **Péritriches** (περί, autour). De longs cils seulement autour de la bouche.	*Vorticellidés*, Vorticelle. *Trichodinidés*, Trichodine.
II Acinétiens (ἀκίνητος, immobile). Infusoires fixés, pourvus de suçoirs ou tentacules rétractiles et dépourvus de cils à l'âge adulte.		*Acinétidés*, Acinète, Podophrye, Sphærophrie.

III Flagellés (*flagellum*, fouet). Infusoires pourvus au moins d'un long flagellum, avec ou sans cils vibratiles. (La nature animale d'un grand nombre d'entre eux reste fort douteuse).	1° **Cystoflagellés** (κύστις, vésicule). Corps arrondi, pas de cils vibratiles; deux flagellums.	*Noctilucidés*, Noctiluque (produit la phosphorescence de la mer).
	2° **Cilioflagellés.** Membrane d'enveloppe formée de cellulose et de silice; une couronne de cils vibratiles.	*Péridinidés*, Péridinien.
	3° **Thécoflagellés** (θήκη, fourreau). Corps protégé par une carapace.	*Phalanstéridés*, Phalanstérie.
	4° **Nudoflagellés.** Corps nu, sans cils vibratiles; un flagellum.	*Euglénidés*, Euglène.

II. CLASSE DES GRÉGARINIENS

Corps vermiforme, limité par une fine membrane sans aucune ouverture et sans appendices d'aucune sorte. Il est souvent divisé en deux ou trois segments par des cloisons transversales. Assez souvent la partie antérieure offre une sorte de trompe hérissée de crochets. Vivent en parasites dans l'intestin ou d'autres cavités d'un grand nombre d'animaux

Grégarinides (Les caractères de la classe)............................ | *Grégarinidés*, Stylorynque, Échinocéphale

III. CLASSE DES RHIZOPODES (ῥίζα, racine ; πούς, pied).

Protozoaires dépourvus de membrane d'enveloppe, émettant des pseudopodes ordinairement très fins et anastomosés peuvent contenir un noyau, parfois des vésicules pulsatiles ; ils sont protégés et soutenus par un test ou un squelette calcaire, siliceux ou chitineux. La plupart habitent la mer, un certain nombre les eaux douces.

I Radiolaires (*radius*, rayon). Rhizopodes marins, de structure assez complexe, pourvus d'une ou plusieurs capsules centrales, et d'un squelette rayonné.	1° **Polycytariens** (πολύς, nombreux ; κύτος, cavité). Plusieurs capsules centrales.	*Sphærozoïdés*, Collozoon. *Collosphæridés*, Collosphère.
	2° **Monocytariens** (μόνος, seul; κύτος, cavité). Une seule capsule centrale.	*Acanthométridés*, Acanthomètre. *Thalassicollés*, Aulacanthe. *Cystidés*, Polycystine.
II Héliozoaires (ἥλιος, soleil; ζῶον, animal). Pas de capsule centrale; squelette chitineux, siliceux ou nul; des pseudopodes rayonnés.		*Clathrulinidés*, Clathruline. *Actinophryidés*, Actinophrys.

CLASSE DES RHIZOPODES (*Suite*)

ORDRES	SOUS-ORDRES	FAMILLES ET GENRES PRINCIPAUX
III FORAMINIFÈRES (*foramen*, trou, *fero*, porter). Un test de nature variable ; des pseudopodes ordinairement fins et anastomosés.	1° **Perforés.** Coquille ordinairement calcaire, percée d'un grand nombre de trous, par où sortent les pseudopodes.	*Nummulinidés*, Nummulite. *Lagénidés*, Lagéna, Nodosaria. *Globigérinidés*, Globigérine, Orbuline.
	2° **Imperforés**...........................	*Lituolidés*, Trochammine. *Gromidés*, Gromie. *Miliolidés*, Miliole.

IV. CLASSE DES AMŒBIENS (ἀμοιϐή, changement).

Protozoaires dépourvus de membrane d'enveloppe, mais ayant un noyau et des vésicules pulsatiles, des pseudopodes larges et arrondis, rarement anastomosés entre eux.

I THÉCAMŒBIENS (θήχη, coffre).	Une carapace plus ou moins complète.	*Arcellidés*, Arcelle. *Diffluaidés*, Difflugie.
II GYMNAMŒBIENS (γυμνός, nu).	Corps non protégé par une carapace....	*Amœbidés*, Amibe.

V. CLASSE DES MONÉRIENS (μονήρης, solitaire).

Les plus simples de tous les animaux ; leur corps est composé d'une petite gouttelette de protoplasma sans membrane d'enveloppe ni noyau ; il émet des prolongements larges et arrondis, ou longs et effilés.

I RHIZOMONÉRIENS (ῥίζα, racine).	Pseudopodes effilés et souvent anastomosés.	Protomyxa, Protogène, Vampyrelle.
II LOBOMONÉRIENS (λοϐός, lobe).	Pseudopodes lobés, non anastomosés....	Protamœbe, Bathybius (?)

TABLE DES MATIÈRES

ANATOMIE ET PHYSIOLOGIE ANIMALES

ÉTUDE SPÉCIALE DE L'HOMME ET NOTIONS D'ANATOMIE ET DE PHYSIOLOGIE COMPARÉES

I. LES FONCTIONS DE NUTRITION

Pages.

TABLE DES NOTES D'ANATOMIE ET DE PHYSIOLOGIE COMPARÉES

Tableaux de la classification du règne animal.

BIBLIOTHÈQUE NATIONALE IMPRIMÉS

LE MANS. — IMPRIMERIE EDMOND MONNOYER — 1892

OUVRAGES CLASSIQUES DU MÊME AUTEUR

Traité élémentaire de Zoologie, à l'usage des élèves de la classe de sixième, de ceux de l'enseignement secondaire spécial (première année) et des pensionnats de jeunes filles. In-12 cartonné, avec 291 figures et trois planches hors texte. Prix : 2 fr. 50.

Botanique. *Anatomie et physiologie végétales.* Ouvrage rédigé d'après les mêmes programmes officiels, pour l'enseignement secondaire classique. Deuxième édition. In-8° de 290 pages, avec 171 figures. Prix : 4 fr. 50.

Le même ouvrage rédigé d'après le programme officiel de l'enseignement secondaire spécial (sixième année). Deuxième édition. Prix : 4 fr. 50.

Traité élémentaire de Botanique, à l'usage des élèves de cinquième, de ceux de l'enseignement secondaire spécial (deuxième année) et des pensionnats de jeunes filles. In-12 cartonné, avec 206 figures dans le texte. Prix : 2 fr 50

Traité élémentaire de Géologie, à l'usage des élèves de la classe de cinquième, de ceux de l'enseignement secondaire spécial, des pensionnats de jeunes filles. In-12 cartonné, avec 161 gravures. Prix : 2 fr. 50.

Le Mans. — Typ. Edmond MONNOYER, place des Jacobins, 12.

www.ingramcontent.com/pod-product-compliance
Ingram Content Group UK Ltd.
Pitfield, Milton Keynes, MK11 3LW, UK
UKHW031830260826
14628UKWH00001B/307

9 782013 505062